"十二五"高职高专体验互动式创新规划教材

多媒体应用技术

DUOMEITI YINGYONG JISHU

——项目与案例教程

主　编　张秀杳
副主编　张维山　李建平
编　者　刘剑武　潘　彪　卢国强

哈爾濱工業大學出版社
HITP

图书在版编目(CIP)数据

多媒体应用技术：项目与案例教程 / 张秀杰主编．—哈尔滨：哈尔滨工业大学出版社，2012.8

ISBN 978-7-5603-3665-7

Ⅰ.①多… Ⅱ.①张… Ⅲ.①多媒体技术—高等职业教育—教材 Ⅳ.①TP37

中国版本图书馆 CIP 数据核字(2012)第 187401 号

责任编辑 李广鑫
封面设计 唐韵设计
出版发行 哈尔滨工业大学出版社
社　　址 哈尔滨市南岗区复华四道街 10 号　邮编 150006
传　　真 0451-86414749
网　　址 http://hitpress.hit.edu.cn
印　　刷 三河市玉星印刷装订厂
开　　本 850mm×1168mm　1/16　印张 20.5　字数 619 千字
版　　次 2012 年 8 月第 1 版　2012 年 8 月第 1 次印刷
书　　号 ISBN 978-7-5603-3665-7
定　　价 37.00 元

PREFACE 前言

20世纪以计算机技术为主导的多媒体技术取得了迅猛的发展，同时为其他学科带来了新的研究领域和研究方法。多媒体计算机技术是信息技术发展的重要方向之一，也是计算机技术发展的强大动力。目前，随着计算机硬件性能的提高，各种多媒体操作系统、多媒体软件应用开发工具的迅速发展，使得多媒体技术的应用越来越广泛，并且已渗透到教育、医学、军事、生活等各个领域。

本教材针对应用型人才的培养，以多媒体制作技术及应用开发的案例为主线，采用“教·学·做1+1”体验互动式的编写思路，采取“理论教程”外加“活页实训手册” 的配教方式，系统地讲解了多媒体基础知识，声音、图像、数字视频和计算机动画等多媒体素材的制作，以及网络多媒体广告、交互式多媒体开发与实现、多媒体电子出版物的设计与制作等多媒体应用系统的开发方法，同时采取有效的实训演练提高学生的职业技能。

全书以过程导向、项目趋动、能力培养、面向就业为原则，共分9个模块（38个项目64个案例）其中：

模块1：数字图像处理技术包括3个项目，7个案例，主要完成数字图像绘制、数字图像修正、数字图像合成。通过本部分的学习可以学会应用图形图像处理软件Photoshop CS4工具箱中的工具、菜单、图层、通道、路径和滤镜等处理、加工、美化千姿百态的图像，为多媒体素材制作提供保证，给网络媒体及电子出版物和多媒体应用系统的开发设计唯美、个性的画面。

模块2：数字动画处理技术包括3个项目，7个案例，主要完成GIF、Flash、3D动画制作。学会应用Flash CS4动画制作软件制作动画素材，给网络媒体及多媒体应用系统的界面增添鲜活力，吸引眼球，起到画龙点睛的作用。

模块3：数字视频处理技术包括4个项目，7个案例，主要完成数字视频捕获、数字视频格式转换、数字视频编辑、数字短片制作。灵活使用Camtasia Studio、视频转换大师、Windows Movie Maker、Corel VideoStudio等软件实现数字视频处理，达到素材加工、处理的最佳效果，为网络媒体及多媒体应用系统的研发做好视频素材准备。

模块4：数字音频处理技术包括3个项目，5个案例，主要完成数字音频录制、数字音频格式转换、数字音频编辑、数字音频合成。使用Windows自带录音机、Cool Edit Pro 2.1软件录音、全频音频转换通软件等来实现消除噪声、添加特效和多路音频合成。为网络媒体及多媒体应用系统的研发做好音频素材的加工处理。

模块5：网络多媒体广告创意与制作包括4个项目，12个案例，主要完成网络多媒体广告设计、元素动画创建、Flash制作网络多媒体广告、制作广告网站。根据动画脚本使用Flash软件制作网站所属的动画素材，最终上传与发布网络多媒体广告网站。

模块6：交互式多媒体开发与实现包括6个项目，6个案例，主要使用Director 11软件完成“聪明学字、词、成语”交互式多媒体开发与实现。

模块7：多媒体电子出版物的设计与制作包括6个项目，9个案例，主要完成多媒体电子出版物的创作流程、电子杂志设计、电子杂志主界面制作、交互模块制作、文字模块制作、视频模块制作、退出系统模块制作。使用Authorware 中文软件进行编程设计，最终实现多媒体电子出版物的制作。

模块8：多媒体项目开发与实现包括6个项目，9个案例，主要使用Authorware软件完成多媒体教学课件开发总体设计，界面设计，分支设计，练习题页面设计，片头、片尾制作，程序的调试、打包及发布，真正实现多媒体项目开发与实现的全过程。

模块9：多媒体通信技术包括2个项目，1个案例，主要学会多媒体视频会议和音视频聊天软件的安装、调试和使用。

本书依照知识点的难易程度进行整合与划分，采用阶梯式由简至难的编排思路，帮助学生循序渐进地有效掌握所学知识，并将其应用到实际的操作中，学以致用。同时在弄懂基本知识、基本实践操作方法外，着重培养学生的想象能力及创新意识，掌握自主研发的入门技巧。

本书的编写思路非常切合当前高职高专教学模式改革的大形势，在编写的过程中结合了参编教师的教学和设计经验，采纳了企业网站美工及软件开发专业人员的建议。

本书内容新颖、适用面广、突出应用，既可作为普通高等院校计算机类专业及相关专业的学生教材，也可作为多媒体爱好者和多媒体技术专业人员用书，以及多媒体作品制作员国家考试、多媒体应用设计技术软考的参考用书。

本书由黑龙江职业学院张秀杰教授主编，其中张秀杰编写绪论、模块1、模块2中项目2.1和项目2.2、附录及负责全书的统稿和审校工作；模块2中项目2.3及拓展与实训、模块5、模块7由晋中师范高等专科学校张维山副教授负责编写；模块6由湖南科技职业学院李建平讲师负责编写；模块3由莆田学院刘剑武讲师负责编写；模块4、模块9由湖南水利水电职业技术学院潘彪讲师负责编写；模块8由新疆农业职业技术学院卢国强老师负责编写。本书在编写过程中得到了参编教师所在院校和哈尔滨工业大学出版社的鼎力支持，在此一并表示衷心的感谢！

由于编者水平有限，书中不妥之处在所难免，希望读者批评指正。

编 者

本书学习导航

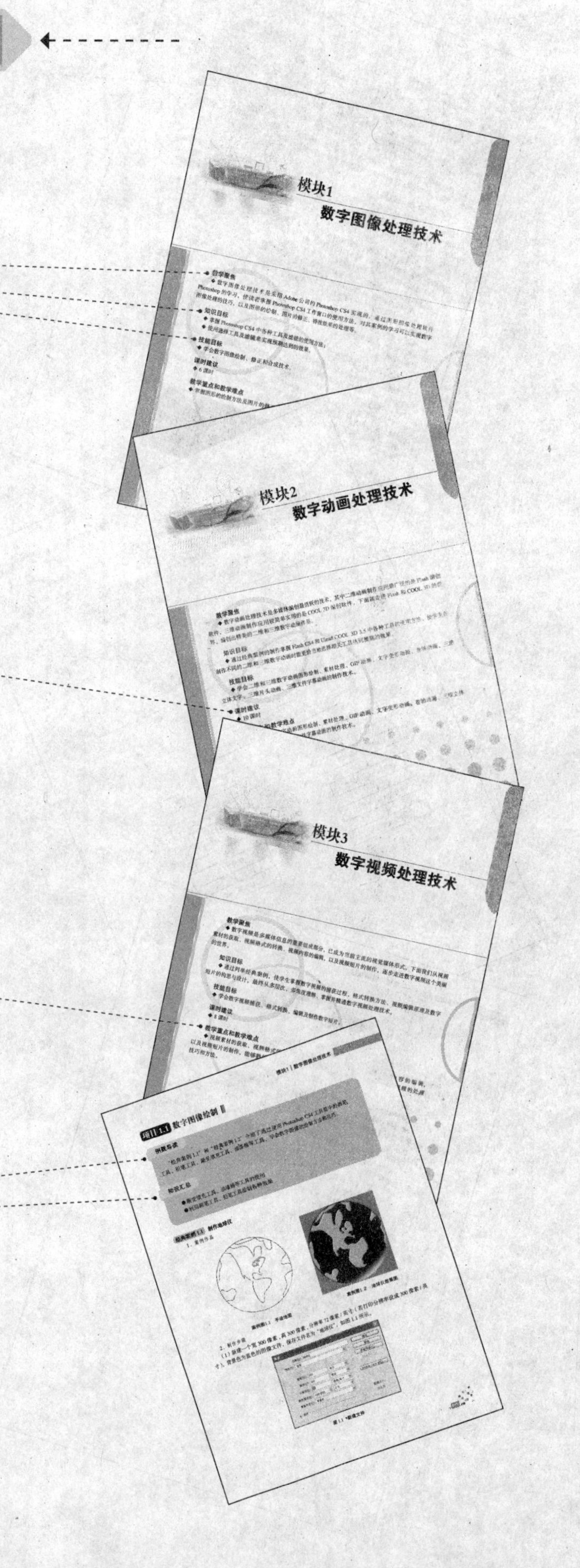

学习目标

包括教学聚焦、知识目标和技能目标，列出了学生应了解和掌握的知识点。

课时建议

建议课时，供教师参考。

重点和难点

方便学生在学习知识时抓住学习的重点和难点。

项目引言

在每一个项目的开篇设计例题导读和知识汇总版块，使学生对本项目的内容有一个整体性的把握。

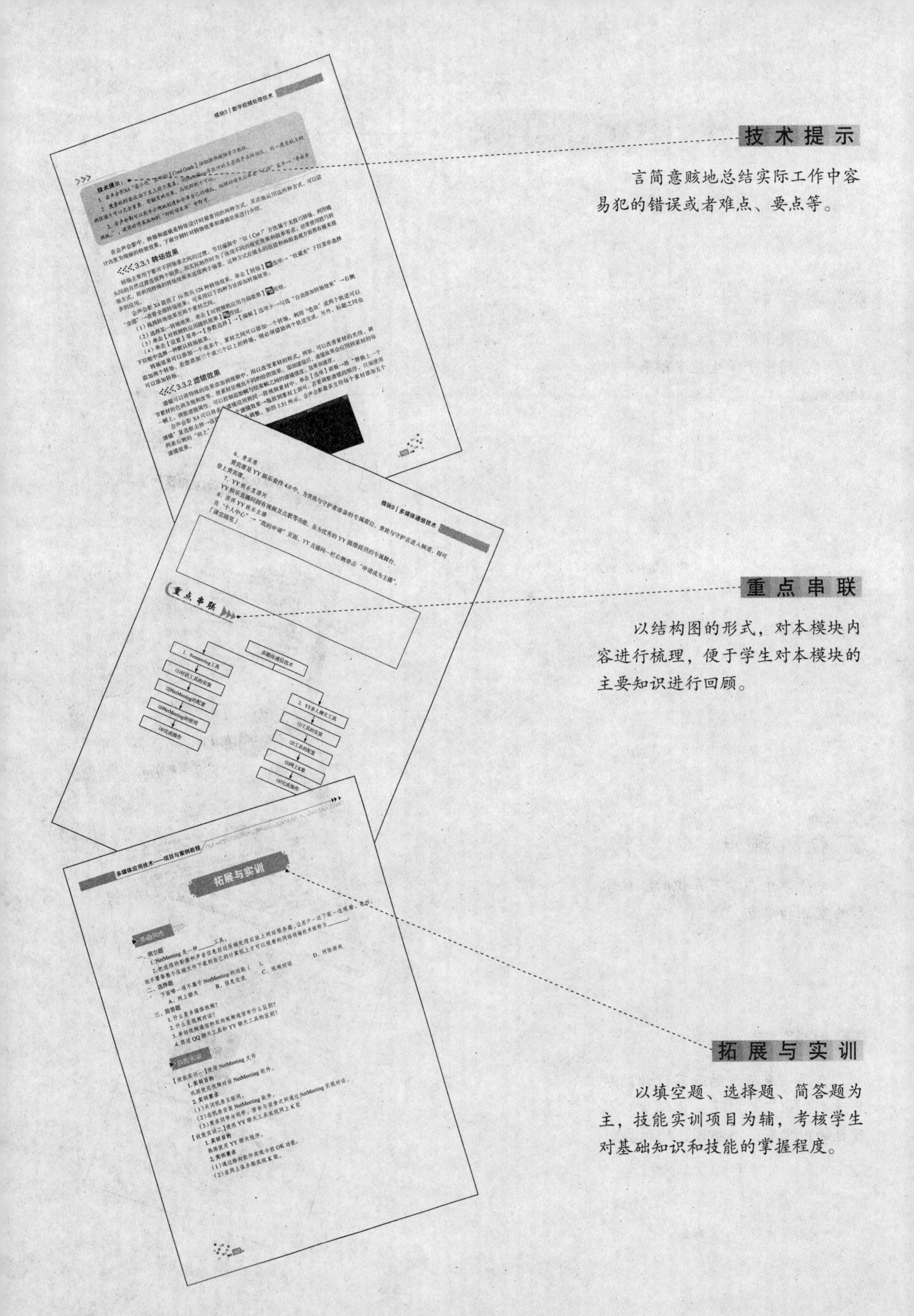
技术提示
言简意赅地总结实际工作中容易犯的错误或者难点、要点等。
重点串联
以结构图的形式，对本模块内容进行梳理，便于学生对本模块的主要知识进行回顾。
拓展与实训
以填空题、选择题、简答题为主，技能实训项目为辅，考核学生对基础知识和技能的掌握程度。

目录 Contents

模块3 数字视频处理技术

模块4 数字音频处理技术

模块5 网络多媒体广告创意与制作

模块6 交互式多媒体开发与实现

模块7 多媒体电子出版物的设计与制作

模块8 多媒体项目开发与实现

模块9 多媒体通信技术

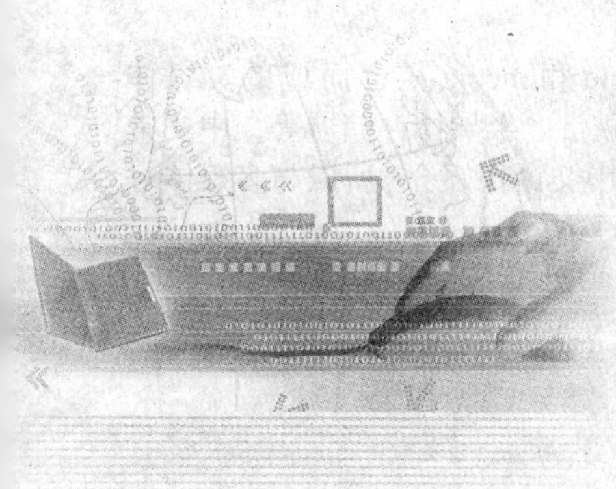

绪 论

教学聚焦

◆ 绪论阐述了多媒体技术的相关概念、基础知识以及多媒体应用技术未来的发展概况。通过对绪论的学习，了解和掌握应用各种媒体技术来解决实际问题的方法。

知识目标

◆ 通过本绪论的学习，掌握本课程相关概念、基础知识以及本课程未来的发展概况。

技能目标

◆ 运用行动导向法进行学习本课程，学会应用各种媒体技术解决实际问题的方法。

课时建议

◆ 2 课时

教学重点和教学难点

◆ 多媒体关键技术及多媒体技术的应用。

多媒体技术是一个全新的技术，是计算机技术和社会需求的综合产物。多媒体技术的出现改善了人类信息的交流方式。随着计算机软件、硬件的迅速发展，计算机的处理能力越来越强大，而多媒体技术也越来越广泛应用于各个领域。

“多媒体”一词译自英文“multimedia”，而该词又是由 multiple 和 media 复合而成的。媒体（medium）原有两重含义：一是指存储信息的实体，如磁盘、光盘、磁带、半导体存储器等，中文常译作媒质；二是指传递信息的载体，如数字、文字、声音、图形等，中文译作媒介，所以与多媒体对应的一词是单媒体，从字面上看，多媒体就是由单媒体复合而成的。

项目 0.1 媒体的分类

按照国际电信联盟标准的定义，将媒体分为五类：

1. 感觉媒体

感觉媒体指直接作用于人的感官，使人产生感觉的一类媒体。例如，人类主要靠视觉和听觉来感知文字、图像和各种语言等信息。

2. 表示媒体

表示媒体是指有效地加工、处理和传输感觉媒体而人为研究和构造出来的一类媒体。表示媒体的特征是用信息的计算机内部表示来刻画，在计算机中使用不同的格式来表示媒体信息。例如，图像编码、文本编码、语言编码等。

3. 表现媒体

表现媒体是指感觉媒体与用于通信的电信号之间转换用的一类媒体，即信息通过何种媒体获取（即输入表现媒体）或通过何种设备输出（即输出表现媒体）。例如，输入表现媒体有键盘、数码照相机、数码摄相机、麦克风、扫描仪等，输出表现媒体有显示器、扬声器、投影仪、打印机等。

4. 存储媒体

存储媒体是指用于存放数字化的表示媒体的存储介质，便于计算机对信息的随时调用、处理和加工。例如，硬盘、光盘、U 盘等。

5. 传输媒体

传输媒体是指用来将表示媒体从一处传递到另一处的物理传输介质，即在不同地点之间使用哪种载体来进行数据信息的传输。例如，同轴电缆、双胶线、光纤等。

多媒体在计算机系统中，组合两种或两种以上媒体的一种人机交互式信息交流和传播媒体。使用的媒体包括文字、图片、照片、声音（包含音乐、语音旁白、特殊音效）、动画和影片，以及程序所提供的互动功能。

关于多媒体概念的标准定义还没有统一，一般理解为多种媒体的综合，而多媒体技术也就是进行多种媒体综合的技术，这样定义很笼统，下面从广义和狭义两方面对多媒体进行定义。

广义的多媒体指的是能传播文字、声音、图形、图像、动画和电视等多种类型信息的手段、方式或载体，包括电影、电视、CD-ROM(compact disc read-only memory）、VCD、DVD(digital versatile disc）、计算机、网络等。

狭义的多媒体专指融合两种以上“传播手段、方式或载体”的人机交互式信息交流和传播的媒体，或者说是指在计算机控制下把文字、声音、图形、影像、动画和电视等多种类型的信息混合在一起交流传播的手段、方式或载体。如多媒体电脑、因特网等。

多媒体技术是运用计算机综合处理多媒体信息（如文本、声音、图形、图像等）的技术，包括将多种信息建立逻辑连接，进而集成一个具有交互性的系统，并且多媒体技术和计算机技术是密不可分的，它是基于计算机科学的综合高新技术。

项目 0.2 多媒体技术的特点

多媒体技术的特点概括如下：

1. 集成性（或称多样性）

所谓集成性主要是指媒体信息如文本、图像、声音、视频等多种媒体信息集成于一体，这些媒体在多任务系统下能够很好地协调工作，有较好的同步关系。也就是说，单一的媒体不能构成多媒体。

多媒体技术涉及多样化的信息，信息载体自然也随之多样化。多种信息载体使信息在交换时有更灵活的方式和更广阔的自由空间。多样化的信息载体包括：磁盘介质、磁光盘介质、光盘介质、语音、图形、图像、视频、动画。

早期的计算机只能处理数值、文字等单一的信息载体，而多媒体计算机则可以综合处理文字、图形、图像、声音、动画和视频等多种形式的媒体信息。

多样性的另一方面是指多媒体计算机在处理输入的信息时，不仅仅是简单获取及再现信息，而是能够根据人的构思、创意，进行交换、组合和加工来处理文字、图形及动画等媒体信息，以达到生动、灵活、自然的效果。

2．交互性

所谓交互就是通过各种媒体信息，使参与的各方（不论是发送方还是接收方）都可以对媒体信息进行编辑、控制和传递。人们使用普通家电只能看、听和简单控制，不能介入到信息的加工和处理中，而多媒体技术可以实现人对信息的主动选择和控制。交互性将向用户提供更加有效的控制和使用信息的手段和方法，同时也为应用开辟了更加广阔的领域。交互可以自由地控制和干预信息的处理，增加对信息的注意力和理解，延长信息的保留时间。

随着多媒体技术的不断改进，交互的主要方式也在不断地升级，除利用鼠标、键盘或触摸屏等输入设备对信息进行选择，达到人机对话的目的外，还可以通过语音输入、网络通信控制等手段来进行交互。

3. 实时性

所谓实时就是在人的感官系统允许的情况下，进行多媒体交互，就好像面对面 (face to face) 一样，图像和声音都是连续的。实时多媒体分布系统是把计算机的交互性、通信的分布性和电视的真实性有机地结合在一起。

4. 数字化

各种媒体信息它们有着不同的性质和特点，而且是分散的，要把它们有机地连接在一起，必须把它们转换成同一种形式来进行存储，才能进行加工和整合。

多媒体技术是计算机交互式综合处理多种媒体信息，使多种信息建立逻辑连接，由此可见，必须要把多种媒体信息转换成可以让计算机理解的事物才可以进行加工和整合。那么，计算机所能理解的就是数字化的东西，也就是由一连串的二进制形式“10101010”所呈现的数据信息。

在将各种媒体信息处理为数字化信息后，计算机就能对数字化的多媒体信息进行存储、加工、控制、编辑、交换、查询和检索，所以多媒体信息必须是数字化信息。读写文本时，一般采用线性顺序地读写，循序渐进地获取知识。多媒体的信息结构形式一般是一种超媒体的网状结构。它改变了人们传统的读写模式，借用超媒体的方法，把内容以一种更灵活、更具变化的方式呈现给使用者。超媒体不仅为用户浏览信息、获取信息带来极大的便利，也为多媒体的制作带来了极大的方便。

项目 0.3 多媒体的类型

多媒体的类型多种多样，主要包括多种媒体元素，即文本、图形和静态图像、音频、动画、视频等。

1. 文本

文本（text）是以文字、数字和各种符号表达的信息形式，是现实世界中使用最多的信息媒体，也是人和计算机之间进行信息交换的主要媒体，它主要用于对知识的描述。文本可以说是多媒体的最基本对象，是一种表达信息最快捷的方式。例如，构成一篇文章的字、词、句、符号和数字，甚至是一本书、一个或多个书库等。

文本有两种主要形式：格式化文本和非格式化文本。在文本文件中，如果只有文本内容，没有其他任何对文字编排格式的信息，则称为非格式化文本文件；而带有各种编辑排版等格式信息（如字体、字间距、段落设置等）的文本文件，则称为格式化文本文件。文本数据可以先用文本排版软件（如 Word、WPS 等）制作，然后复制到多媒体应用程序中，也可以直接在制作图形的软件（如 PS、InDesign）和多媒体编辑软件 (Flash) 中制作。

文本文件常用的格式有“.TXT”、“.WRI”、“.RTF”、“.DOC”等，其中“.TXT”是纯文本文件，“.WRI”、“.RTF”、“.DOC”是格式化文件。

2. 声音

声音是人们用来传递信息、交流感情最方便、最熟悉的方式之一，多媒体信息中的声音，也是信息传递的一个重要媒体。包括各种语言、物体碰撞声、音乐声、读书声、雷电声和流水声等人们耳朵能听到的各种声音。将声音与图像（如动画、电影等）实现同步播放，会使视频图像更具感染力。随着多媒体信息处理技术的飞速发展，计算机数据处理能力也越加强大，音频处理技术得到了广泛的应用，如视频图像的配音、配乐，静态图像的解说、背景音乐，可视电视、电视会议的播音和电子出版物的声音等。

3. 图形

图形（graphic）是指用计算机绘图软件绘制的从点、线、面到三维空间的几何图形，如直线、矩形、圆形、三角形、多边形、不规则的图形以及其他可用角度、坐标和距离来表示的几何图形。由于在图形文件中只记录生成图的算法和图上的某些特征点（如几何图形的大小、形状及其位置、维数等），图形可以无限放大而不失真，因此称为矢量图。图形的格式是一组描述点、线、面等几何元素特征的指令集合。绘图程序就是通过读取图形格式指令，并将其转换为屏幕上可显示的形状和颜色而生成图形的软件。在计算机上显示图形时，相邻特征点之间的曲线是由若干段小直线段连接形成的。若曲线围成一个封闭的图形，还可用着色算法来填充颜色。

矢量图形的最大优点在于可以分别对图形中的各个部分进行控制处理，如移动、旋转、放大、缩小、扭曲等，屏幕上重叠的图形既可保持各自的特征，也可以分开显示，它占用的存储空间较小。因此，图形主要用于工程制图以及制作美术字等。

4. 图像

图像（image）在这里是指静止图像，指原先在印刷制品上的图形、图画等，多媒体计算机通过彩色扫描仪把各种印刷图像及彩色照片，经数字化处理后送到计算机存储器中；通过视频信号数字化能够把摄像机、录像机和激光视盘等彩色全电视信号数字化存储到计算机存储器中；计算机可以通过计算机图形学的方法编程，生成二维、三维彩色几何图形及三维动画，存储在计算机存储器中。以上 3 种形式生成的数字化图像及视频信息都以文件的形式存储在计算机的存储器中。

图像是一个矩阵，其元素代表空间的一个点，称之为像素，每个像素的颜色和亮度用二进制数编码来表示，这种图像也称为位图。

对于黑白图用 1 位表示，灰度图用 4 位或 8 位来表示某一个点的亮度，而彩色图像则有多种描绘方法。

图形和图像在多媒体中是两个不同的概念，其主要区别如下。

（1）构成原理不同。图形的基本元素是图元，如点、线、面等元素；图像的基本元素是像素，一幅位图图像可看做是由一个个像素点组成的矩阵。

（2）记录方式不同。图形存储的是画图的函数；图像存储的是像素的位置信息、颜色信息和灰度信息。

（3）处理方法不同。图形通常用 Draw 程序编辑，产生矢量图形，可对矢量图形及图元独立进行移动、缩放、旋转和扭曲等变换；图像一般用图像处理软件（Paint、Brush、Photoshop 等）对输入的图像进行编辑处理，主要是对位图文件及相应的调色板文件进行常规性的加工和编辑，但不能对某一部分进行变换。由于位图占用存储空间较大，一般要进行数据压缩。图形在进行缩放时不会失真，可以使用不同的分辨率；图像放大时会失真，会看到整个图像是由很多像素组合而成。

（4）显示速度不同。图形的显示过程是根据图元顺序进行的，它使用专门软件将描述图形的指令转换成屏幕上的形状和颜色，需要时间进行转换。图像是将对象以一定的分辨率解像以后将每个点的信息以数字化方式呈现，可直接快速在屏幕上显示。

（5）表现力不同。图形描述轮廓不很复杂、色彩不很丰富的对象，如几何图形、工程图纸、CAD、3D 造型等。图像能表现含有大量细节（如明暗变化、场景复杂、轮廓色彩丰富等）的对象，如照片。通过图像软件可进行复杂图像的处理以得到更清晰的图像或产生特殊效果。

5. 动画

动画（animation）是活动的图画，实质上是一幅幅静态图像的连续播放，也就是由一帧帧静止的画面按照一定的顺序排列而成，每一帧与相邻帧略有不同，当帧以一定速度连续播放时，视觉暂留特性造成了连续的动态效果，而动画的压缩和快速播放是一个重要问题。计算机制作动画时，只要做好主动作画面，不运动的部分直接复制过去，与主动作画面保持一致。当这些画面仅是二维的透视效果时，就是二维动画；如果通过 CAD 形式创造出空间形象的画面，就是三维动画；如果使其具有真实的光照效果和质感，就称为三维真实感动画。存储动画的文件格式有 GIF、SWF、MMM 等。

6. 视频

视频也是由一幅幅单独的画面称为帧（frame）序列组成。这些画面以一定的速率（帧率 fps，即每秒帧的数目）连续地投射在屏幕上，使观察者具有图像连续运动的感觉，这是利用人眼的视觉暂留原理产生的动态图像。这一幅幅图像被称为帧，它是构成视频信息的基本单元。

项目 0.4 多媒体关键技术

多媒体关键技术的应用，加快了多媒体产品的实用化、产业化和商品化的步伐。多媒体关键技术的研究已经变得非常重要，其技术种类主要包括数据压缩与解压缩、多媒体数据存储技术、多媒体数据检索技术、多媒体数据库技术、多媒体网络与通信技术、虚拟现实技术。

1. 多媒体数据压缩与解压缩技术

多媒体计算机系统要求具有综合处理声、图、文信息的能力。高质量的多媒体系统要求面向三维图形、立体声音、真彩色高保真全屏幕运动画面。为了达到满意的效果，要求实时地处理大量数字化的视频和音频信号的数据，同时要求传输速度要高。例如，未经压缩的视频图像处理时的数据量每秒约 30 MB，而播放 1 分钟立体声音乐就需要约 180 MB 的存储空间。视频与音频信号不仅数据量需较大存储空间，还要求传输速度快。

因此，既要对数据进行数据的压缩和解压缩的实时处理，又要进行快速传输处理。而对总线传送速率为 150 kb/s 的 IBMPC 或其兼容机处理上述音频、视频信号必须将数据压缩 200 倍，否则无法胜任，对多媒体数据必须进行实时的压缩与解压缩。

自从 1948 年出现 PCM（脉冲编码调制）编码理论以来，编码技术已有 50 年的历史，日趋成熟。目前主要有三大编码及压缩标准：

（1）JPEG（join photographic expert group）标准。1986 年制定了第一个 JPEG 图像压缩国际标准，主要针对静止图像。该标准制定了有损和无损两种压缩编码方案，对单色和彩色图像的压缩比通常为 10∶1 和 5∶1。JPEG 广泛应用于多媒体 CD-ROM、彩色图像传真、图文档案管理等方面。

（2）MPEG（moving picture experts group）标准。MPEG 即“活动图像专家组”，是国际标准化组织和国际电工委员会组成的一个专家组。现在已成为有关技术标准的代名词。这个标准是数字电视标准，它包括三个部分：MPEG-Video、MPEG-Audio 及 MPEG-System。MPEG 是针对 CD-ROM 式有线电视（Cable-TV）传播的全动态影像，它严格规定了分辨率、数据传输速率和格式，MPEG 的平均压缩比为 50:1。 MPEG-1 的设计目标是为了达到 CD-ROM 的传输速率（150 KBps）和盒式录像机的图像质量。它广泛地适应于多媒体 CD-ROM、硬盘、可读写光盘、局域网和其他通信通道。MPEG-2 的设计目标是在一条线路上传输更多的有线电视信号，它采用更高的数据传输速率，以求达到更好的

图像质量。MPEG-System 是处理音频和视频的复合和同步。

（3）H.261 又称为 P(64 标准）。H.216 是 CCITT（国际电报电话会议）所属专家组主要为可视电话和电视会议而制定的标准，是关于视像和声音的双向传输标准。

近几十年来，已经产生了各种不同用途的压缩算法、压缩手段和实现这些算法的大规模集成电路和计算机软件。人们还在不断地研究更为有效的算法，目前，又推出了 H.263 和 MPEG-4 等标准。

2. 多媒体数据存储技术

多媒体系统是具有严格性能要求的大容量对象处理系统，因为多媒体的音频、视频、图像等信息虽经压缩处理，但仍需相当大的存储空间，即使大容量的硬盘，也存储不了许多媒体信息。只有在大容量只读光盘存储器，即 CD-ROM 诞生，才从根本上解决了多媒体信息存储空间问题。在 CD-ROM 基础上，还开发有 CD-I 和 CD-V，即具有活动影像的全动作与全屏电视图像的交互可视光盘。在只读 CD 家族中还有 VCD、可录式光盘 CD-R、画质和音质较高的光盘 DVD 以及用数字方式把传统照片转存到光盘或者移动硬盘，使用户在屏幕上可享受高清晰度照片的 Photo CD。EVD(enhanced versatile disk) 意思是增强型多媒体盘片系统，俗称“新一代高密度数字激光视盘系统”，是 DVD 的升级产品，EVD 产品的解像度是 DVD 的五倍，在声音效果方面则于国际上首次同时实现高保真和环绕声，一张 EVD 影碟目前可存储约 100 分钟的影音节目，经过专家评测，EVD 将震撼音效和亮丽画质完美结合，首次基于光盘实现了高清晰度数字节目的存储和播放。随着硬盘、光盘、大容量活动存储器以及网络存储系统的不断升级换代为多媒体存储提供了便利的条件，使多媒体存储技术满足了画面的清晰和流畅，提高了人们的精神生活层次。

3. 多媒体数据检索技术

多媒体数据检索技术是把文字、声音、图像、图形等多种信息的传播载体通过计算机进行数字化加工处理而形成的一种综合技术。

常用的多媒体信息检索方式是基于内容特征的检索，它包括基于内容的文本检索：主要研究对整个文档文本信息的表示、存储、组织和访问。

文本信息检索一般采用全文检索技术；基于内容的图像检索：主要根据图像的颜色、形状、纹理、对象的空间关系、相关反馈等特征建立特征索引，并存储在特征库中。图像检索技术的核心就是对图像进行计算，基于内容的视频检索：视频是一个非结构化的二维图像流序列，除了具有一般静态图像的特征外，还具有动态性，如镜头运动的变化，运动目标的大小变化，视频目标的运动轨迹等，所以又称为动态图像。在基于内容的视频检索中，采用基于关键帧特征，或是基于镜头动态特征，或是将二者相结合，利用相似性度量对视频进行近似匹配查询；基于内容的声音检索：音频是对声音进行数字化处理得到的结果，音频数据一般用音量、音调、音强、带宽、音长和音色等属性来描述。对于音频数据可以基于韵律、音、旋律以及其他的感知或声学特征建立索引。

4. 多媒体数据库技术

近年来，由于数据压缩、海量存储、宽带网络、高速计算机技术的发展，使得多媒体很快成为计算机和通信行业的热点，而数据库作为信息管理的有效手段也成了多媒体研究的重要方向之一。

研究数据压缩和解压缩的格式，该技术主要解决多媒体数据过大的空间和时间开销问题。压缩技术要考虑算法复杂度、实现速度以及压缩质量问题；研究多媒体数据模型面向对象技术与数据类型，而面向对象技术的发展推动了数据库技术的发展，面向对象技术与数据库技术的结合导致基于面向对象数据模型和基于超媒体模型的数据库都在研究之中；用户界面除提供多媒体功能调用外，还应提供对各种媒体的编辑功能和变换功能；研究多媒体数据管理及存取方法。由于多媒体数据对通信带宽有较高的要求，需要有与之相适应的高速网络，因此还要解决数据集成、查询、调度和共享等问题，即研究分布式数据库技术。而智能多媒体数据库，将人工智能技术与多媒体数据库技术相结合，会使数据库产生质的飞跃，必将迎来多媒体数据库技术新篇章。

5. 多媒体网络与通信技术

随着网络、通信技术和多媒体技术的不断发展，人们已经采取了各种各样的新的方式进行沟通。如经常使用的 IP 电话、视频对放、语音对话、数字图书馆以及一些大规模的网络服务，如电子商务、

一、课程性质、目的和任务

多媒体应用技术实训课旨在培养学生将“多媒体应用技术”课学到的知识运用到实际中的能力，以从事多媒体设计、处理的应用型人才为培养目的。其主要运用软件与美术设计的基础，培养学生的创造力和想象力，以及多媒体制作能力，概括和观察能力，将与多媒体有关的技术结合起来系统加以考虑的处理能力，结合设计构想与传达功能，综合艺术性、经济性、市场等因素的能力，处理和解决设计问题的能力，有效地传达信息的能力。

本课程通过使用多媒体技术实现数字媒体的艺术创造和再加工，进行平面设计、多媒体节目制作、多媒体光盘制作、网络多媒体广告的制作和多媒体电子出版物的制作等。通过本课程的学习，掌握多媒体技术的使用方法，学会应用多媒体技术进行多媒体制作的使用技巧，学会用多媒体技术进行多媒体的创意与制作。为毕业后从事媒体广告专业、媒体电子出版业及各种商业宣传奠定基础。

二、基本内容和要求

结合课上学习的内容，通过上机训练，熟悉软件的使用，同时也可以熟悉创作风格，了解如何使用各种素材进行创作和加工，制作出有鲜明个性的具有时代性的多媒体作品。

通过对多媒体技术的学习，使学生能基本掌握软件的各项功能，并灵活应用于完成各类多媒体设计与制作工作。

（1）通过对一些作品的练习，熟练地掌握软件的编辑技巧。

（2）分析优秀作品的特点、创作手法并进行创作。

（3）根据命题内容，利用相关素材，进行创意练习。

（4）综合性练习，有针对性地进行作品指导。

（5）软件的使用技巧指导。

实训课采用集中教授与演示，分小组实际操作的形式，教学中应贯彻讲解、演示、演练的原则与方法，并贯穿职业素质教育和良好的职业习惯的养成，以学生为主体，充分调动学生的学习主动性、积极性，利用演练进行实作能力的培养。

三、教学手段

（1）采用计算机及多媒体设备教学，使媒体软件操作过程变得更加直观。

（2）突出实践环节，讲练结合，以练为主，通过设计实例讲解相关命令或工具，力求将教学内容融会贯通。

（3）综合实例操作，使前后所学内容相互贯通，学生自主设计作品。

四、实训地点

多媒体机房

五、考核方式及办法

为使实训教学收到良好的效果，必须加强对实训教学质量的评价考核，对学生实训成果做出全面客观的评价。考核着重对整个技能训练整体水平的评估。

在整个实训教学中对学生的考核要求如下：

（1）实训态度端正。

（2）掌握实训方法。

（3）掌握基本操作技能。

（4）具有一定分析、处理问题和研究创新能力。

表 1 “多媒体应用技术”课程实训考核的评定标准

考核、评价项目			考评人	考核内容	分值
实训评价	实训的平时考核	对实训期间的出勤情况、实训态度、安全意识、职业道德素质评定成绩	教师	职业素质、实训态度、效率观念、协作精神	15
	设计与制作	根据设计是否合理，制作步骤是否清晰	教师	知识掌握情况、基本操作技能、知识应用能力、获取知识能力	40
	作品实现效果	根据作品的创意、实现的效果评定成绩	教师	作品的综合处理、创意等整体效果	30
	实训报告	根据实训报告评定成绩	教师	表达能力、写作能力、规范性	15
合　计					100

六、实践教学中应注意的问题

1. 对教师的要求

以学生学习、创作为主，教师辅导或引导学生的创作，解答制作时的疑难问题，注重教给学生思考问题的方法，学生由学会变成会学，培养发现问题、提出问题、分析问题、解决问题的能力。

2. 对学生的要求

要求学生主动学习、掌握和运用各种能力，去更新、深化并进一步充实自己的知识。

3. 对实训场所要求

Windows XP 以上操作系统；内存推荐 2M 以上；硬盘空间 2M 以上；1024×768 显示辨率（推荐 32bit 显卡）；CD-ROM 光驱或 DVD 光驱。

七、实训内容与时间安排

表 2　实训项目、内容与课时安排

实训项目名称	内容	课时
实训 1　数字图像处理技术	（1）文字特效	6
	（2）媒体广告设计	
	（3）制作网页首页	
实训 2　数字动画处理技术	（1）霓虹灯文字动画	6
	（2）桂林山水图片欣赏	
	（3）动态三维字幕	

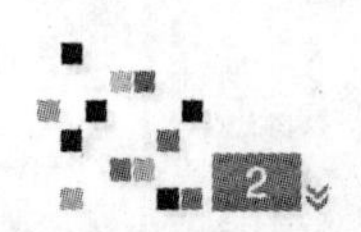

续表 2

实训 3 数字视频技术	（1）录制软件教学视频 （2）手机视频格式转换 （3）制作旅游相册	6
实训 4 数字音频处理技术	（1）录制声音 （2）编辑声音 （3）声音文件格式的转换	2
实训 5 网络多媒体广告创意与制作	（1）全景动画 （2）制作 Flash 版音乐网站	6
实训 6 交互式多媒体开发与实现	（1）电子相册 （2）音乐播放器	6
实训 7 多媒体电子出版物的设计与制作	（1）制作简单片头 （2）流畅的滚动字幕	4
实训 8 多媒体项目开发与实现	（1）用 Authorware 开发一门课程的教学课件	10
实训 9 多媒体通信技术	（1）NetMeeting 工具的使用 （2）YY 聊天工具的使用	2

八、实训报告格式

报告内容（记录实训题目、时间及主要操作过程）。

1. 实训题目
2. 实训时间
3. 实训地点
4. 实训人（专业、班级、学号、姓名）
5. 指导老师
6. 实训过程（作品描述、主要制作过程、操作技巧、创意）
7. 体会、收获和问题

九、实训内容

实训 1 数字图像处理技术

1.1 文字特效

【实验目的与要求】

1. 掌握文字工具的使用

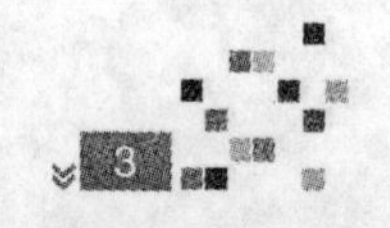

2. 掌握几种特效文字的制作方法

【实验内容】

1. 黑白文字的制作

【操作步骤】

要点：

（1）文字的输入及栅格化（像素化）。

（2）选区工具的使用。

（3）反相操作（Ctrl+I）。

步骤：

（1）新建文件 800 × 600。

（2）选择横排文字工具，设置前景色为黑色。

（3）选择一种字体，设置字号。

（4）在编辑窗口输入文字。

（5）在文字图层上，单击鼠标右键，选择栅格化图层。

（6）向下合并图层（Ctrl+E），选择“矩形选框工具”，将文字的下半部分选中。

（7）反相操作（Ctrl+I）。

（8）保存最终效果图，如图 1 所示。

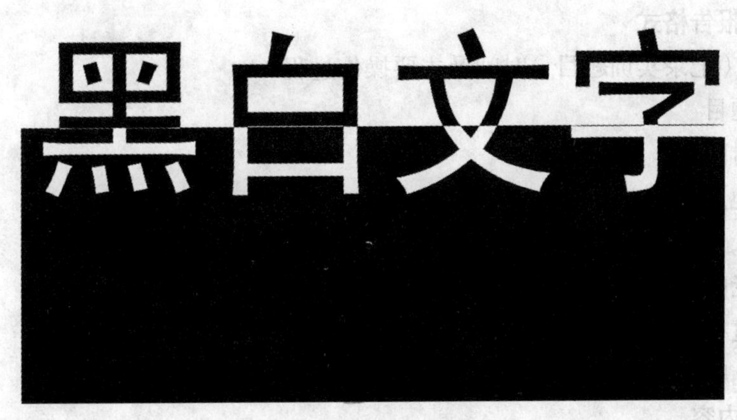

图1　黑白文字效果图

2. LED 文字效果

【操作步骤】

要点：

（1）新建一文件，背景为黑色。

（2）将当前文件显示比例放大至 1 600%，然后再制作一个几像素大小的选区，并填充绿色。

（3）再制作一个稍大一点包含绿色区域的选区，并将其定义为图案。

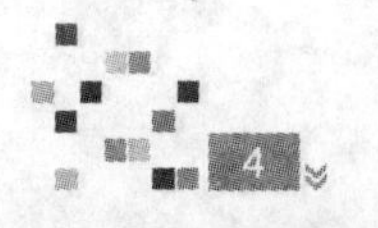

（4）新建一层，在文件中输入文字（选择一种比较粗的字体）。

（5）Ctrl+ 点击文字图层，载入选区，新建一层，删除文字层。“编辑”→“填充”，选择刚自定义的图案填充到文字中。

（6）保存最终效果图，如图 2 所示。

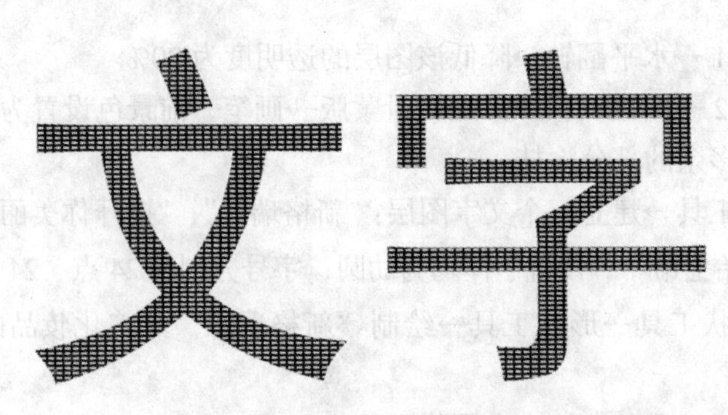

图2 LED文字效果图

3. 火焰字效果

【操作步骤】

要点：

（1）新建一个文件，将背景填充为黑色。

（2）选择文字工具，输入文字，将图层栅格化，合并图层。

（3）执行图像→旋转画面→逆时针 90°，风格化→风。

（4）执行图像→旋转画面→顺时针 90°，扭曲→波纹（或用液化滤镜）。

（5）图像→模式→灰度模式，然后执行图像→模式→索引模式。

（6）图像→模式→颜色表，在列表框中选择黑体。

（7）最后将图像模式调整为 RGB 模式，保存最终效果图，如图 3 所示。

图3 火焰文字效果图

1.2 媒体广告设计

【实验目的与要求】

（1）综合运用所学的知识来完成产品广告创意设计。

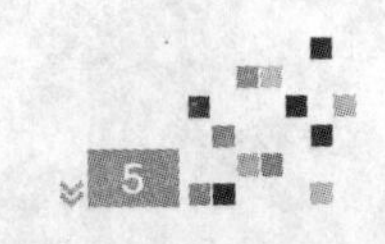

（2）掌握几种滤镜所能产生特效的技法。

【实验内容】

化妆品媒体广告设计

【操作步骤】

要点：

（1）导入素材 1 →水平翻转→降低该图层的透明度为 20%。

（2）导入素材 2 →图层调板→添加矢量蒙版→画笔→前景色设置为黑色→背景色设置为白色→素材 2 中多余的部分涂抹。

（3）横排文字工具→建立三个文字图层："新格瑞拉"、"揭开你美丽的面沙"、"法国新格瑞拉五月一日开始上市" →设置字体均为幼圆，字号分别为 24 点、24 点、14 点。

（4）自定义形状工具→形状工具→绘制 "新格瑞拉" 品牌化妆品的标志→进行颜色填充。

（5）经过设计后，调整该标志在图像中的位置。

（6）形状工具→在新图层中绘制一个图形→吸管工具→吸取人物嘴唇颜色，进行颜色填充。

（7）在化妆品图层→添加 "图层蒙版" →将化妆品中原有的文字或者图标，用蒙版遮挡→形状工具→绘制图标→并减少透明度为 30%，在产品上面添加产品名称的缩写→文字变形工具→样式扇形，使文字与产品角度融合。

（8）创建一个文字图层→输入 "艾美丽化妆品店推出"，放置于图像上部，明确注明推出该化妆品的地点。

（9）完成 "新格瑞拉化妆品招贴制作"。

（10）最终的效果图如图 4 所示。（学生可自行准备素材进行媒体广告设计，充分表现学生的创造力和设计的艺术性。）

图4　媒体广告效果图

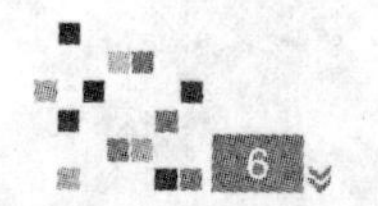

1.3 制作网页首页

【实验目的与要求】

1．掌握网页设计流程

2．掌握网页素材的制作方法

【实验内容】

制作完成样图的网页

【操作步骤】

学生自己设计一个网站首页

实训2 数字动画处理技术 Ⅱ

2.1 霓虹灯文字动画

【实验目的与要求】

1．掌握文字工具的使用

2．掌握几种特效文字的制作方法

3．掌握墨水瓶工具的使用方法

4．掌握任意变形工具的使用方法

【实验内容】

“DJMUSIC”霓虹灯文字动画的制作

【操作步骤】

要点：

（1）文字的输入及分离（像素化）。

（2）文字相对于舞台居中。

（3）任意变形工具缩放。

步骤：

（1）新建文件 400×200，设置舞台背景色为黑色。

（2）选择文字工具，选择一种字体，设置字号。

（3）在编辑窗口输入文字。

（4）对文字分离两次（像素化）。

（5）用线条工具改变线条样式为点状线，调整点距。

（6）用墨水瓶工具描文字边线。

（7）选中文字中间，删除，变为空心的文字。

（8）在第 5，10 帧分别插入关键帧，重复步骤（5）和（6）。

（9）新建图层 2，画出空心的圆角矩形。

（10）在第 5，10 帧分别插入关键帧，用任意变形工具放大，改变线的颜色。

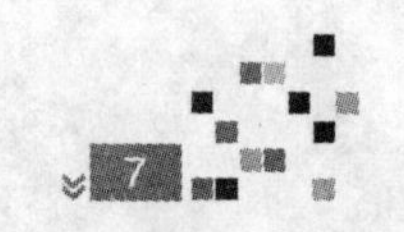

（11）保存文件“DJMUSIC.fla”。

（12）保存最终动画效果，如图5所示。

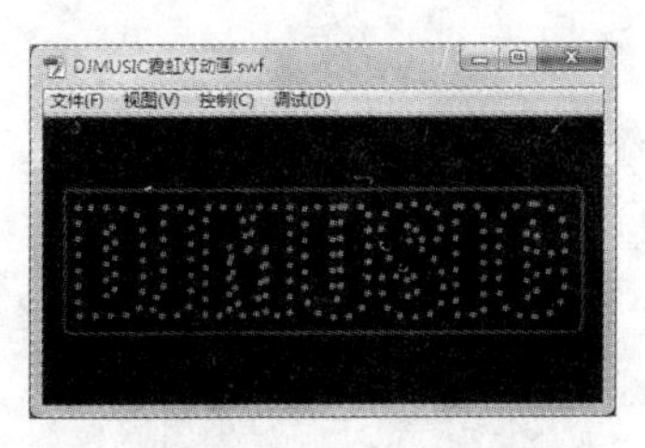

图5 霓虹灯文字动画效果图

2.2 图片特效动画

【实验目的与要求】

1. 掌握导入命令的使用方法
2. 掌握转化为元件命令的使用方法
3. 掌握元件属性的设置方法
4. 掌握创建传统补间动画的制作方法

【实验内容】

桂林山水图片欣赏

【操作步骤】

要点：

（1）转化元件注册点的位置居中。

（2）图片叠加淡入淡出效果制作。

步骤：

（1）新建文件 400×300 。

（2）导入到舞台四张图片素材，并转化为图形元件，设置注册点为居中。

（3）删除舞台上的图形元件，只保留第1张图。

（4）在45帧处插入关键帧，调整第1张图的位置。

（5）在第1帧和45帧之间创建传统补间动画。

（6）在55帧处插入关键帧，调整第1张图的Alpha为“0”。

（7）在45帧和55帧之间创建传统补间动画。

（8）新建图层2。

（9）在45帧处插入关键帧，从库面板中拖入第1张图并调整第1张图的位置。

（10）调整图2的Alpha为“0”。

（11）在55帧处插入关键帧，调整第2张图的Alpha为“100”。

（12）在100帧处插入关键帧，调整第2张图的位置。

（13）在110帧处插入关键帧，调整第2张图的Alpha为“0”。

（14）在第55，100，110帧之间创建传统补间动画。

（15）新建图层3、4。

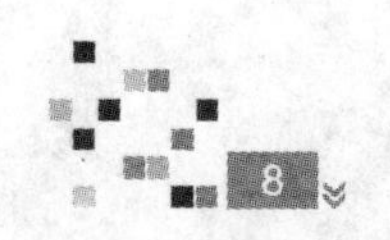

（16）在对应位置重复步骤（9）至（12），完成第 3 张图、第 4 张图的动画制作。

（17）保存最终动画效果，如图 6 所示。

图6　桂林山水图片欣赏效果图

2.3 动态三维字幕

【实验目的与要求】

1. 综合运用所学的 COOL 3D 知识来完成动态三维字幕创意设计
2. 掌握百宝箱中几种样式所能产生特效的技法

【实验内容】

“多媒体技术”三维动态字幕设计

【操作步骤】

要点：

（1）整体输入文字后，分割文字。

（2）插入不同的关键帧，由下到上调整单个文字的位置。

（3）给文字添加光晕、扭曲、变形、跳跃、弯曲等特效（学生可自行选择特效进行文字动画特效设计，充分表现学生的创造力和设计的艺术性）。

步骤：

（1）新建文件 320×240。

（2）工作室设置背景色为红色。

（3）在对象工具栏中用文字工具输入“多媒体技术”文字，设置一种美观的字体。

（4）在查看菜单，勾选对象管理器，弹出对象管理器对话框。

（5）在编辑菜单，利用“分割文字”命令分割文字为单独的文字。

（6）对单个文字“多”设置位置、扭曲、光晕等特效。

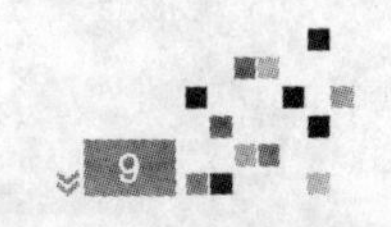

（7）对单个文字“媒”设置位置、变形、光晕等特效。

（8）对单个文字“体”设置位置、光晕等特效。

（9）对单个文字“技”设置位置、跳跃、光晕等特效。

（10）对单个文字“术”设置位置、弯曲、光晕等特效。

（11）在文件菜单，创建动画文件，视频文件 (.avi)。

（12）保存最终动画效果。

（13）完成“多媒体技术”三维动态字幕制作。

（14）保存最终效果，如图 7 所示。

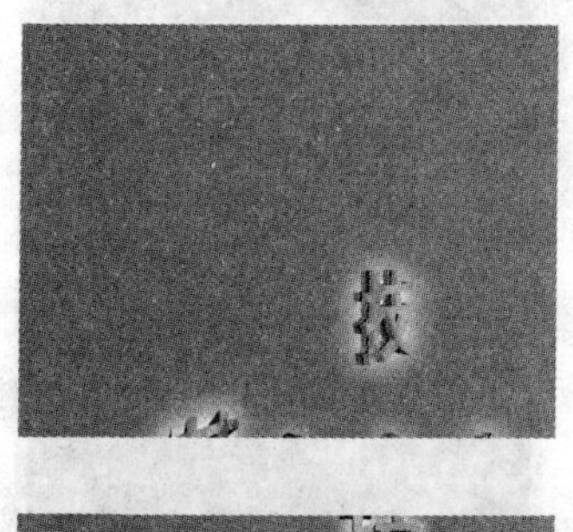

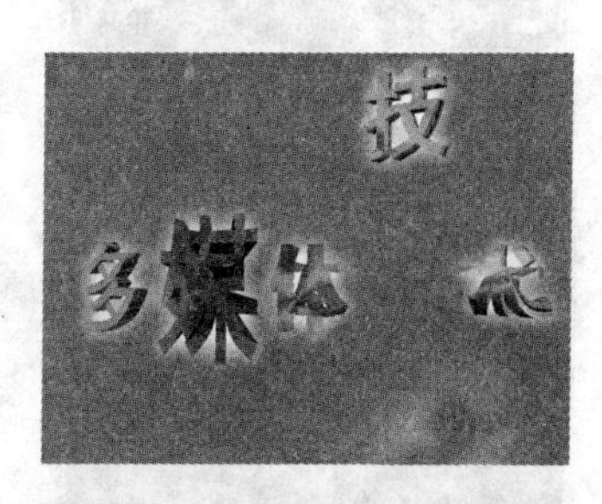

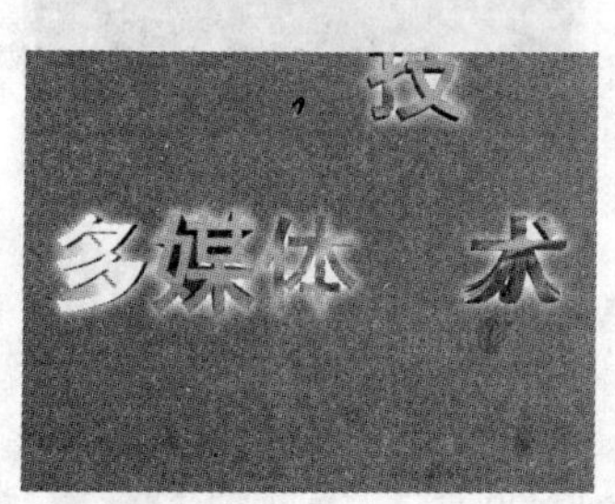

图7　“多媒体技术”三维动态字幕效果图

实训 3　数字视频技术

3.1 录制软件教学视频

【实验目的与要求】

1. 掌握 Camtasia Recorder 进行计算机屏幕录制的具体流程和方法

2. 熟悉录制区域选择、麦克风和摄像头使用、鼠标特效设置和字幕添加

【实验内容】

录制软件教学视频

【操作步骤】

要点：

（1）任选一款软件用于操作演示。

（2）选择“指定区域录制”。

（3）录制讲解声音。

（4）添加时间信息。

（5）添加教学视频标题。

（6）设置光标样式。

（7）保存文件，如图 8 所示。

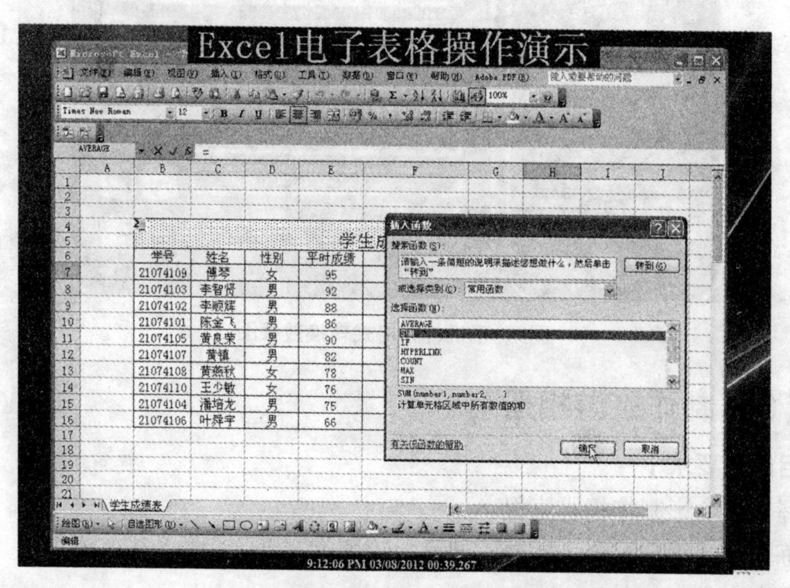

图8　录制软件教学视频效果图

3.2 手机视频格式转换

【实验目的与要求】

1．了解手机视频常见格式及转换方法

2．熟练使用 1~2 种视频转换软件实现手机视频格式转换及参数设置

【实验内容】

手机视频格式转换

【操作步骤】

要点：

（1）任选一款视频格式转换软件用于操作演示。

（2）导入待转换的视频文件。

（3）设置转换参数。

（4）开始转换。

（5）保存转换后的视频文件，如图 9 所示。

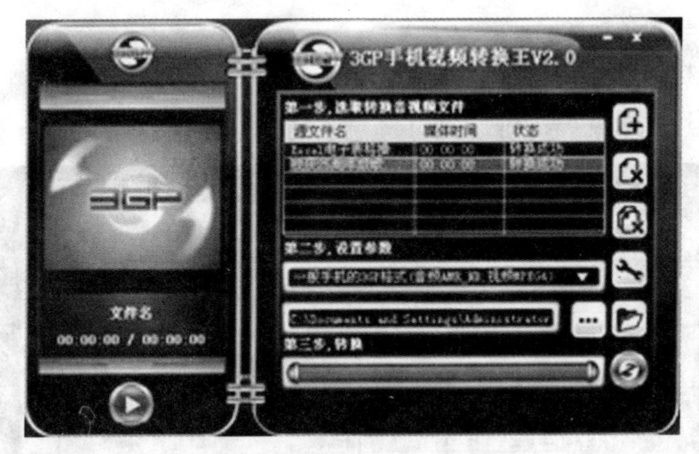

图9　手机视频格式转换效果图

3.3 制作旅游相册

【实验目的与要求】

1．掌握会声会影制作相册流程

2．熟练运用摇动与缩放、标题、滤镜、转场等效果及背景音乐的添加

【实验内容】

制作旅游相册

【操作步骤】

要点：

（1）素材自定，需包含图片和视频文件。

（2）为背景素材添加“摇动与缩放”效果。

（3）片头片尾添加不同特效的标题。

（4）为部分图片或视频素材应用两种或两种以上不同的滤镜效果。

（5）在素材之间添加转场效果。

（6）为相册添加背景音乐。

（7）保存项目，如图 10 所示。

图10　旅游相册效果图

实训 4 数字音频处理技术 Ⅱ

4.1 录制声音

【实验目的与要求】

1．掌握声音录制的两种常用方法

2．掌握 GoldWave 软件的使用

【实验内容】

声音的录制

【操作步骤】

要点：

（1）使用操作系统自带的附件的录音机来录制声音。

（2）声音输入的设置，麦克风的调节。

（3）GoldWave 软件的使用。

（4）mp3 文件的生成。

步骤：

（1）打开操作系统中的附件的录音机。

（2）设置声音输入，调节麦克风。

（3）准备好话筒，录音开始。

（4）完成录音，另存文件。

（5）安装 GoldWave 软件。

（6）打开 GoldWave 软件，新建文件设置录音时间。

（7）开始录音。

（8）录音完成，生成 mp3 文件。

（9）保存最终效果，如图 11 所示。

图11　声音文件效果图

4.2 编辑声音

【实验目的与要求】

1．掌握声音编辑的常用方法

2．掌握声音合成的方法

【实验内容】

声音编辑，合成声音

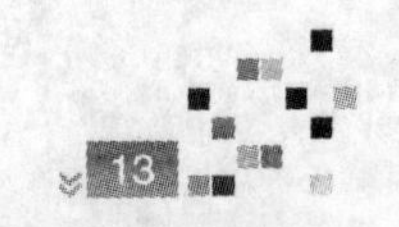

【操作步骤】

要点：

（1）通过 GoldWave 软件截取歌曲。

（2）处理编辑声音。

（3）录制新的声音。

（4）合成声音文件。

（5）制作声音旁白。

步骤：

（1）打开 GoldWave 文件。

（2）通过软件打开侃侃的这首《滴答》，截取前面一段。

（3）通过裁剪工具来截取这一段，然后通过处理工具来放大音量和去掉嗡嗡声音。

（4）录制新的一段声音。

（5）通过声音合并器来合成两个声音，形成先后顺序播放。

（6）通过两个音频播放器来播放声音，然后录制声音。

（7）形成最终的合成声音。

（8）制作声音最终效果，如图 12 所示。

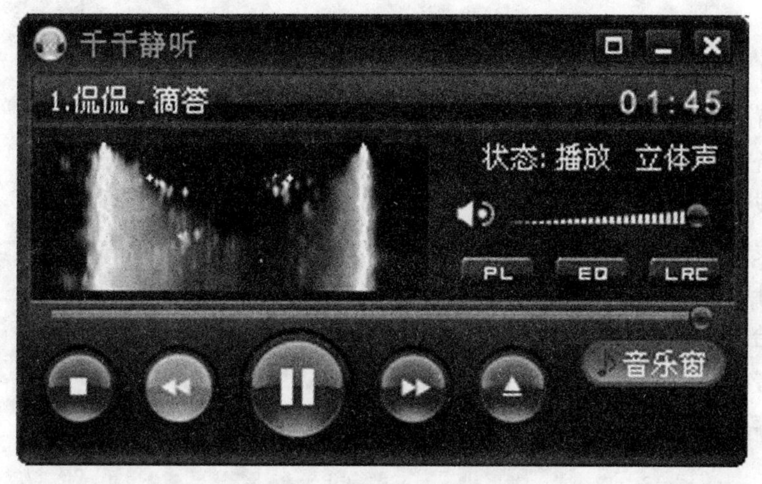

图12 声音处理文件效果

4.3 声音文件格式的转换

【实验目的与要求】

掌握声音文件格式转换的常用方法

【实验内容】

声音文件格式转换

【操作步骤】

要点：

（1）将影片文件转换成 mp3 文件。

（2）将 mp3 文件转换成 wma 文件。

步骤：

（1）通过 GoldWave 软件打开电影文件。

（2）通过裁剪工具截取文件片段。

（3）通过【文件】菜单的【另存为】保存文件。

（4）通过【文件】菜单的【另存为】转换音乐格式。

实训 5 网络多媒体广告创意与制作

5.1 LOGO 滚动广告

【实验目的与要求】

1. 掌握 LOGO 滚动广告的设计
2. 掌握图形元件、影片剪辑元件的转换
3. 掌握透明按钮的制作方法
4. 掌握按钮链接网站的脚本添加方法
5. 掌握传统补间动画的制作

【实验内容】

网页滚动广告的制作

【操作步骤】

要点：

（1）元件的转换。

（2）透明按钮的制作。

（3）传统补间动画的制作。

（4）按钮的脚本添加。

步骤：

（1）新建文件 1200 × 120。

（2）导入“LOGO.PSD”素材文件。

（3）整齐排列好 LOGO 位置。

（4）转换为图形元件。

（5）选中所有图形元件，转换为“LOGO”影片剪辑元件。

（6）制作透明按钮元件。

（7）给“LOGO”影片剪辑中每一个 LOGO，添加一个透明按钮。

（8）给每个透明按钮，添加动作脚本，如百度 LOGO 按钮脚本：

```
on (release) {
    getURL("http://www.baidu.com", "blank");
}
```

（9）在场景中左右排列两个“LOGO”影片剪辑元件。

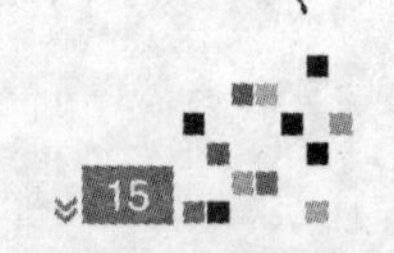

（10）在第 60 帧插入关键帧，调整好“LOGO”影片剪辑元件的位置。

（11）创建传统补间动画。

（12）测试影片，单击每一个 LOGO，查看在新窗口链接到对应的网站。

（13）保存最终效果图“LOGO 滚动广告 .fla”，如图 13 所示。

图13　LOGO滚动广告效果图

5.2 网页轮换图片广告

【实验目的与要求】

1. 掌握网络轮换图片广告的设计
2. 掌握图形元件、按钮元件的转换
3. 掌握帧标签的制作方法
4. 掌握按钮链接帧标签的脚本添加方法
5. 掌握传统补间动画的制作
6. 掌握 Alpha 的设置方法

【实验内容】

网页轮换图片广告的制作

【操作步骤】

要点：

（1）按钮元件的转换。

（2）Alpha 的设置。

（3）传统补间动画的制作。

（4）按钮的脚本添加。

步骤：

（1）新建一个 AS2.0 文件，大小 500 × 210，白色背景，帧频为 12 fps。

（2）导入“网页轮换图片广告 .psd”素材。

（3）左侧位图转换成按钮元件 t1 ～ t6，右侧按钮转换为按钮元件 bt1~bt6。

（4）在场景 1，选中“图书馆”图层，在第 12，24 帧，按【F6】键，插入关键帧。

（5）在第 1 帧，设置 Alpha 为 20%，创建传统补间动画。

（6）同理，对“宿舍楼、体育馆、艺术楼、办公楼、教学楼”图层重复步骤（4）和（5）。

（7）选中“教学楼”图层，拖曳到第 25 帧起始位置。

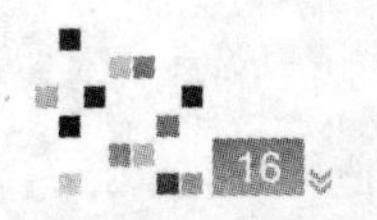

（8）同理，分别选中“宿舍楼、体育馆、艺术楼、办公楼”图层，拖曳到第121，97，73，49帧起始位置。

（9）制作右侧按钮bt1~bt6的文字图层，分别输入“宿舍楼、体育馆、艺术楼、办公楼、教学楼、图书馆”文字。

（10）新建“标签”图层，在第1，25，49，73，97，121帧，输入帧标签“1”，“2”，“3”，“4”，“5”，“6”。

（11）新建“标题”图层，在第1帧，输入“1.图书馆”，在第25，49，73，97，121帧，按【F6】键，插入关键帧。修改标题分别为“2.教学楼，3.办公楼，4.艺术楼，5.体育馆，6.宿舍楼”。

（12）选中图书馆按钮bt1，按【F9】键，添加动作脚本：

```
on (release) {gotoAndPlay("1");}
```

（13）同理，给其他按钮添加动作脚本，对应不同的帧标签“2”，“3”，“4”，“5”，“6”。

（14）按【Ctrl+Enter】键，测试影片，图片自动循环播放，按不同的按钮，从按钮对应图片开始，循环播放。

（15）保存“网页软件图片广告制作.fla”。

（16）保存最终效果，如图14所示。

图14　网页轮换图片广告效果图

实训6 交互式多媒体开发与实现

6.1 电子相册

【实验目的与要求】

1. 掌握交互式多媒体舞台设计
2. 掌握Director内置行为库的使用方法
3. 掌握利用Lingo语言对精灵的位置、颜色、内容、大小等属性的调整

【实验内容】

电子相册的制作

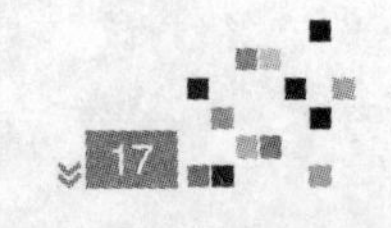

【操作步骤】

要点：

（1）舞台设计。

（2）Director 内置行为的使用。

（3）导航命令（Go 、Play 命令导航）。

步骤：

（1）新建电影，舞台的大小设置为 720×640，背景为黑色。

（2）执行 File → Import 命令导入素材。

（3）创建文本演员，输入电子相册，设定文字字体、大小、颜色。

（4）设计“封面”、“封底”、“目录”、“EXIT”、“链接”、“暂停”、“恢复”、“下一页”、“上一页”按钮。

（5）添加素材到舞台，调整位置、大小。

（6）添加背景声音。

（7）打开声音控制行为选项面板，使用内置行为控制背景声音的暂停、恢复。

（8）“封面”、“封底”、“目录”、“下一页”、“上一页”按钮添加 Script，提示：使用导航命令。

（9）“EXIT”、“链接”按钮添加 Script，提示：“EXIT”按钮使用 Quit 命令，“链接”按钮使用 goToNetPage 命令。

（10）保存文件并发布，如图 15 所示。

图15　电子相册效果图

6.2 音乐播放器

【实验目的与要求】

1. 掌握交互式多媒体舞台设计
2. 掌握 Director 内置行为库的使用方法
3. 掌握利用 Lingo 语言在 Director 影片中使用音频的方法

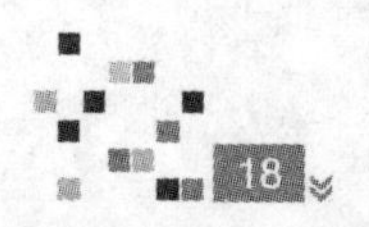

【实验内容】

音乐播放器的制作

【操作步骤】

要点：

（1）舞台设计。

（2）Director 内置行为的使用。

（3）PuppetSound 命令。

步骤：

（1）新建电影，舞台的大小设置为 500×200，背景为白色。

（2）执行 File →“Import”命令导入素材。

（3）添加素材到舞台，调整位置、大小。

（4）使用 PuppetSound 命令控制声音的播放、停止。

（5）暂停按钮 Script：sound(1).pause()。

（6）上一首按钮 Script：sound(1).rewind()。

（7）下一首按钮 Script：sound(1).playnext()。

（8）最小化窗口按钮 Script：appMinimize。

（9）关闭窗口按钮 Script：Quit。

（10）提示按钮 Script：goToNetPageScript 命令。

（11）打开声音控制行为选项面板，使用内置行为控制声音的大小。

（12）保存文件并发布，如图 16 所示。

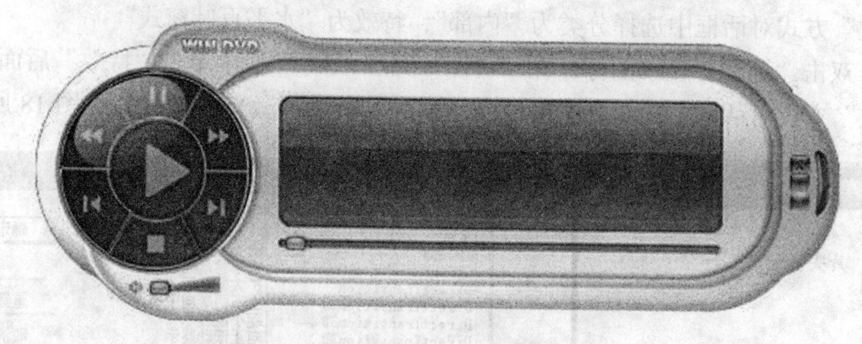

图16　音乐播放器效果图

实训 7 多媒体电子出版物的设计与制作 Ⅲ

7.1 制作简单片头

【实验目的与要求】

1. 掌握文字工具的使用
2. 掌握导入图片的方法
3. 掌握设置片头过渡效果的方法

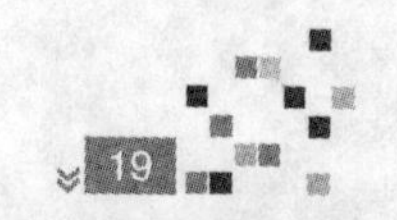

4．掌握等待图标和擦除图标的使用方法

5．掌握导入片头音乐的方法

6．掌握等待图标的设置方法

【实验内容】

“多媒体应用技术——项目与案例教程”简单片头的制作

【操作步骤】

要点：

（1）音乐、图片和标题同时显示设置。

（2）文字透明模式的设置。

（3）特效的设置。

（4）等待的设置。

步骤：

（1）新建文件 800×600，设置舞台背景色为黑色，屏幕居中。最终效果流程图如图17 所示。

（2）拖动显示图标到流程线，命名为“图片”。

（3）双击“图片”显示图标，单击常用工具栏中的“导入”按钮，导入图片文件。

（4）添加一个“标题”显示图标。

（5）双击“标题”，用“文本”工具 A，添加文本“多媒体应用技术——项目与案例教程”，选择一种字体“楷体”，设置字号为 48，设置模式为透明。字色为蓝色。

（6）双击“图片”显示图标，在“属性”“显示图标”栏中单击“特效”后面的按钮，在“特效”方式对话框中选择分类为“内部”，特效为“水平百叶窗式”。

（7）双击“标题”显示图标，在“属性”“显示图标”栏中单击“特效”后面的按钮，在“特效”方式对话框中选择分类为“DmXP”，特效为“激光展示 1”，如图 18 所示。

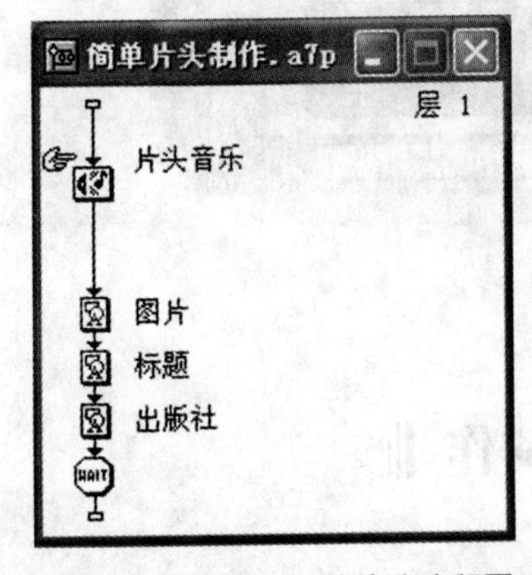

图17　带背景音乐的片头流程图

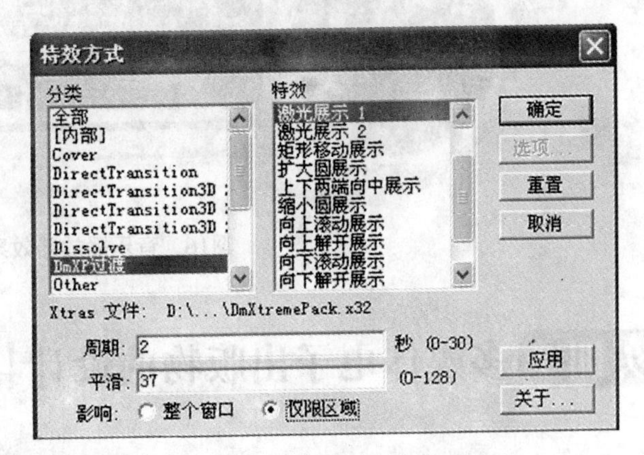

图18　设置“激光展示”特效方式

（8）添加一个“片头音乐”声音图标。

（9）双击“片头音乐”声音图标，单击“导入”按钮，导入声音文件。

（10）选定“片头音乐”图标，将“属性”栏“计时”选项卡中的“执行方式”设置为“同时”。

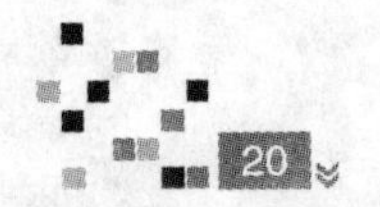

（11）添加一个“出版社”显示图标，并导入“出版社”图片，设置特效“从左到右”。

（12）单击常用工具栏中的“运行”按钮，此时系统先播放片头音乐，再显示图片和标题。

（13）添加一个“等待”图标，复选“单击鼠标”和“按任意键”，去掉“显示按钮”。

（14）保存为“简单片头制作 .a7p”文件。

（15）保存最终效果动画，如图 19 所示。

图19　片头文字动画效果图

7.2 流畅的滚动字幕

【实验目的与要求】

1. 掌握导入背景透明文字的 PSD 格式文件的方法
2. 掌握利用运动图标产生滚动字幕效果的方法
3. 掌握擦除图标的设置方法
4. 掌握移动图标的设置方法

【实验内容】

片尾滚动字幕特效制作

【操作步骤】

要点：

（1）移动图标的设置方法。

（2）设置图像的显示模式为“阿尔法”。

步骤：

（1）新建文件 800×600，设置舞台背景色为黑色，屏幕居中。最终片尾效果流程图如图 20 所示。

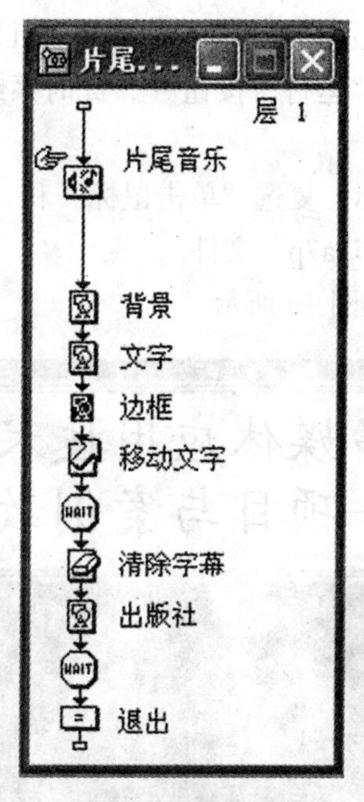

图20 片尾流程图

（2）拖动显示图标到流程线，命名为“背景”。

（3）双击“背景”显示图标，单击“导入”按钮，导入背景图片文件。

（4）添加一个“字幕”显示图标。

（5）双击“字幕”，用“文本”工具A，添加文本“主编：张秀杰 副主编：张维山 作者：张秀杰 张维山 李建平 刘剑武 潘彪 卢国强”，选择字体“黑体”，设置字号为24，设置模式为透明，字色为蓝色。

（6）添加一个“移动文字”移动图标。双击“字幕”显示图标打开文字显示窗口，再双击移动图标，在文字显示窗口移动定义字幕由下向上运动，产生滚动字幕效果，如图21所示。

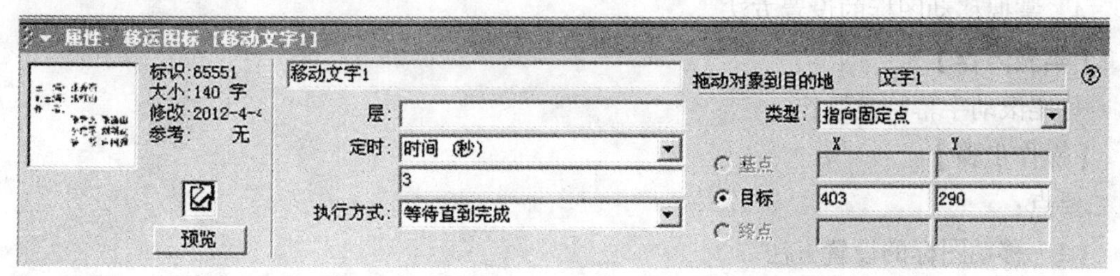

图21 移动图标属性设置

（7）添加一个“等待”图标，复选“单击鼠标”和“按任意键”，设置等待3s，去掉“显示按钮”。

（8）添加一个“擦除”图标，双击“字幕”显示图标打开文字显示窗口，再双击擦除图标，再单击文字，擦除当前字幕，如图22所示。

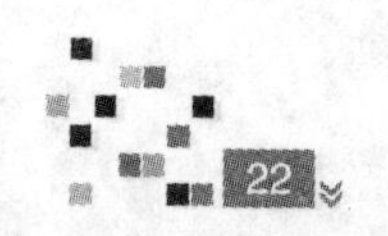

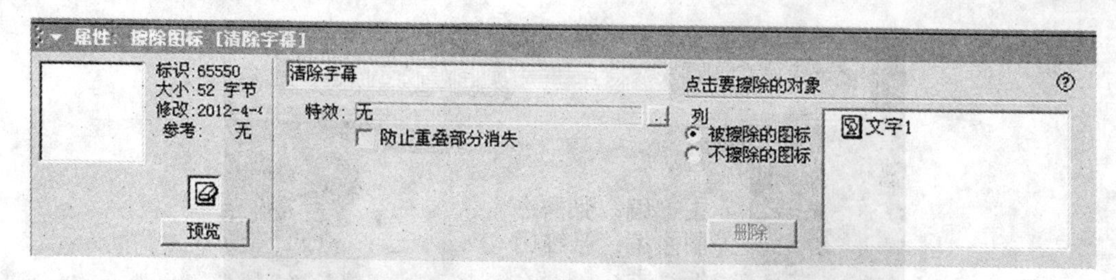

图22　移除文字属性设置

（9）添加一个“边框”显示图标。双击“边框”显示图标，单击“导入”按钮，导入边框图片文件。

（10）双击边框图片，设置模式为“阿尔法模式”，单击“确定”按钮，如图 23 所示。

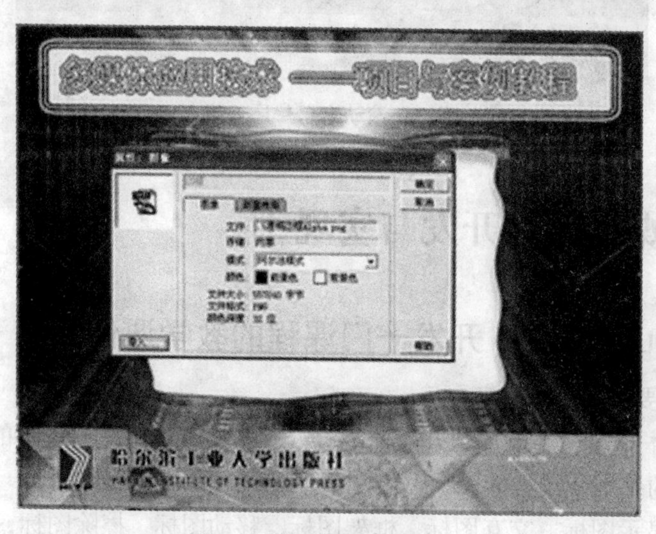

图23　设置“阿尔法模式”

（11）添加一个“片尾音乐”声音图标。

（12）双击“片尾音乐”声音图标，单击“导入”按钮，导入声音文件。

（13）选定“片尾音乐”图标，将“属性”栏“计时”选项卡中的“执行方式”设置为“同时”。

（14）添加一个“退出”计算图标，输入“Quit()”函数。

（15）单击常用工具栏中的“运行”按钮，此时系统先播放片尾音乐，再显示图片和字幕效果。

（16）保存为“片尾滚动字幕特效制作 .a7p”文件。

（17）保存最终效果动画，如图 24 所示。

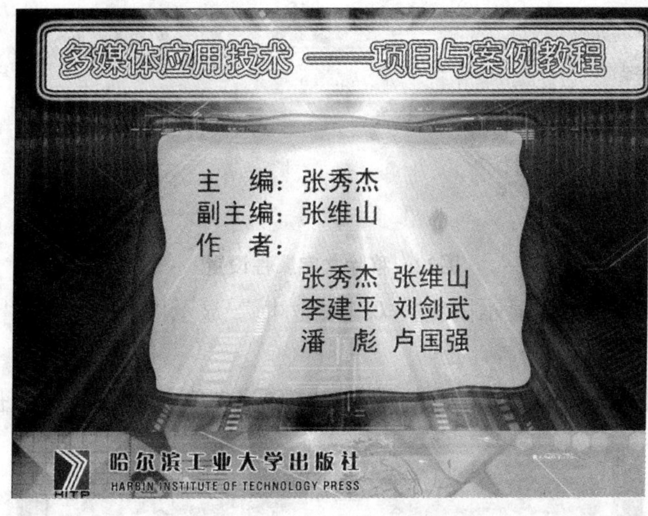

图24 滚动字幕片尾效果

实训8 多媒体项目开发与实现 Ⅱ

用 Authorware 开发一门课程的教学课件

【实验目的与要求】

1. 了解多媒体应用软件设计与开发流程；熟悉多媒体应用软件设计的一般方法；掌握多媒体创作工具的基本使用技能

2. 熟练应用显示图标、交互图标、框架图标、移动图标、擦除图标，进行多媒体课件的流程设计

3. 设计出结构清晰、流程设计合理、主题突出、运行调试正确，能够脱离 Authorware 环境运行的多媒体课件

【实验内容】

用 Authorware 开发一门课程的多媒体课件

【操作步骤】

要点：

（1）准备多媒体素材（主界面图片、按钮图片、背景音乐、片头片尾动画、文字素材等）。

（2）多媒体课件基本结构设计（节点设计、链接设计、网络设计和学习路径的设计）。

（3）多媒体课件交互界面设计（交互类型的选择、窗口的设计、菜单设计、按钮设计、对话框的设计）。

（4）多媒体课件导航的设计（浏览导航的设计、检索导航的设计、帮助导航的设计、书签导航的设计等）。

（5）课件的调试和打包发布。

步骤：

（1）准备多媒体素材、设计制作。

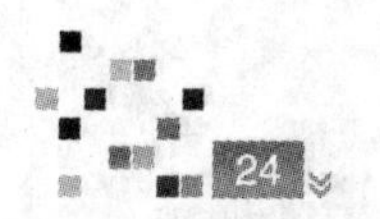

（2）使用计算图标设计界面大小。
（3）修改文件属性，为后续课件制作准备。
（4）为课件添加片头动画，设置动画播放属性。
（5）为课件添加背景音乐，设置音乐播放属性。
（6）使用显示图标制作课件主界面并添加特效。
（7）使用交互图标制作课件交互界面设计，选择合适的交互类型。
（8）添加群组图标，设计章节结构。
（9）使用导航和框架图标设计课件的导航功能。
（10）使用文本工具和图像编辑为课件添加章节内容。
（11）使用文本输入响应制作填空题和计算题。
（12）使用变量和设置响应类型制作选择题。
（13）使用目标区域响应设计制作拼图游戏。
（14）为课件添加片尾动画，设置动画属性。
（15）使用开始标志旗和结束标志旗调试课件。
（16）使用一键发布打包发布课件。
（17）最终课件结构如图 25 所示。

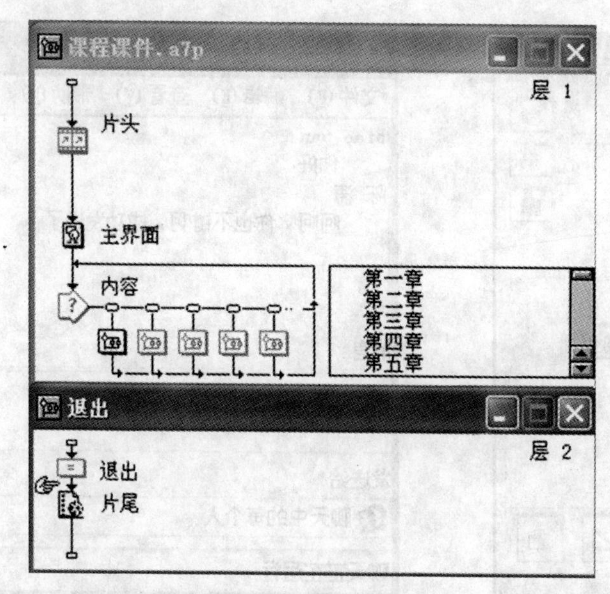

图25　课程课件结构图

实训 9 多媒体通信技术

9.1 NetMeeting 工具的使用

【实验目的与要求】

1. 掌握 NetMeeting 软件的安装和配置

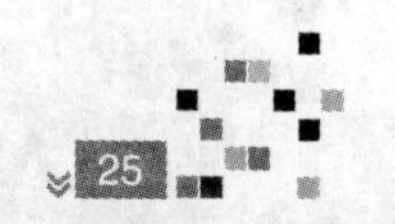

2．掌握 NetMeeting 软件的使用

【实验内容】

NetMeeting 工具的使用

【操作步骤】

要点：

（1）掌握 NetMeeting 软件的安装和配置。

（2）掌握 NetMeeting 软件的使用。

步骤：

（1）下载 NetMeeting 软件。

（2）安装 NetMeeting 软件。

（3）配置电子邮箱地址。

（4）配置声音麦克风输入。

（5）配置电脑 IP 地址。

（6）设置新的呼叫，呼叫 IP 地址。

（7）完成对话。

（8）最终效果如图 26 和图 27 所示。

图26 软件聊天效果图

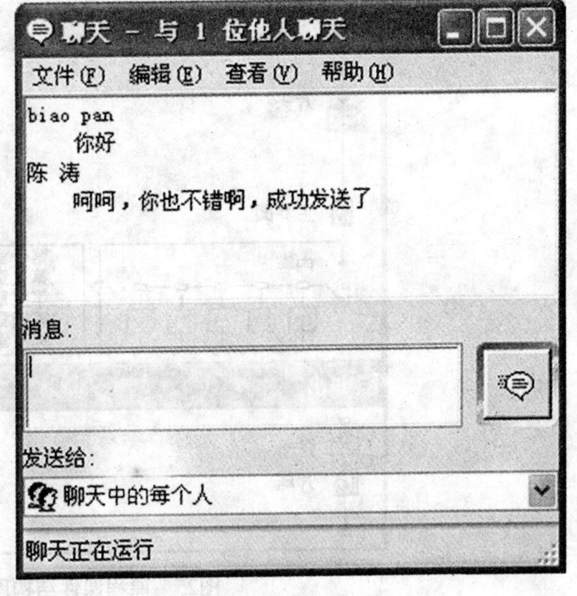

图27 软件聊天效果图

9.2 YY 聊天工具的使用

【实验目的与要求】

1．掌握 YY 聊天工具的安装和配置

2．掌握 YY 聊天软件网上 K 歌的使用方法

【实验内容】

YY 聊天工具的使用

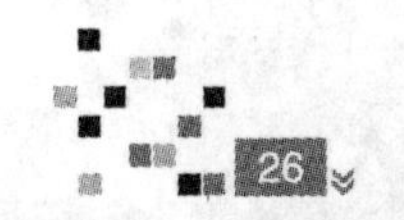

【操作步骤】

要点：

（1）YY 聊天工具的安装和配置。

（2）YY 聊天软件网上 K 歌的使用。

步骤：

（1）下载 YY 聊天软件。

（2）安装 YY 聊天软件。

（3）注册账号和密码。

（4）调试麦克风。

（5）进入频道排行，点击 K 歌地带。

（6）通过对话索取马甲，等待 K 歌序号轮到。

（7）准备好酷狗音乐播放器，搜索自己喜欢的歌曲。

（8）设置酷狗音乐的伴唱形式，准备好话筒，开始唱歌。

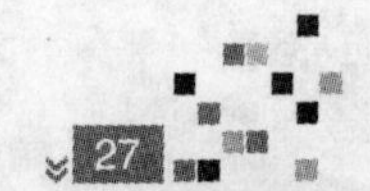

目录 Contents

多媒体应用技术

DUOMEITI YINGYONG JISHU

——项目与案例教程实训手册

主　编　张秀杰

副主编　张维山　李建平

编　者　刘剑武　潘　彪　卢国强

『十二五』高职高专体验互动式创新规划教材

哈尔滨工业大学出版社

HITP

远程教育等都是伴随着多媒体技术的发展而逐渐发展起来的。这些基于多媒体的网络服务为家庭、学校和企事业单位提供了更加丰富多彩的信息交流手段，可以说网络、通信技术的发展离不开多媒体技术的进步，但同时，多媒体技术的实现以及它的有效利用也离不开网络技术和通信技术的支持。

多媒体通信是一个综合性技术，涉及多媒体技术、计算机技术和通信技术等领域，在多媒体数据的分布性、结构性以及计算机支持的协同工作等应用领域都要求在计算机网络上传送声音、图像数据，在传输的过程就要保证传输的速度和质量。而多媒体通信是通信技术和多媒体技术结合的产物，它并蓄兼收了计算机的交互性、多媒体的复合性、通信的分布性以及电视的真实性等优点。在协同工作中，由于要用到摄像机、监视器、话筒等多媒体设置进行发送和接收信息，这就对同时在网络上传输多路双向声音和图像像素的要求非常高。如语音和视频有较强的实时性要求，它容许出现某些细节错误，但不能容忍任何延迟；而对数据来说，可以容忍延时，但不能有任何错误，因为即便是一个字节的错误都将会改变整个数据的意义。为了给多媒体通信提供新型的传输网络，发展的重点为宽带综合业务数字网，它可以传输高保真立体声和高清晰度电视，是多媒体通信追求的理想目标。

6. 虚拟现实技术

虚拟现实技术是多媒体技术的最高境界，这是用多媒体计算机创造现实世界的技术。虚拟现实英文是 Virtual Reality，也被译为临境或幻境。

虚拟现实的本质是人与计算机之间进行交流的方法，专业划分实际上是“人机接口”的技术，也称相当有效的逼真的三维交互接口。

虚拟现实技术具有超越现实的虚拟性，它是伴随多媒体技术发展起来的计算机新技术，它利用三维图形生成技术、多传感交互技术以及高分辨率显示技术，生成三维逼真的虚拟环境，用户需要通过特殊的交互设备才能进入虚拟环境中。这是一门崭新的综合性信息技术，它融合了数字图像处理、计算机图形学、多媒体技术、传感器技术等多个信息技术分支，从而大大推进了计算机技术的发展。它的一个主要功能是生成虚拟境界的图形，它可以是某一特定环境的表现，也可以是纯粹的构想的世界。虚拟现实之所以能让用户从主观上有一种进入虚拟世界的感觉，而不是从外部去观察它，而是采用了一些特殊的输入 / 输出设备。

虚拟现实技术具有四个重要特征：

（1）多感知性 (multi-sensory)。所谓多感知是指除了一般计算机技术所具有的视觉感知之外，还有听觉感知、力觉感知、触觉感知、运动感知，甚至包括味觉感知、嗅觉感知等。由于虚拟技术的限制，目前虚拟现实技术还没有嗅觉感知功能。

（2）临场感 (immersion)。又称浸没感或存在感，指用户感到作为主角存在于模拟环境中的真实程度。理想的模拟环境应该使用户难以分辨真假，使用户全身心地投入到计算机创建的三维虚拟环境中，该环境中的一切看上去是真的，听上去是真的，动起来是真的，甚至闻起来、尝起来等一切感觉都是真的，如同在现实世界中的感觉一样。

（3）交互性 (interactivity)。指用户对模拟环境内物体的可操作程度和从环境得到反馈的自然程度 (包括实时性)。例如，用户可以用手去直接抓取模拟环境中虚拟的物体，这时手有握着东西的感觉，并可以感觉物体的质量，视野中被抓的物体也能立刻随着手的移动而移动。

（4）自主性 (imagination)。又称构想性，强调虚拟现实技术应具有广阔的可想像空间，可拓宽人类认知范围，不仅可再现真实存在的环境，也可以随意构想客观不存在的甚至是不可能发生的环境。

不难看出虚拟现实技术的应用前景十分广阔。它始于军事和航空航天领域的需求，但近年来，虚拟现实技术的应用已大步走进工业、建筑设计、教育培训、文化娱乐等方面，它正在改变着我们的生活。

项目 0.5 多媒体计算机系统组成和相关多媒体设备的知识

1. 多媒体计算机系统组成

多媒体计算机系统由硬件系统和软件系统组成，它的层次结构如图 1.1 所示，其中硬件系统主要

包括计算机主要配置和各种外部设备以及与各种外部设备的控制接口卡；软件系统包括多媒体驱动软件、多媒体操作系统、多媒体数据处理软件、多媒体创作工具软件和多媒体应用软件。

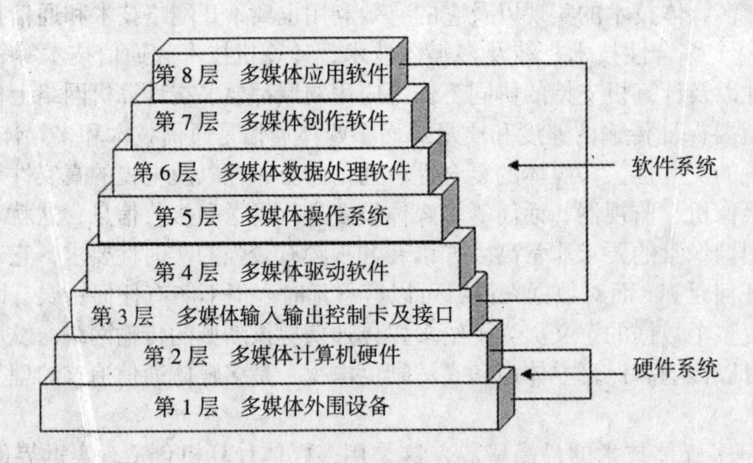

图1.1　多媒体系统的层次结构

（1）多媒体硬件系统。多媒体硬件系统是由计算机存储系统、音频输入 / 输出和处理设备、视频输入 / 输出和处理设备等选择性组合而成。

（2）多媒体驱动软件。多媒体驱动软件是多媒体计算机软件中直接和硬件打交道的软件。它完成设备的初始化，完成各种设备操作以及设备的关闭等。驱动软件一般常驻内存，每种多媒体硬件需要一个相应的驱动软件。

（3）多媒体操作系统。多媒体操作系统必须具备对多媒体数据和多媒体设备的管理和控制功能，具有综合使用各种媒体的能力，能灵活地调度多种媒体数据并能进行相应的传输和处理，且使各种媒体硬件和谐地工作。多媒体操作系统大致可分为两类：一类是为特定的交互式多媒体系统使用的多媒体操作系统，例如，Commodore 公司为其推出的多媒体计算机，Amiga 系统开发的多媒体操作系统 Amiga DOS；另一类是通用的多媒体操作系统，目前流行的有 Windows XP、Windows NT 等。

（4）多媒体处理软件。多媒体数据处理软件是专业人员在多媒体操作系统之上开发的。在多媒体应用软件制作过程中，对多媒体信息进行编辑和处理是十分重要的，多媒体素材制作的好坏，直接影响到整个多媒体应用系统的质量。

常见的音频编辑软件有 Sound Edit、Cool Edit 等，图形图像编辑软件有 Illustrator、CorelDraw、Photoshop 等，非线性视频编辑软件有 Premiere，动画编辑软件有 Animator Studio 和 3D Studio MAX 等。

（5）多媒体创作软件。多媒体创作软件是帮助开发者制作多媒体应用软件的工具，能够对文本、声音、图像、视频等多种媒体信息进行控制和管理，并按要求连接成完整的多媒体应用软件。如 Authorware、Director、Flash 等。

（6）多媒体应用系统。多媒体应用系统又称为多媒体应用软件。它是由各种应用领域的专家或开发人员利用多媒体开发工具软件或计算机语言，组织编排大量的多媒体数据而成为最终多媒体产品，是直接面向用户的。多媒体应用系统所涉及的应用领域主要有文化教育教学软件、信息系统、电子出版、音像影视特技、动画等。

2. 多媒体存储器

数字化的多媒体信息量非常大，要占用巨大的存储空间，光存储技术的发展为存储多媒体信息提供了保证。光盘存储器具有存储容量大、工作稳定、密度高、寿命长、介质可换、便于携带、价格低廉等优点，已成为多媒体信息存储普遍使用的载体。光盘分为只读光盘（如 CD-ROM、CD-DA、CD-I、CD-V、photo-CD、CD-ROM/XA）、一次写可多次读型光盘（WORM（CD-WO））、可擦写型光盘（如相变型光盘（PCD）和磁光型光盘 CD-MO（MOD））。

3. 多媒体功能卡

（1）声卡。声卡是多媒体计算机必备的部件之一，用来处理各种类型数字化声音信息。

（2）显卡。显示卡 / 图形卡 (graphics card) 在 PC 系统中起着举足轻重的作用。它接受计算机产生的数字信息，然后把它转化为人类可以看见的信息。在大多数的计算机里，显示卡把数字信号转换为模拟的信号，然后在显示器上显示出来 。

（3）视频卡。视频卡也称为视频采集卡，是对模拟视频图像进行捕捉并转化为数字信号的工具。

4. 多媒体外围设备

（1）扫描仪。扫描仪是 20 世纪 80 年代中期出现的光机电一体化高科技产品，可以将各种形式的图像信息输入到计算机中。其基本原理是将反映图像特征的光信号转换成计算机可以接受的电信号。市场上有多种品牌的扫描仪，其中以 Microtel（全友）、Nissan（清华紫光）等较为出名。

（2）数码照相机。数码相机作为新一代的影像器材，具有传统相机不具备的许多优势。其原发数字性图形文件，具有数字处理的先天优势，可以直接把拍摄的图片保存为电子文档，并且其记忆体存储方式使后期彩扩成本大为降低。而更重要的是拍摄的图片可以在计算机上任意修改、加工以及传递。

（3）摄像头。摄像头作为一种视频输入设备，从诞生到今天已经很久了。在过去摄像头被广泛地运用于视频会议、远程医疗及实时监控。近年以来，随着互联网技术的发展，网络速度的不断提高，再加上 CCD / CMOS 成像器件技术的成熟并大量用于摄像头的制造上，这使得它的价格降到普通人可以承受的水平。

（4）触摸屏。触摸屏最早出现于 20 世纪 70 年代，90 年代随着多媒体的应用更加成熟。它的特点是直观方便，即使没有接触过计算机的人也能使用，是多媒体系统交互操作的理想设备。

5. 投影设备

目前投影机主要通过三种显示技术实现，即 CRT、LCD、DLP 投影技术。

6. 高级多媒体设备

（1）显示设备。显示设备分为多通道显示设备、头盔显示器和立体显示系统。

（2）交互设备。交互设备分为数据手套、力反馈器和多指点触摸设备。

（3）数据采集设备。三维扫描仪、动作捕捉设备（惯性、电磁式、光学）和眼动仪。

项目 0.6 多媒体系统的应用

随着多媒体技术迅速发展，多媒体系统的应用更以极强的渗透力贯穿人类工作、生活的各个领域。多媒体技术的应用主要体现在以下几个方面：

1. 在办公教育培训中的应用

多媒体为丰富多彩的教学方法又增添了一种新手段：音频、动画和视频的加入，使教学更逼真，可以通过动画模拟实际操作，例如，生物学中的细胞分裂过程、化学中有毒气体的实验等。多媒体技术在有些领域的培训工作中发挥着重要的作用。

2. 在通信与企业生产管理中的应用

通信技术与计算机技术相结合发展成为计算机网络技术。随着网络技术的发展完善，多媒体计算机技术也在通信技术中发挥着重要作用，人们能够在多媒体计算机上办公、学习、足不出户购物、打可视电话、观看在线电影及开电话会议。随着多媒体技术的出现，使计算机在企业生产管理中得到提升。

3. 在电视广播业、出版业中的应用

现代广播电视要求具有灵活的交互功能，将来电视台所拥有的丰富的信息资源都以数字化多媒体信息的形式保存在一个巨大的信息库中，观众可以对节目实现点播，真正做到想看什么节目就可以

播放什么节目，能最大限度地服务于观众。

4. 在商业旅游中的应用

在广告和销售服务工作中，采用多媒体技术能高质量地、实时地、交互地接受和发布商业信息，提高产品促销的效果，为广大商家及时地赢得商机。通过多媒体技术的展示功能，大大推动了旅游业的发展，旅游者想去哪里可以事先通过多媒体计算机做一番考察，确定旅游目的地，人们可以实现不出门，就能了解旅游区的美景，设计好旅游的行程和线路，体会到多媒体计算机在旅游业中的作用。

5. 在多媒体数据库中的应用

多媒体数据库是数据库技术与多媒体技术相结合的产物，它可以将文字图像数据等多种媒体集成管理并综合表示而且建立起对多媒体信息的检索和查询等管理机制。

总之，由于多媒体信息技术已经非常普及，被广泛应用在教育、军事、商业、文化等领域，并具有十分广泛的应用前景。

项目 0.7 多媒体技术的发展前景

近年来，多媒体技术得到迅速发展，多媒体系统的应用更以极强的渗透力进入人类生活的各个领域。在现有的技术应用中，多媒体技术是炙手可热的领域，新手段、新现象每天都出现，所带来的新感觉、新体验是以往任何时候都无法想象的。人类的工作和生活的方方面面都感觉到它所带来的变化。

总体来看，计算机多媒体技术的发展前景有两个方面：多媒体技术集成化，多媒体终端的智能化、嵌入化和网络化发展。

1. 多媒体技术集成化

在传统的计算机应用中，大多数都采用文本媒体，所以对信息的表达仅限于“显示”。但未来的多媒体环境下，各种媒体并存，视觉、听觉、触觉、味觉和嗅觉媒体信息的综合与合成，就不能仅仅用“表示”完成媒体的表现了。各种媒体的时空安排和效应，相互之间的同步和合成效果，相互作用的解释和描述等都是表达信息、影视声响技术广泛应用。使多媒体的时空合成、同步效果，可视化、可听化以及灵活的交互方法等是多媒体领域的发展方向。

多媒体交互技术的日新月益，以并行和非精确方式与计算机系统进行交互，可以提高人机交互的必然性和高效性。

虚拟现实是多媒体技术的最高境界。从虚拟现实技术诞生以来，它已经在军事模拟、先进制造、城市规划、地理信息系统、医学生物等领域中应用。巨大的经济、军事和社会效益使虚拟现实技术并被称为 21 世纪最具应用前景的技术。

2. 多媒体终端的智能化、嵌入化和网络化

智能化将多媒体计算机系统本身的多媒体性能提高，将计算机芯片嵌入各种家用电器中。目前开发智能化家电是一个发展前景，多媒体计算机硬件体系结构、软件不断改进，尤其是采用了硬件体系结构设计和软件、算法相结合的方案，使多媒体计算机的性能指标进一步提高，使多媒体终端设备具有更高的智能化，对多媒体终端增加如汉语语音的识别和输入、自然语言理解和机器翻译、文字的识别和输入、图形的识别和理解、机器人视觉和计算机视觉等智能。

嵌入式多媒体系统在工业控制和商业管理领域，如智能工控设备、POS / ATM 机、IC 卡等；在家庭领域，如数字电视机、数字机顶盒、网络冰箱、网络影院等消费类电子产品，以及家庭住宅中央控制系统等。此外，嵌入式多媒体系统还在医疗类电子设备、掌上电脑、3D 手机、车载导航器、网上娱乐、军事方面等领域有着巨大的应用前景。在目前，“信息家电平台”的概念，已经使多媒体终端集互动式购物、互动式办公、互动式医疗、互动式教学、互动式游戏、互动式点播等应用为一身，

代表了当今嵌入化多媒体终端的发展方向。

综上所述，计算机多媒体技术的应用和发展正处于高速发展的过程中，随着各种观念、技术的不断发展和创新并且融入多媒体技术中。未来将出现丰富多彩的、令人意想不到的多媒体产品，它注定要改变人类的生活方式和观念。多媒体技术在模式识别、全息图像、自然语言理解（语音识别与合成）和新的传感技术等基础上，利用人的语音、书写、表情、姿势、视线、动作和嗅觉等多种感觉通道和动作通道，通过数据传输和特殊的表达方式与计算机系统进行交互，在未来有着更为广阔的应用前景。

「学习方法」

本课程的学习方法采用“教与做 1+1”体验互动式行动导向教学法。

「主要内容」

本教材的主要内容以丰富的实例和翔实的图例介绍了多媒体技术的基本概念及各组成部分，如文本、图像、声音、动画和视频，多媒体程序编写，多媒体作品的开发与设计，多媒体作品的管理与发布等内容。

「课程目标」

通过学习使高职高专计算机专业学生掌握多媒体基础知识，学会声音、图像、数字视频和计算机动画等多媒体素材的制作，以及多媒体课件的设计与实现、多媒体电子出版物的设计与实现和网络多媒体广告设计与制作等多媒体系统的开发方法。

重点串联

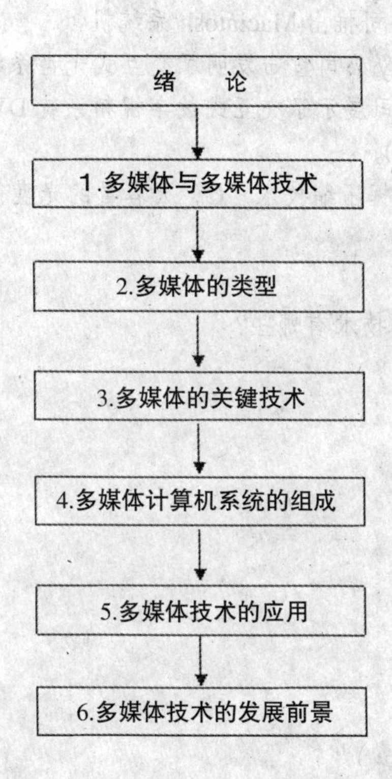

「课堂随笔」

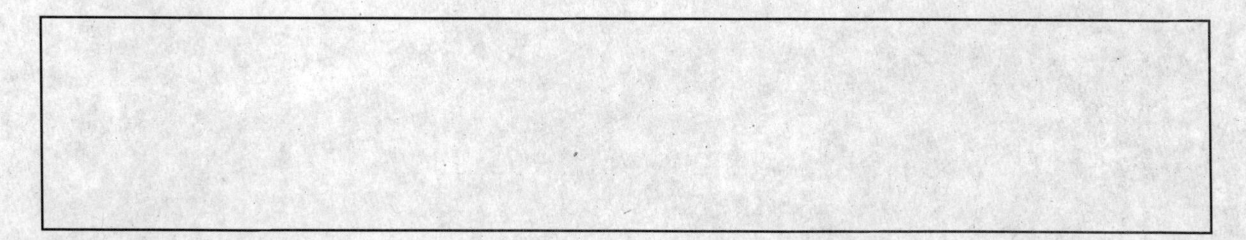

拓展与实训

基础训练

一、填空题

1. 文本、声音、______、______和______等信息载体中的两个或多个的组合构成了多媒体。
2. 多媒体系统是指利用 ______技术和______技术来处理和控制多媒体信息的系统。
3. 多媒体技术具有 ______、______、______和高质量等特性。
4. 多媒体系统基于功能可分为 ______、______、______和家庭系统四种。

二、选择题

1. 多媒体技术的主要特性有（　　）。

①多样性；②集成性；③交互性；④实时性

A．①　　B．①②　　C．①②③　　D．全部

2. 一般认为，多媒体技术研究的兴起，从（　　）开始。

A．1972 年，Philips 展示播放电视节目的激光视盘

B．1984 年，美国 Apple 公司推出 Macintosh 系统机

C．1986 年，Philips 和 Sony 公司宣布发明了交互式光盘系统 CD-I

D．1987 年，美国 RCA 公司展示了交互式数字视频系统 DVI

3. 多媒体关键技术包括（　　）。

A．字处理技术　　B．数据压缩技术　C．大容量的光盘存储技术　　D．电子标签技术

三、简答题

1. 什么是多媒体技术?
2. 促进多媒体技术发展的关键技术有哪些?
3. 多媒体系统由哪几部分组成?

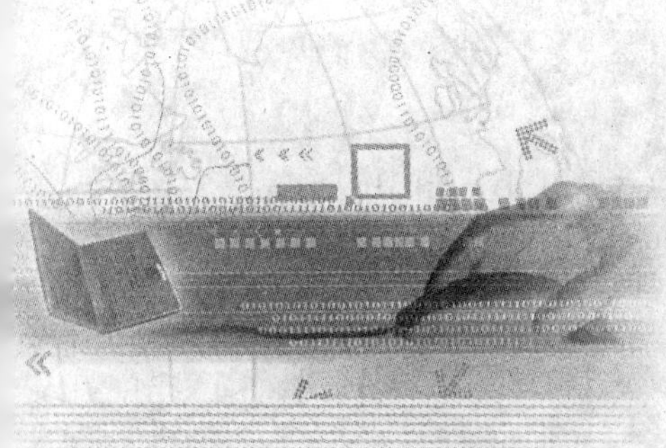

模块1 数字图像处理技术

教学聚焦

◆ 数字图像处理技术是采用 Adobe 公司的 Photoshop CS4 实现的，通过图形图像处理软件 Photoshop 的学习，使读者掌握 Photoshop CS4 工作窗口的使用方法，对其案例的学习可以实现数字图像处理的技巧，以及图形的绘制、图片的修正、特技效果的处理等。

知识目标

◆ 掌握 Photoshop CS4 中各种工具及滤镜的使用方法；

◆ 使用选择工具及滤镜来实现预期达到的效果。

技能目标

◆ 学会数字图像绘制、修正和合成技术。

课时建议

◆ 6 课时

教学重点和教学难点

◆ 掌握图形的绘制方法及图片的修正。

项目 1.1 数字图像绘制

例题导读

“经典案例 1.1” 和 “经典案例 1.2” 介绍了通过使用 Photoshop CS4 工具箱中的画笔工具、铅笔工具、渐变填充工具、油漆桶等工具，学会数字图像的绘制方法和技巧。

知识汇总

- 渐变填充工具、油漆桶等工具的使用
- 利用画笔工具、铅笔工具绘制各种效果

经典案例 1.1 制作地球仪

1．案例作品

案例图1.1 手绘地图

案例图1.2 地球仪效果图

2．制作步骤

（1）新建一个宽 300 像素，高 300 像素，分辨率 72 像素 / 英寸（若打印分辨率设成 300 像素 / 英寸），背景色为蓝色的图像文件，保存文件名为“地球仪”，如图 1.1 所示。

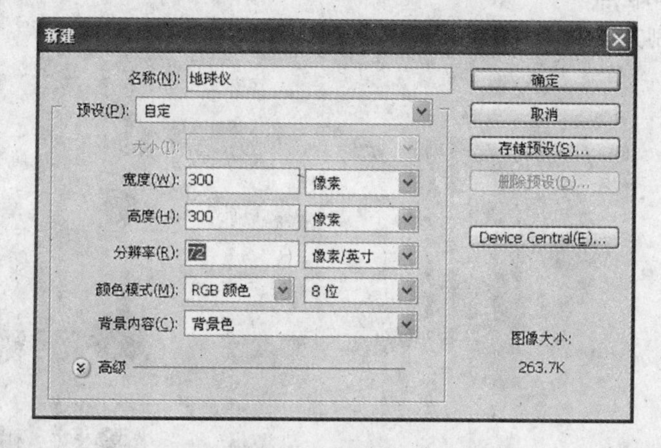

图 1.1 新建文件

（2）单击工具箱中的【椭圆选择】工具→按住【Shift】+ 拖动鼠标，画一个正圆，如图 1.2 所示。

（3）单击【编辑】菜单→【描边】命令→【描边】对话框，如图 1.3 所示进行设置，描边后效果如图 1.4 所示。

（4）打开【图层】控制面板→单击图层控制面板下方的【新建图层】按钮，如图 1.5 所示。

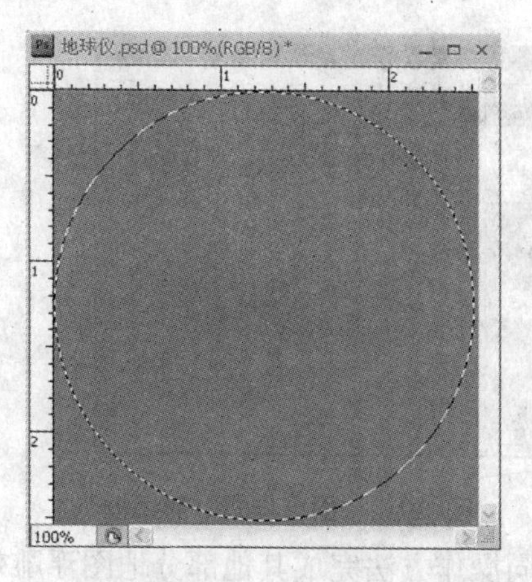

图 1.2　建立选区

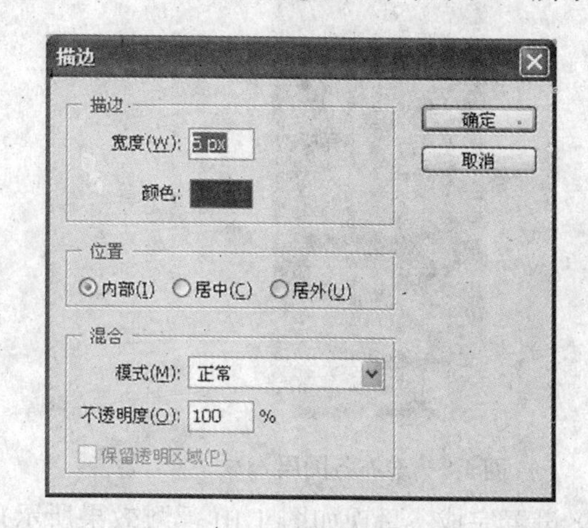

图 1.3　描边对话框

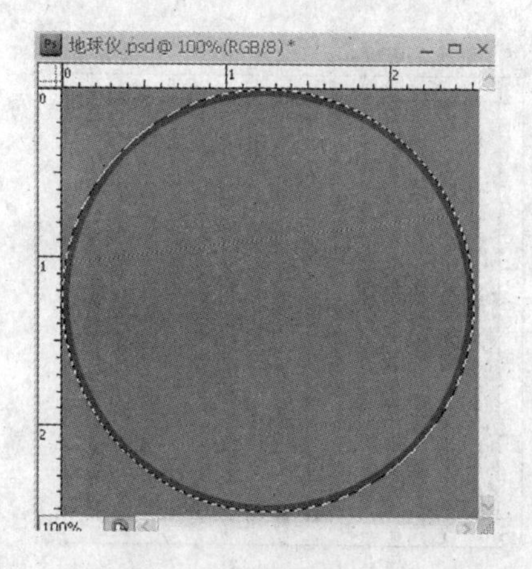

图 1.4　描边效果

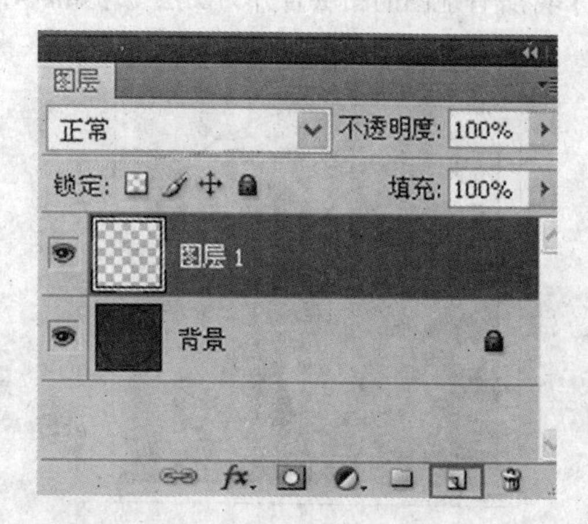

图 1.5　新建图层控制面板

（5）单击工具箱中的【铅笔】工具→在图层 1 中绘制地图→单击工具箱中的【油膝桶】工具，添加颜色，如图 1.6 所示。

（6）新建多个【图层】→分别在各自的图层上绘制其他部分地图→如图 1.7 所示。

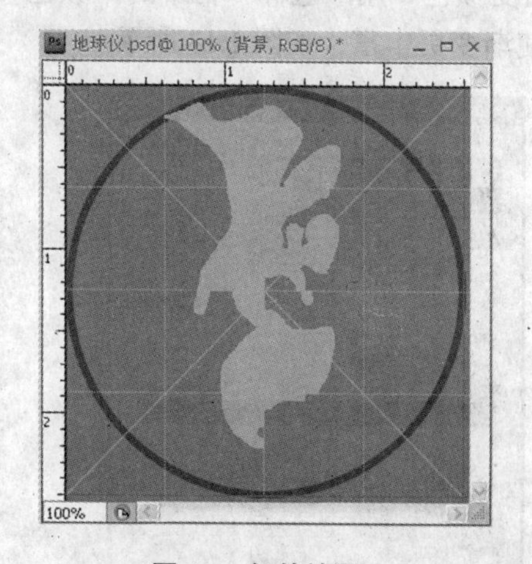

图 1.6　铅笔绘图

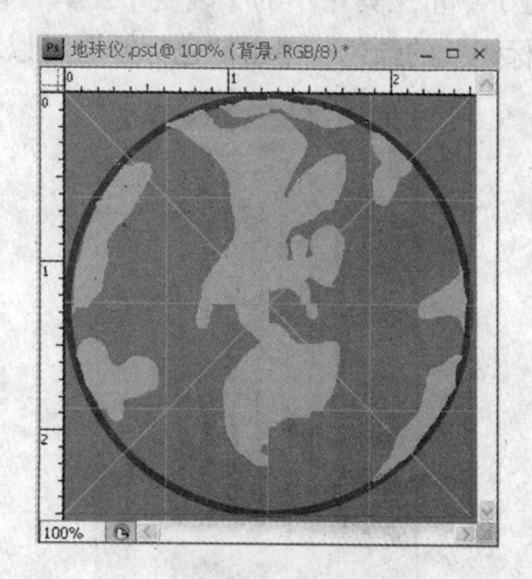

图 1.7　完成绘图

（7）【图层面板】如图 1.8 所示。

（8）选中图层 1，单击【图层面板】面板下方的【fx】按钮→出现如图 1.9 所示“图层样式”对话框，按窗口各项参数设置。

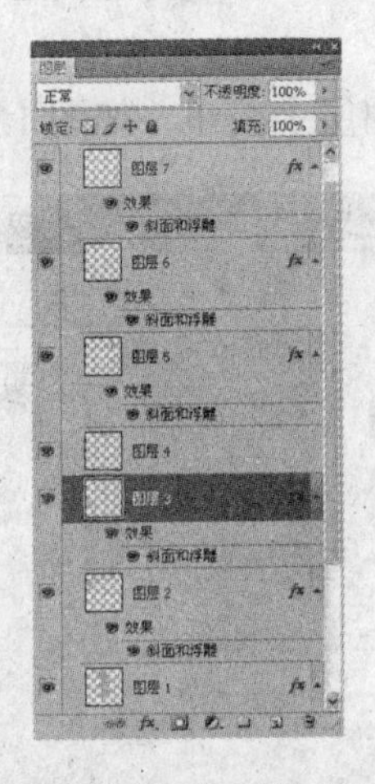

图 1.8　分布各图层

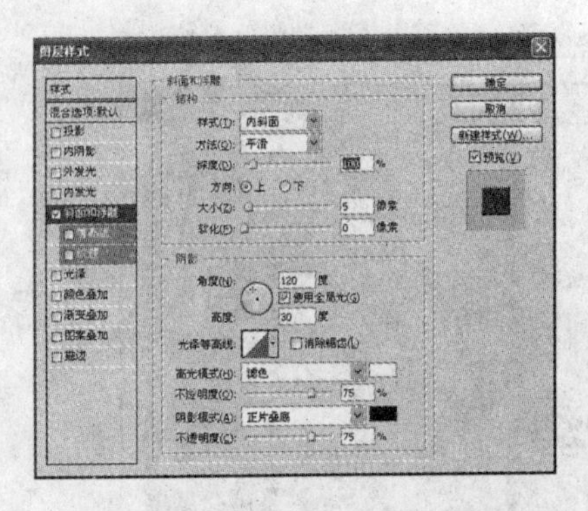

图 1.9　“图层样式”对话框

（9）设置完成，呈现如图 1.10 浮雕效果所示，按相同操作方法完成其他部分地图浮雕效果→按【Ctrl+E】将所有地图的图层合并为图层 7，如图 1.11 所示。

图 1.10　浮雕效果

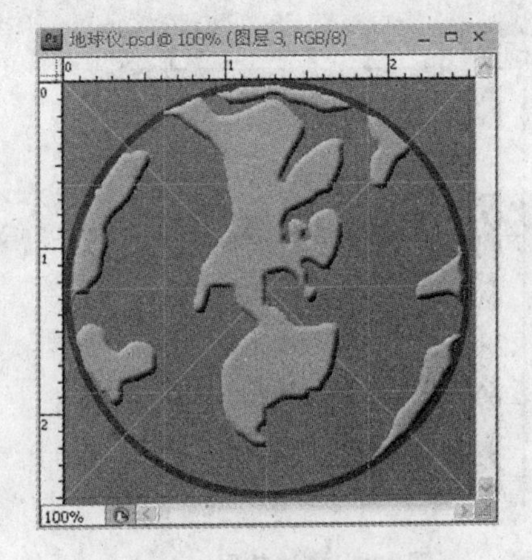

图 1.11　完成浮雕效果

（10）单击【选择】菜单→【调整边缘】命令→在“调整边缘”对话框中调整“平滑”参数为 10，使圆形更平滑，如图 1.12 所示。

（11）单击工具箱中的【渐变】工具→设置球体的渐变颜色→用“色标”框中的“颜色”进行设置“色标锤”的颜色→单击“色标锤”可以增加颜色，使渐变更丰富，如图 1.13 所示。

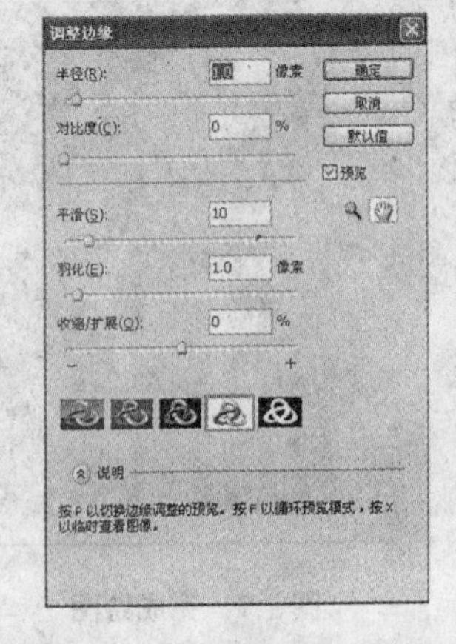

图 1.12　“调整边缘”对话框

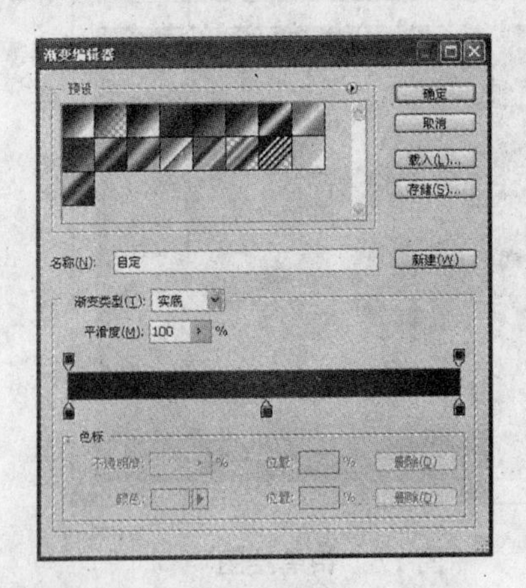

图 1.13　“渐变编辑器”对话框

（12）单击【渐变】工具栏→选择【径向】渐变，如图 1.14 所示，在“图层 7”上从上至下拖动鼠标，如图 1.15 所示。

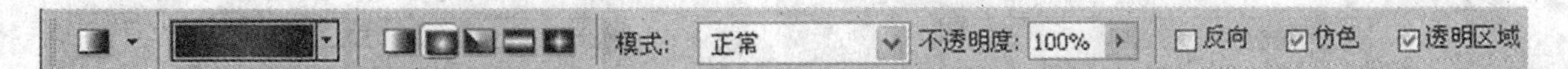

图 1.14　渐变工具栏

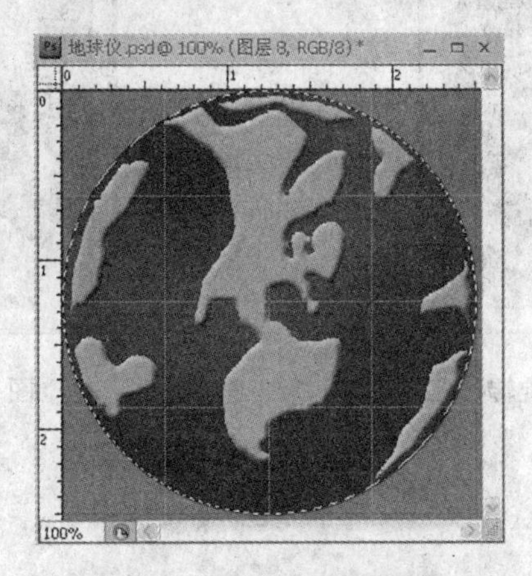

图 1.15　渐变效果

（13）新建“图层 8”→再次进行“渐变”，如图 1.16 所示。

图 1.16　再次渐变效果及“图层”对话框

（14）按【Ctrl+E】合并“图层 7”和“图层 8”→单击【滤镜】菜单→【扭曲】子菜单→【球面化】命令→【球面化】对话框，调整数量参数为 35%，如图 1.17 所示。

（15）设置“球面化”后的效果如图 1.18 所示。

图 1.17　“球面化”对话框

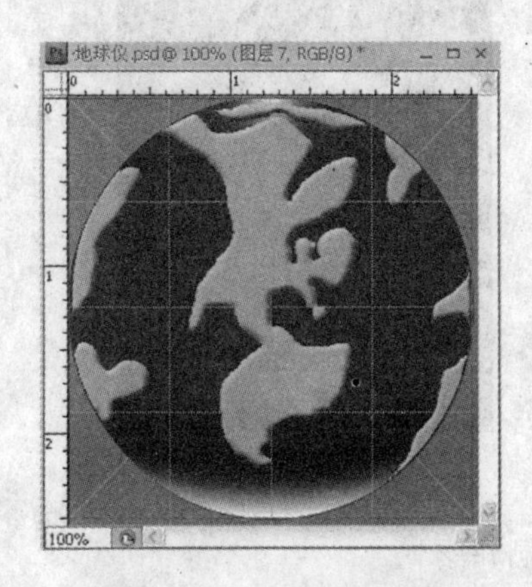

图 1.18　球面化后效果

（16）按【Ctrl+T】键进行自由旋转，按地球自转方向自西向东调整一定角度，使球体显悬空状态，富有立体感，如图 1.19 所示，最终效果如图 1.20 所示。

图 1.19　对球体旋转

图 1.20　地球仪效果图

技术提示：

1. 渐变工具在实际操作中要注意拖动的方向及拖动的半径大小，不同的方向及不同的半径，拖动后的效果截然不同，差别极大，要注意积累经验。

2. 使用“自由旋转”命令后，要回车确认，否则计算机不允许执行其他操作。

3. 使用“渐变编辑器”时要注意渐变色彩的搭配，操作得当能产生意想不到的立体效果。

「课堂随笔」

经典案例 1.2　制作 999 朵玫瑰

1．案例作品

案例图1.3　玫瑰花素材

案例图1.4　999朵玫瑰效果图

2．制作步骤

（1）新建一个宽 800 像素，高 600 像素，分辨率 72 像素 / 英寸，背景色为黑色的图像文件，保

存文件名为“999 朵玫瑰”。

（2）复制“玫瑰花”素材图片至“图层 1”，选择工具箱中的【磁性圈索】工具→抠取单枝玫瑰花，如图 1.21 所示。

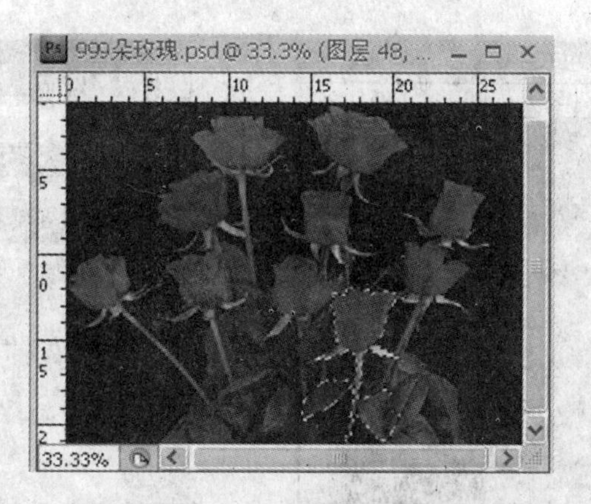

图 1.21　磁性套索抠图

（3）复制“单枝玫瑰花”选区→粘贴至“图层 2”中→【Ctrl+T】调整合适角度，“回车”确认→再用鼠标调整位置，如图 1.22 所示 。在选区没有取消的情况下，复制第二枝玫瑰如图 1.23 所示。

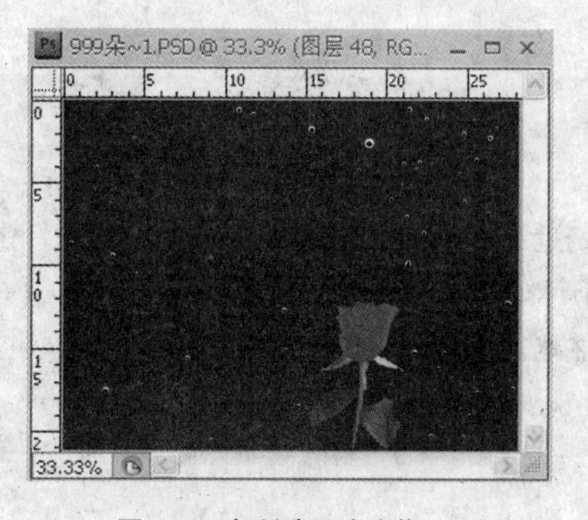

图 1.22　复制选区玫瑰花

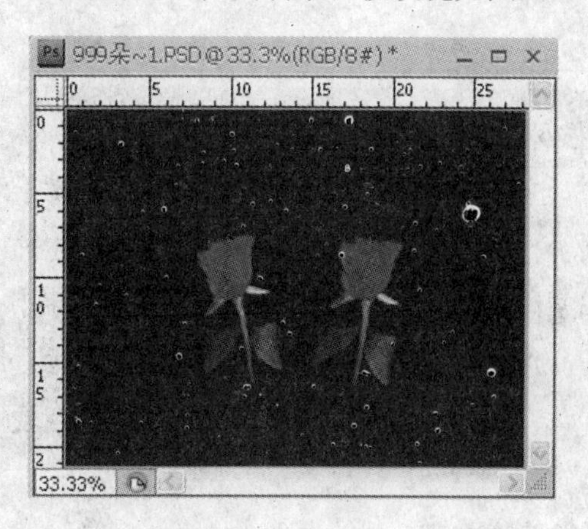

图 1.23　复制玫瑰花至图层2

（4）用同样的方法复制多枝“玫瑰花”并进行调整，如图 1.24 所示，每枝“玫瑰花”分别处于各自的图层中，如图 1.25 所示。

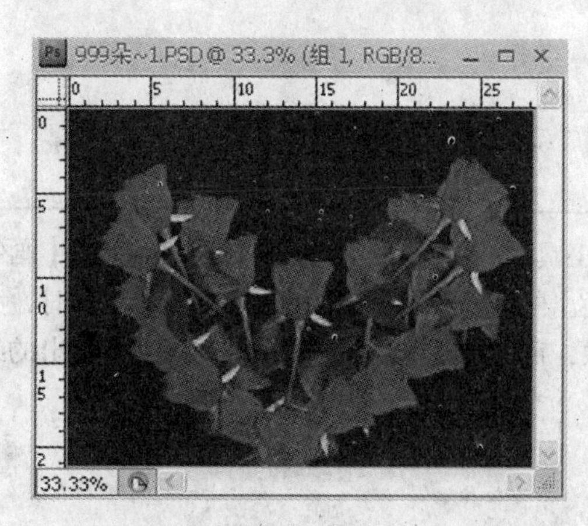

图 1.24　复制多枝玫瑰

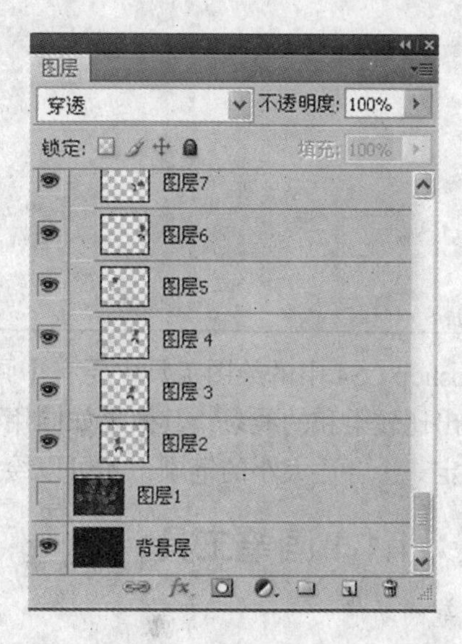

图 1.25　图层面板

（5）最终经过仔细调整后，用多枝玫瑰围成一个心形，如图 1.26 所示。

（6）单击【图层面板】下方→【创建新组】按钮→将所有玫瑰花“图层”放入同一个组中，如图 1.27 所示。

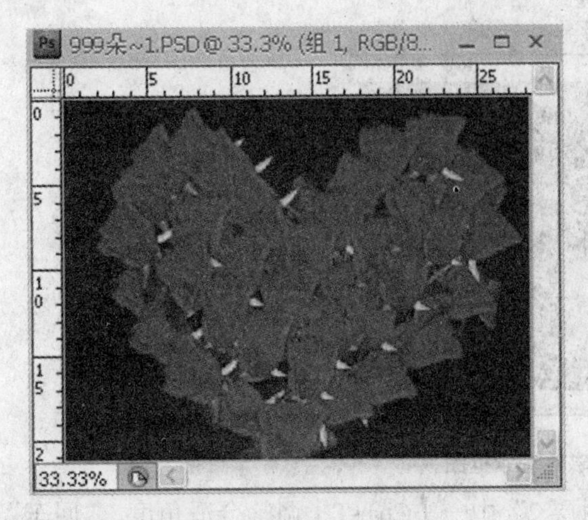

图 1.26　围成心形图

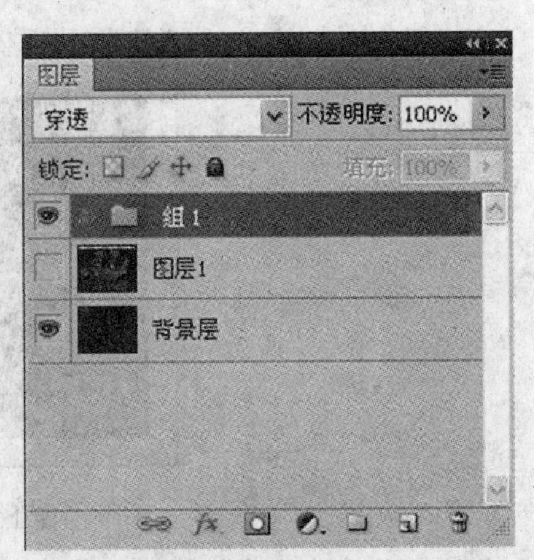

图 1.27　放入组中图层

技术提示：

1. 抠图可以用路径、魔术棒、通道、滤镜等方法，采用的方法根据实际图像确定。

2. “画笔”工具可以刷出相同的图案，还可以通过定义“画笔预设”和定义“画笔笔尖”来完成多张图案的绘制。缺点是色彩的明暗度界线模糊，图像效果不够理想。

3. “仿制图章”也可以复制出相同的图案，但不能调整图像的角度、位置。

4. 在多媒体制作与开发中离不开数字绘图技术。

【课堂随笔】

Photoshop CS4 中的绘图工具主要有【画笔】工具、【铅笔】工具两种。其中，使用【画笔】工具可以绘制出比较柔和的线条，其效果如同用毛笔画出的线条。在使用【画笔绘图】工具时，必须在工具栏中选定一个合适大小的笔刷，才可以绘制图像，而【铅笔】工具常用来绘制棱角突出的线条。

1.1.1 画笔工具

1. 画笔的功能

（1）单击“工具箱”中的【画笔】工具→工具的选项栏切换到“画笔工具”选项栏，如图 1.28

所示。单击“画笔”右侧的【下三角】按钮→打开一个下拉面板，如图 1.29 所示。

（2）可以选择不同大小的画笔。此外，单击“画笔工具”选项栏右侧→【切换画笔面板】按钮，同样会打开一个【画笔】面板→选择【画笔】，如图 1.30 所示。

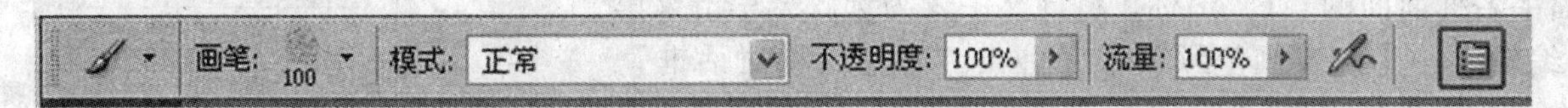

图 1.28 “画笔工具”选项栏

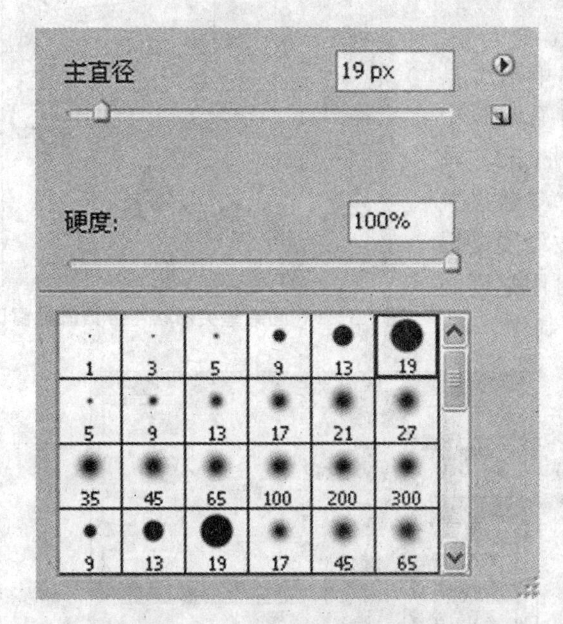

图 1.29 “画笔”下拉列表框

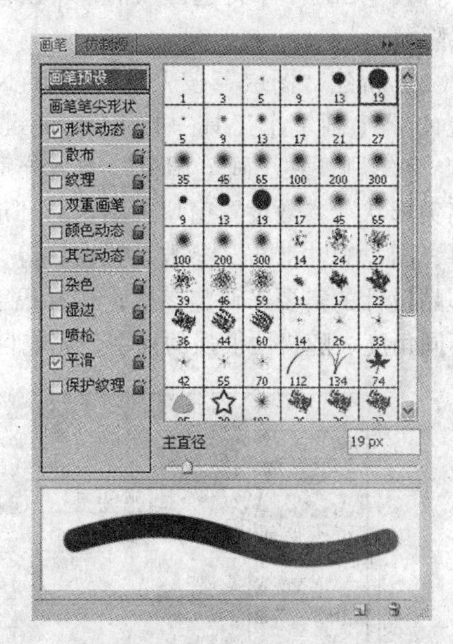

图 1.30 “画笔预设”面板

（3）在【画笔下拉面板】中，提供了多种不同类型的笔刷，选择不同的笔刷，可以绘制出不同的效果，如图 1.31 所示。

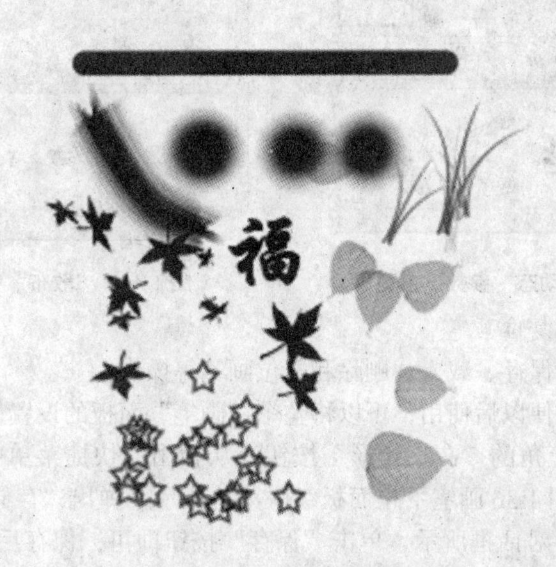

图 1.31 选用不同的笔刷绘制出的不同的效果

2. 新建和自定义画笔

Photoshop CS4 中提供了很多类型的画笔，但在实际应用中并不能完全满足需要，所以为了绘图的需要，Photoshop CS4 还提供了【定义画笔预设】功能，操作如下：

（1）新建“图层”按【Ctrl+Shift+N】→单击工具箱中的【T】横排文字工具→输入“福”字，鼠标单击工具箱中【选择】工具→按住【Ctrl】键并单击“图层面板”上 福字名称前面的“T”图标，将该文字变为选区→单击菜单【编辑】→【定义画笔预设】→弹出“画笔名称对话框”，给该画笔命名“福”字，单击【确定】按扭，完成画笔的定义。再按【Ctrl+D】将选区取消，单击该层前面的眼睛，将该层隐藏。

（2）新建“图层”按【Ctrl+Shift+N】→鼠标单击工具箱上的【画笔】工具→按F5功能键→打开画笔调版中“福”字笔刷，在“画笔调板”中，分别设置如图1.32“画笔笔尖形状”参数设置窗口、图1.33“形状动态”参数设置窗口、图1.34“散布”参数设置窗口等，各项参数设置是根据作品设计的需要来调整参数，选择福字图层，可用笔刷刷出不同角度、随机性很强的福字，完成自定义笔刷制作。

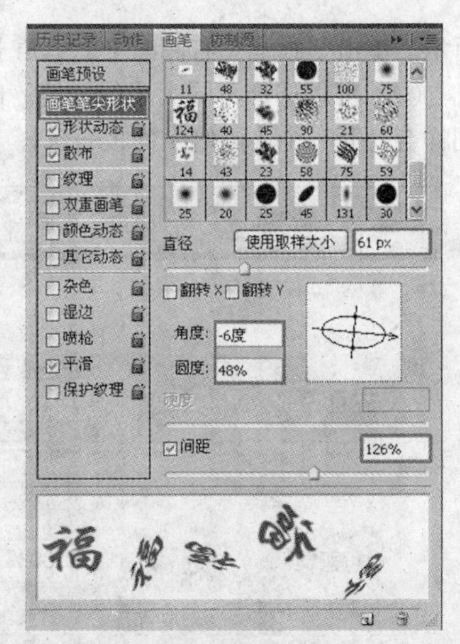

图 1.32 “画笔笔尖形状”参数设置窗口

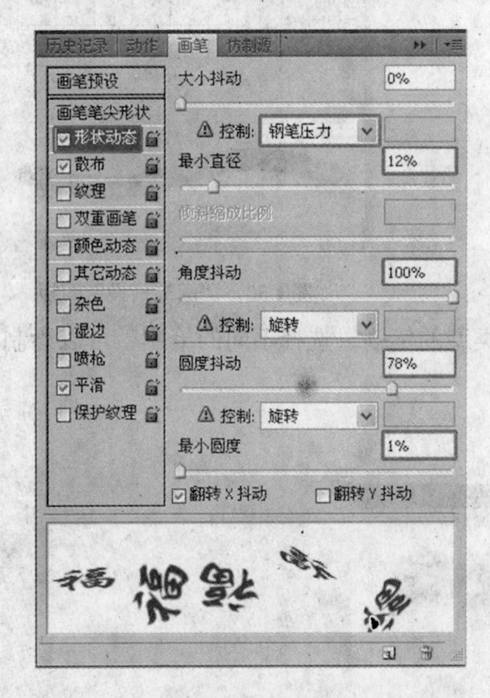

图 1.33 “形状动态”参数设置窗口

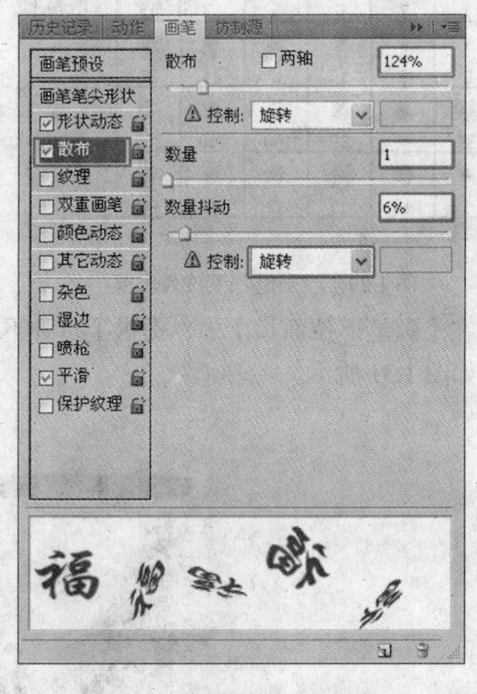

图 1.34 “散布”参数设置窗口

3. 保存、载入、删除和复位画笔

新建的画笔，可以进行保存、载入、删除和复位画笔等操作。

（1）保存画笔。为了方便以后使用，可以将整个“画笔”面板的设置保存起来。

单击“画笔”面板右上角的“右三角形”按钮→从弹出的快捷菜单中选择“存储画笔”命令，如图1.35画笔下拉面板、图1.36画笔下拉面板级联菜单所示→弹出“存储”对话框中输入保存的名称，如图1.37“存储画笔”对话框所示，单击“保存”按钮即可，保存后的文件类型为*.abr，为画笔存储文件。

（2）载入画笔。将画笔保存后可以根据需要随时将其载入进来→单击“画笔”面板右上角的“右三角形”按钮→从弹出的快捷菜单中选择“载入画笔”命令→弹出“载入”对话框中选择要载入的画笔，如图1.38“载入画笔”对话框所示，单击“载入”按钮即可完成画笔文件的载入。

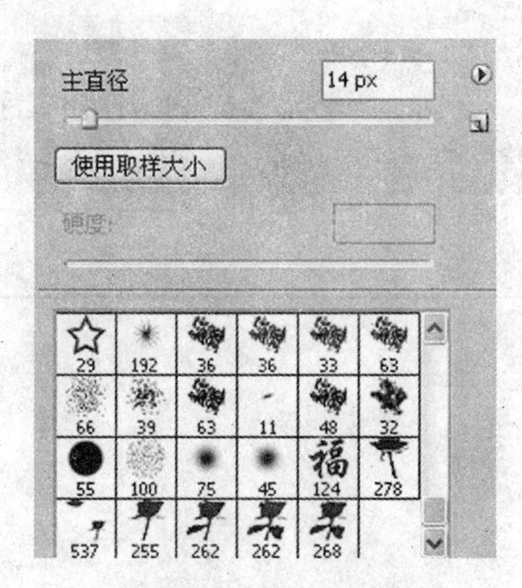

图 1.35　画笔下拉面板

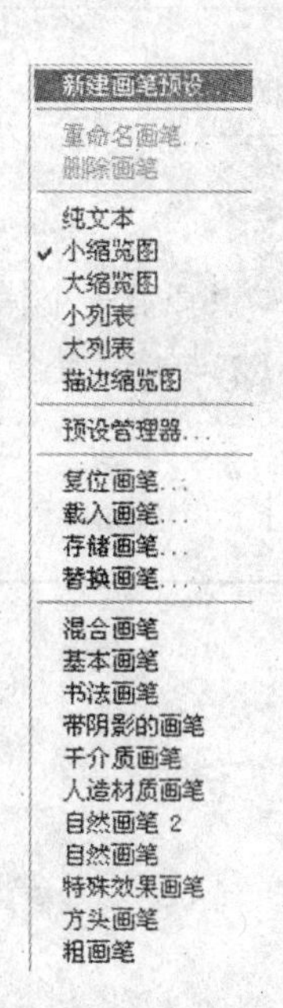

图 1.36　画笔下拉面板级联菜单

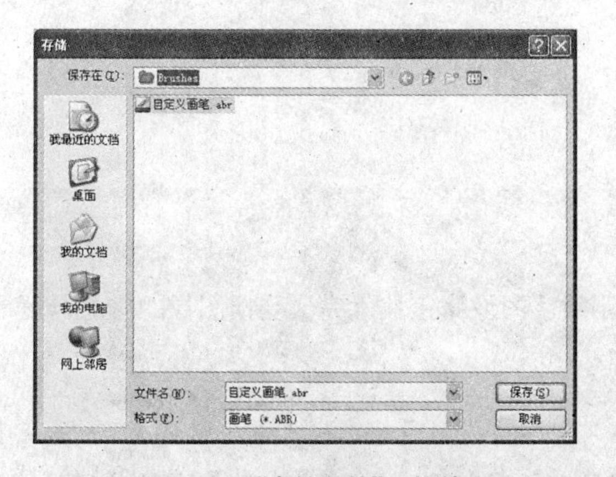

图 1.37　“存储画笔”对话框

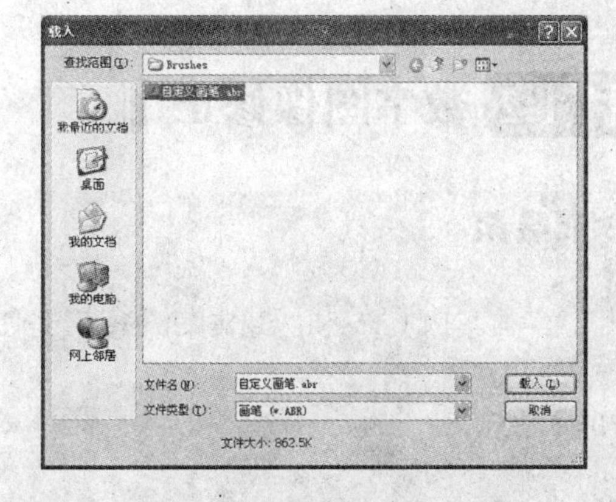

图 1.38　“载入”画笔对话框

(3) 删除画笔。将多余的画笔可以删除，方法：在“画笔”面板中选择相应的画笔→单击鼠标右键→在弹出的快捷菜单中选择“删除画笔”命令→或者将要删除的画笔拖到“垃圾桶”按钮上即可完成删除画笔操作。

(4) 复位画笔。若要恢复“画笔”默认状态，应单击画笔面板右上角的“右三角形”按钮，从弹出的快捷菜单中选择“复位画笔”命令即可。

1.1.2 铅笔工具

铅笔工具一般用来绘制一些棱角分明的线条，选择工具箱中的【铅笔】工具→工具栏切换到“铅笔选项”工具栏，如图 1.39 所示。铅笔工具的使用方法和画笔工具类似，不同的是【铅笔】工具中的画笔是硬边的，因此使用铅笔绘制出来的直线或线段都是硬边的，如果需要使用【选择】菜单→【修改】级联菜单中的“平滑”，来达到自然的效果。

图 1.39　“铅笔选项”工具栏

技术提示：

【铅笔】工具还有一个特有的“自动抹掉”复选框，其作用是当被选中后，【铅笔】工具可以实现擦除的功能（在与前景色相同的图像区域中绘图时，会自动擦除前景色而填入背景色）。

「课堂随笔」

项目 1.2 数字图像修正

例题导读

“经典案例 1.3”和“经典案例 1.4”是使用数字图像修正技术完成受损图像的修正与复原。

知识汇总

- 使用 Photoshop CS4 工具箱中的减淡工具、加深工具、仿制图章工具、污点修复画笔工具、修复画笔工具、修补工具、红眼工具等对受损图像进行修正
- 使用 Photoshop CS4 菜单命令对图像大小、图像色彩进行修正

经典案例 1.3 修正上海滩旧照片

1. 案例作品

案例图 1.5 上海滩旧照片素材图

案例图1.6　修正后的上海滩效果图

2．制作步骤

（1）打开一幅老上海滩素材图片（本素材图片来源于网络），如案例图 1.5 所示。

（2）单击【图层】面板上“背景”图层→单击鼠标右键→复制图层，如图 1.40 所示。

（3）复制出一个“背景副本”图层，如图 1.41 所示。

（4）关闭“背景”图层前面的“眼睛”按钮，使其图层进行隐藏。

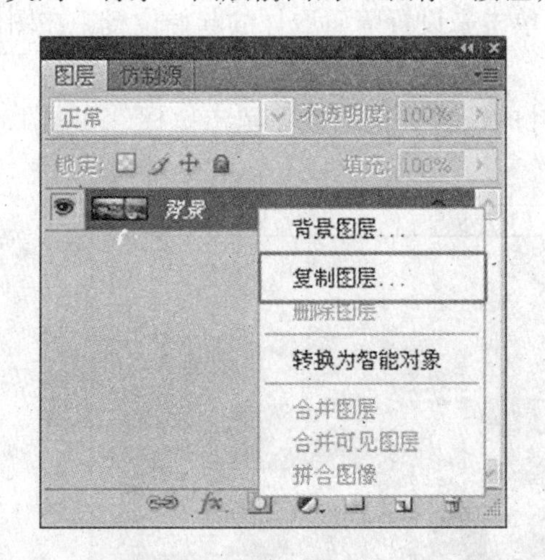

图 1.40　复制“背景”

图 1.41　“背景副本”图层

（5）单击工具箱中【减淡】工具→在“画笔工具”选项栏中设置“画笔笔尖大小”，直径为 300 像素，如图 1.42 所示。

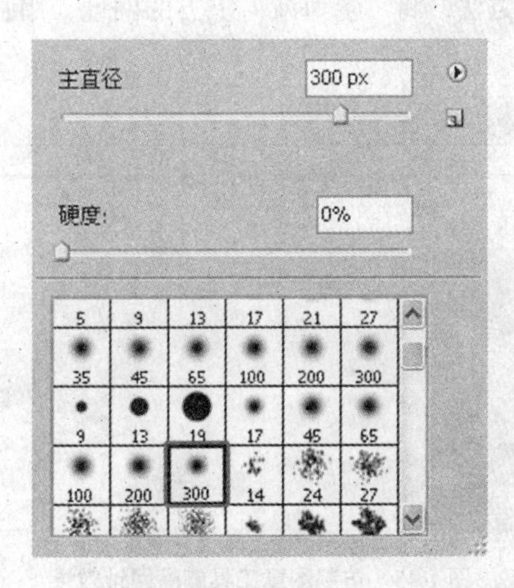

图 1.42　设置笔刷大小

（6）用笔刷大范围涂抹，使图像区域色调变暗，再重新设置“画笔笔尖大小”→重点涂抹受损的黑暗区，提高色调亮度，直至与周边的色调亮度一致，减淡工具涂抹效果如图 1.43 所示。

图 1.43　减淡工具涂抹效果

（7）单击工具箱中【仿制图章】工具→在“仿制图章”工具选项栏中设置“画笔笔尖大小”（根据要仿制图像的大小，要经常改变直径，直径合适为宜）。

（8）按下【Alt】键，用仿制图章工具在图像中单击来设置障碍取样的起始位置（在图像较近的区域进行取样，色彩及暗度比较接近）。

（9）按下【Alt】键，将鼠标移动到图像要修补的位置，拖动或者单击鼠标，如图 1.44 所示。

图 1.44　仿制图章工具修补效果

（10）采用上述相同的操作方法，将“上海滩”下方的网址，用临近的图样进行覆盖，如图 1.45 所示。

图 1.45　仿制图章工具删除网址效果

（11）单击工具箱中【加深】工具→在“画笔工具”选项栏中设置“画笔笔尖大小”直径为300像素，大面积地在图像上进行涂抹，来提高图像的色彩饱和度。

（12）单击【图像】菜单→【调整】→“曲线命令”，如图1.46所示。

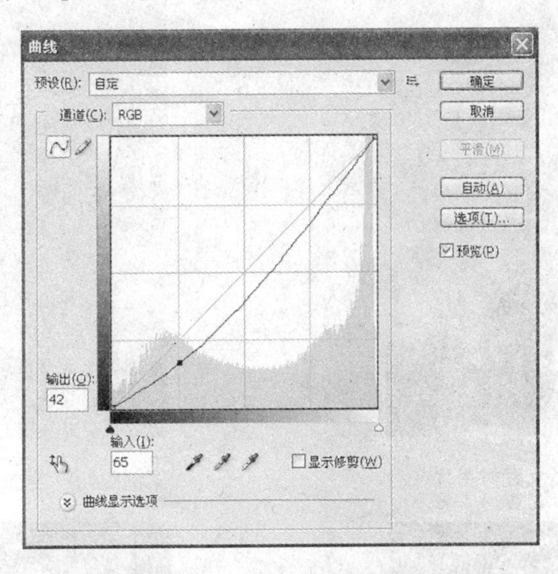

图1.46 “曲线调整”对话框

（13）可用【减淡】/【加深】工具，反复修正不理想的区域，最终得到上海滩旧照片修正效果图，如图1.47所示。

图1.47 上海滩旧照片修正后效果图

技术提示：

1. 隐藏背景层的目的是假如后面的操作有误，我们还有一个原始图像可以利用，方便后面的操作。

2. 用较大的笔头修复大块的纯色区域，用极小的笔头在放大画面后对很多细节处进行覆盖修复。

3. 修复起来非常困难的区域，可以从附近找相似的图像，比如桥的支柱要在附近的支柱上取样，然后拖动鼠标到要修复的位置开始覆盖，要放大画面，这样可以保证十分精确的对位。

经典案例 1.4 制作青春婚纱照

1. 案例作品

案例图1.7 女素材图片

案例图1.8 男素材图片

案例图1.9 婚纱照局部效果图

案例图1.10 婚纱照整体效果图

2. 制作步骤

（1）打开素材图片，如案例图 1.7 所示。

（2）单击工具箱中【修补】工具→圈选有斑点的区域，如图 1.48 所示。

（3）移至附近完整的区域→实现利用图像的其他区域的图案来修补选择区域，如图所示 1.49 所示。

图 1.48 修补工具去斑点照片

图 1.49 去斑点后照片

（4）单击【图像】菜单→【调整】→“色彩平衡”命令→弹出“色彩平衡”对话框→调整“青色”的【色阶】值为90，如图1.50所示。

（5）调整图像的“色彩平衡”→纠正了图像偏色→如图1.51所示。

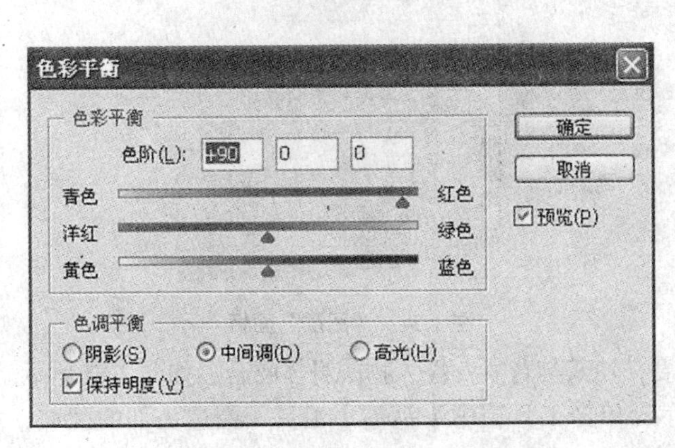

图1.50 “色彩平衡”对话框

图1.51 色彩平衡调节后图片

（6）安装【抽出】外挂滤镜→“复制*.8BF”文件至安装滤镜的路径文件夹中Program Files\Adobe\Adobe Photoshop CS4\Plug-ins\Filters→完成【抽出】外挂滤镜的安装。

（7）单击【滤镜】菜单→“抽出”命令→弹出“抽出滤镜”对话框，如图1.52所示→单击该对话框左上角的【边缘高光】工具→描绘所要提取的图像边缘，在其右边的“画笔尺寸”项设置笔头大小→在“高光”项设置描绘用的颜色为绿色（可改变颜色）。

（8）单击【填充】工具→在其右边的“填充”项向描绘的区域填入颜色→设置填充用的色彩为蓝色（默认颜色，可以自行设置改变颜色）。

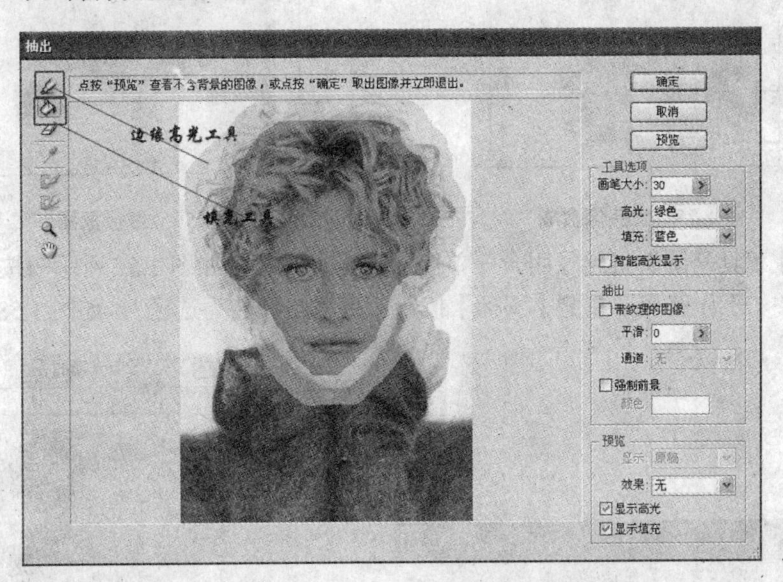

图1.52 “抽出滤镜”对话框

（9）描绘完成，单击【确定】按钮→人物被圈选的头部被抠取，如图1.53所示。

（10）打开一个含有婚纱照的素材图片，进行多次粘贴该图层，如图1.54所示，选中粘贴的所有女头像图层→【Ctrl+E】合并图层，使头像清晰→用【橡皮】擦去边缘多余的部分。

图 1.53　抽出女头像

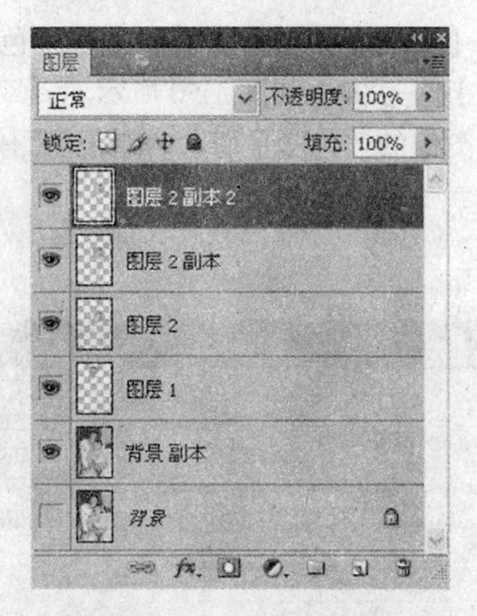

图 1.54　“图层”面板

（11）按下【Ctrl+T】自由旋转女头像的角度，使其与背景女性人物的身体吻合，如图 1.55 所示。

（12）打开男素材图片，如案例图 1.8 所示，单击工具箱中【钢笔】工具→圈选头部的区域，如图 1.56 所示。

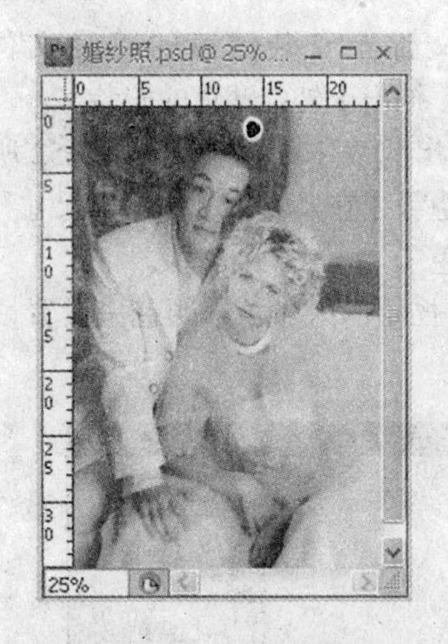

图 1.55　女头像合成

图 1.56　路径抠图

（13）【钢笔】工具→圈选将路径闭合→单击【路径】面板，如图 1.57 所示→按下【Ctrl】同时单击【路径】面板中“工作路径”左侧【图标】按钮→将“路径转为选区”，如图 1.58 所示。

图 1.57　“路径”面板

图 1.58　路径转为选区

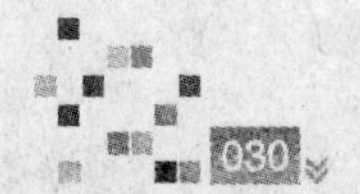

（14）单击【选择】菜单→单击【修改】→“平滑”命令→弹出“平滑选区”对话框，设置“取样半径”，所图 1.59 所示。

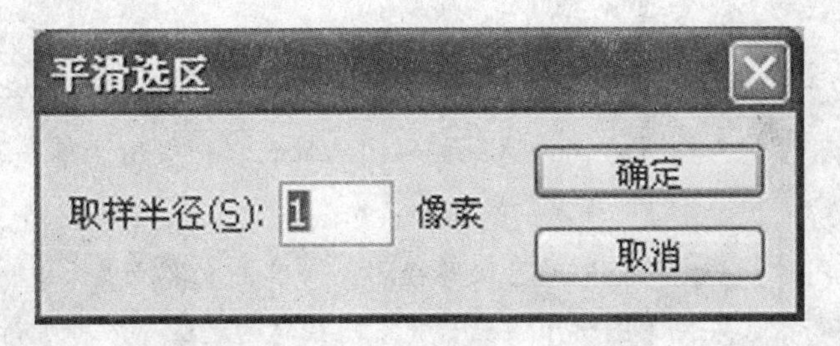

图 1.59　“平滑选区”对话框

（15）单击【选择】菜单→【修改】→“羽化”命令→弹出“羽化”对话框，设置“羽化值：1”。

（16）“复制”男头部图像→婚纱素材文件中→【模糊】工具→去除脸部皱纹。

（17）选中“男头部图层”→单击【图像】菜单→【调整】子菜单→“曲线”命令→调整图像的明暗度及对比度，使其与婚纱素材图的明暗度及对比度调成一致，更显真实。

（18）按下【Ctrl+T】自由旋转男头像的角度，使其与背景男性人物的身体吻合，如图 1.60 所示。

（19）隐藏“男头部图层”和“女头部图层”。

（20）单击“背景副本”图层→单击工具箱【仿制图章】工具→将可能不被“男头部图像”和“女头部图像”覆盖不上的区域进行背景取样仿制图案，如图 1.61 所示。

图 1.60　调整头像角度

图 1.61　仿制图章修去被露出的头部

（21）最终【图层面板】如图 1.62 所示，头部对位后初期效果图如图 1.63 所示，若需进一步调整明暗度，得到最终效果图如案例图 1.9 和案例图 1.10 所示。

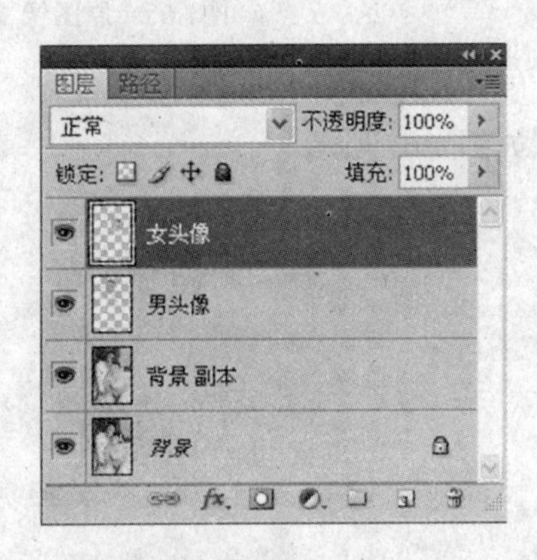

图 1.62　完成后的图层面板

图 1.63　初期效果图

技术提示：

1. “修补”工具可利用图像其他区域的图案来修补选择区域，使受损的区域尽可能复原。

2. “抽出”滤镜是将图像和背景分离，达到提取图的目的。一般用于单一的背景进行提取前景的图像。

3. “钢笔”工具抠图时，一定将抠取的区域路径闭合→单击【路径】面板→按下【Ctrl】同时单击【路径】面板中“工作路径”左侧【图标】按钮→将“路径转为选区”方可进行粘贴。

4. “羽化”值，可以使棱角分明的边界变得自然、柔合，在抠图中一般都要使用羽化命令，使图像衔接得更自然。

图像的修正还包括对图像大小、色彩的修正。图像色彩的修正，是使用图像色调和色彩调整图像的明暗度，调整图像的整体着色混合效果，改变图像的色相、饱和度与亮度值，应用反相、阈值、色调分离、通道等达到特殊效果。

1.2.1 调整图像大小

1. 图像的放大

（1）启动 Photoshop CS4 →打开素材 4 图像。

（2）单击【图像】菜单→“图像大小”命令→弹出“图像大小”对话框，如图 1.64 所示。

（3）观察“文档大小”的各项参数值及所采用的单位，没有做任何修改前，如图 1.65 所示。

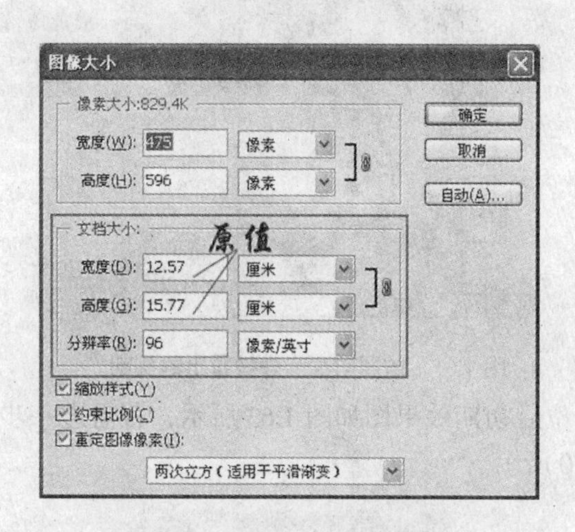

图 1.64 “图像大小”对话框

图1.65 原图像

（4）修改“图像大小”对话框中“文档大小”→宽度、高度如图 1.66 所示。

（5）单击【确定】按钮，完成图像放大，得到图像如图 1.67 所示。

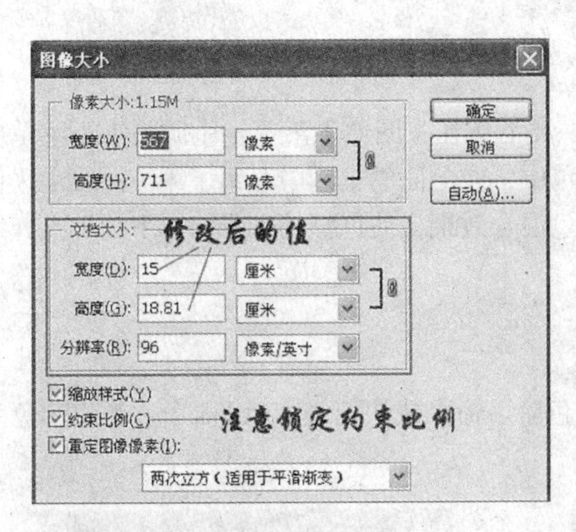

图 1.66 “图像大小”对话框

图 1.67 放大后图像

2. 图像的缩小

（1）在上述操作中，修改“图像大小”对话框中“文档大小”的宽度、高度，如图 1.68 所示。

（2）单击【确定】按钮，完成图像缩小，得到图像如图 1.69 所示。

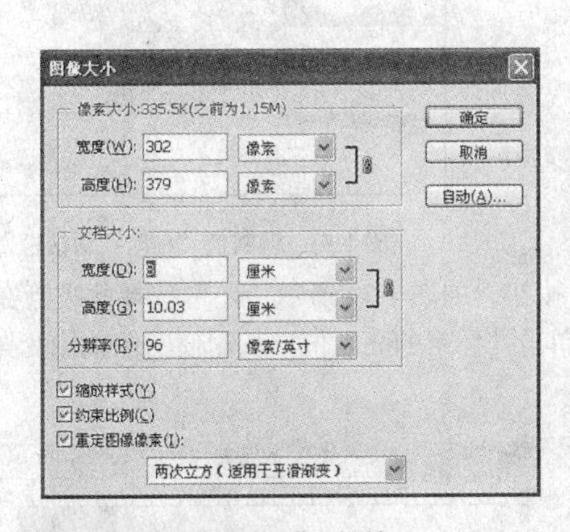

图 1.68 “图像大小”对话框

图 1.69 缩小后图像

3. 图像的裁切

单击工具箱【裁切】工具→拖动鼠标框出保留区域，如图 1.70 所示→在选择区内双击鼠标左键，裁切完成，将选区以后的区域被裁切掉，得到图像如图 1.71 所示。

图 1.70 选择图像裁切区域

图 1.71 裁切后图像

1.2.2 调整图像的色彩

Photoshop 软件提供了两类调整色彩的命令，一类汇集在【图像】菜单→【调整】子菜单中，另一类汇集在【图层】菜单→【新建调整图层】子菜单中，在上面的案例中介绍了用【曲线】来修正明暗度及对比度，用【色彩平衡】来修正图像整体颜色混合效果，使色彩趋于平衡，下面重点介绍用于调整色彩的色阶和色彩饱和度。

1. 色阶

（1）打开一幅暗淡的图像，如图 1.72 所示。

（2）选择【图像】菜单→【调整】子菜单→“色阶”命令或快捷键【Ctrl+L】→弹出“色阶”对话框，如图 1.73 所示。

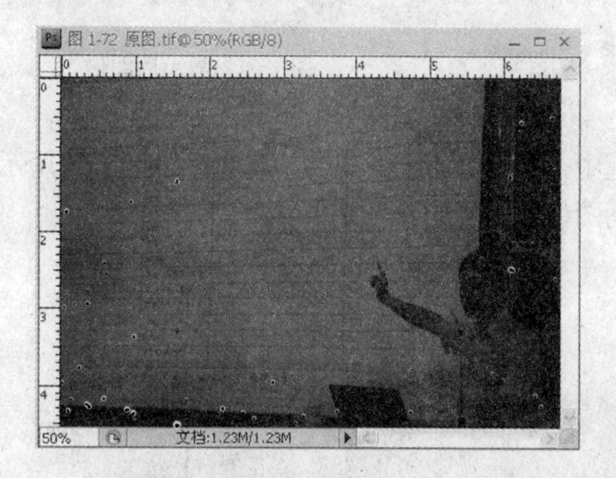

图 1.72 原图

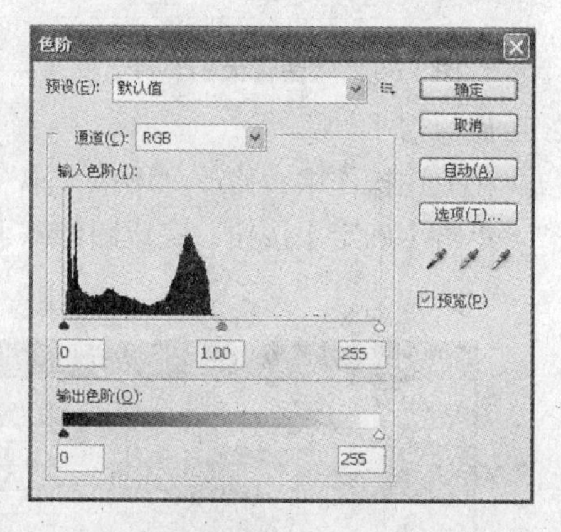

图 1.73 调整前“色阶”对话框

（3）调整“色阶”对话框中的白场按钮、灰点按钮，如图 1.74 所示，还可选择此吸管在图像中单击后，图像中所有像素的亮度值还将被加上吸管单击处像素的亮度值，从而使图像整体变亮，如图 1.75 所示。

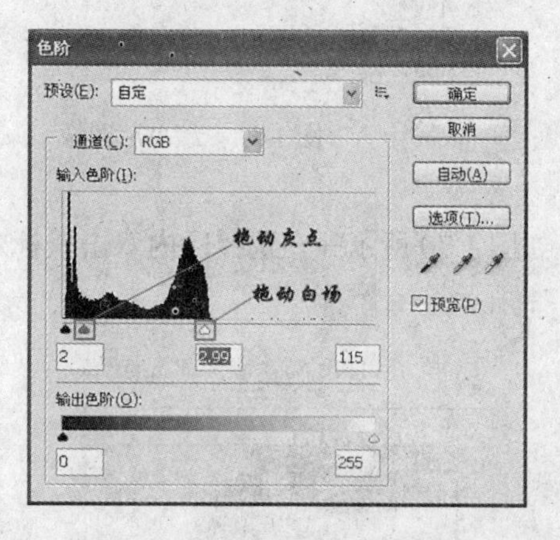

图 1.74 调整后“色阶”对话框

图 1.75 调整后效果图

（4）调整过亮的图像，则可调整黑场按钮，还可选择此吸管在图像中单击后，可将图像中最暗值设为单击部分的颜色，而且其他更暗的像素都将变成黑色。

2. 色相 / 饱和度

（1）打开一幅图像如图 1.76 所示，选择【图像】菜单→【调整】子菜单→“色阶”命令或快捷键【Ctrl+L】→弹出“色阶”对话框，对色阶的【白场】按钮向右拖动，如图 1.77 所示。

图 1.76　原图

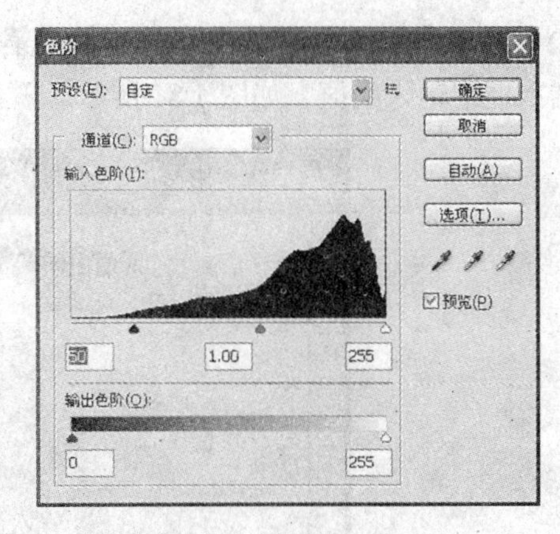

图 1.77　“色阶”对话框

（2）选择【图像】菜单→【调整】子菜单→“色相 / 饱和度”命令或按快捷键【Ctrl+U】→弹出“色相 / 饱和度”对话框→对【饱和度】按钮进行拖动，如图 1.78 所示。

（3）单击【图像】菜单→【调整】子菜单→【曲线】命令→弹出“曲线命令”对话框→对“曲线”中心点进行拖动→调整图像的明暗度及对比度。

（4）单击【图像】菜单→【调整】子菜单→“色彩平衡”命令→弹出“色彩平衡”对话框→调整 R、G、B 的色阶值→调整图像的色彩。

（5）调整后，得到如图 1.79 所示的效果图。

图 1.78　“色相/饱和度”对话框

图 1.79　调整后效果图

1.2.3 添加图像特效

1. 阈值

（1）打开一幅图像如图 1.80 所示。

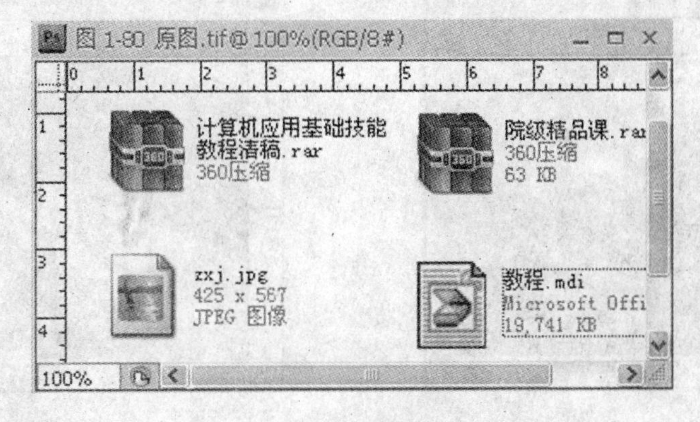

图 1.80　原图

（2）选择【图像】菜单→【调整】子菜单→“阈值”命令→弹出“阈值”对话框→在“阈值色阶”文本框中输入阈值，如图 1.81 所示。

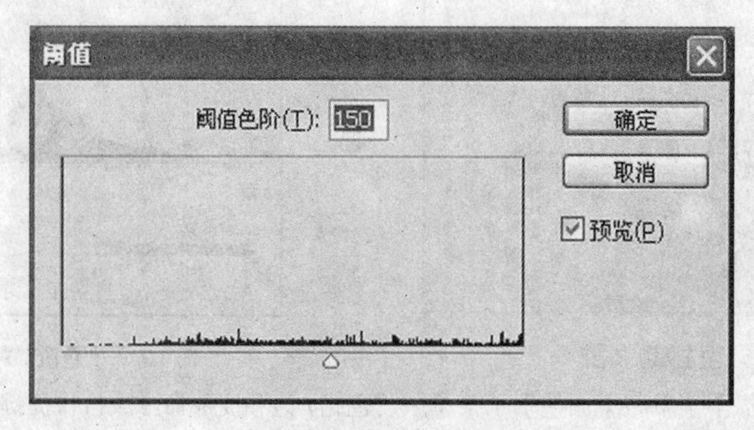

图 1.81　“阈值”对话框

（3）调整“阈值”后的图像如图 1.82 所示。

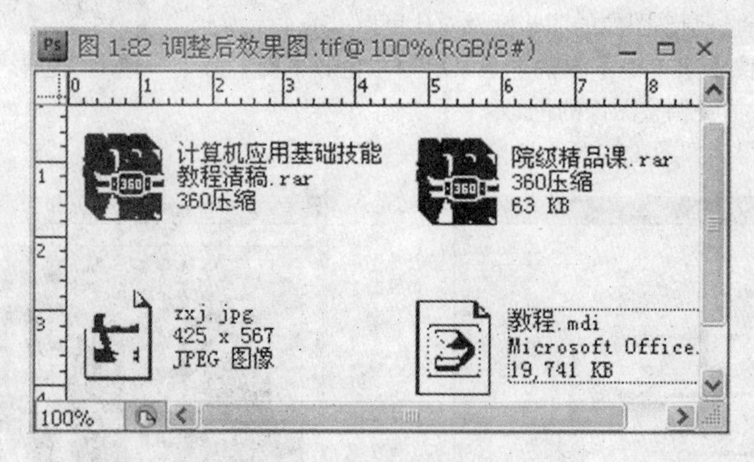

图 1.82　调整后效果图

2. 反相

（1）打开一幅图像如图 1.83 所示。

（2）选择【图像】菜单→【调整】子菜单→“反相”命令或按快捷键【Ctrl+I】运行该命令。

（3）运行“反相”命令后，得到图像如图 1.84 所示。

（4）“黑色的石头山”→变为“白雪皑皑的山”，白云→变为“乌云密布”。

（5）“反相”命令用于特殊效果的变化。

图 1.83　原图

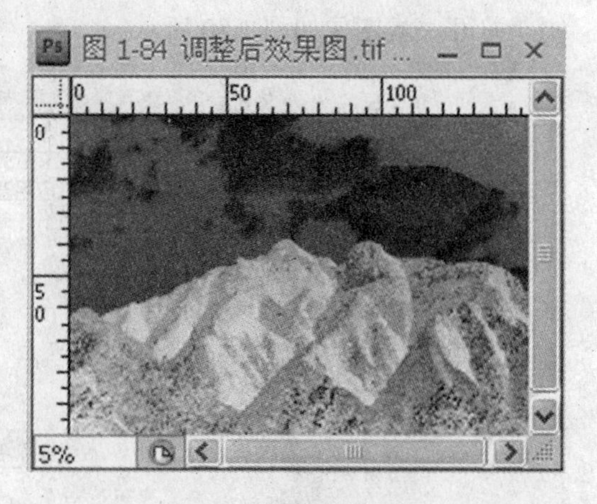

图 1.84　调整后效果图

1.2.4 通道混合器

图 1.85 “通道混合器”对话框

（1）打开一幅图像→选择【图像】菜单→【调整】子菜单→“通道混合器”命令，弹出“通道混合器”对话框。

（2）调整“输出通道”下拉列表，选择需要调整的颜色通道→ 调整“源通道”通过拖动滑块来调整通道的色彩值，如图 1.85 所示对该图像进行调整。

（3）调整前如图 1.86 所示，调整后得到的效果图如图 1.87 所示。

（4）使用“通道混合器”命令，可以实现一年四季树的变化，也可以在服装设计中实现给衣服换色。

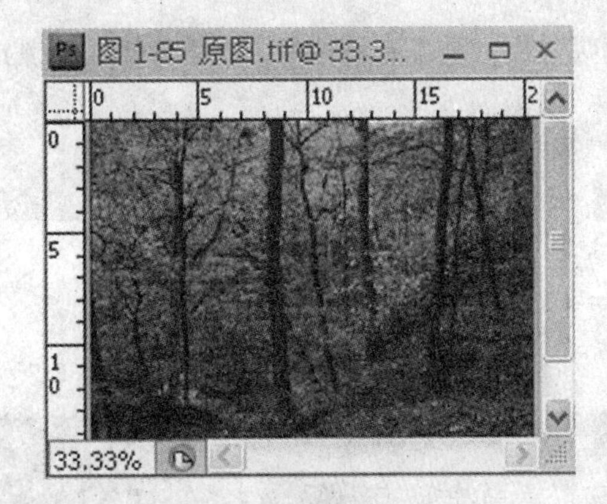

图 1.86 原图

图 1.87 效果图

>>>

技术提示：

1. 图像大小的调整对于选择图像的放大、缩小，以及裁切有效区域是十分适用的。
2. 色阶用来调整图像的整体明暗度。
3. 阈值可将灰色或彩色图像转换为高对比度的黑白图像。

「课堂随笔」

项目 1.3 数字图像合成

例题导读

通过“经典案例 1.5”和“经典案例 1.6”讲解能够实现数字图像合成，并提升整个画面的唯美，给多媒体网站或视频创造了良好的素材。

知识汇总

- 多幅图片，合成一个大场景效果图，或者几张图片，合成有特技的二维场景图，将其应用于多媒体光盘、网站及多媒体视频
- 在 Photoshop 中图像的合成是对蒙版、路径、通道、滤镜等知识点的综合应用

经典案例 1.5 制作画中画

1．案例作品

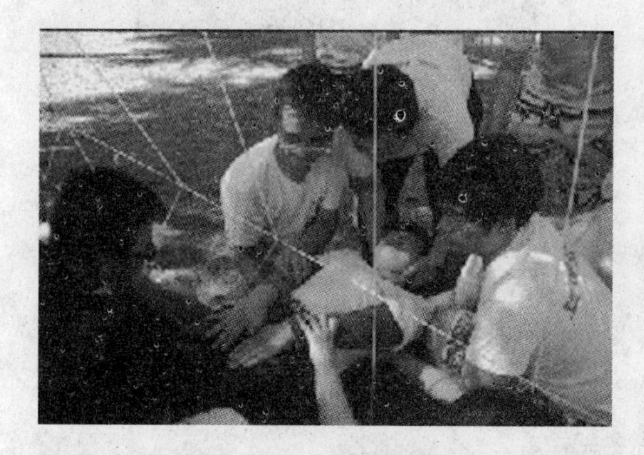

案例图1.11 素材1

案例图1.12 素材2

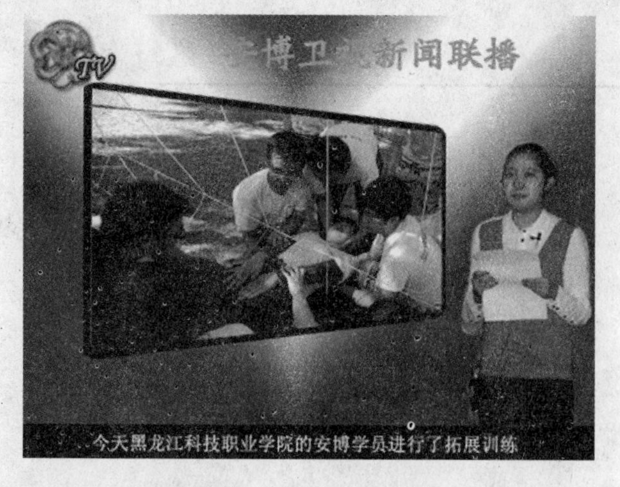

案例图1.13 画中画效果图

2．制作步骤

（1）单击【文件】菜单→【新建】命令→“新建文件”对话框→宽度：800 像素，高度：600 像

素，分辨率：300 像素，色彩模式：RGB，背景色：蓝色。

（2）单击工具箱中【渐变】工具→在“渐变”选项栏中双击第二项，如图 1.88 所示→弹出“渐变工具”选项栏→设置【色标】按钮颜色→【确定】按钮→再单击“渐变工具”选项栏中【菱形渐变】按钮→在“背景”图层上，拖动鼠标，得到图像如图 1.89 所示。

图 1.88 “渐变工具”选项栏

（3）单击【图层面板】下方→【新建图层】按钮→新建一个图层，命名为“字幕”→选择工具箱中【矩形选择】工具→在图层的下方拖动一个长方形区域→再单击工具箱中【填充】工具→在选区内“填充颜色”为黑色，如图 1.90 所示。

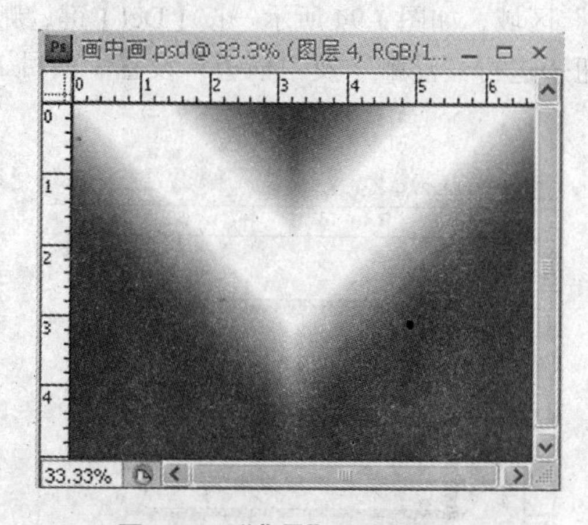

图 1.89 “背景”图层效果

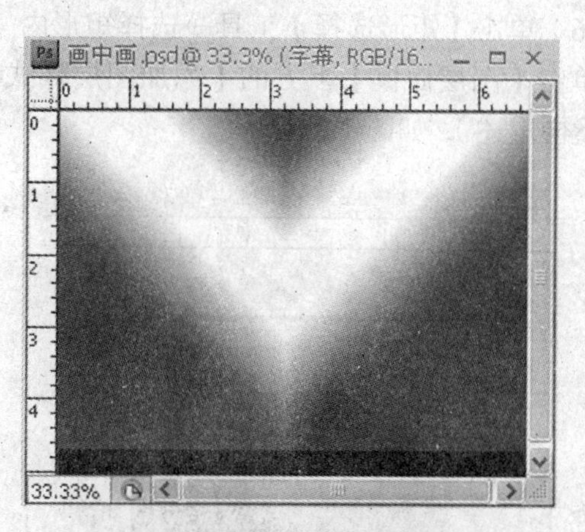

图 1.90 字幕背景

（4）复制“背景图层”→命名为“播放器”→单击工具箱中【矩形选择】工具→画出一个矩形→单击【编辑】菜单→【描边】命令→弹出“描边”对话框，设置如图 1.91 所示，效果如图 1.92 所示。

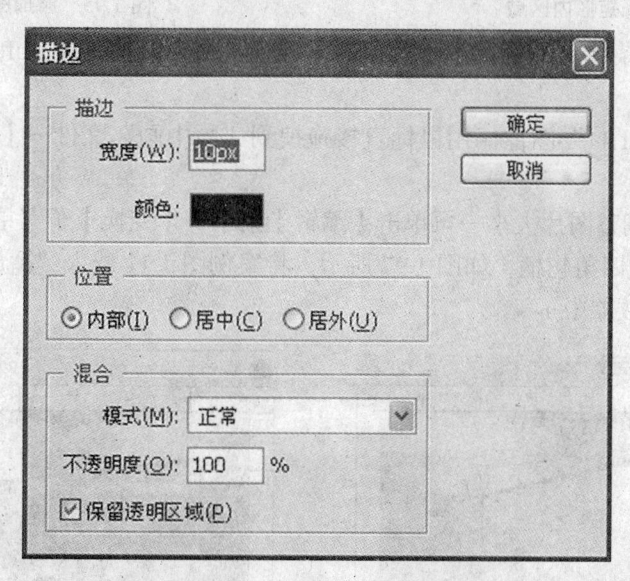

图 1.91 “描边”对话框

（5）单击【选择】菜单→【反相】命令→按【Del】键，删除被反选的区域，如图 1.93 所示 。

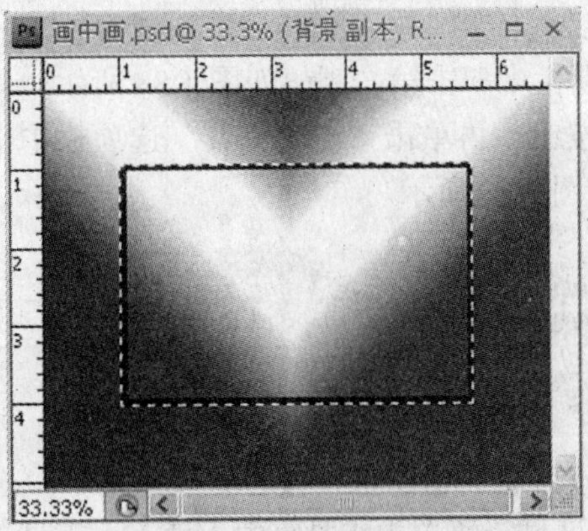

图 1.92 “描边”矩形

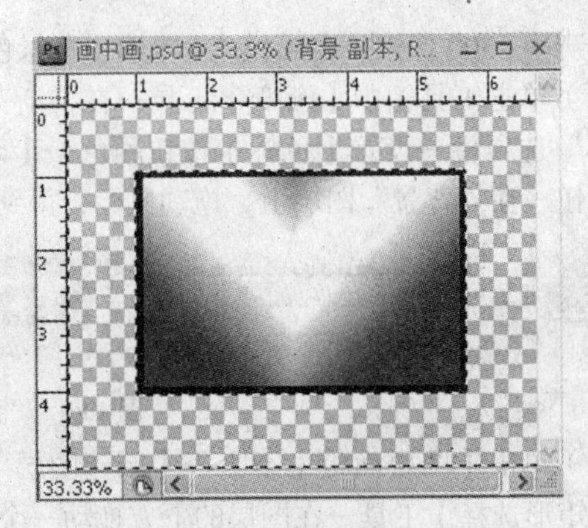

图 1.93 删除矩形以外区域

（6）单击【矩形选择】工具→选择矩形内“蓝色”区域，如图 1.94 所示→按【Del】键，删除选区→单击【图层面板】下方的【添加图层样式】按钮→进行“浮雕”及“描边”设置（项目 1.1 讲过，不再重述），如图 1.95 所示。

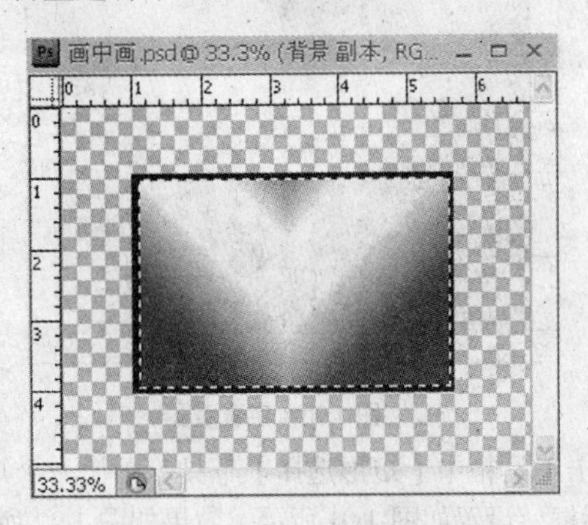

图 1.94 选择矩形内区域

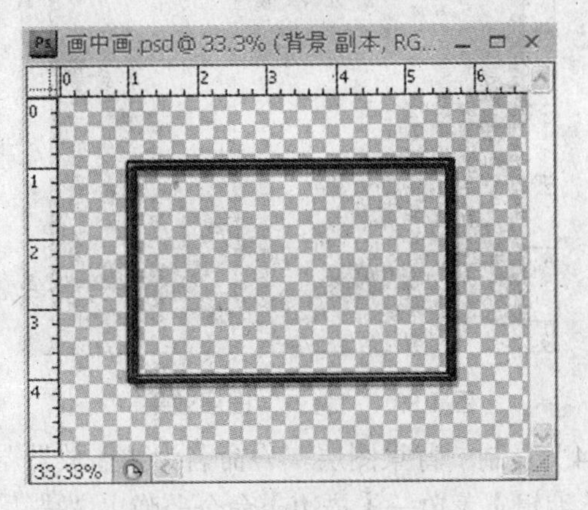

图 1.95 添加图层样式效果图

（7）单击【编辑】菜单→【变换】子菜单→【透视】命令→按住【Shift】同时分别拖动四角句柄，如图 1.96 所示。

（8）打开“案例图 1.11”图像→用鼠标直接拖拽到“画中画”文件→【图层面板】上产生一个新图层。

（9）按【Ctrl+T】调整图片大小→再单击【编辑】菜单→【变换】子菜单→【透视】命令→按住【Shift】键同时分别拖动四角句柄，如图 1.97 所示，将案例图 1.11 载入“播放器中”（如果是视频文件，也可以载入到该播放器中）。

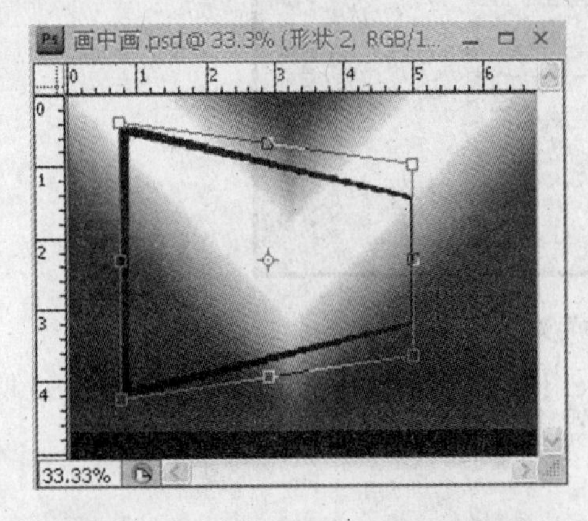

图 1.96 用“透视”命令调整播放器

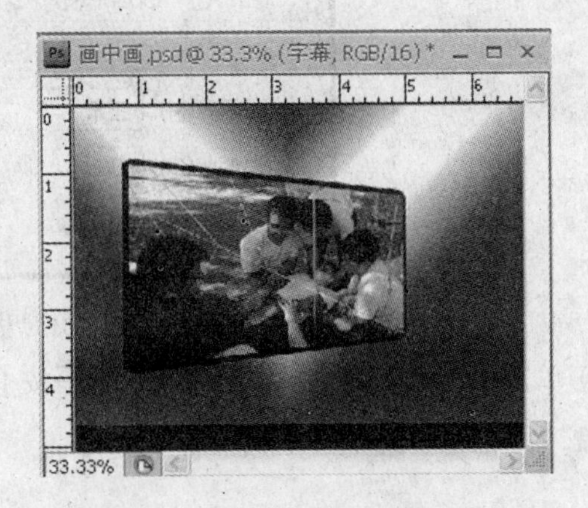

图 1.97 载入图像

（10）单击工具箱中的【T横排文字】工具→输入“安博卫视新闻联播”→设置“字体：宋体，字号：12点，字体颜色：橙色→再单击【滤镜】菜单→【渲染】子菜单→【镜头光晕】命令→设置发光点，如图1.98所示。

（11）单击工具箱中的【T横排文字】工具→输入“A”（A是安博的标志）→设置“字体：Parchment，字号：14点，字体颜色：红色→得到花样图案→再单击【T横排文字】工具→输入“TV”→设置“字体：Monotype Corsiva，字号14点，字体颜色：红色→再给“TV”两字加上“浮雕”效果，如图1.99所示。

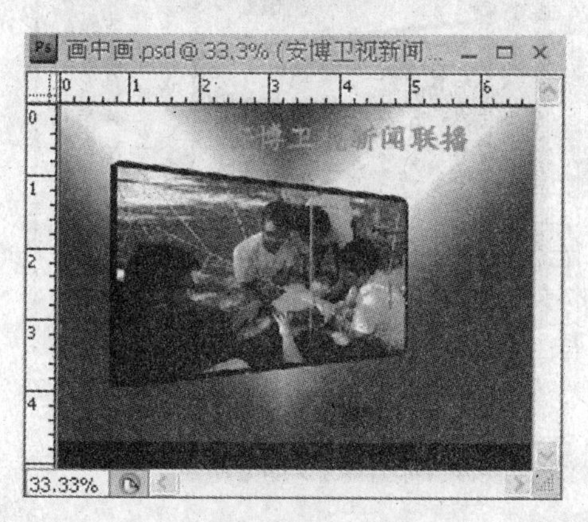

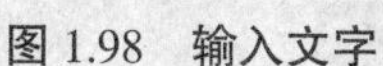
图1.98　输入文字

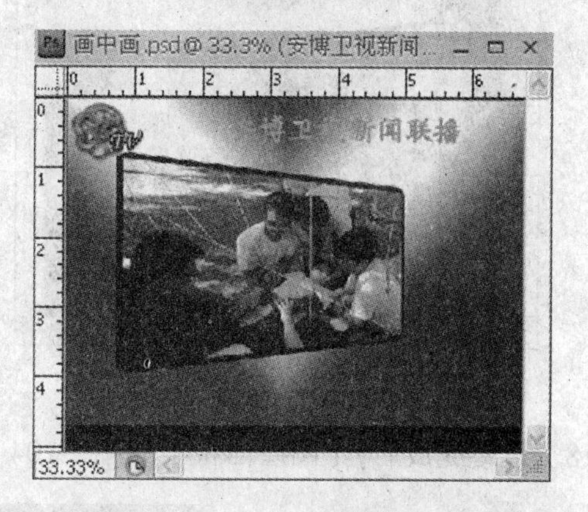

图1.99　设计台标

（12）打开“案例图1.12”图片→单击工具箱中【钢笔】工具→圈选人物的区域，如图1.100所示。

（13）【钢笔】工具→圈选将路径闭合。

（14）单击【路径】面板→按下【Ctrl】，同时单击【路径】面板中“工作路径”左侧【图标】按钮→将路径转为选区，如图1.101所示。

（15）单击【选择】菜单→【修改】子菜单→“平滑”命令→弹出“平滑选区”对话框，设置“取样半径：1”，使选区自然平滑→单击“羽化”命令→设置“羽化”值为：2。

图1.100　路径抠人物图

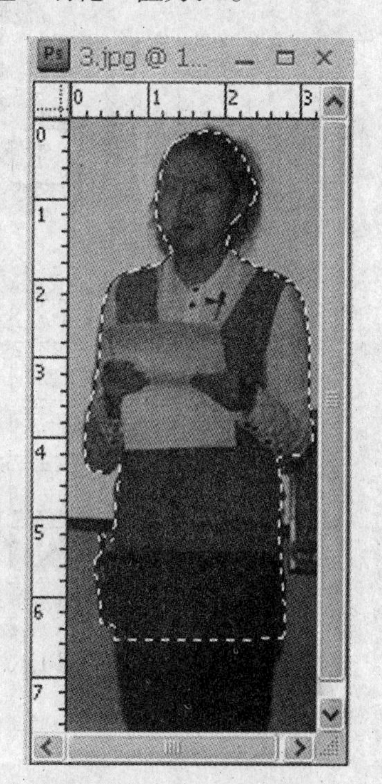

图1.101　路径转为选区

（16）按下【Ctrl+C】复制选区→回到“画中画”文件→【Ctrl+V】粘贴选区→得到如图 1.102 所示。

（17）单击工具箱中的【T 横排文字】工具→输入字幕文字“今天黑龙江科技职业学院的安博学员进行了拓展训练”→单击【选择】工具，移动到屏幕的下方，如图 1.103 所示。

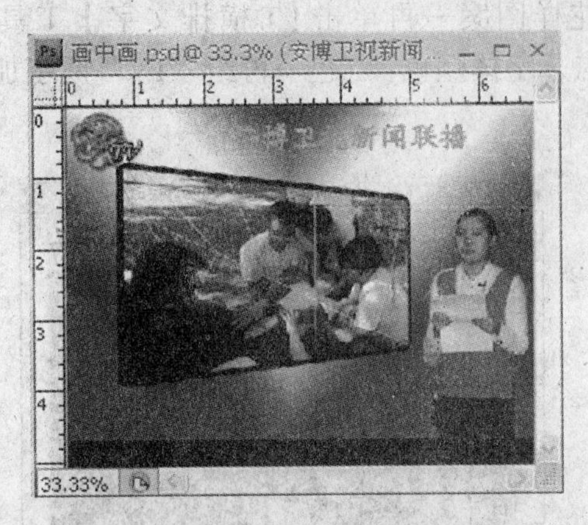

图 1.102　抠取人物图

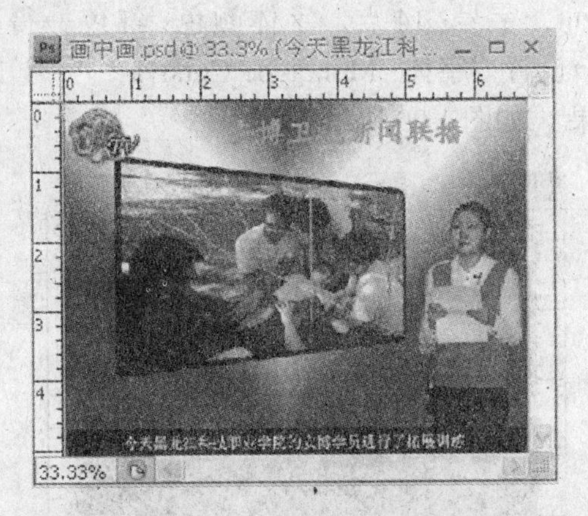

图 1.103　输入字幕文字

（18）最终完成后，【图层面板】如图 1.104 所示，效果如案例图 1.13 所示。

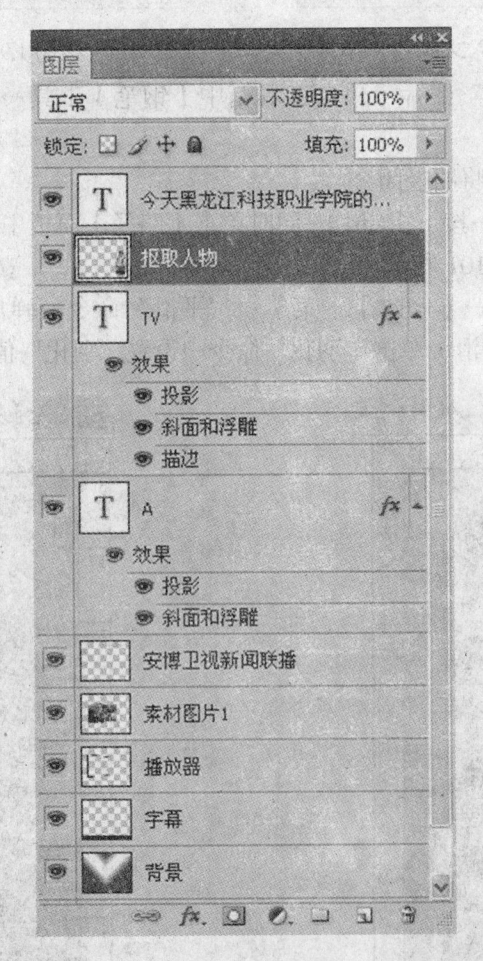

图 1.104　“合成画中画”图层面板

经典案例 1.6　制作全景图片合成

1. 案例作品

案例图1.14　瀑布素材1

案例图1.15　瀑布素材2

案例图1.16　瀑布素材3

案例图1.17　瀑布素材4

案例图1.18　瀑布合成效果图

2. 制作步骤

（1）单击【文件】菜单→【新建】命令→“新建文件”对话框→宽度：2 587 像素，高度 600 像素，分辨率：300 像素，色彩模式：RGB，背景色：白色，命名为：瀑布合成效果图→单击【确定】按钮。

（2）分别将四幅素材图片，如案例图 1.14、1.15、1.16、1.17 所示→拖拽到当前文件中并调整好所放位置，如图 1.105 所示。

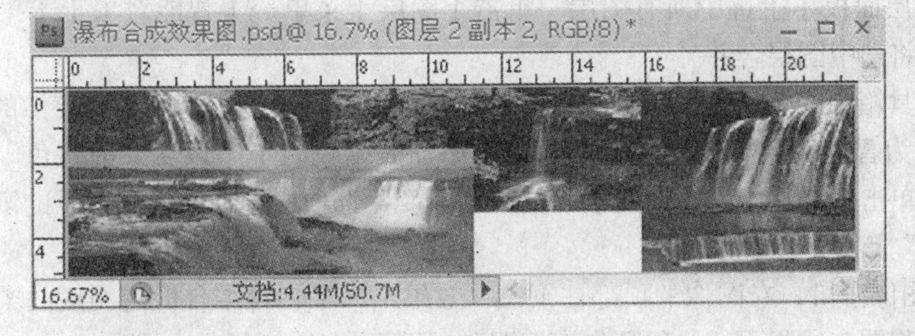

图 1.105　导入四幅图片

（3）单击工具箱中【矩形选区】工具→框选部分素材 2 →按【Ctrl+J】复制素材 2 图层副本→调整图片至合适位置，如图 1.106 所示。

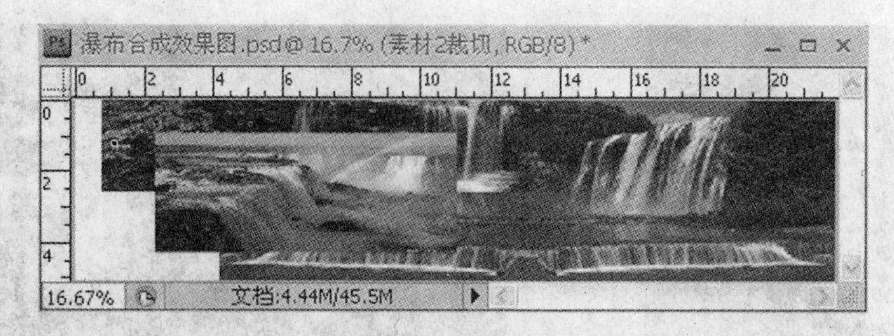

图 1.106　复制素材2图层并调整位置

（4）以同样的方法复制“素材 1”图层→“素材 1 副本”层→“素材 3”图层→“素材 3 副本”层，如图 1.107 所示。

图 1.107　复制各图层并调整位置

（5）隐藏部分图层中的图像→选择该图层→单击【图层面板】下方的【添加矢量蒙版】→单击“某图层”的图层蒙板以便选中它→设置前景色为白色，背景色为黑色。

（6）单击工具箱中→【画笔工具】→在图片上进行涂抹，若想自然过渡，前景色可选择灰色，若想透明，选择白色，若想全部遮挡选择黑色→用【笔刷】涂抹实现了用蒙版将多余的区域覆盖上，如图 1.108 所示。

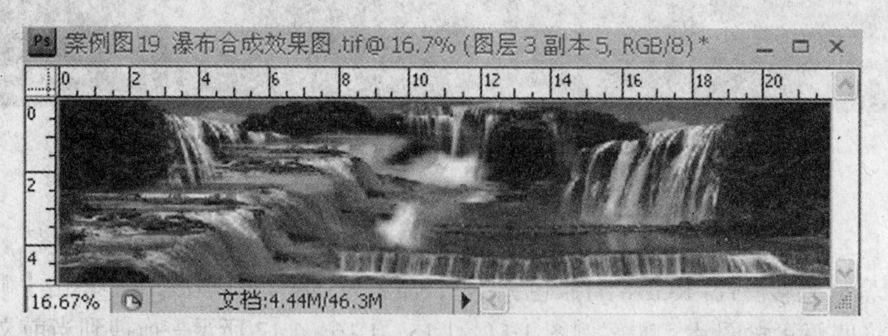

图 1.108　使用蒙版后的图片

（7）在【图层面板】上选中所有图层→单击【图层】菜单→【智能对象】子菜单→【转换为智能对象】命令→将选中图层合并。

（8）单击工具箱中的【模糊】工具→将图片合并边缘进行模糊，达到柔和自然的效果。

（9）在“转为智能对象”的图层上→点击【添加矢量蒙版】→设置“前景色”为白色→“背景色”为黑色→再单击工具箱中的【渐变】工具→“渐变”选项栏选择前景到背景的渐变（第一个）→选择“线性渐变”。

（10）回到图像窗口，在图像的顶部往下拉，效果出来了，再结合低透明度的柔角画笔工具在蒙板中涂抹，以便将图合成得更好，得到如案例图 1.18 所示的瀑布合成效果图。

技术提示：

1.蒙版颜色的设置：这里有个技巧—按字母D恢复默认的黑色前景，白色背景，再按字母D掉换前景色与背景色。

2.蒙版的作用是将多余的区域进行覆盖，删除蒙版，原图片不被破坏，蒙版对于图像的合成是不可缺少的。

「课堂随笔」

经典案例 1.7　制作电影胶片

1．案例作品

案例图1.19　素材1

案例图1.20　素材2

案例图1.21　素材3

案例图1.22　素材4

案例图1.23　电影胶片效果图

2. 制作步骤

（1）单击【文件】菜单→【新建】命令→“新建文件”对话框→宽度：740像素，高度152像素，分辨率：300像素，色彩模式：RGB，背景色：灰色，命名：制作电影胶片。

（2）复制“背景”层→“背景副本”层→单击【矩形选择】工具→选择矩形区域→按下【Alt+Del】键→填充“前景颜色”：白色→按下【Ctrl+C】复制矩形→按下【Ctrl+V】粘贴→单击工具箱中【选择】工具→将粘贴的矩形移至背景底部，如图1.109所示。

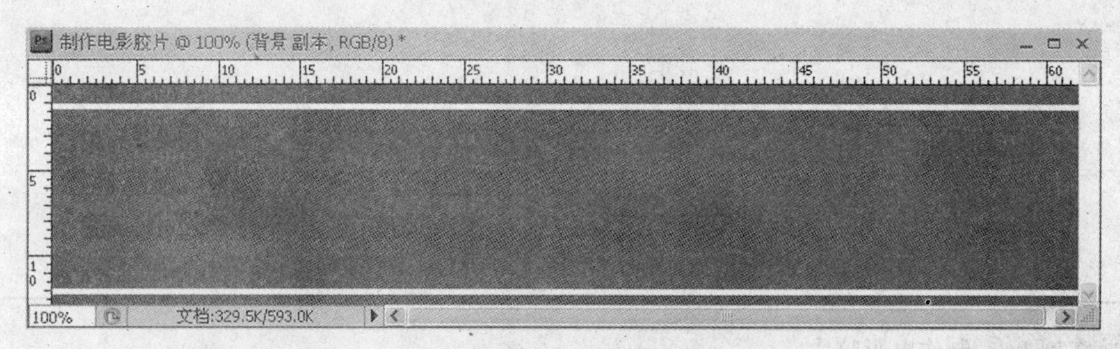

图1.109　制作两个白色矩形

（3）单击【矩形选择】工具→选择矩形区域，如图1.110所示→按下【Del】键→删除选区，如图1.111所示。

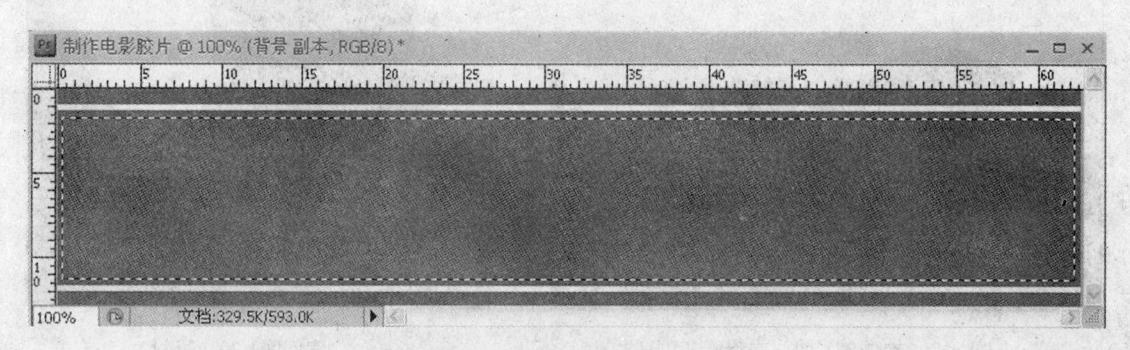

图1.110　选择中间部分灰色区域

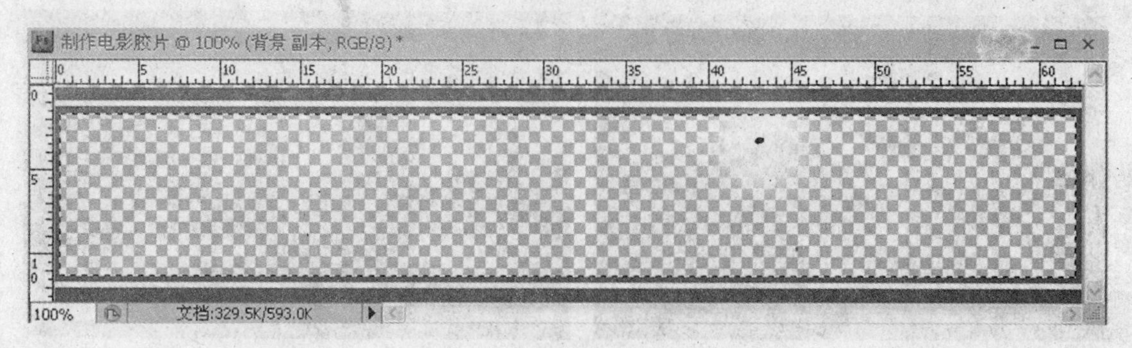

图1.111　删除选区

（4）单击【矩形选择】工具→选择“图片左边界附近区域”→按下【Ctrl+C】复制矩形→按下【Ctrl+V】粘贴→用鼠标调整各灰色矩形的位置，如图 1.112 所示。

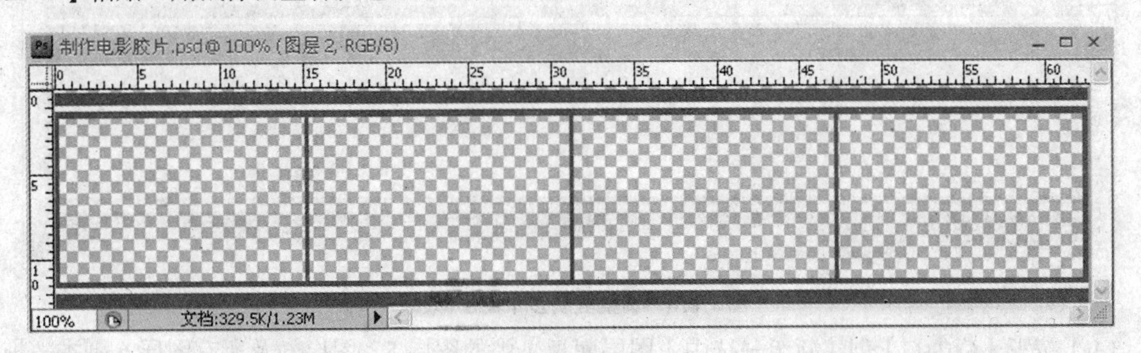

图 1.112　复制分隔区

（5）点击【Ctrl+Shift+N】新建图层工具→新建“图层 5”→单击【矩形选择】工具→选择矩形区域→按下【Alt+Del】键→填充“前景颜色”：白色→单击【图层面板】下方的【添加图层样式】按钮→设置外发光，各项参数如图 1.113 所示→单击【确定】按钮，完成外发光设置。

（6）单击【图层面板】中的“图层 5”→按下【Ctrl+J】复制该图层→重命名为“图层 6”→同样的方法复制多个“图层 6 副本”，如图 1.114 所示。

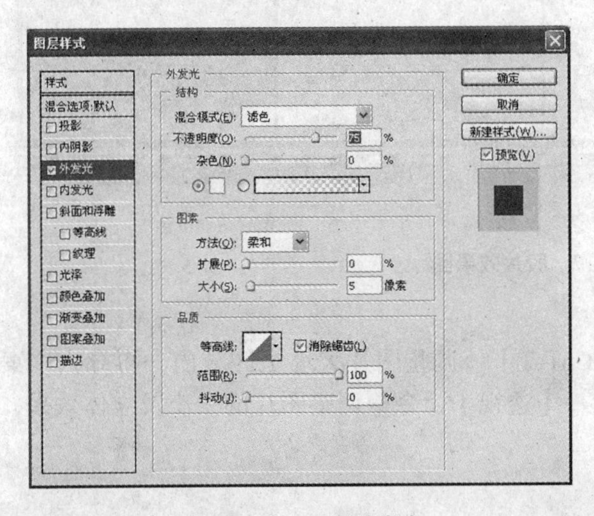

图 1.113　设置外发光

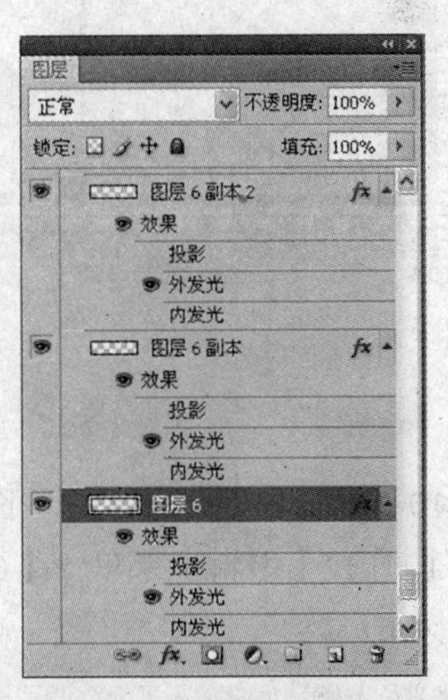

图 1.114　图层面板

（7）每复制一个“图层 6 副本”→【Shift+→】向右移动“白色方块”（按“Shift”键的目的是保持水平方向移动，以免白色方块不能保持一条直线）。

（8）每一个“白色方块”为一个图层，移动的效果如图 1.115 所示，调整完所有“白色方块”，得到效果如图 1.116 所示。

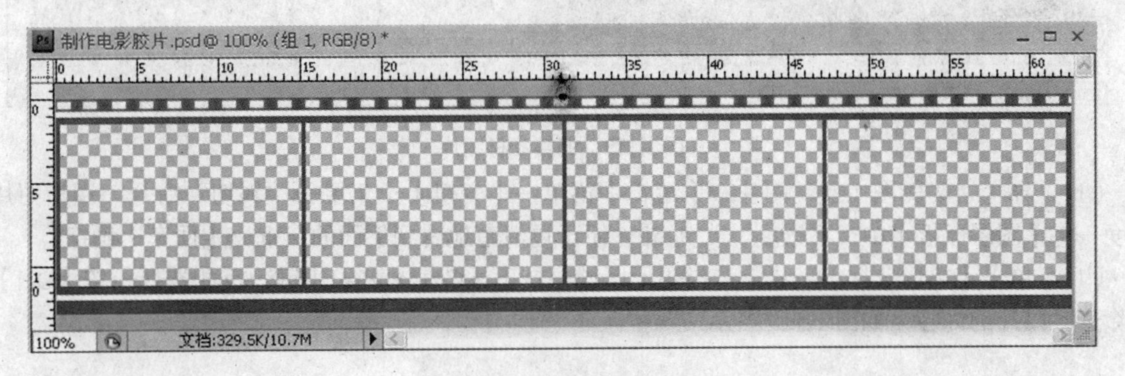

图 1.115　复制多个图层6效果

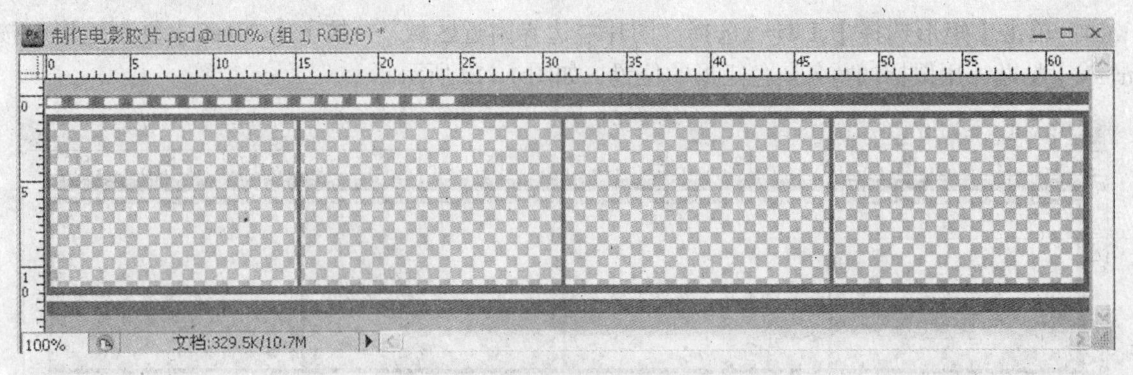

图 1.116　调整复制多个图层6效果

（9）按下【Ctrl+G】创建新组→选中【图层面板】中的图层 5、图层 6 及所有图层 6 副本→拖拽至“组 1”中→鼠标右键单击“组 1”图层→在快捷菜单中选择“复制组”→在“复制组”对话框中，命名为“组 1 副本”→回至图像窗口，按【Shift】键和向下光标键移动，如图 1.117 所示。

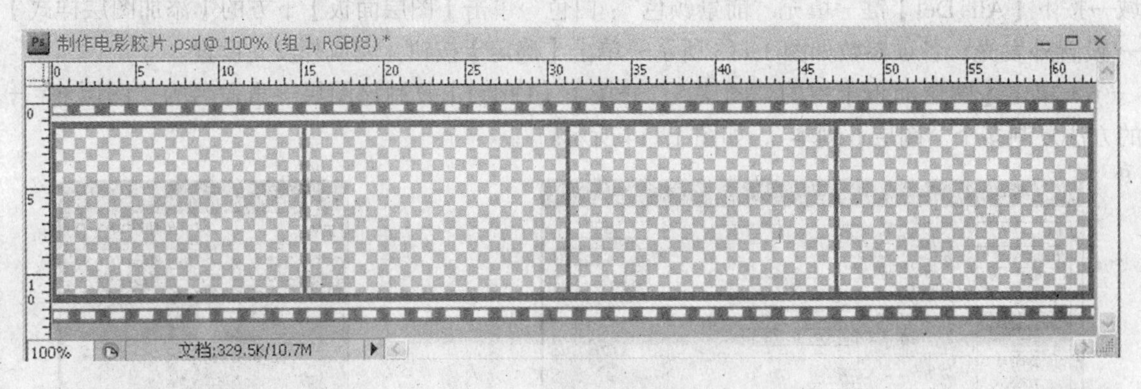

图 1.117　胶片效果图

（10）导入“案例图 1.19”图片→按下【Ctrl+T】→调整图片大小至区域内→再导入“案例图 1.20”图片→【编辑】菜单→【变换】子菜单→【透视】命令→调整图片的大小及立体效果，如图 1.118 所示。

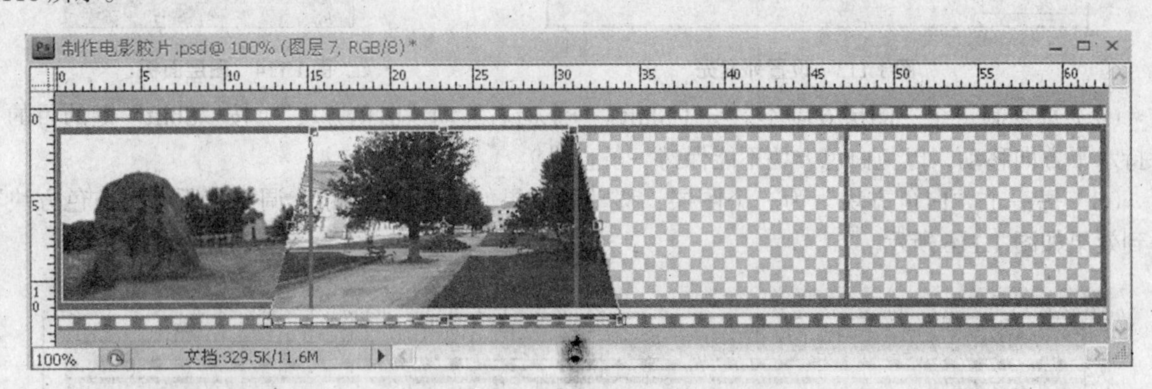

图 1.118　调整素材图片

（11）导入“案例图 1.21”图片→【编辑】菜单→【变换】子菜单→“斜切”命令→调整图片的角度→将【图层面板】中“不透度”改为 50，便于更清楚地看到下面的灰框→【回车】确定。

（12）单击【矩形选择】工具→选择矩形区域→按下【Ctrl+Shift+I】键→反相选择→按【Del】键删除选区以外的内容，如图 1.119 所示。

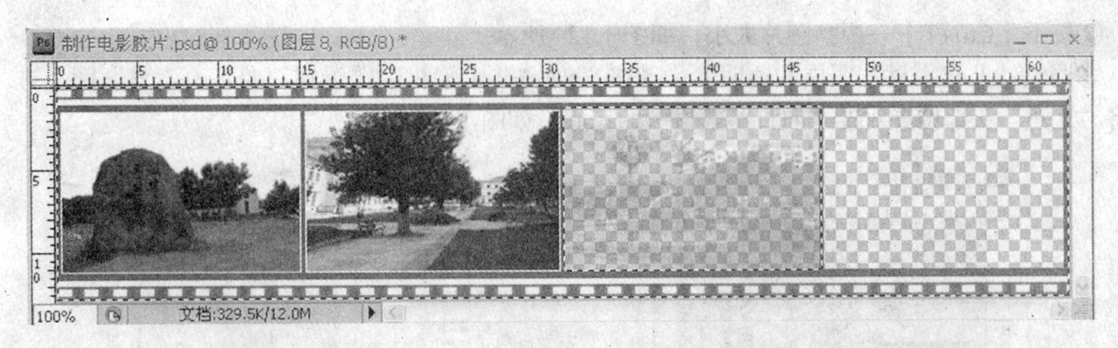

图 1.119　改变透明度删除图形以外区域

（13）导入“案例图 1.22”图片，以上述的任意方法调整图片，效果如图 1.120 所示。

图 1.120　调整后四幅图片

（14）上述的每一步操作都是针对某一图层进行操作，操作完成后得到的【图层面板】，如图 1.121 所示。

图 1.121　最终图层面板

在 Photoshop 中图像的合成是对蒙版、路径、通道、滤镜等知识点的综合应用，这是重点也是难点，下面将通过介绍来化解这方面的难点，方便理解。

1.3.1 蒙版

（1）蒙版是一种半透明的模板，可以将图片上不需要处理的部分遮盖住，只露出需要处理的区域，然后再对图像进行处理。在图像编辑过程中，添加蒙版的部分不会受任何编辑操作的影响，并且能够始终保持原有的属性和外观。

（2）移花接木。

①打开如图 1.122 所示的“向日葵素材”→导入图 1.123 儿童素材。

图 1.122　向日葵素材

图 1.123　儿童素材

②按下【Ctrl+T】→调整图片大小，如图 1.124 所示。

③调整“儿童素材”图层的透明度为 50%→使“儿童素材”图浮在“向日葵素材”图上方，可以将“儿童”头部位置对准“向日葵素材”的花心，如图 1.125 所示。

图1.124　导入人物图片并缩小

图1.125　改变人物图片透明度

④在【图层面板】下方单击“添加图层蒙版”→用鼠标单击该蒙版→选择【画笔】工具→用“笔刷”在“儿童素材”头部以外的区域涂抹（蒙版的前景色：黑色，背景色：白色）→用【Ctrl++】键放大图片显示比例，效果如图 1.126 所示。

图 1.126　应用图层蒙版

⑤最终【图层面板】如图 1.127 所示，移花接木效果图如图 1.128 所示。

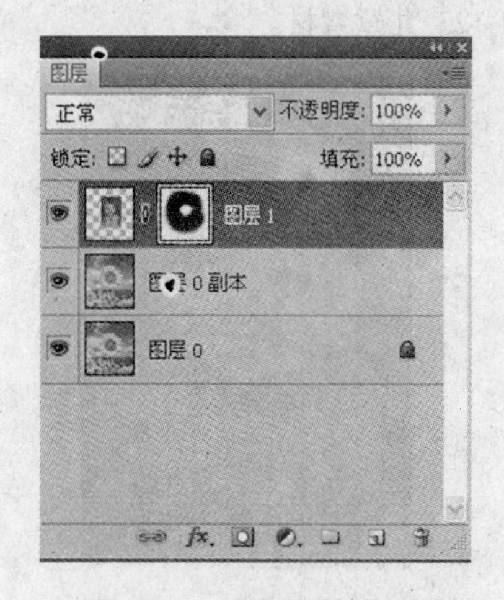

图 1.127　“图层面板”对话框

1-128　移花接木效果图

1.3.2 通道

（1）通道的概念。在 Photoshop 中通道可以存储彩色信息、保存选区以及产生和保存蒙版、建立蒙版，就是建立了蒙版通道，RGB 格式的文件包含 Red、Green 、Blue（红、绿、蓝）三个颜色通道，Layer 1 Mask 是蒙版通道。在进行图像编辑时，可以新创建用于存储选区的通道，这种通道称为 Alpha 通道。

（2）风景遮罩。

①打开如图 1.129 椰林素材图片→单击【通道面板】下方的【创建新通道】按钮→创建“Alpha 1”通道，如图 1.130 所示。

图 1.129 椰林素材

图 1.130 创建Alpha 1通道

②单击“Alpha 1”通道→选择【椭圆工具】绘制一个椭圆，如图 1.131 所示。

③单击【通道面板】中的“RGB”通道，如图 1.132 所示。

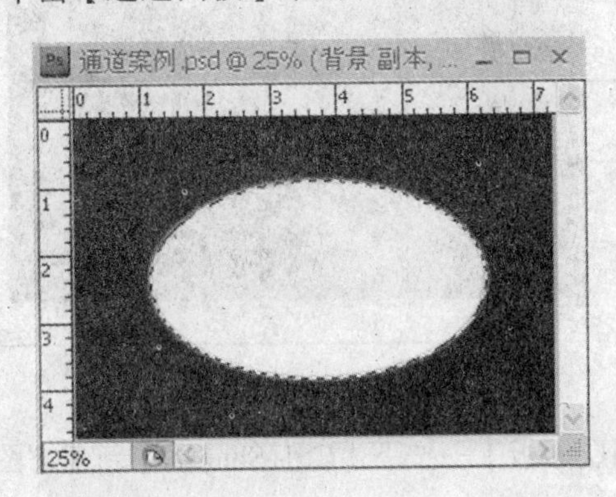

图 1.131 绘制图形

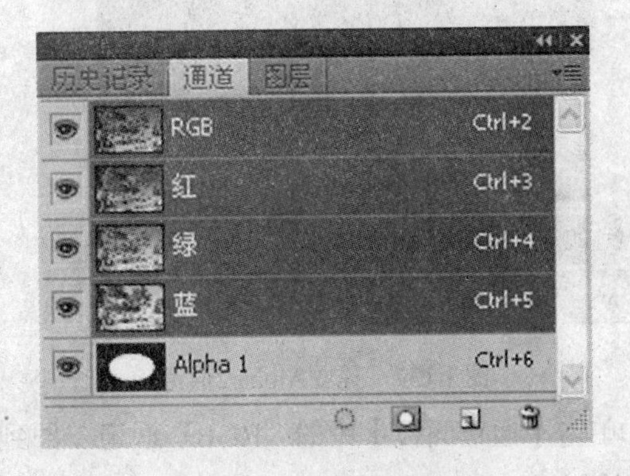

图 1.132 选择RGB通道

④按下【Ctrl+C】键进行复制→单击【图层面板】→按下【Ctrl+V】粘贴 RGB 通道，图像如图 1.133 所示，【图层面板】如图 1.134 所示。

图 1.133 建立Alpha1通道

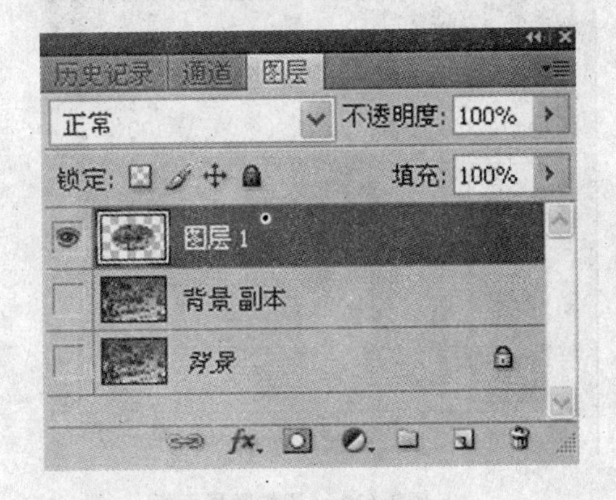

图 1.134 粘贴RGB通道为图层1

⑤ 显示不同的“图层”效果，如图 1.135 和图 1.136 所示。

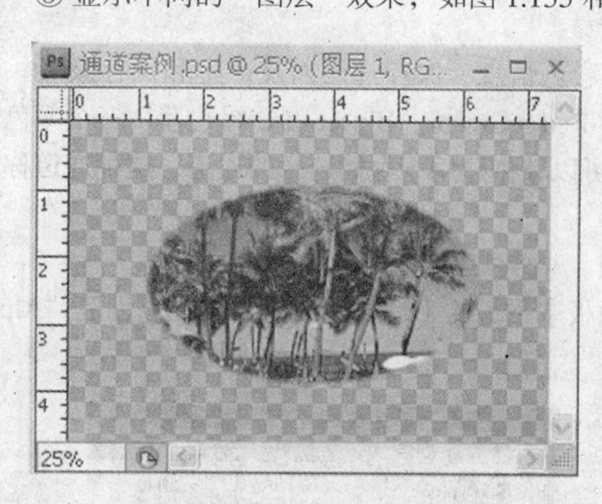

图 1.135　效果图1

图 1.136　效果图2

⑥单击【通道面板】下方的【创建新通道】按钮，创建了“Alpha 2”通道，如图 1.137 所示。

⑦单击工具箱中的【T 横排文字】工具→在图像上输入“椰风挡不住”汉字→按下【Ctrl+T】拖拽改变文字大小→单击【编辑】菜单→【变换】子菜单→【变形】命令→鼠标在变形句柄上拖拽似风吹样，如图 1.138 所示。

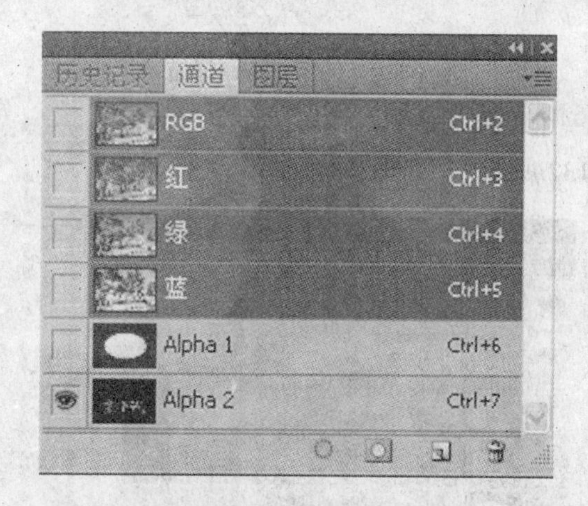

图 1.137　建立Alpha 2通道

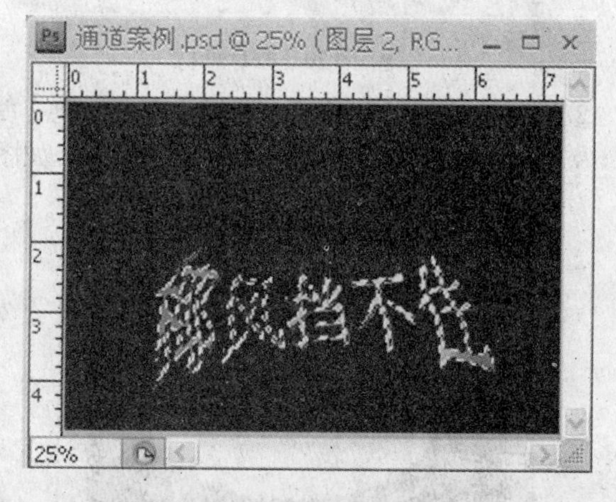

图 1.138　输入文字并变形

⑧单击【通道面板】中的“RGB”通道→回到【图层面板】→按下【Ctrl+Shitf+N】新建“图层 2”，如图 1.139 所示。

⑨单击【渐变】工具→选择“渐变颜色”→在“图层 2”上从左向右拖拽，如图 1.140 所示。

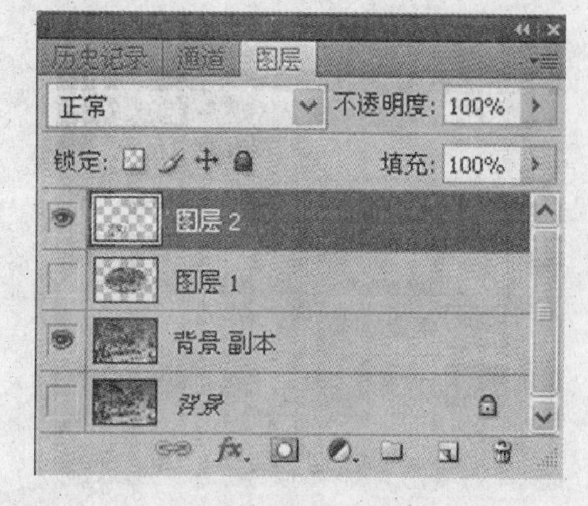

图 1.139　添加图层面板

图 1.140　效果图3

1.3.3 路径

（1）路径概念。路径是具有多个节点的矢量线条（也叫赛尔曲线）构成的图形，形状是较规则的路径。通过使用钢笔工具或形状工具，可以创建各种形状路径。贝赛尔曲线是一种以三角函数为基础的曲线，它的两个端点称为锚点，也称为节点，多条贝赛尔曲线可以连在一起，构成路径。

（2）路径应用。如“经典案例 1.5”“制作画中画”第（12）~（16）步。

1.3.4 滤镜

（1）滤镜概念。滤镜是对整幅图像或选区中的图像进行特殊处理，将各个像素的色度和位置数值进行随机或预定义的计算，从而改变图像的形状。

（2）篮球运动员（模糊滤镜应用）。

第一步：打开如图 1.141 所示的图像，使用【钢笔】工具，抠取“人物”。

第二步：单击【路径】面板中【工作路径】前的图像，将选区转换为路径，按键盘上的【Ctrl+Shift+I】进行反选。

第三步：单击【滤镜】菜单【模糊】子菜单中的【动感模糊】→调整【动感模糊】对话框，调整各项参数值→单击【确定】按钮，完成模糊滤镜效果如图 1.142 所示。

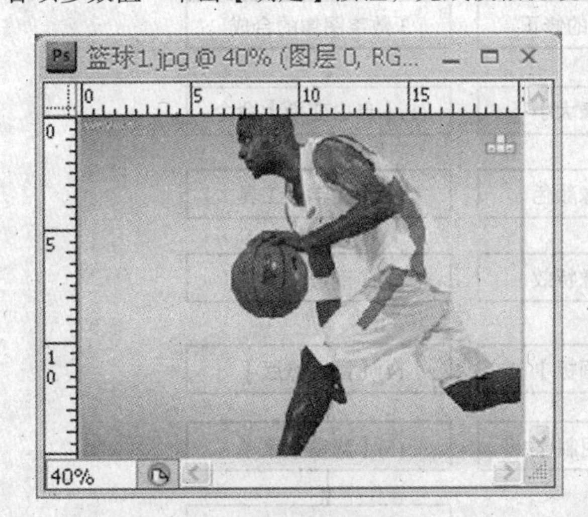

图 1.141　打开素材图片

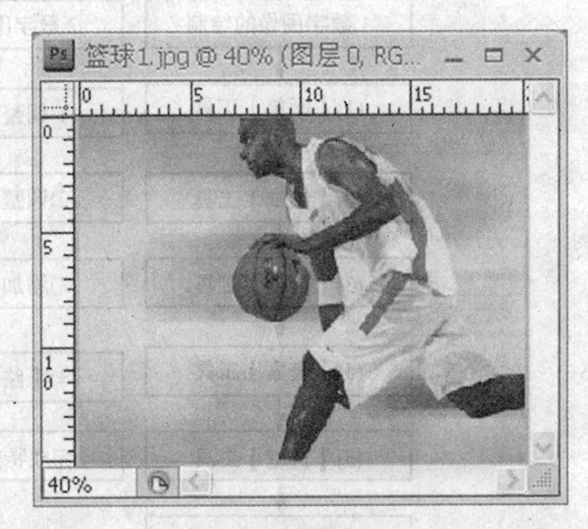

图 1.142　模糊滤镜效果图

技术提示：

1. 在Photoshop中系统默认的滤镜分为13个滤镜组,其相应命令均放在“滤镜”菜单中，另外Photoshop还可以使用外部滤镜。

2. 图像是由多个图层构成的，每一个图层就相当于一个胶卷底片，将不同的图像放入各自的图层，把他们叠加在一起就形成了图像，而每--部的图像为一层，可以对各自的图层进行修改。

3. 针对每个通道的编辑是独立的，不影响其他通道。

「课堂随笔」

重点串联

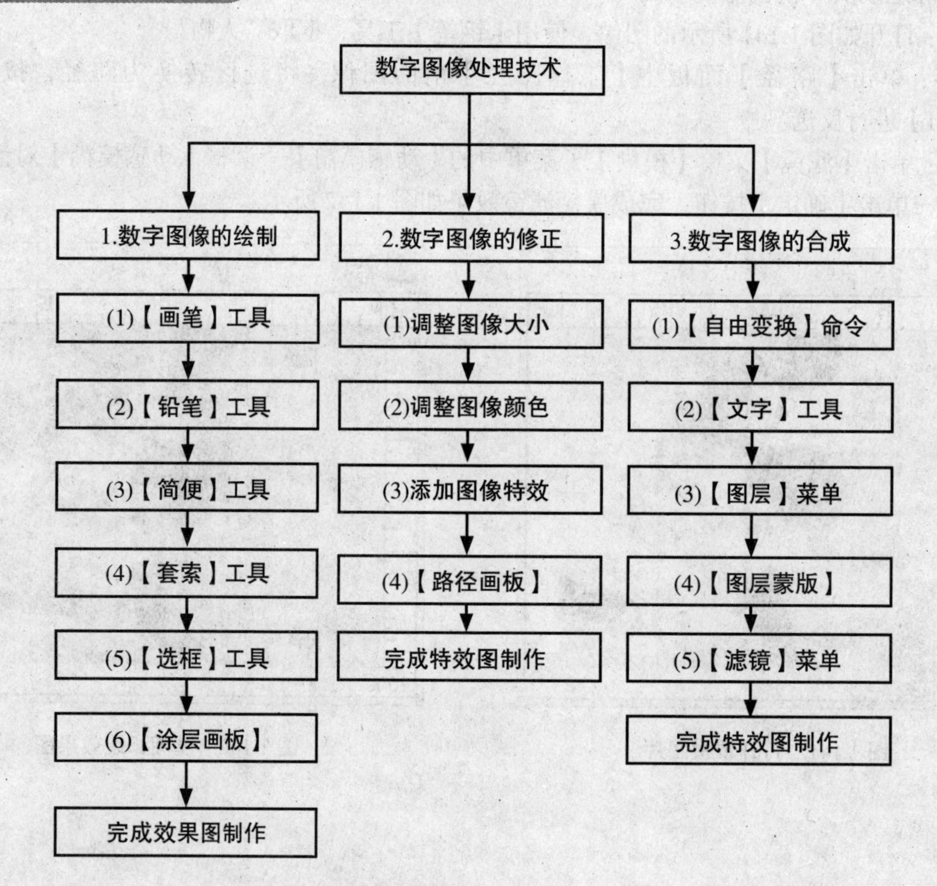
数字图像处理技术
1.数字图像的绘制
(1)【画笔】工具
(2)【铅笔】工具
(3)【简便】工具
(4)【套索】工具
(5)【选框】工具
(6)【涂层画板】
完成效果图制作
2.数字图像的修正
(1)调整图像大小
(2)调整图像颜色
(3)添加图像特效
(4)【路径画板】
完成特效图制作
3.数字图像的合成
(1)【自由变换】命令
(2)【文字】工具
(3)【图层】菜单
(4)【图层蒙版】
(5)【滤镜】菜单
完成特效图制作

拓展与实训

基础训练

一、填空题

1. 利用______工具，可移去用闪光灯拍摄人物照片中的红眼，也可以移去用闪光灯拍摄动物照片中的白色或绿色反光。

2. 渐变工具包括五种渐变类型，它们分别是线性渐变、______、______、______和菱形渐变。

二、选择题

1. 取消选区的组合键是（　　）。

A．Ctrl+A　　B．Ctrl+D　　C．Ctrl+C　　D．Ctrl+V

2. 按（　　）键，可以从先前创建的选区中减去其后创建选区的相交部分，原选区将缩小。

A．Alt　　B．Shift　　C．Ctrl　　D．Ctrl+ Shift

三、简答题

1. 简述位图和矢量图的区别。
2. 简述无损压缩和有损压缩。
3. 颜色由哪三个要素构成？
4. 为什么有些照片会出现红眼效果？

技能实训

制作平面立体特效图像

1. 实训目的

（1）培养数字图像技术的三个构成要素设计，如创意设计、版面设计、色彩构成；掌握数字图像制作的基本方法和技巧。

（2）学会应用 Photoshop 解决实际工作中的各种数字图像技术的处理。

2. 实训要求

（1）熟练应用图像变形、图层面板、通道面板、图层蒙板进行平面立体效果图的设计。

（2）自选图片素材。

（3）各图层名称清晰。

（4）工具使用正确。

（5）主题突出、表达准确、寓意深刻。

（6）最终效果图立体效果明显。

3. 实训效果图

平面立体特效效果图

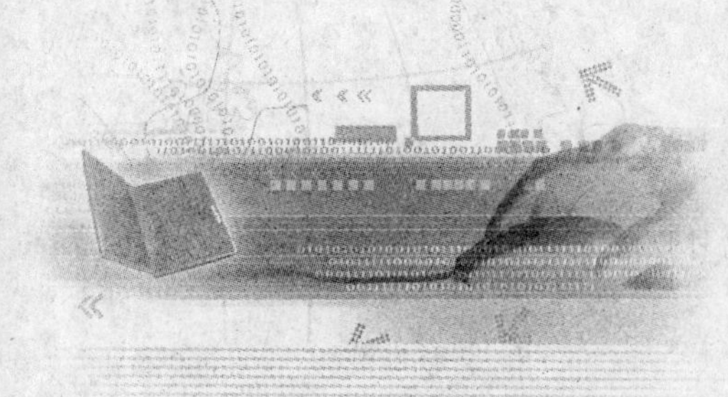

模块2 数字动画处理技术

教学聚焦

◆ 数字动画处理技术是多媒体编创最活跃的技术，其中二维动画制作应用最广泛的是 Flash 编创软件，三维动画制作应用较简单实用的是 COOL 3D 编创软件。下面就走进 Flash 和 COOL 3D 的世界，编创出精美的二维和三维数字动画作品。

知识目标

◆ 通过经典案例的制作掌握 Flash CS4 和 Ulead COOL 3D 3.5 中各种工具的使用方法，使学生在制作不同的二维和三维数字动画时能更恰当地选择相关工具达到预期的效果。

技能目标

◆ 学会二维和三维数字动画图形绘制、素材处理、GIF 动画、文字变形动画、卷轴动画、三维立体文字、三维片头动画、三维文件字幕动画的制作技术。

课时建议

◆ 10 课时

教学重点和教学难点

◆ 二维和三维数字动画图形绘制、素材处理、GIF 动画、文字变形动画、卷轴动画、三维立体文字、三维片头动画、三维文件字幕动画的制作技术。

项目 2.1 GIF 动画制作

例题导读

“经典案例 2.1”和“经典案例 2.2”介绍了通过使用 Flash CS4 工具箱中的导入图片、文本等工具，以及相关的发布命令、分离命令、创建补间动画、关键帧等，让读者学会制作 GIF 逐帧动画和文字变形动画。

知识汇总

- 导入、文本和导出等工具的使用
- 利用发布命令生成 GIF 动画
- 利用关键帧、形状提示、分离、属性面板相互配合生成文字变形动画

经典案例 2.1 制作奔跑的小狗 GIF 动画

1．案例作品

小狗素材图片

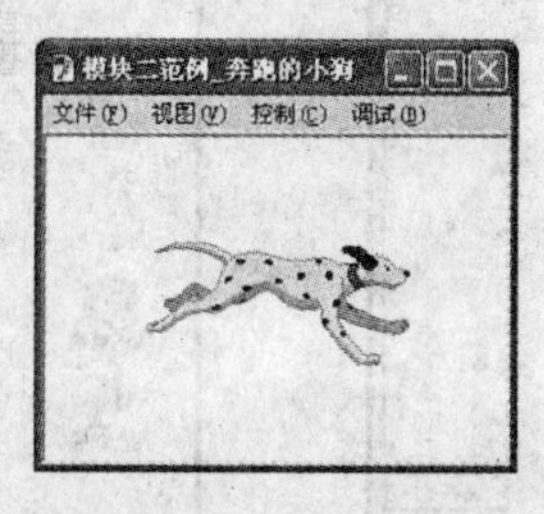

案例图2.1 部分效果图

2．制作步骤

（1）新建一个 Flash 文档。启动 Flash CS4 文件，单击【文件】→【新建】命令→打开“新建文档”对话框→选择“Flash 文件 (Action Script 2.0)”选项→单击【确定】按钮，如图 2.1 所示。

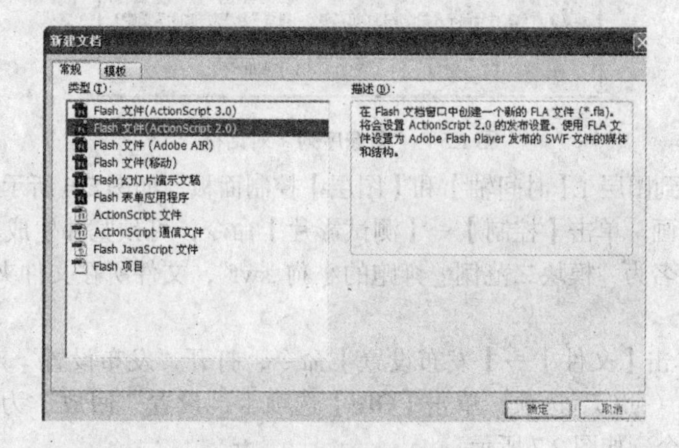

图 2.1 “新建文档”对话框

（2）弹出 Flash CS4 主界面，如图 2.2 所示。

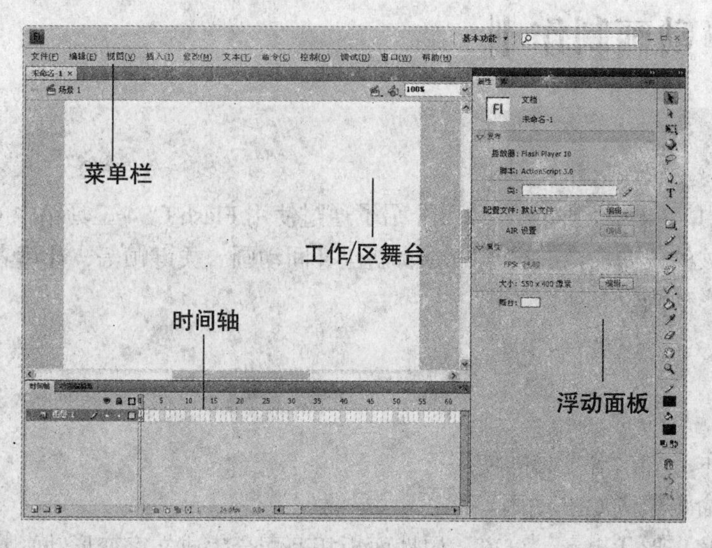

图 2.2　Flash CS4主界面

（3）保存文件。保存文件名为“模块二范例 _ 奔跑的小狗”，如图 2.3 所示。（以下各个步骤完成时都要求保存文件，养成良好的操作习惯将使你的学习事半功倍）。

（4）导入系列图片。单击【文件】→【导入】→【导入到舞台】命令→打开【导入】对话框→选择“狗”文件夹→选择“01”图片→单击【确定】按钮，如图 2.4 所示，弹出图像序列对话框，如图 2.5 所示，单击【是】按钮。

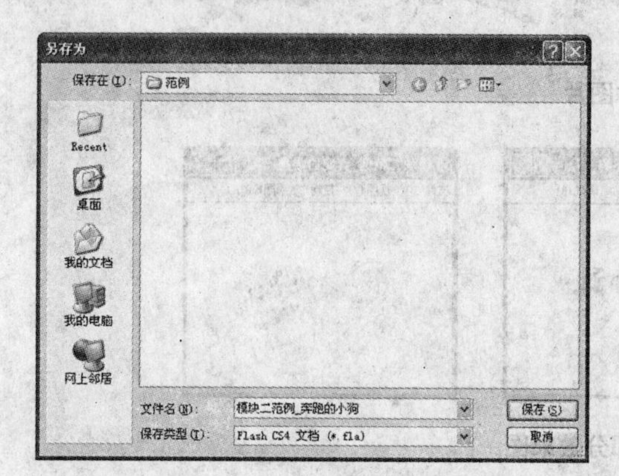

图 2.3　“另存为”对话框

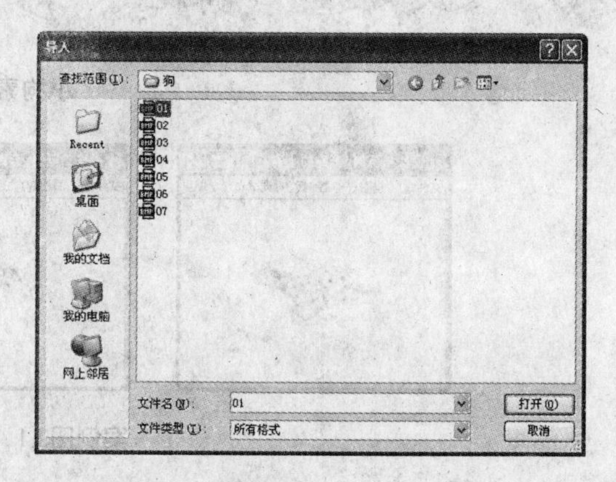

图 2.4　“导入”对话框

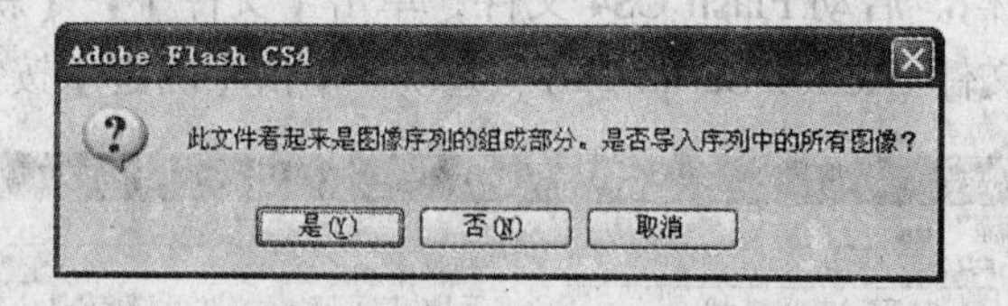

图 2.5　“图像序列”对话框

（5）导入序列图片到图层 1,【时间轴】和【图层】控制面板，如图 2.6 所示。

（6）预览并生成动画。单击【控制】→【测试影片】命令，可预览并生成动画，如图案例图 2.1 所示。生成的动画文件名为“模块二范例 _ 奔跑的小狗 .swf”，文件所在文件夹和源文件所在文件夹相同。

（7）发布设置。单击【文件】→【发布设置】命令，打开“发布设置”对话框，复选“格式”选项卡中的“GIF 图像（.gif）”选项，单击【GIF】选项卡，设置“回放”为“动画”和“不断循环”→单击【发布】命令，如图 2.7 所示。

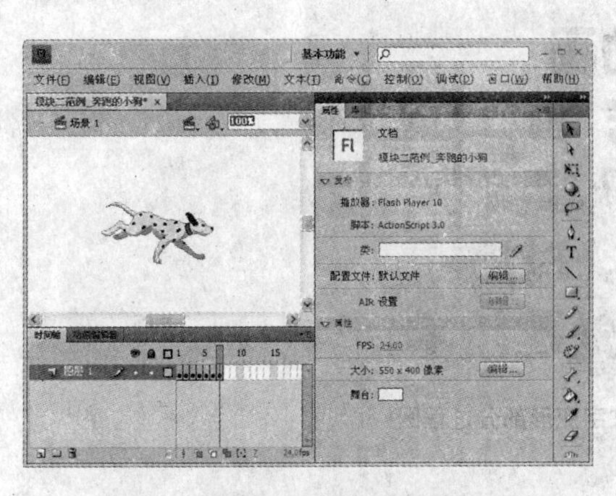

图 2.6　“时间轴和图层”效果

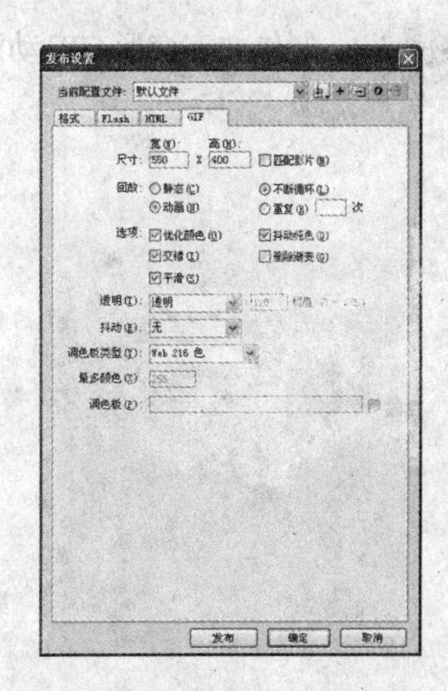

图 2.7　“发布设置”对话框

（8）导出 GIF 动画。单击【文件】→【导出】→【导出图像】命令，打开“导出图像”对话框，选择“保存类型”下拉列表框中的“GIF 图像 (*.gif)”，单击【保存】按钮，如图 2.8 所示。弹出“导出 GIF”对话框，单击【确定】按钮，如图 2.9 所示。

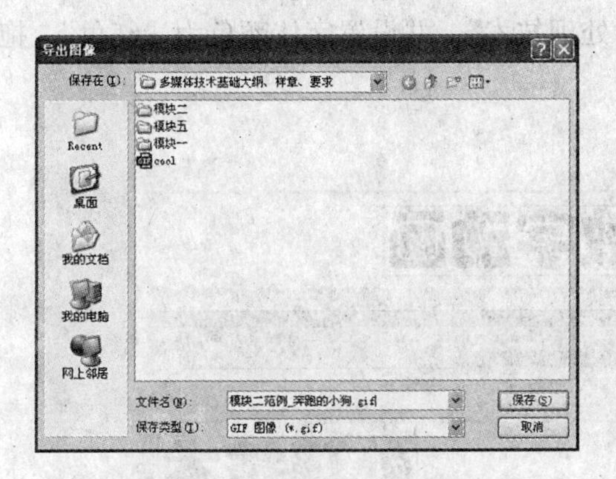

图 2.8　“导出图像”对话框

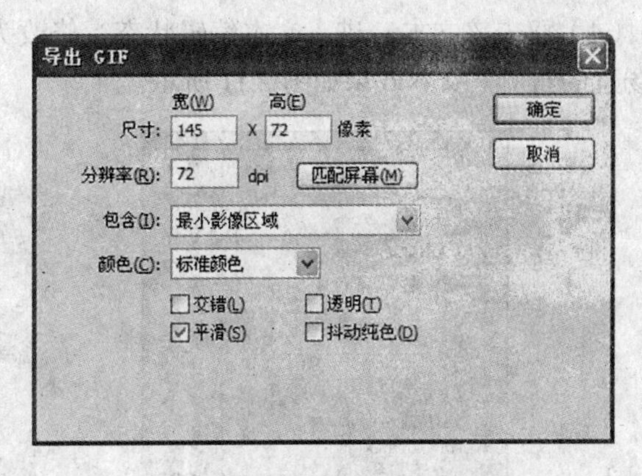

图 2.9　“导出GIF”对话框

>>>

技术提示：

1. 修改帧频可以改变逐帧动画播放的速度，帧频数字变小速度减慢，数字变大速度加快。

2. 按【F5】键，插入帧，延长关键帧的长度，达到延长时间的目的。

3. 常用【Ctrl+Enter】键预览并生成动画。

4. 本案例是一只矫健的小狗在奔跑跳跃，这是一个利用导入连续位图而创建的GIF逐帧动画。制作该Flash动画时，先准备好7张小狗奔跑时不同姿势的图片。

「课堂随笔」

经典案例 2.2 制作文字变形 GIF 动画

1．案例作品

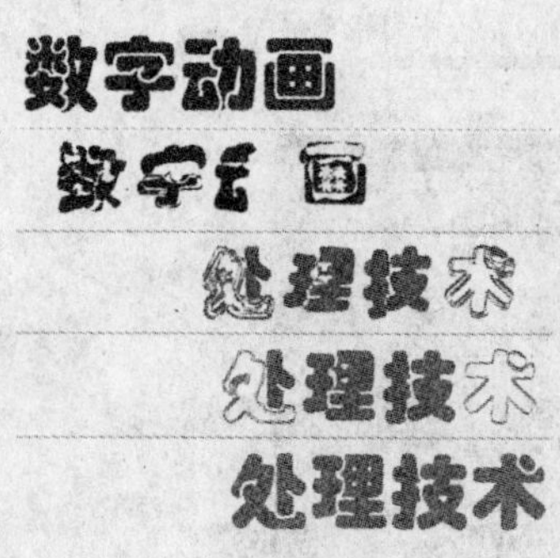

案例图2.2 文字变形部分过程图

2．制作步骤

（1）新建一个宽 550×100 的 AS2.0 文件，保存文件名为“文字变形 .fla”。

（2）单击【文本工具（T）】工具→设置字符为“汉仪琥珀体简”→【大小】为“70”点→【颜色】为“蓝色”，如图 2.10 所示。在场景中输入文本“数字动画”。

（3）选中第 40 帧，按下【F6】键，插入关键帧。

（4）双击该文本，进入文本编辑状态，修改为“处理技术”，并设置字体颜色为“红色”，拖拽到场景的右侧。文本效果如图 2.11 所示。

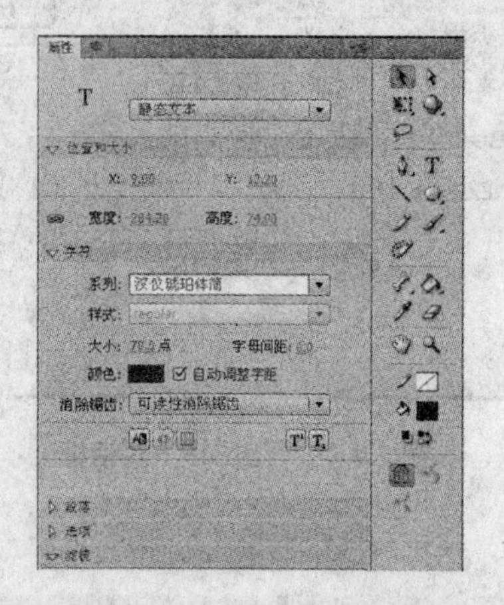

图 2.10 “字符”属性面板

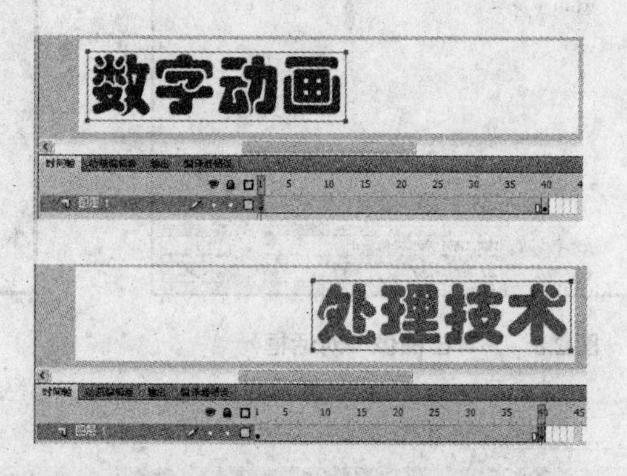

图 2.11 起始帧和结束帧中的文本对象

（5）分别选中起始关键帧和结束关键帧中的文本对象，按【Ctrl+B】键两次，将文本对象分离（分离也称为打散）为图形处理的形状对象，如图 2.12、图 2.13 所示。

图 2.12 文本分离第一次后形状

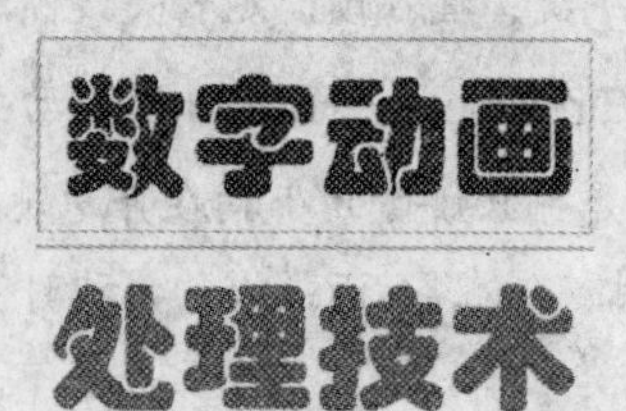

图 2.13 文本分离第二次后形状

（6）选中第 1 帧，右击鼠标，选择“创建补间形状”，创建文本形状的补间形状动画。

（7）选中第 50 帧，按下【F5】键，插入帧。

（8）按【Ctrl+Enter】键，测试影片、预览动画，变形效果较乱，需添加形状提示控制点。

（9）选择第 1 关键帧→单击【修改】→【形状】→【添加形状提示】命令，如图 2.14 所示。

（10）显示红色字母 a 圈。单击工具箱的【选择工具 (V)】→拖拽 a 到标记位置，如图 2.15 所示。

（11）选择时间轴补间形状最后一个关键帧（本案例为第 40 帧）。

（12）单击工具箱的【选择工具 (V)】→拖拽 a 到与起始关键帧标记的第一点对应的位置上，红色字母 a 圈变为绿色。起始关键帧上的形状提示点变为黄色，如图 2.16 所示。

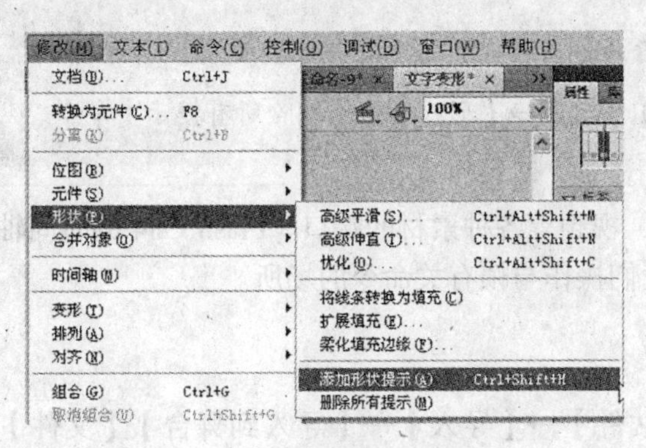

图 2.14 “添加形状提示”菜单

数字动画 数

图 2.15 起始帧中文本形状上的提示点

图 2.16 结束帧和起始帧提示点的变化

（13）再次按【Ctrl+Enter】键，测试影片，观察形状提示点的作用。拖拽形状提示点的位置，可进行微调。

（14）重复步骤（9）~（13），添加其他形状提示点。新的提示点所带字母为 b。

（15）在起始关键帧和结束关键帧调整提示点的位置，如图 2.17 所示。

图 2.17 起始和结束关键帧中文本形状的两个提示点

（16）按【Ctrl+Enter】键，测试影片，预览动画，变形变得比较有规律。

（17）单击【文件】→【发布设置】命令，在“发布设置”对话框中，复选“格式”选项卡中的“GIF 图像（.gif）”选项→单击【GIF】选项卡→设置“回放”为“动画”和“不断循环”→设置“透明”为“透明”→单击【发布】命令，生成“文字变形 .gif”动画文件。

技术提示：

1. 起始关键帧上插入形状提示点的颜色是红色，结束关键帧上的形状提示点是绿色。当起始关键帧上的形状提示点的位置在曲线上时，起始关键帧上的形状提示点是黄色的，否则为红色的。

2. 按【Ctrl+Shift+H】键，可以逐个为补间形状动画添加形状提示点，每执行一次此命令将添加一个形状提示点。最多可以使用26个形状提示点。

3. 当使用形状提示点时，还应该注意以下几点：

（1）必须选择补间形状动画中的第一个关键帧，添加形状提示点。

（2）要查看所有的形状提示点，单击【视图】→【显示形状提

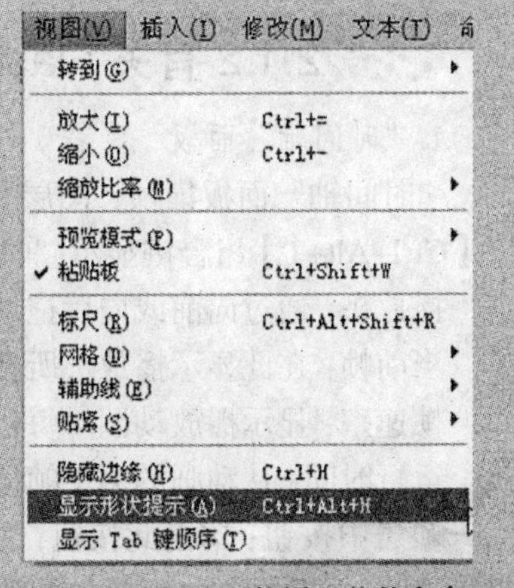

图 2.18 显示形状提示菜单命令

示】命令，如图2.18所示。只有包含形状提示点的图层和关键帧处于当前状态下时，“显示形状提示”菜单命令才有效。

（3）要删除某个形状提示点，直接将它从舞台拖出即可。

（4）要删除所有的形状提示点，直接单击【修改】→【形状】→【删除所有提示】命令。

Flash CS4 的导入命令提供了导入图形图像、视频等各种素材的端口。Flash CS4 的时间轴面板集帧、图层及动画创建与编辑等功能于一身，是我们操作与帧有关命令的场所。

2.1.1 导入

Flash CS4 中，【导入】命令有四个，即【文件】→【导入】→【导入到舞台】、【文件】→【导入】→【导入到库】、【文件】→【导入】→【打开外部库】、【文件】→【导入】→【导入视频】命令。如图 2.19 所示。

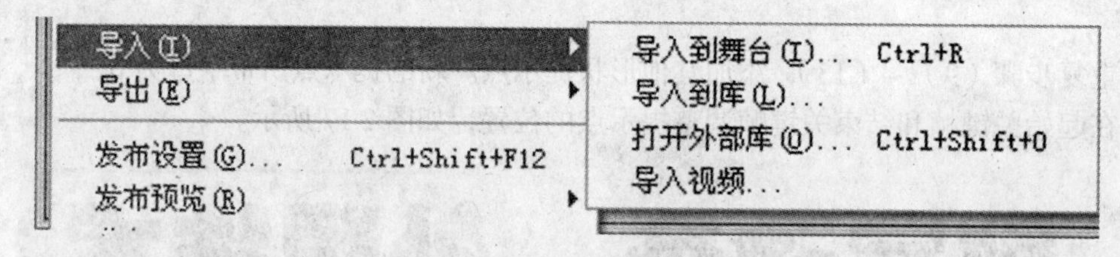

图 2.19 “导入”命令子菜单项

1. 导入到舞台

利用该命令导入的图形图像等对象都被直接置于舞台上。

2. 导入到库

选择该命令导入的图形图像等对象都不会在舞台中显示，直接导入到当前文件的“库”面板中。

3. 打开外部库

把包含素材的某一 Flash 文件，作为库打开，通过单击“库”面板中的按钮[文字变形 ▾]，在弹出的下拉菜单中单击选择所需的 Flash 文件，打开该文件的“库”面板。

4. 导入视频

Flash CS4 能够良好地支持多种视频文件。用户可以导入多种格式的视频文件到文件中。

2.1.2 有关 Flash CS4 中“时间轴”面板、帧和帧频基础知识

1. “时间轴”面板

“时间轴”面板集帧、图层及动画创建与编辑等功能于一身，选择【窗口】→【时间轴】命令或按【Ctrl+Alt+T】组合键显示“时间轴”面板，如图 2.20 所示。

播放头：通过向前或向后拖动播放头可以在舞台上观察动画向前播放或向后播放的效果。

当前帧：在此显示播放头所在帧数。

帧速率：显示播放动画时每秒钟所运行的帧数。

运行时间：从动画的第 1 帧播放到当前帧所需要的时间。

帧居中按钮：单击此按钮，可以移动“时间轴”面板的水平及垂直滑块，使当前选择的帧移至“时间轴”面板的中央，以方便观察和编辑。

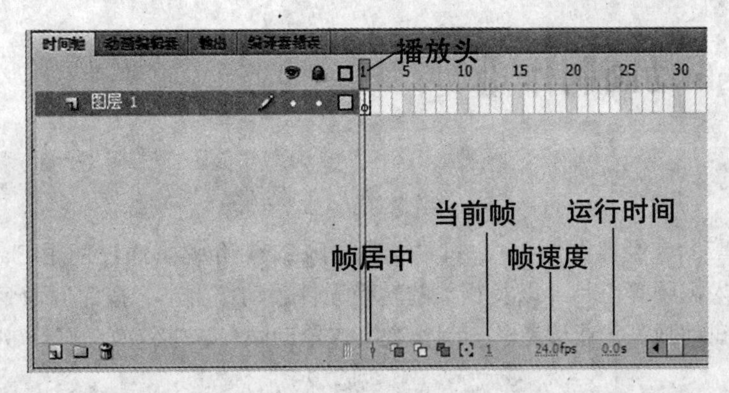

图 2.20　“时间轴”面板

2. 帧和空白关键帧

帧是 Flash 动画的基本单位。其类型有三种，即关键帧、空白关键帧及延长帧。

空白关键帧是不包含任何元素的帧，在时间轴上表现为空白▯。按【F7】键，创建空白关键帧。

3. 关键帧

关键帧是指在该帧中包括有任意内容的帧，在时间轴中关键帧以黑圆点▮显示。按【F6】键，创建关键帧。

4. 延长帧

延长帧就是对前一个关键帧的内容起到延长其显示时间的作用，它在时间轴中显示为一个空白的方格▯。按【F5】键，插入帧。

5. 选择帧

要选择帧，可以执行下列操作之一。

在时间轴上单击某一帧即可选择该帧。

要选择多个连续的帧，可按住【Shift】键并单击其他帧。

要选择多个不连续的帧，可按住【Ctrl】键并单击其他帧。

要选择时间轴中的所有帧，可选择【编辑】→【时间轴】→【选择所有帧】命令。

如果按住鼠标左键在“时间轴”上拖动，可以将鼠标滑过的帧都选中。

在“时间轴”面板中单击某一层，即可将其中所有的对象选中。

6. 帧频

帧频就是动画播放的速度，以每秒播放的帧数 fps 为度量单位。标准的动画速率是 24 fps，它能够满足在网页等领域的播放需求，这也是 Flash CS4 中默认的帧频。

「课堂随笔」

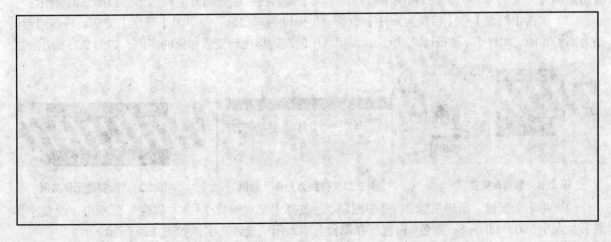

项目 2.2 Flash 动画制作

例题导读

“经典案例 2.3”、“经典案例 2.4” 和 “经典案例 2.5” 介绍了通过使用 Flash CS4 工具箱中的导入图片、导入视频等工具，以及相关的转换元件、动作脚本、按钮等命令，制作了创建遮罩动画、传统补间动画等，让读者学会制作文字遮罩动画、卷轴特效动画和 Flash 视频播放器。

知识汇总

- 导入图片、导入视频等工具的使用
- 图形元件、按钮元件和影片剪辑元件的使用
- 动作脚本的编写方法
- 遮罩动画、传统补间动画和按钮的控制

经典案例 2.3 文字动画

1. 案例作品

案例图2.3 “闲情逸致”效果图

2. 制作步骤

（1）新建一个 AS 2.0 文件，设置尺寸为“400 像素 ×200 像素”，背景色为黑色。

（2）制作一个黑白相间的渐变条。单击【矩形工具】工具画出一个矩形，尺寸为“600 像素 ×100 像素”。单击【窗口】→【颜色】命令，设置“填充颜色”类型样式为“线性”渐变，溢出选项为“反射”。单击工具箱中【颜料桶工具】倾斜拖拉填充画好的四边形，如图 2.21 所示。

（3）单击【修改】→【转换为元件】命令→类型设为“图形”→单击【确定】按钮，将四边形转换为图形元件“元件 1”，如图 2.22 所示。编辑区中的四边形也转变成相应的实例，如图 2.23 所示。

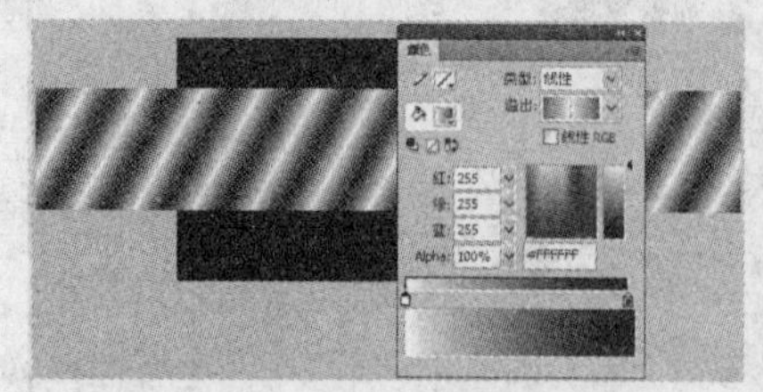

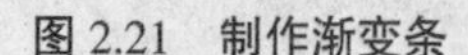

图 2.21 制作渐变条　　图 2.22 “转换为元件”面板　　图 2.23 渐变条元件实例

（4）单击按钮，新建图层 2。选中图层 2，选择【文本工具】，在“属性”面板中，设置字体：隶书，大小：80，间距：8，颜色：白色。在舞台上输入闲情逸致文字，如图 2.24 所示。

（5）按【Ctrl+K】键，打开“对齐”面板，按下“相对于舞台”按钮，设置“对齐”为“垂直居中”，“水平居中”，如图 2.25 所示。

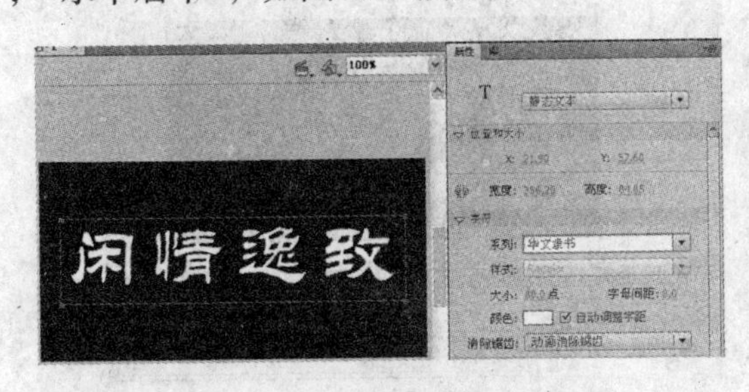

图 2.24　设置文字属性并输入文字

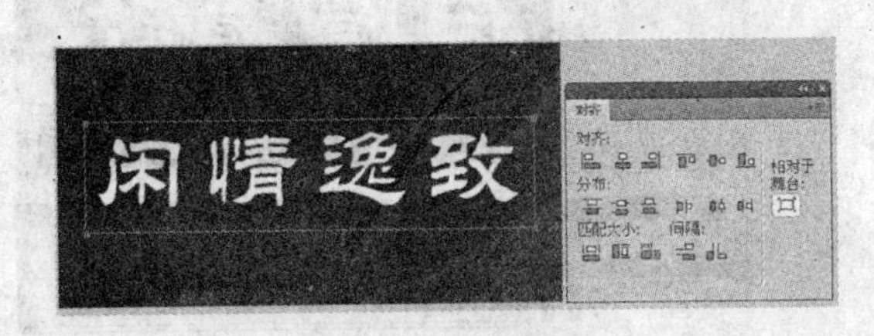

图 2.25　对齐到舞台中央

（5）选中文字，单击【修改】→【转换为元件】命令→类型设为“图形”→单击【确定】按钮，将文字转换为图形元件“元件 2”，选择把文字实例复制到剪贴板中待用。

（6）单击按钮，新建图层 3。在图层 3 中，选择【编辑】→【粘贴到当前位置】命令，在原位置粘贴新复制的文字。（图层 2 和图层 3 的文字是重叠的，这是为后面文字飘浮作准备。）

（7）选择图层 1，移动矩形使文字右边与四边形右边对齐。按住【Shift】键，分别单击三个层的第 50 帧，按【F6】键增加关键帧，如图 2.26 所示。

（8）单击图层 1 的第 50 帧，右移四边形实例，使文字左边与四边形左边对齐，如图 2.27 所示。

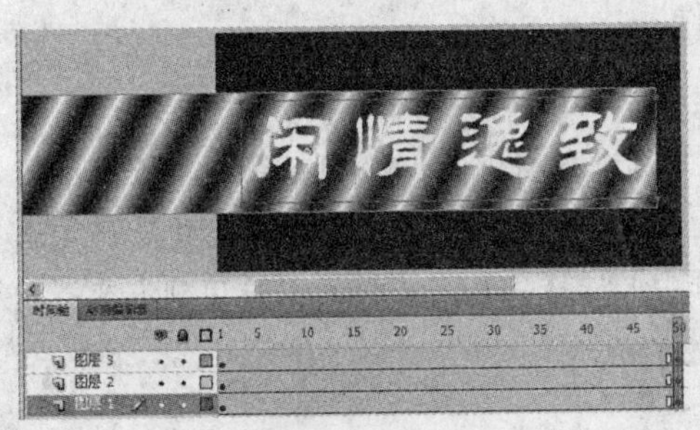

图 2.26　文字与四边形右边对齐并插入关键帧

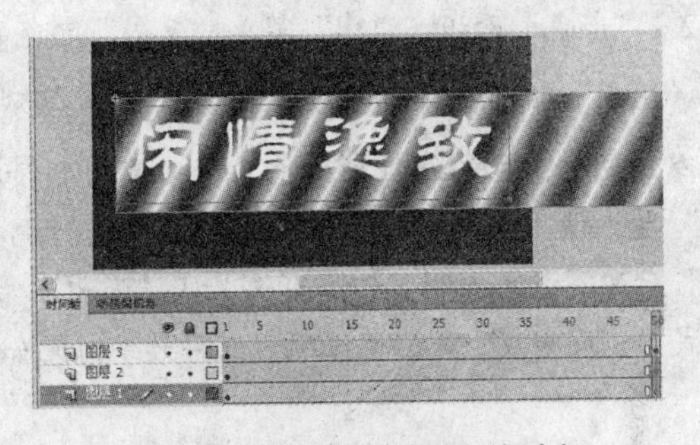

图 2.27　文字与四边形左边对齐

（9）右击图层 1 任一帧，选择【创建传统补间】命令，使四边形产生从左到右的传统补间动画。

（10）锁定图层 1 和图层 2，在图层 3 的第 25 帧按【F6】键，插入关键帧。在舞台中选择该关键帧对应的实例，在右侧“属性”面板中，设置“颜色效果”的“样式”为“Alpha”，调整透明度为 60%，用光标移动键向右、向下适当调节该实例的位置，如图 2.28 所示。

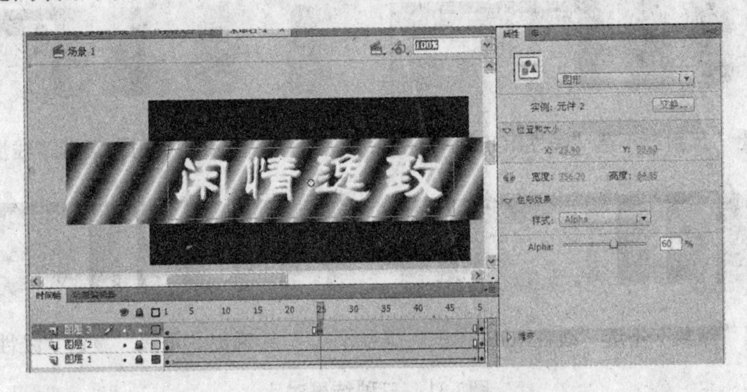

图 2.28　调节实例位置并设置透明度

（11）设置图层 3 第 1 帧实例的透明度为 20%，第 50 帧实例的透明度为 0%，移动 50 帧实例到舞台的右上角。

（12）选中图层 3 第 1 ~ 25 帧之间任一帧，右击，选择【创建传统补间】命令，同样在第 25 ~ 50 帧之间“创建传统补间”动画，实现淡入淡出且移动位置，体现飘浮起来的效果，如图 2.29 所示。

（13）右击图层 2，选择【遮罩层】命令，对图层 1 产生遮罩作用，效果如图 2.30 所示。

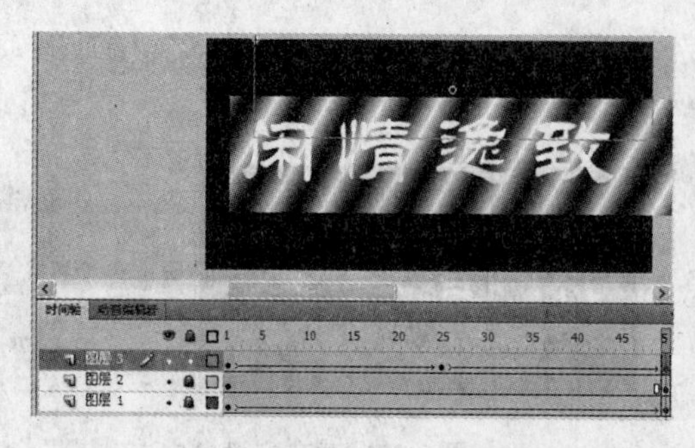

图 2.29　创建文字传统补间动画

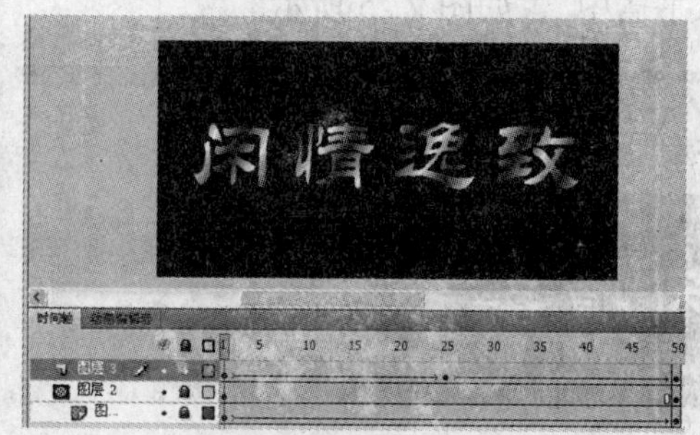

图 2.30　遮罩层文字效果

（14）选择【文件】→【保存】命令，将文件保存为“模块 2 范例 _ 闲情逸致”。

（15）按【Ctrl+Enter】键，测试影片，如案例图 2.3 所示。

技术提示：

1. Flash自动锁定遮罩层和被遮罩层，如果需要对两个图层进行编辑，先单击锁形标记解除锁。

2. “颜色”面板“溢出”菜单“反射”颜色的作用。

“反射”颜色可以将颜色进行对称翻转，实现颜色的无限的无缝循环。

以白色到黑色的线性渐变色为例，使用颜料桶工具填充渐变色，在“颜色”面板中单击“反射颜色”后，使用【渐变变形工具】对颜色进行调整，就可以得到首尾相接的颜色效果。复选“线性RGB”后边界效果更明显。（可选）从“溢出”菜单中，选择一种溢出模式以应用到渐变：扩展（默认模式）、反射或重复颜色选项。三种效果对比如图2.31所示。

溢出“扩展”不选“线性RGB”

溢出“扩展”复选“线性RGB”

溢出“反射”不选“线性RGB”

溢出“反射”复选“线性RGB”

溢出“重复”不选“线性RGB”

溢出“重复”复选“线性RGB”

图2.31　三种结果对比

「课堂随笔」

经典案例 2.4 卷轴式的图像切换

使用 Flash CS4 图层的遮罩层技术可以实现卷轴式的动画效果，用双图层技术可以实现图像前后淡入淡出切换效果。

1．案例作品

案例图2.4 卷轴式的图像切换效果图

2．制作步骤

（1）新建一个 AS2.0 文件，设置尺寸为 950×428，背景为黑色。

（2）按【Ctrl+R】键，打开“导入到舞台”对话框，导入红色背景图片。选中图片，按【F8】键，转化为图形元件“背景”。

（3）重命名图层 1 为“总底”。

（4）按【Ctrl+F8】键，新建图形元件“元件 1”，画一个无边框的红色矩形，长 100、宽 486。

（5）新建图层 2。从库面板拖入图形元件“元件 1”，并相对舞台水平、垂直居中对齐。

（6）在图层 1、2 的第 5 帧，按【F6】键，插入关键帧。

（7）在第 1 帧，设置图层 1 的图形元件“背景”和图层 2 的图形“元件 1”的“Alpha”为“0”。

（8）选中图层 1、2 的第 1 帧，右击，创建传统补间。

（9）在图层 1、2 的第 13 帧，按【F6】键，插入关键帧。

（10）在图层 1、2 的第 60 帧，按【F6】键，插入关键帧。

（11）在图层 2 的第 60 帧修改“元件 1”的宽度为“880”。

（12）在图层 2 的第 13 帧上，右击，创建传统补间动画。

（13）设置图层 2 为“遮罩层”。设置总底图的拉幕效果，如图 2.32 所示。

（14）新建图层“右底”。导入图片“image2”，转化为图形元件“元件 2”。

（15）双击打开图形“元件 2”，从库面板拖入“image2”，并列左右排列，如图 2.33 所示。

（16）在场景 1 新建图层“右遮”。画一个长 515、宽 85 的矩形，并把底部拖拽成圆弧形状，按【F8】键，转化为图形元件“元件 3”，制作卷轴柄，如图 2.34 所示。

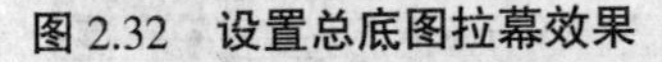

图 2.32 设置总底图拉幕效果

图 2.33 设置卷轴底图

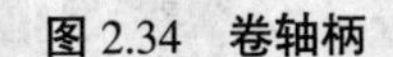

图 2.34 卷轴柄

（17）新建图层“右透明”。画一个长 515、宽 85 的矩形，并把底部拖拽成圆弧形状，设置填充颜色为“线性”，关键颜色为“白 - 白 - 白 - 白”，设置 alpha 为“0%-50%-50%-0%”，位置大约均等，转化为图形元件“元件 4”，制作卷轴柄半透明效果，如图 2.35 所示。

（18）新建图层“右卷头”。导入“右卷头”图片，转化为图形元件“元件 5”，调整大小 85×33。

（19）新建图层“右阴影”。绘制长 188、宽 16 的矩形，设置填充颜色为“线性”，关键颜色为“白 - 白”，设置 alpha 为“30%-0%”，转化为图形元件“元件 6”。如图 2.36 所示。

（20）同理制作图层“左底”拖拽“元件 2”、“左遮”拖拽“元件 4”、“左透明”拖拽“元件 5”、“左卷头”拖拽“元件 5”，“左阴影”图层拖拽“元件 6”，并调整好各自的相对位置。

（21）制作动画。选择所有图层的第 5 帧，按【F6】键，插入关键帧。

（22）选择每一图层的第 1 帧，在舞台上选择对应的元件，设置 Alpha 为“0%”。

（23）选择所有图层的第 1 帧，右击，创建传统补间动画。

（24）选中“左遮”图层，设置为“遮罩层”。同理选中“右遮”图层，设置为“遮罩层”。第 5 帧效果如图 2.37 所示。

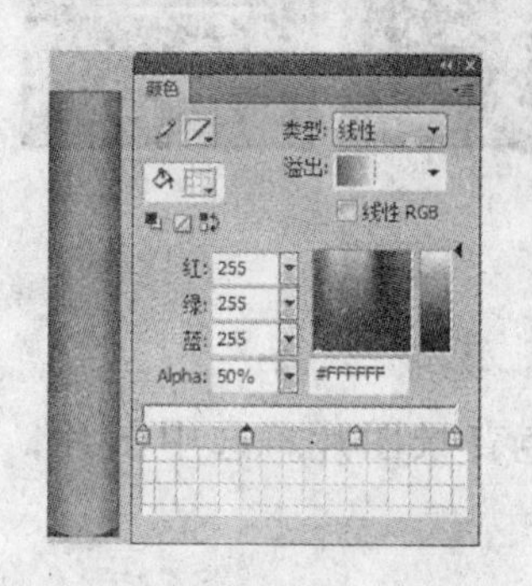

图 2.35　卷轴柄半透明效果

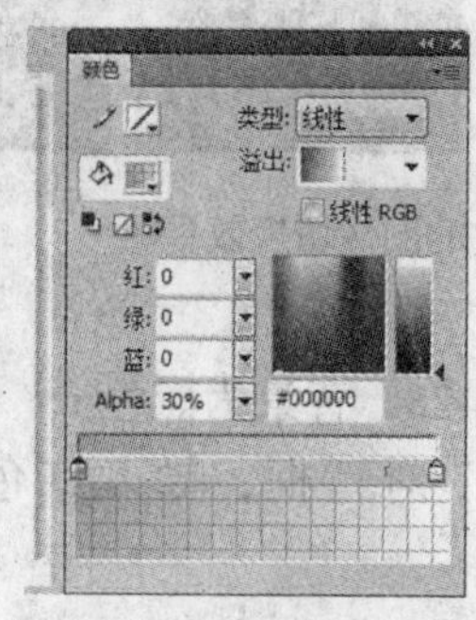

图 2.36　右阴影效果

图 2.37　第5帧效果图

（25）选中所有图层的第 13 帧和第 60 帧，按【F6】键，插入关键帧。

（26）调整有关左卷轴的有关元件，与舞台左边界对齐。“左阴影”靠卷轴右侧对齐。

（27）选中有关左卷轴的图层的第 13 帧，创建传统补间动画。如图 2.38 所示。

（28）同理，调整有关右卷轴的有关元件，与舞台右边界对齐。“右阴影”靠卷轴左侧对齐。在第 13 帧与第 60 帧之间，右击，创建传统补间动画。完成卷轴动画的制作。

（29）制作图片切换效果。新建图层“底图”，在第 75 帧，按【F6】键，插入关键帧。

（30）导入图片“image4.png”，相对于舞台居中对齐，转化为图形元件“元件 7”。

（31）在第 95 帧，按【F6】键，插入关键帧。设置第 75 帧图形“元件 7”的 Alpha 为“0%”。

（32）在第 75 与第 95 帧之间，右击，创建传统补间动画。延长其他图层到第 95 帧，如图 2.39 所示。

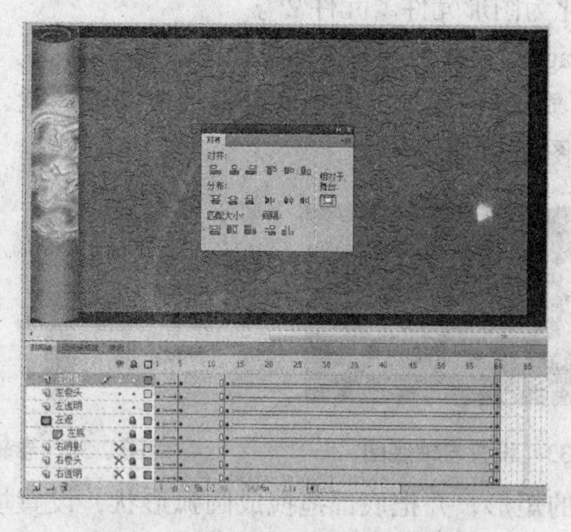

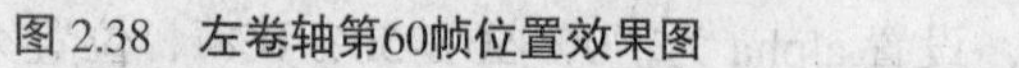

图 2.38　左卷轴第60帧位置效果图

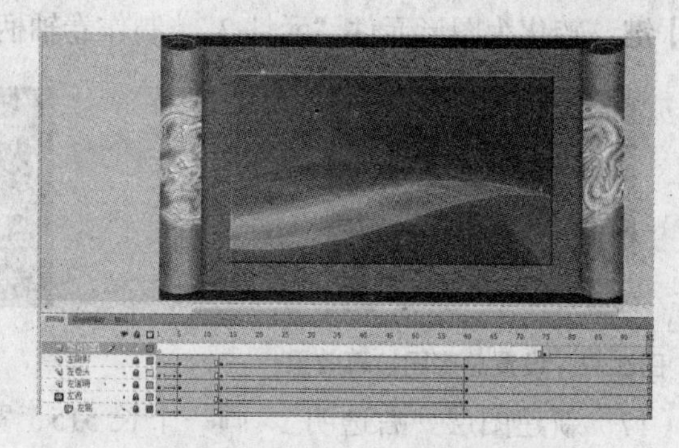

图 2-39　底图第95帧效果图

（33）按【Ctrl+F8】键，新建影片剪辑元件“图片欣赏”，把系列素材图片导入到库。

（34）新建图层 2，拖拽一张图片，相对舞台居中对齐，按【F8】键，转化为图形元件“元件 8”。

（35）在第 50、80 帧，按【F6】键，插入关键帧，设置第 80 帧图形“元件 8”的 Alpha 为“0%”。

（36）在关键帧之间，右击，创建传统补间动画。

（37）在图层 1 第 50 帧，按【F6】键，插入关键帧，从库中拖入另一张素材图片，相对舞台居中对齐，转化为图形元件“元件 9”。图片切换效果，如图 2.40 所示。

图 2.40　设置图片切换效果

（38）在图层 2 第 81 帧，按【F7】键，插入空白关键帧，插入图形元件“元件 9”，在第 130、160 帧，按【F7】键，插入关键帧，在关键帧之间，右击，创建传统补间动画。

（39）在图层 1 第 81 帧，按【F7】键，插入空白关键帧，从库中拖入另一张素材图片，相对舞台居中对齐，转化为图形元件“元件 10”。在第 160 帧，按【F5】键，插入帧。

（40）同理制作其他素材图片的切换效果，直到插入完毕为止。

（41）新建图层“图片切换”，在第 95 帧，按【F6】键，插入关键帧，拖拽“图片欣赏”影片剪辑。

（42）给该帧插入动作“stop(　);”。

（43）按【Ctrl+Enter】键，测试影片，保存文件。

技术提示：

硕思闪客精灵是一款用来采集、浏览、察看和分析Flash动画的工具。它能够从IE浏览器中直接采集flash动画，通过分析和反编译将flash动画中的声音、图像、动画短片等元素提取出来，还能分析出该动画中包含的动作，并转化为清晰可读的代码。读者可用此款软件采集优秀的Flash动画素材。

「课堂随笔」

【经典案例 2.5】制作视频播放器

1．案例作品

案例图2.5　视频播放器整体效果

2．制作步骤

（1）新建一个 AS2.0 文件，保存文档，命名为“视频播放器 fla”。

（2）导入视频。单击【文件】→【导入】→【导入视频】命令→单击【浏览】按钮，选择视频素材“The Mountain.flv”(视频素材来源于音悦台)，如图 2.41 所示。

（3）选择“在 SWF 嵌入 FLV 并在时间轴中播放”单选框，单击“下一步”按钮，打开“嵌入”对话框，如图 2.42 所示。单击“下一步”按钮，打开“完成视频导入”对话框，如图 2.43 所示，单击“完成”按钮，将视频导入舞台。

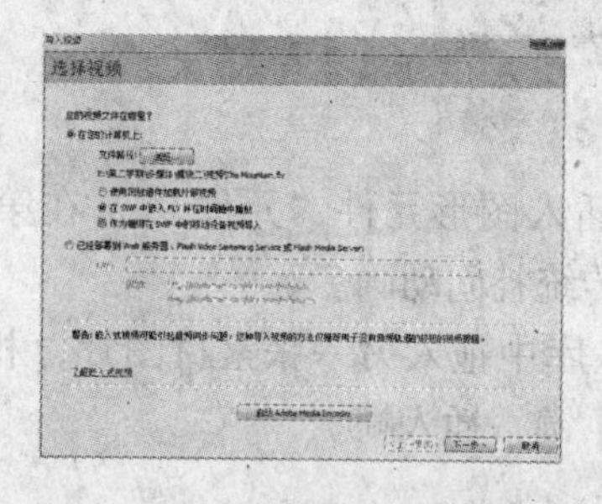

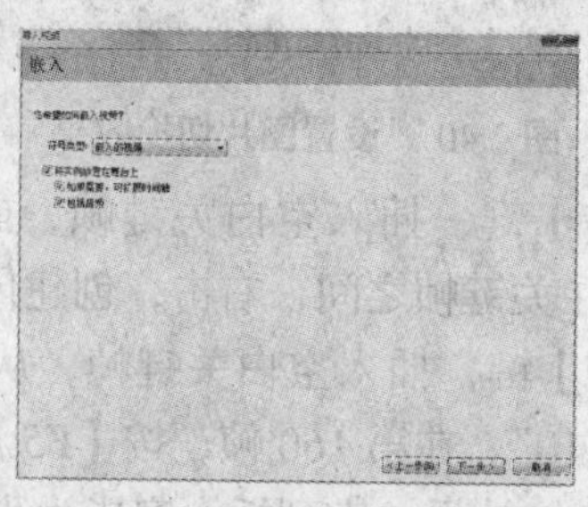

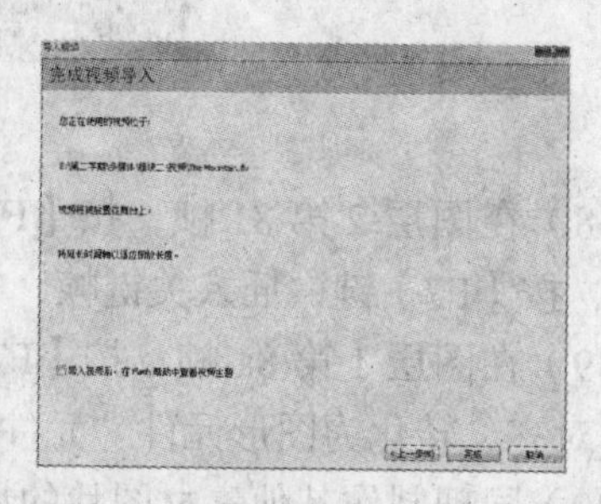

图 2.41 “选择视频”对话框　图 2.42 “嵌入”对话框　图 2.43 “完成视频导入”对话框

（4）布置主场景。新建 3 个图层“按钮”、“视频外框”和“视频”，如图 2.44 所示。

（5）导入图片素材“bg”，拖入“背景”图层的第 1 帧。选中“视频”图层第 1 帧的视频，按【Ctrl+T】键，打开“变形”面板，使其倾斜 -5°，调整视频的位置。

（6）使用矩形工具，设置边框宽为 25，颜色为灰色，无填充，画出一个与视频稍大的矩形，打开“变形”面板，使其倾斜 -5°，调整矩形的位置，如图 2.45 所示。

（7）单击【窗口】→【公用库】→【按钮】命令，打开“库 -Buttons.fla”窗口，如图 2.46 所示。打开其中的“playback rounded”文件夹，将其中的 5 个灰色按钮“rounded grey play”、“rounded grey pause”、“rounded grey stop”、“rounded grey forward”、“rounded grey back”拖入“按钮”图层的第 1 帧，打开“变形”面板，使其倾斜 -5°，调整按钮的位置，最终效果如图 2.47 所示。

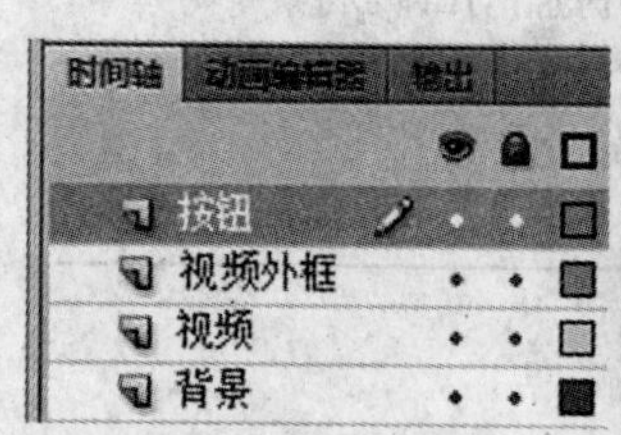

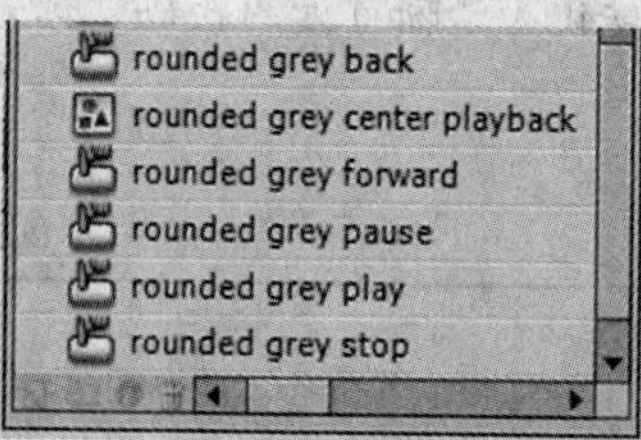

图 2.44 主场景图层　图 2.45 视频位置　图 2.46 “库-Buttons.fla”窗口　图 2.47 按钮位置

（8）添加动作脚本。使用选择工具依次选中舞台上的“播放”、“暂停”、“停止”、“快进”和“后退”按钮，按【F9】键打开“动作”面板，在“动作”面板中输入如图 2.48 ~ 图 2.52 所示的脚本。(在本书中如未特别说明，动作脚本采用的是 2.0 版本。)

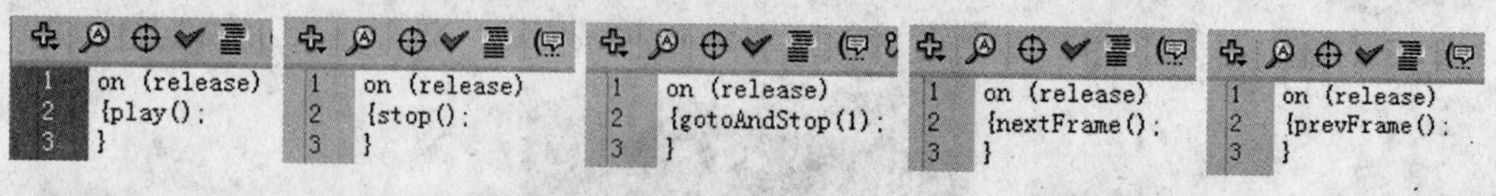

图2.48 “播放”　图2.49 “暂停”　图2.50 “停止”　图2.51 “快进”　图2.52 “后退”

（9）测试作品。按【Ctrl+Enter】键，测试影片，在动画播放窗口中执行【视图】→【下载设置】命令，选择一个模拟下载速度，本例选择“T1（131.2 KB/s”）选项，如图 2.53 所示。

（10）单击【视图】→【模拟下载】命令，可以打开或关闭模拟下载功能。打开该功能时，动画播放情况是根据前面对模拟下载的设置来模拟网络上的实际播放效果的。

（11）单击【视图】→【带宽设置】命令，再单击【视图】→【数据流图表】命令，将会出现如图 2.54 所示的下载信息。当选中任意帧时，可从左边的窗格中查看该帧的详细信息。

图 2.53　选择模拟下载速度

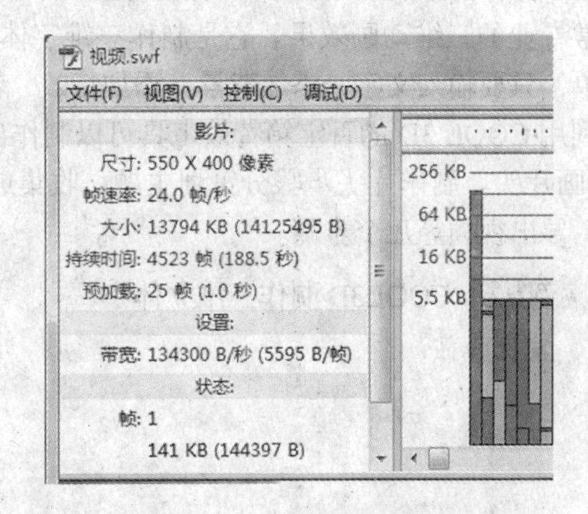

图 2.54　下载信息

技术提示：

测试完成后，可记下矩形条超过红线的帧，并返回动画文档，对相应的帧作优化修改，以便在网络上正常播放。

本案例中用到的动作脚本函数为时间轴控制函数，这些函数脚本含义简要说明如下。

（1）stop（）表示让添加脚本的对象停止动画。

（2）play（）表示让添加脚本的对象继续播放。

（3）gotoAndStop（1）表示让添加脚本的对象转到第1帧，并停止播放。

（4）nextFrame（）表示让添加脚本的对象转到下一帧。

（5）prevFrame（）表示让添加脚本的对象转到上一帧。

项目 2.3 3D 动画制作

例题导读

“经典案例 2.6”和“经典案例 2.7”主要讲解了如何借助专门的制作三维文字动画效果的软件制作出具有专业感的可用于片头、片尾和动态台标等场合的特效文字及制作出类似于颁奖晚会的电视栏目片头。

知识汇总

- 插入文字、创建图像和创建动画文件等工具的使用
- 百宝箱的使用
- 动画工具栏的使用

中文 Ulead COOL 3D 3.5 版是 Ulead 公司出品的一个专门制作三维文字动画效果的软件，具有易学易懂、操作简单、效果精彩的特点。它提供了丰富的模板和插件，直接套用就可以做出丰富多彩而且非常专业的三维动画效果。它是制作三维字体动画的最佳工具。COOL 3D 制作三维立体文字操作很简单，只要输入文字，添加背景，添加特效，输出结果即可。

利用 COOL 3D 的百宝箱特效工具可以制作出达到专业级效果，体现群星闪耀、流光溢彩主题的 3D 动画片头。制作片头步骤分策划主题、收集或制作素材、图文准备、制作动画、添加特效、测试效果、导出视频等几个步骤。

经典案例 2.6 COOL3D 制作三维立体字

1．案例作品

案例图2.6 三维立体字效果图

2．制作步骤

（1）新建一个 COOL 3D 文档，启动 Ulead COO L3D 3.5 文件，弹出一个小窗口，如图 2.55 所示。单击“确定”按钮可继续启动 COOL 3D。启动后 COO L3D 的工作界面如图 2.56 所示。

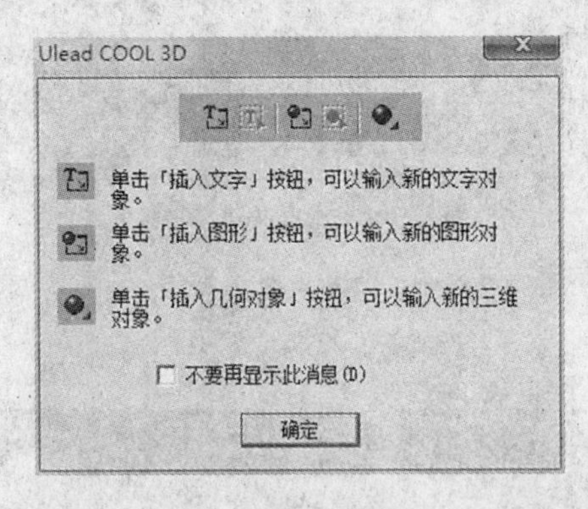

图 2.55 提示窗口

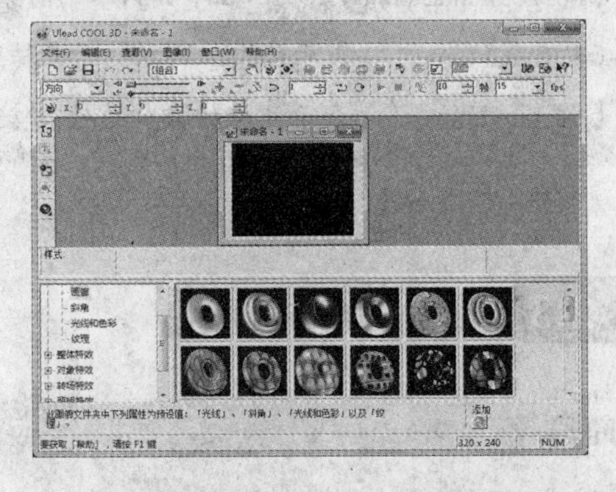

图 2.56 COOL 3D的工作界面

（2）新建一个文档，默认大小，保存文档，命名为“三维立体字”。

（3）单击【插入文字】工具→设置“隶书”→“26”→加粗“B”→输入“三维立体字”→单击【确定】按钮，如图 2.57 所示。在编辑窗口以默认的位置显示文字的正面，如图 2.58 所示。

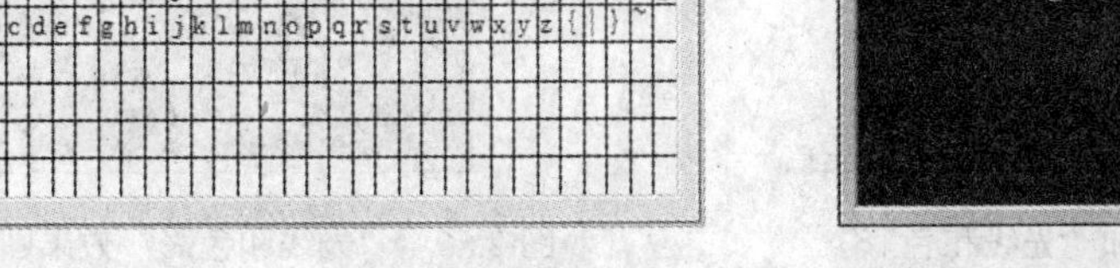

图 2.57 “Ulead COOL 3D文字”对话框　　图 2.58 编辑窗口

（4）文字的移动。选中文字，单击“标准工具栏”中的移动按钮，如图 2.59 所示，拖拽，文字左右上下移动，即沿 X 或 Y 轴方向移动，右击拖拽，文字前后移动，即沿 Z 轴移动。位置工具栏显示移动按钮，显示文字 X、Y 和 Z 轴的数值，如图 2.60 所示。

图 2.59 标准工具栏　　图 2.60 移动位置工具栏

（5）文字旋转。选中文字，单击“标准工具栏”中的旋转按钮，拖拽文字，绕 X 或 Y 轴旋转，右击拖拽，绕 Z 轴旋转。位置工具栏显示旋转按钮，显示文字 X、Y 和 Z 轴的数值，如图 2.61 所示。

（6）文字的缩放。选中文字，单击“标准工具栏”中的缩放按钮，拖拽，调整文字的大小和形状，文字沿 X 轴方向缩小放大、左右拖动可使文字沿 Y 轴方向缩放。右击拖拽，文字在 Z 轴方向缩放，即改变文字的厚度。位置工具栏显示缩放按钮，显示文字 X、Y、Z 轴的数值。如图 2.62 所示。

按“A”、“S”、“D”三个键可快速切换移动、旋转和缩放三个按钮。

（7）利用文本工具栏调整文字的间距和对齐方式，如图 2.63 所示。调整后效果如图 2.64 所示。

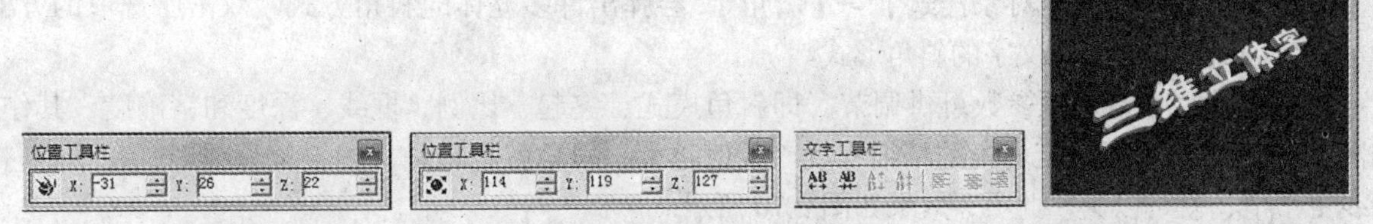

图 2.61 旋转位置工具栏　　图 2.62 缩放位置工具栏　　图 2.63 文字工具栏　图 2.64 调整文字效果图

（8）编辑文字的光线和色彩。在百宝箱中选用相应的色彩套用到文字对象上即可。方法是：

第一步：在百宝箱中选取【对象样式】→【光线与色彩】项，选取一种色彩，拖拽到编辑窗口的对象上，编辑对象的色彩和光线会变化。

第二步：下方弹出属性工具条，“调整”下拉式选择框内有四个选择项：表面、反射、光线、外光。这里可选“表面”，如图 2.65 所示。

第三步：单击属性工具条上的“色彩”方框，弹出 Windows 的色彩选择窗口，从中选取合适的色彩。

第四步：色彩方框的右边有亮度、饱和度、色调三个调节滑块，拖拽修改对象表面的色彩和光线，如图 2.66 所示。

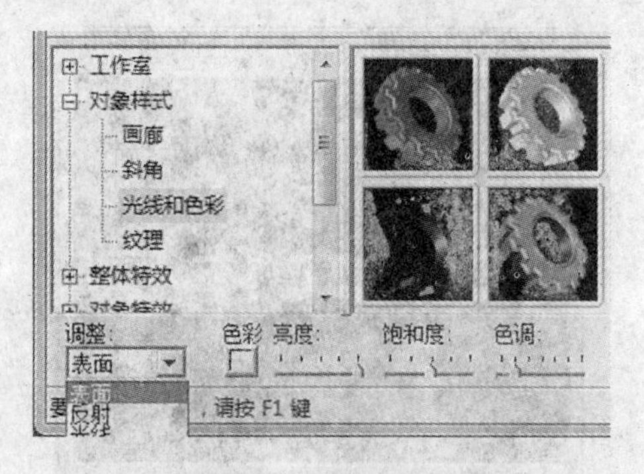

图 2.65 添加“光线和色彩”

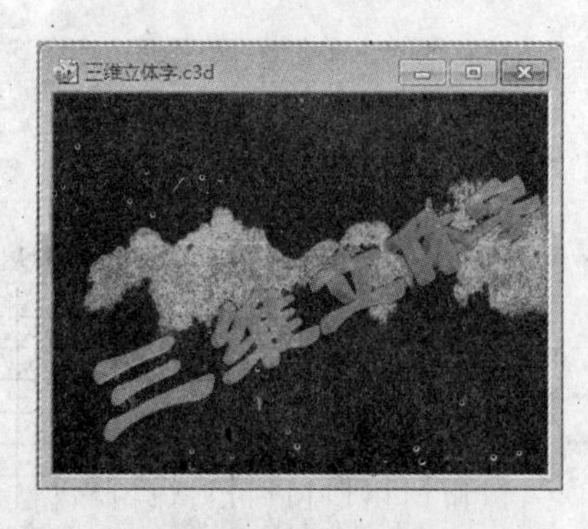

图 2.66 “光线和色彩”效果图

（9）文字的材质。

①在百宝箱中选取【对象样式】→【纹理】，显示出预设的材质。双击欲选取的材质方框或拖拽将所选取的材质贴在对象上。

②单击属性工具箱中的按钮，弹出打开选择框，选择外部的点阵图文件后按【打开】按钮可将外部点阵图作为文字对象的材质，单击属性工具条上的按钮，把外部材质加入百宝箱中供调用。

③在“覆盖模式”框中选取材质环绕模式，环绕模式有平面、圆柱体、球形、反射四种，例如对于发光或金属材质可选用反射模式会取得较好的效果，如图 2.67 所示，效果如图 2.68 所示。

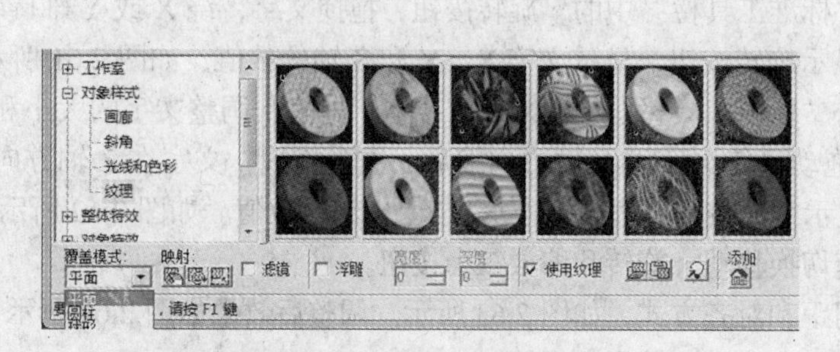

图 2.67 “纹理”覆盖模式

图 2.68 “纹理”效果图

④在百宝箱中选择【对象样式】→【斜角】，会弹出许多立体的斜角方式，双击所选取的方框，便可改变编辑窗口中立体文字的斜角形式。

这时属性栏中有六项参数可供调节，即斜角模式、突起、比例、框线、深度和精确度，其作用如图 2.69 所示。精度决定斜角的精细程度。数值越大，斜角就越精确，如斜角为圆形，并希望它的曲线更平滑，就可以调整此项，效果如图 2.70 所示。

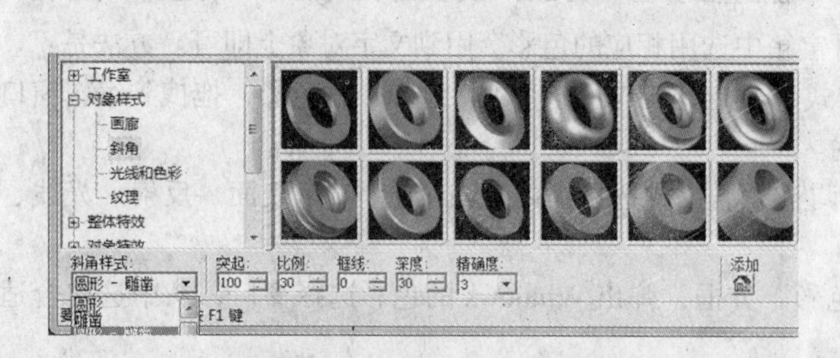

图 2.69 “斜角样式”效果图

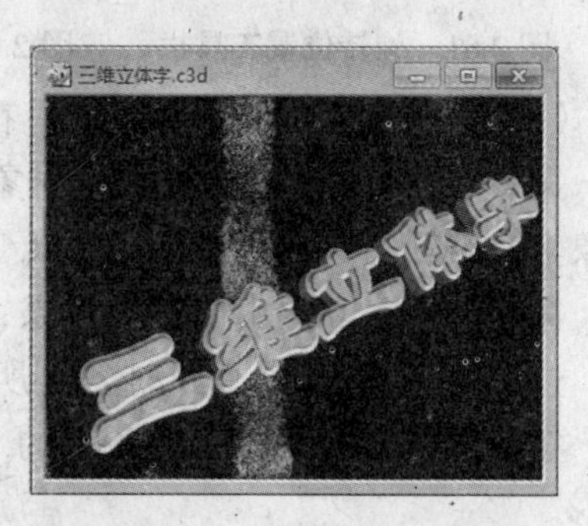

图 2.70 “斜角”效果图

（10）插入背景。

①在百宝箱中选择【工作室】→【背景】，弹出百宝箱中预设的背景图形，如图 2.71 所示，双击欲选图案方框即可将图形插入编辑窗口中。

②如果百宝箱中没有合适的图案，可单击属性工具栏中的按钮，弹出【打开】对话框，在对话

框中查找并选取合适的 BMP 或 JPG 图形，然后单击【打开】按钮，如图 2.72 所示。

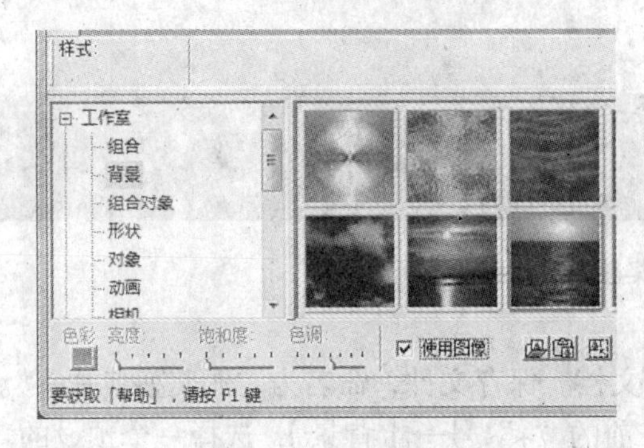

图 2.71　添加“背景”

图 2.72　图片“背景”效果图

（11）输出图片：单击【文件】→【创建图像文件】→【JPEG 文件】命令（如图 2.73 所示）→输入文件名【三维立体字】→单击【保存】按钮，保存图像序列，如图 2.74 所示。

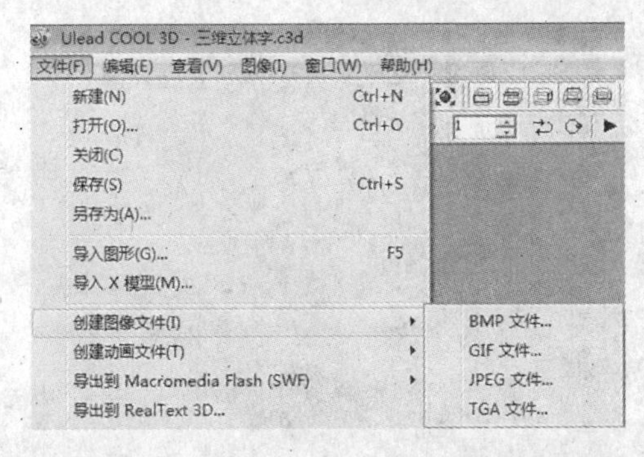

图 2.73　“创建图像文件”菜单命令

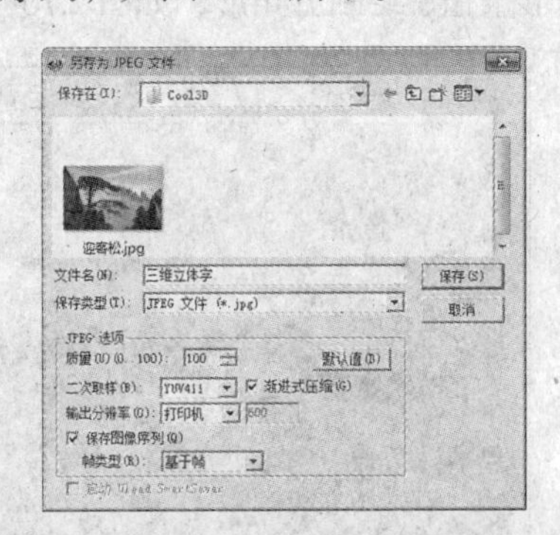

图 2.74　“另存为JPEG文件”对话框

>>>

技术提示：

COOL 3D的工作界面的上方为COOL 3D的菜单和工具条，中间有一个黑色背景的窗口，它是COOL 3D的主要工作区，所有3D文字动画都在这个窗口中进行创作、修改和显示。在工作区的下面是COOL 3D的百宝箱，存放了所有预设的动画效果和表面材质，COOL 3D提供了大量的效果库，编辑时可以直接把这些效果运用到自己的作品中去，这也是COOL 3D的最大特点之一，它使整个工作由繁变简，即使不懂专业技能，只要把COOL 3D提供的各种效果组合、修改和调整，就可以制作出漂亮的动画。

「课堂随笔」

经典案例 2.7 COOL 3D 制作栏目片头

1．案例作品

案例图2.7 “颁奖盛典”片头动画

2．制作步骤

（1）单击【文件】→【新建】命令，新建一个文档。保存文件，命名为“颁奖盛典片头”。

（2）添加背景。单击“百宝箱”中“工作室”前的“+”号→【背景】，选择一个预设的背景图，双击，添加背景，如图 2.75 所示。

（3）绘制五角星。单击“对象工具条”中的【插入图形】按钮，打开“路径编辑器”对话框，单击“星形”图形按钮，绘制五角形，如图 2.76 所示，单击【确定】按钮，显示五角形，如图 2.77 所示。

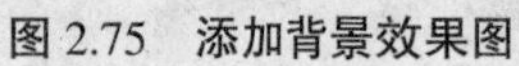

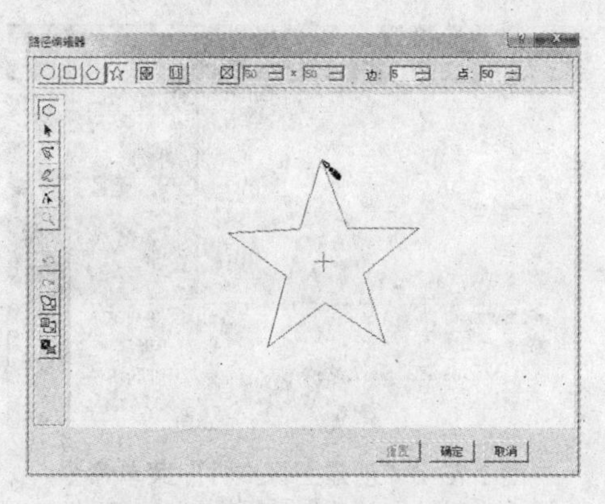

图 2.75 添加背景效果图　　图 2.76 “路径编辑器”对话框

（4）美化五角星。单击“百宝箱”中“对象样式”前的“+”号→【斜角】，选择一个预设的斜角效果，双击，添加斜角效果到五角星。

（5）选中五角星，按 S 键，拖拽鼠标，调整五角星到便于观察的适当角度，如图 2.78 所示。

（6）单击“百宝箱”中“对象样式”前的“+”号→【光线与色彩】，选择一个预设的“光线与色彩”，双击，添加“光线与色彩”。

（7）编辑五角星。单击“对象工具条”中的【编辑图形】按钮，打开“路径编辑器”对话框，单击“对象”箭头按钮，设置 X，Y 坐标为“0”，长和宽为“320”，如图 2.79 所示，单击【确定】按钮。

（8）单击【查看】→【对象管理器】命令→重命名“图形对象 1”为“五角星”，如图 2.80 所示。

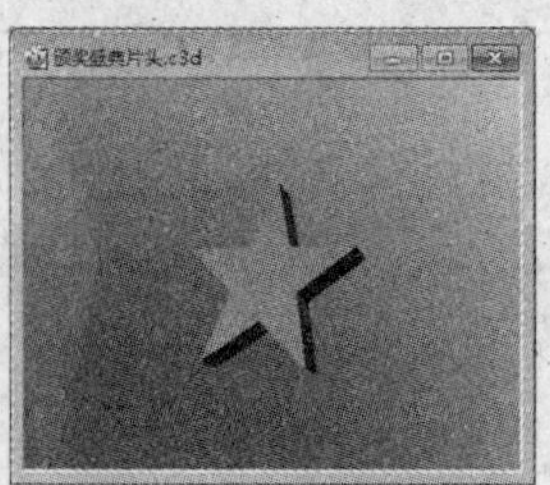

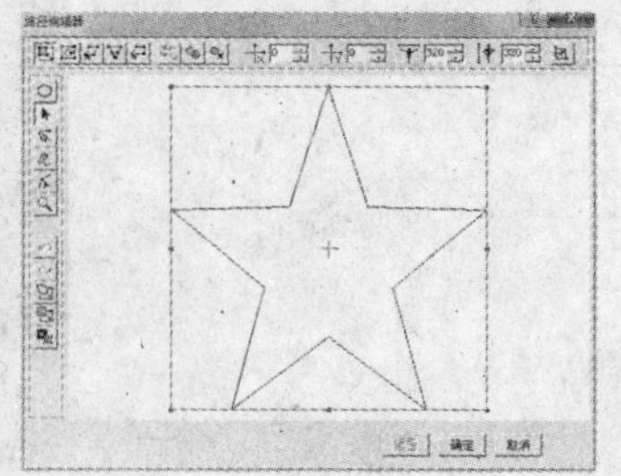

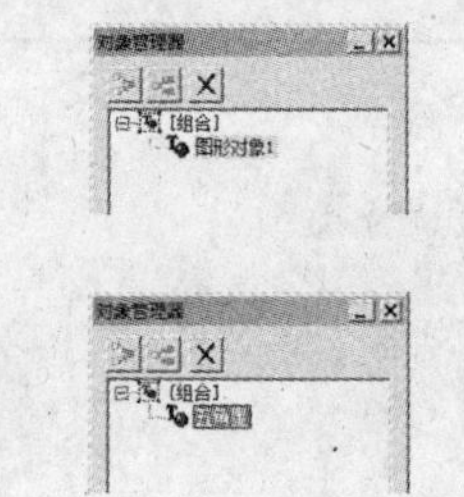

图 2.77 五角星　　图 2.78 调整角度　　图 2.79 编辑五角星　　图 2.80 “对象管理器”面板

（9）输入文字。单击【插入文字】按钮，打开“Ulead COOL 3D 文字”对话框，选字体“汉仪

琥珀体简”,“16”,输入“颁奖盛典”,单击“确定”按钮,插入“颁奖盛典”文字。

(10)调整文字的移动、缩放与旋转。按“A”、“S”、“D”三个键来快速切换,确定“颁奖盛典”文字的位置和角度。如第1帧X,Y,Z位置分别为-525,491,0,如图2.81所示。为制作动画做准备。

(11)选中文字,在百宝箱中选取【对象样式】→【光线与色彩】项,选取一种深红色,双击鼠标,所编辑文字对象的色彩和光线会根据所选取的光线色彩类型变化。在对应工具栏,作相应的调整。

(12)添加文字的材质。在百宝箱中选取【对象样式】→【纹理】,百宝箱中显示出预设的材质供选择。双击欲选取的材质方框或拖拽向编辑窗口的文字对象同样也能将所选取的材质贴在对象上。

(13)动画制作。利用关键帧来创建五角星、颁奖盛典文字动画。确定整个动画的帧数目、时间轴、关键帧、帧速率。

在“动画工具栏”,调整“帧数目”为“45”。帧速率为15,动画时长为3秒。如图2.82所示。

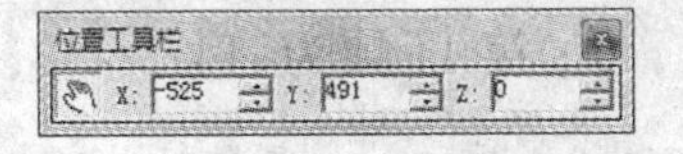

图2.81　“颁奖盛典”第1帧位置

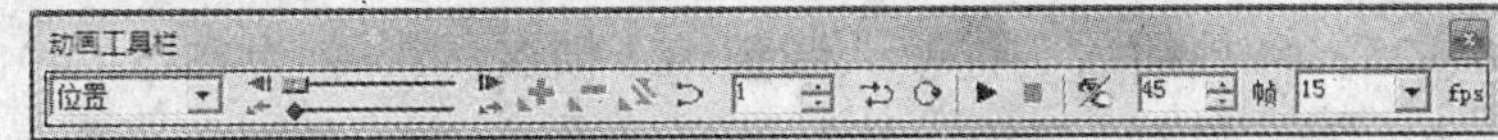

图2.82　“颁奖盛典”总帧数设置

(14)调整五角星的动画属性。

①在“对象管理器”中选中“五角星”,在“动画工具栏”的“属性”下拉列表中选择“位置”,打开“位置工具栏”,调整X坐标位置为“-500”,位于“编辑窗口”左侧外。

②在“动画工具栏”中将帧数设置为11,并单击添加关键帧按钮,将此时的X、Y和Z轴数值分别设置为-206,0,0。

③在“动画工具栏”中将帧数设置为30,并单击添加关键帧按钮,将此时的X、Y和Z轴数值都设置为0。同理,在第35帧添加关键帧,将此时的X、Y和Z轴数值都设置为0,如图2.83所示。单击“动画工具栏”中的“播放”按钮,五角星从左侧水平移入“编辑窗口”之中。

④调整“方向”。在“动画工具栏”的“属性”下拉列表中选择“方向”,打开“位置工具栏”,如图2.84所示,在第30帧插入关键帧,调整X为“-30”,调整Y为“-360”,调整Z为“0”,如图2.85所示。单击“播放”按钮,五角星旋转一周移入“编辑窗口”之中。

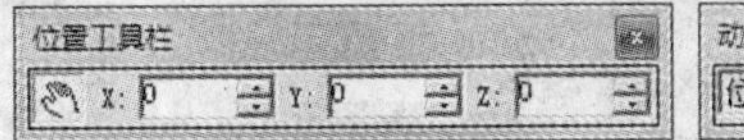

图2.83　“五角星”方向关键帧

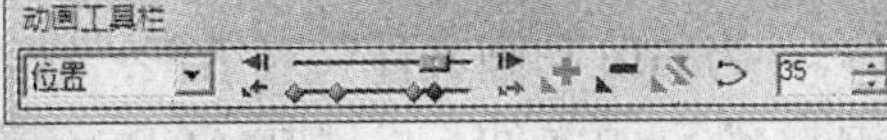

图2.84　“五角星”位置关键帧

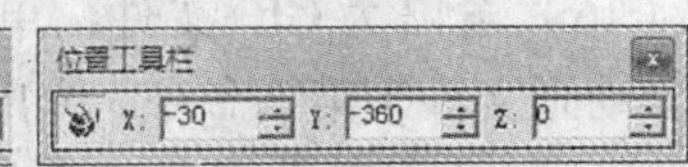

图2.85　“五角星”旋转关键帧

⑤应用预设动画。选择“五角星”,在“百宝箱”中选取【转场特效】→【跳跃】项,选择第1种跳跃,双击,添加转场特效“跳跃”。单击“播放”按钮,观看五角星“跳跃”,如图2.86所示。

⑥选中某一关键帧,调整“跳跃”样式的“程度”、“反弹”、“起始位置”等,如图2.87所示。

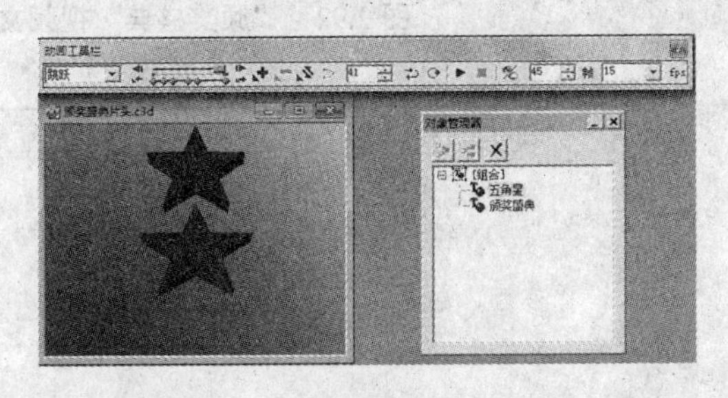

图2.86　“五角星”跳跃效果之一

图2.87　“跳跃”样式调整

⑦给场景添加照明特效“火花”。在“百宝箱”中选取【照明特效】→【火花】项,选择第5种,双击,给场景添加照明特效“火花”。单击“播放”按钮,观看场景中的“火花”特效,如图

2.88 所示。

⑧选中某一关键帧，调整“火花”样式的“范围”、“密度”、“亮度”、“柔和度”和“程度”等，如图 2.89 所示。

图 2.88 “火花”特效

图 2.89 “火花”特效参数调整

（15）调整“颁奖盛典”文字的动画属性：

①调整“位置”。单击【查看】→【位置工具栏】，在“动画工具栏”的时间轴上，分别在第 11、20、30、35、44 帧插入关键帧。调整第 1 帧 X，Y，Z 为 -525，491，0；第 11 帧为 -147，123，0；第 20、30、35、44 帧为 160，-190，0(右下角位置)，如图 2.90 所示。

②在“百宝箱”中选取【对象特效】→【爆炸】项，选择第 1 种爆炸效果，双击，给场景添加对象特效“爆炸”。单击“播放”按钮，观看场景中的“爆炸”特效，结果正好相反。单击“动画工具栏”中的“翻转”按钮进行调整，再次观看效果正常，拖拽第 45 帧关键帧到第 30 帧，如图 2.91 所示。

图 2.90 “颁奖盛典”位置设置

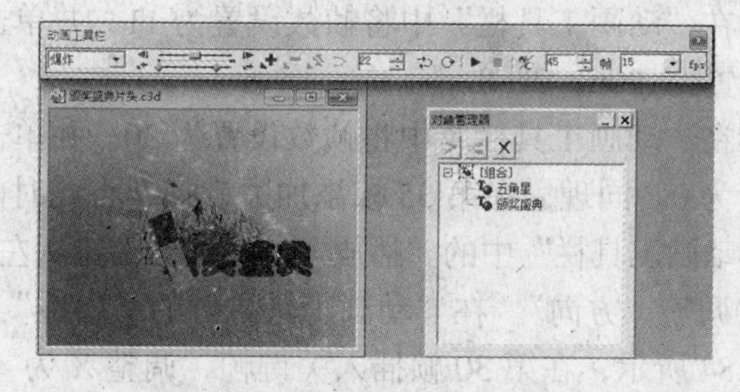

图 2.91 “颁奖盛典”爆炸特效

（16）输出为 GIF 文件，单击【文件】→【创建动画文件】→【GIF 动画文件】菜单命令，弹出“存为 GIF 动画文件”对话框，输入文件名，按【保存】按钮即可生成一个动画文件，可以在 ACDSee 看图程序观看其效果。

（17）导出视频。单击【文件】→【创建动画文件】→【视频文件】命令，弹出“另存为视频文件”对话框，输入文件名“颁奖盛典片头”，按【保存】按钮即可生成一个动画文件，如图 2.92 所示。

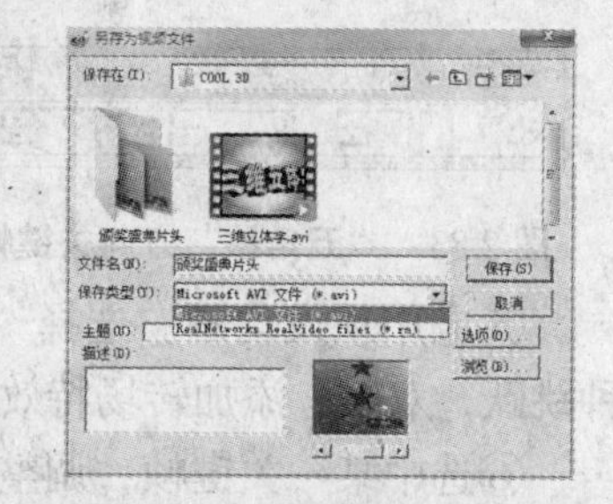

图 2.92 “颁奖盛典”视频文件

「课堂随笔」

2.3.1 COOL 3D 安装外挂特效

在本案例的制作中用到了许多特效（如火花）来源于在 COOL 3D 3.5 的安装时，安装了特效文件，否则有些特效无法实现。

COOL 3D 软件安装完成后，会弹出是否安装外挂特效集Ⅲ的对话框。Plugin Madness Ⅲ是 Ulead 公司为简体中文正版用户特别赠送的外挂特效插件，它提供了云彩、烟花、镜头闪光、灯泡、火花和聚光灯等炫目的效果，使作品更具震撼力，单击【是】继续安装 Plugin Madness Ⅲ，如图 2.93 所示。

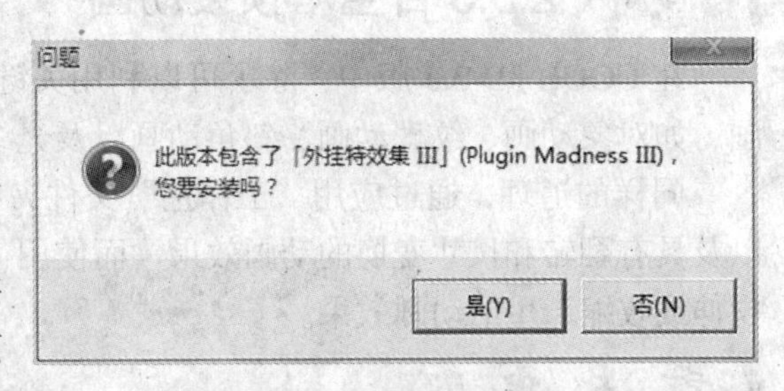

图 2.93　安装外挂特效

2.3.2 动画工具条使用

动画工具条的功能如图 2.94 所示。它包括了十七个功能。各功能的作用和用法描述如下。

移动到上一帧 移动到下一帧 添加关键帧 翻转 平滑动画路径 乒乓模式打开/关闭 显示隐藏 每秒帧数

动作工具栏

从[属性]菜单中选取属性 时间轴控件 跳到下一关键帧 删除关键帧 当前帧 循环模式打开/关闭 播放 停止 帧数目

图 2.94　动画工具条功能图

（1）从 [属性] 菜单中选取属性。表中列出了 3D 对象的所有基本特性，如位置、方向、旋转、材质、光线、色彩等。选定这些特性的时间和关键帧会在时间轴和关键帧标记中反映出来。

（2）时间轴控件。时间轴上有一滑块，可用鼠标拖动来显示不同时间的画格，同时目前帧显示框中的数值也会随之变化，可知当前画格是第几帧，并以此设定关键帧位置。这里是两个标尺，上面这个表示动画的每一帧，单击“移动到上一帧”和“移动到下一帧”箭头，可以向前或向后查看帧，可以用鼠标拖动标尺中的滑块以快速查看。

（3）关键帧标记。它标记了所有关键帧的位置，但所显示的只是对某种属性的关键帧标记。每种属性的关键帧位置不一定相同，因此要调整关键帧时应先选择属性。

（4）添加关键帧。每单击该按钮一次就会增加一个关键帧，而每增加一个关键帧就可以改变对象的属性或动作。

（5）删除关键点。要删除关键帧，需在关键帧标记中单击要删除的关键帧，此功能才会起作用，单击删除关键帧按钮，即可删除所选的关键帧，并同时删除了关键帧所带有的属性。

（6）翻转。将动画按时间的顺序反过来播放，即由最后一帧开始到第一帧结束。

（7）平滑动画路径。使动画播放顺畅，也就是说使帧与帧之间的动作改变比较不显著。

（8）当前帧。标出目前显示帧的编号。

（9）乒乓模式打开 / 关闭。由前往后播放到最后，再由后向前播放到最前，如此往复不断。

（10）循环模式打开 / 关闭。以正常的顺序不断地重复播放。

（11）播放。单击该按钮开始播放动画。

（12）停止。单击该按钮停止播放动画。

（13）显示 / 隐藏。用于显示和隐藏所选取的文字或对象。可以是在编辑过程中为了方便编辑多个对象，而隐藏某些对象或文字，也可以与时间轴配合在动画的某一时间使对象或文字显示或消失。

（14）帧数目。用于设定整个动画的总帧数。可直接输入数字，也可单击旁边的增加和减少按钮改变数值。

（15）每秒帧数。用于设定动画每秒的帧数。

2.3.3 百宝箱预设动画

在 COOL 3D 3.5 版中，除了可以利用关键帧来创建动画，还可以使用百宝箱提供的大量预设动画，如对象动画、纹理动画、斜角动画以及光线动画来快速创建动画项目。

同样的道理，通过应用“工作室”文件夹中的“动画”，可以直接应用一些预设的动画运动路径以及具有翻转和尺寸变换的动画效果，而使用“照相机”文件夹中的预设样式，则可以模拟相机镜头拉伸或收缩产生的动画效果。

重点串联

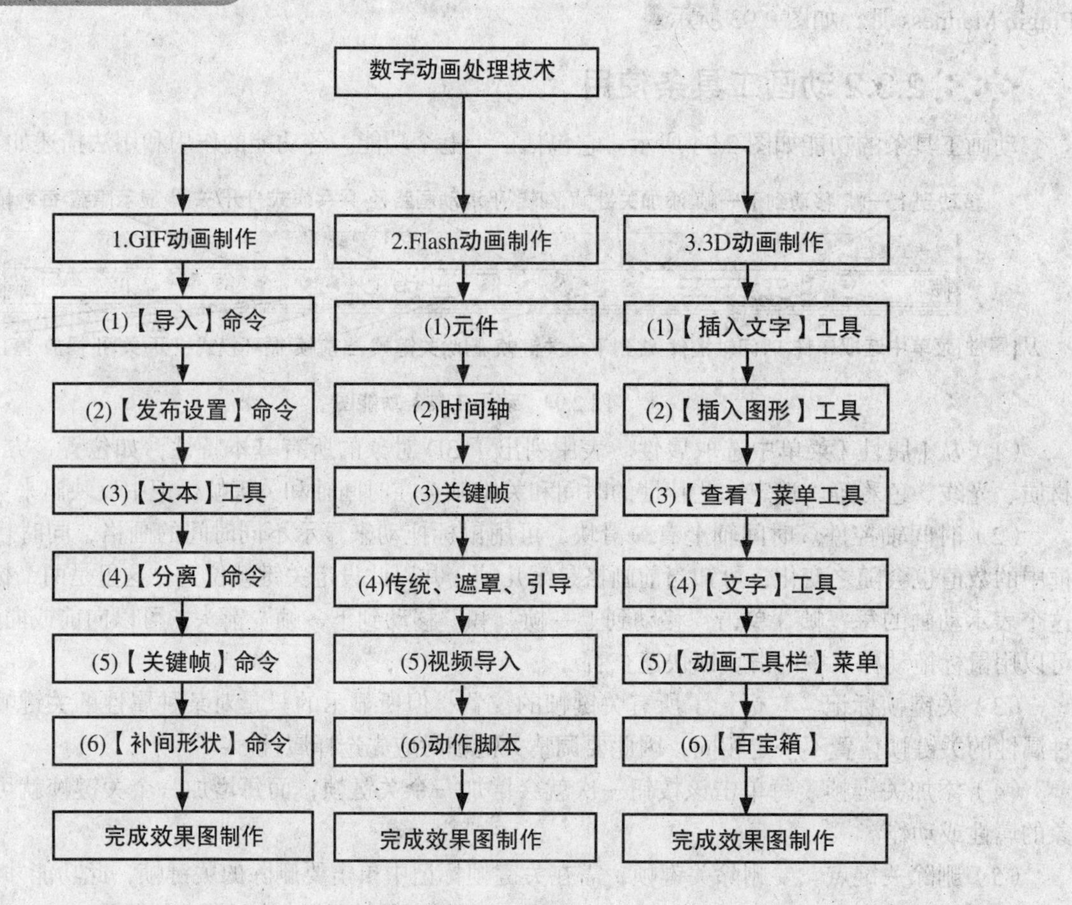

拓展与实训

基础训练

一、填空题

1.Flash 默认的源文件格式为______，而默认的播放动画文件格式为______。

2. 有五种填充模式，分别是______、______、______、______和______。

3. 在 Flash CS4 中，除了一般图层外，还包括两个特殊的图层，即______和______。

二、选择题

1.Flash 可以用于制作（　）。

A．广告　　B．动画网页　　C．MTV　　D．表格

2. 下列名词中不是 Flash CS4 专业术语的是（　）。

A．交互图标　　B．遮罩层　　C．引导层　　D．关键帧

3. 在 Flash CS4 中，元件类型包括（　）。

A．文字　　B．图形　　C．按钮　　D．影片剪辑

4. 导入外部素材的方法包括（　）。

A．导入到库　　B．导入到舞台　　C．导入到文件夹　　D．导入外部库

5.Flash CS4 补间动画的类型包括（　）。

A．移动补间动画　　B．形状补间动画　　C．传统补间动画　　D．逐帧动画

三、简答题

1. 简述 Flash 动画的制作流程。

2. 中文 Ulead COOL 3D 是如何改变文字内容的?

技能实训

制作立体地球旋转特效动画

1. 实训目的

（1）培养数字动画处理技术的三个构成要素设计，如创意设计、造型设计、动画制作；掌握数字动画制作的基本方法和技巧。

（2）学会应用 COOL 3D 解决实际工作中的相关数字动画处理技术。

2. 实训要求

（1）熟练应用标准工具栏、百宝箱、动画工具栏，进行 3D 立体旋转动画效果的设计。

（2）自选地球图片素材。

（3）选择恰当的贴图方式，如球形贴图方式。

（4）使用动画工具条设计动画。

（5）增加整体特效光晕，照明特效聚光灯，突出主题，表达准确，寓意深刻。

（6）最终动画效果图 3D 立体效果明显，模仿中央电视台片头动画效果。

3. 实训效果图

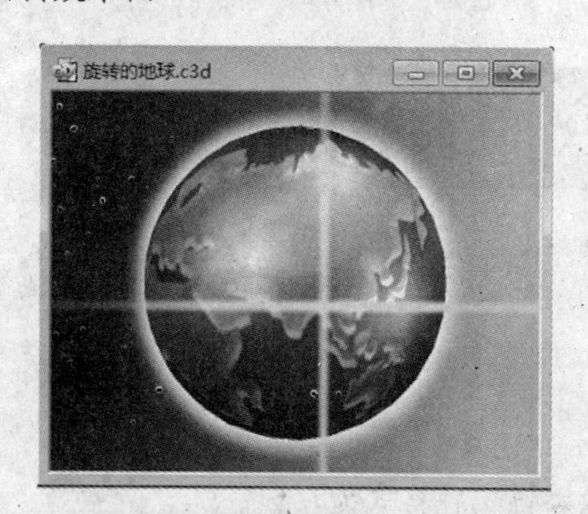

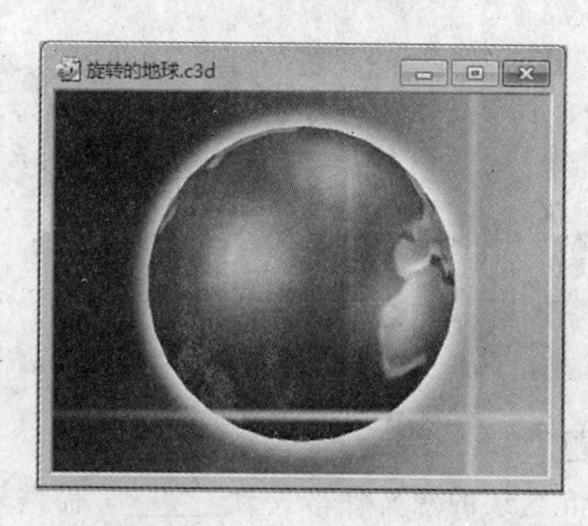

3D立体地球旋转特效效果图

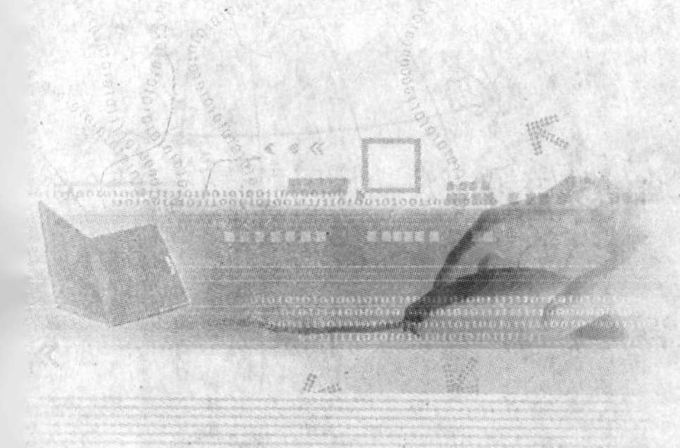

模块3 数字视频处理技术

教学聚焦

◆ 数字视频是多媒体信息的重要组成部分，已成为当前主流的视觉媒体形式。下面我们从视频素材的获取、视频格式的转换、视频内容的编辑，以及视频短片的制作，逐步走进数字视频这个美丽的世界。

知识目标

◆ 通过列举经典案例，使学生掌握数字视频的捕获过程、格式转换方法、视频编辑原理及数字短片的构思与设计，最终从多层次、多角度理解、掌握并精通数字视频处理技术。

技能目标

◆ 学会数字视频捕获、格式转换、编辑及制作数字短片。

课时建议

◆ 8 课时

教学重点和教学难点

◆ 视频素材的获取、视频格式的转换、视频内容的编辑，以及视频短片的制作，能够熟练掌握数字视频的处理技巧和方法。

项目 3.1 数字视频捕获

例题导读

“经典案例 3.1”、“经典案例 3.2”和“经典案例 3.3”介绍了通过数字摄像头、数码摄像机以及计算机屏幕捕获软件 Camtasia Recorder 的使用，学会数字视频捕获的技巧和方法。

知识汇总

- 数字摄像头、摄像头录像大师软件的使用
- 会声会影中数字视频捕获功能的使用
- Camtasia Recorder 屏幕录制软件的使用

视频是多媒体的重要组成部分，是利用人眼视觉暂留原理，通过快速播放一系列的图片，产生连续的动态画面效果。视频又分为模拟视频和数字视频两大类，较之模拟视频、数字视频具有重现性好、不易失真、便于保存、容易编辑、适合网络应用等诸多优点，已成为当前主流的视频类型。

经典案例 3.1 摄像头捕获

1．案例作品

案例图3.1 图像捕获效果

案例图3.2 视频捕获效果

2．制作步骤

（1）将摄像头接入计算机设备→系统提示“发现新硬件”→弹出“找到新的硬件向导”对话框→选择“自动安装软件（推荐）”→单击【下一步】按钮→弹出“硬件安装”对话框→单击【仍然继续】按钮→开始安装驱动程序，如图 3.1 所示。单击【完成】按钮完成安装，如图 3.2 所示，此时摄像头可正常使用。

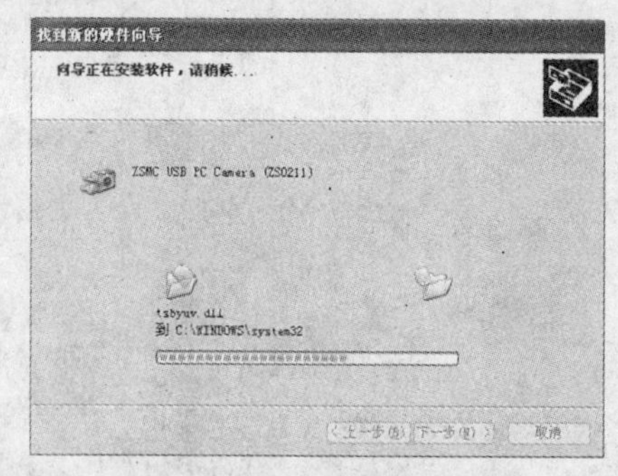

图 3.1 开始安装驱动程序

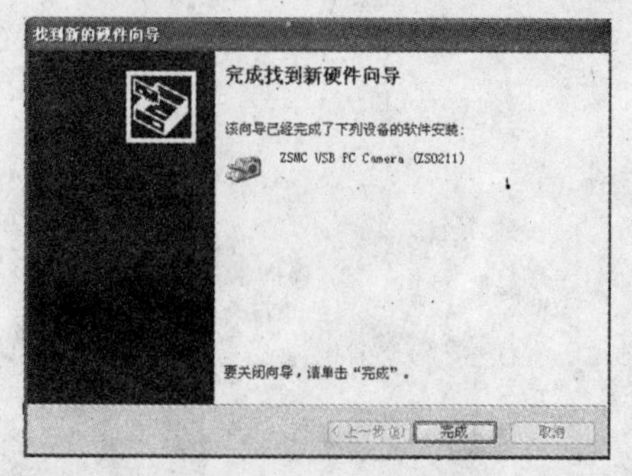

图 3.2 安装过程完成

（2）如只须实现最基本的静态图像捕获功能，利用 Windows XP 操作系统自带的“照相机任务”即可完成。打开【我的电脑】→双击摄像头标识，如图 3.3 所示。选择捕获对象→单击左侧“照相机任务”选项中【照相】→完成静态图像的捕获，如图 3.4 所示，静态图像捕获效果如案例图 3.1 所示。

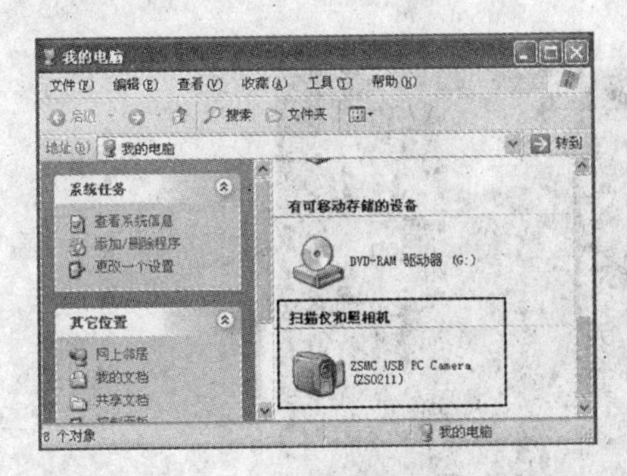

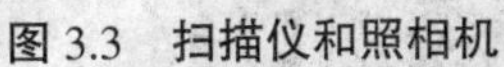
图 3.3　扫描仪和照相机

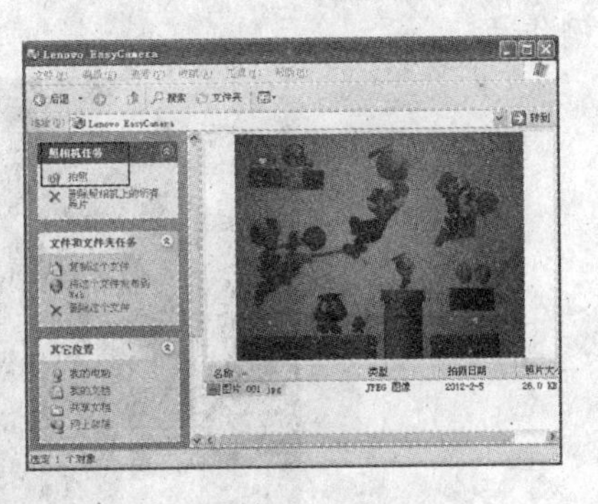

图 3.4　照相机任务

（3）本案例选择“摄像头录像大师”作为视频捕获软件。双击启动主程序→弹出“输入设置”对话框，如图 3.5 所示→相关参数参考窗口中设置→单击【确定】按钮返回程序主界面。

（4）单击主窗口左下角【开始录制】按钮→开始录制，单击【完成录制】按钮→结束录制，如图 3.6 所示→单击主窗口右下角【浏览视频】按钮→查看已完成录制的视频文件，文件以录制时间命名，如图 3.7 所示，捕获的视频效果如案例图 3.2 所示。

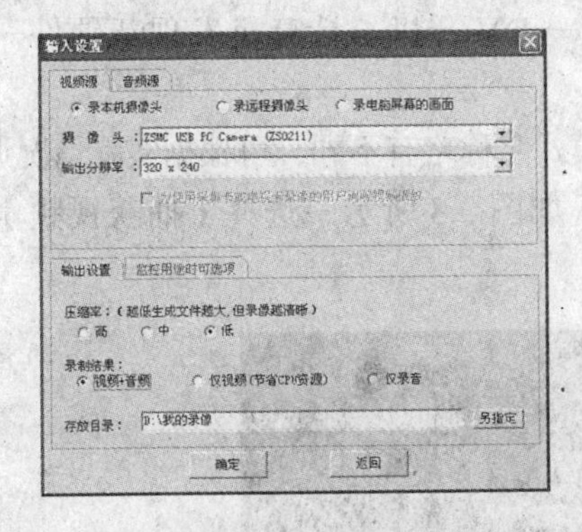

图 3.5　“输入设置”对话框

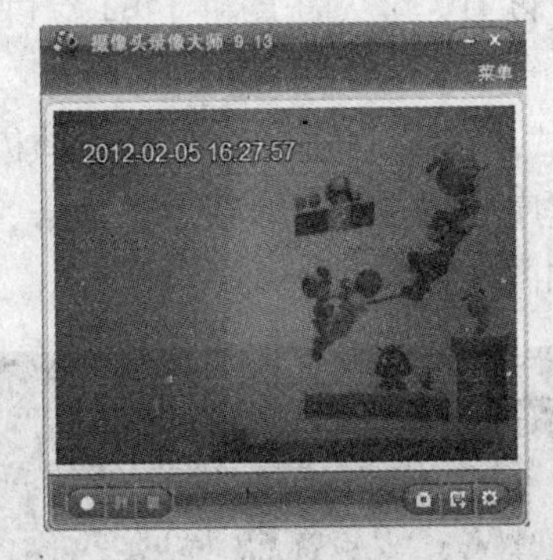

图 3.6　“摄像头录像大师”主界面

图 3.7　摄像头捕获的视频文件

技术提示：

1. 购买摄像头时通常会附带一张光盘，包括摄像头驱动程序及相关的视频捕获软件，同学们可以尝试使用其他类型的软件进行数据捕获，并及时备份好摄像头驱动程序。若驱动程序丢失，也可通过下载安装“摄像头万能驱动”恢复使用。

2. 通过“摄像头录像大师”采集的视频数据，请使用Windows Media Player进行播放，部分播放器可能因存在编解码问题而导致播放错误。

3. “摄像头录像大师”等相关软件，除了能够进行视频捕获以外，还可用来实现监控功能，比如“定时录像”、“仅活动画面录像”、“自动报警”等，对类似软件的使用应做到触类旁通、举一反三。

经典案例 3.2　DV 捕获

DV（digital video），即数码摄像机，其工作原理是通过感光元件将光信号转变成电流，再通过（A/D）模数转换器将模拟电信号转变成数字信号，最终生成我们看到的动态画面。与传统的模

拟摄像机相比，数字摄像机的清晰度更高，色彩更绚丽，数据可以反复无损复制，体积更小，更方便携带。DV 视频数据的导出需要视频编辑软件协助处理，会声会影、Windows Movie Make、Adobe Premiere 等均可实现此项功能，本案例将借助会声会影软件重点介绍 DV 视频数据的捕获过程。

1．案例作品

案例图3.3　DV视频捕获效果图

2．制作步骤

（1）检查进行 DV 数据采集的计算机是否有 IEEE1394 端口，如果没有，可先为其配置一块 IEEE1394 采集卡。

（2）使用 IEEE1394 连接线将 DV 接入计算机 1394 端口→ DV 开机→计算机发现新硬件→安装摄像机驱动程序。

（3）将 DV 置于【播放】模式。注意，不同的 DV 设备该模式名称略有不同，可根据实际情况调节。

（4）打开会声会影 X4 主程序→单击【1 捕获】选项卡，如图 3.8 所示→选择【捕获视频】选项→弹出“捕获视频”对话框，如图 3.9 所示。

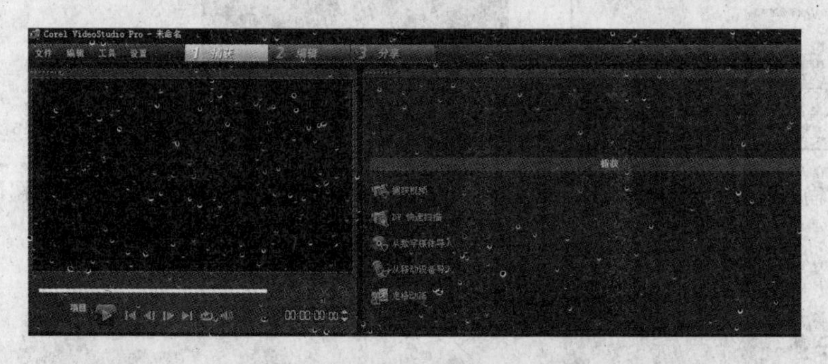

图 3.8　会声会影“捕获”主界面

图 3.9　“捕获视频”对话框

【来源】: 选择相应的 DV 设备。

【格式】: 默认 DVD，保存为 .mpg 格式的视频文件。

【捕获文件夹】：选择捕获文件的存储位置。

【捕获到素材库】：将捕获的视频作为素材存放到指定素材库，以备后期编辑使用。

（5）使 DV 处于回放状态，“捕获视频”左侧预览窗口可以同步播放，单击【捕获视频】按钮→开始录制，单击【停止捕获】按钮→停止录制，捕获效果如案例图 3.3 所示。

技术提示：

1. 为了保证DV视频的传输品质，应使用IEEE1394接口传输数据。与其相比，USB接口传输过程虽然简单，但无法达到视频传输所需要的传输速率，会出现丢帧、停顿等问题，捕获的影像品质也比较差。

2. IEEE1394接口一般分为6芯和4芯两种接口类型，数据传输时需要选择相应的数据连接线。一般而言，通过台式机的IEEE1394卡采集，使用4芯对6芯的连接线，即DV端使用4芯接口，台式机端使用6芯接口；如果通过笔记本采集，则使用4芯对4芯接口。目前，市面主流的笔记本一般都集成了4芯的IEEE1394卡，无需另外购置。

3. 捕获和编辑视频需要使用大量的系统资源，因此建议在视频捕获和编辑过程中，关闭其他正在运行的程序，以确保获得稳定、高质量的视频数据。

4. 用于视频捕获的分区可用空间应大于15G，以保证采集的连续性，避免因磁盘空间不足而发生丢帧的情况。

5. 除使用“捕获视频”方法外，“DV 快速扫描”方式可以捕获高品质的“DV AVI”格式视频，虽然数据采集量比较大，但能够最大程度地保留原有画面的品质，同学们可以练习使用这种方式进行视频数据采集。

经典案例 3.3 计算机屏幕捕获

计算机屏幕捕获是实时采集计算机屏幕信息的一种视频数据捕获方式，是以屏幕录像软件为核心的软件系统，具有成本低、制作方便、发布灵活等优点，目前广泛应用于网络教学、产品演示、影视娱乐等领域。

Camtasia Studio 是美国 TechSmith 公司出品的一款优秀的屏幕录像和编辑软件套装，提供了屏幕录像（Camtasia Recorder）、视频剪辑和编辑（Camtasia Studio）、视频菜单制作（Camtasia MenuMaker）、视频剧场（Camtasia Theater）和视频播放（Camtasia Player）等功能。本案例选择 Camtasia Recorder 组件介绍计算机屏幕捕获的具体流程。

1．案例作品

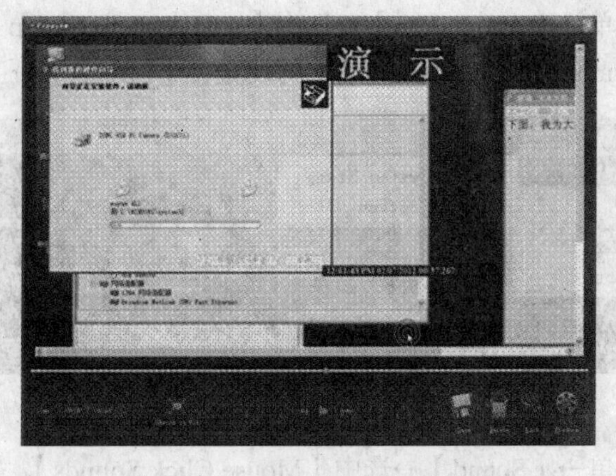

案例图3.4 计算机屏幕捕获效果图

2．制作步骤

（1）双击打开 Camtasia Recorder 主界面，如图 3.10 所示→单击选择【Full Screen】。

【Select Area】选项区：有三种区域模式选择，区域边界在主窗口上方显示，如图3.11所示，分别为：

①【Full Screen】:“全屏录制”，也是最常用的一种录制方式。

②【Custom】:“自定义录制区域”，手动设置录制区域大小，或单击右侧下拉箭头→选择预置尺寸设定。其中，“Lock to Application”录制区域将锁定当前应用程序窗口。

③【Select】:“自由选择区域”，单击“Select”→按住鼠标左键拖拽→指定屏幕任意录制区域。

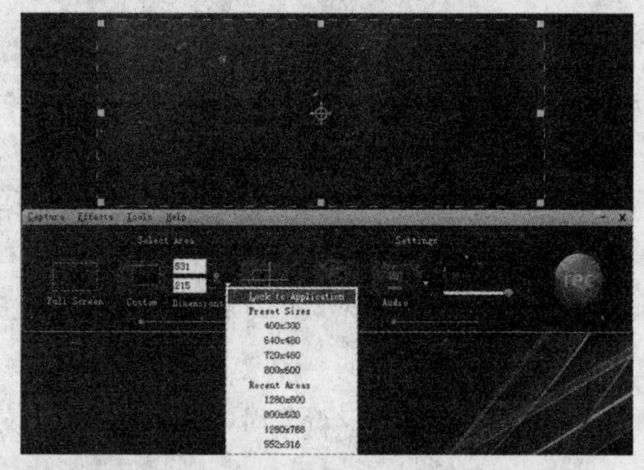

图 3.10 “Camtasia Recorder”主界面

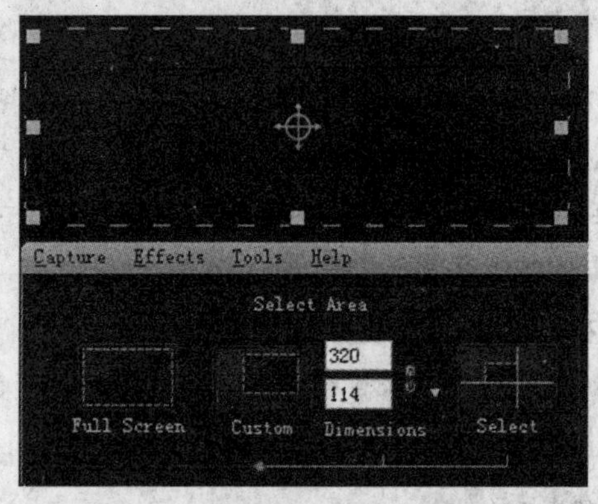

图 3.11 “Select Area”选项区

（2）单击主界面中部【Audio】右侧下拉箭头→选择【Options...】→弹出“音频设置”对话框→选择【Audio Device】“音频设备”和【Recording source】“记录源”→适当调节【Microphone】麦克风音量。

【Settings】选项区如图 3.12 所示→设置是否开启【Camera】“摄像头记录”和【Audio】“音频记录”两项功能。

图 3.12 “Settings”选项区

（3）单击【Effects】菜单→【Annotation】→选中【Add System Stamp】和【Add Caption】，如图 3.13 所示。【Add System Stamp】和【Add Caption】的设置在【Effects】→【Options...】中完成。

图 3.13 “Annotation”选项菜单

（4）单击【Effects】菜单→【Sound】→选中【Mouse Click Sounds】，如图 3.14 所示。

图 3.14　Sound选项菜单

（5）选择【Effects】菜单→【Cursor】→选中【Highlight Cursor & Clicks】，突出鼠标的位置和点击效果，如图 3.15 所示。光标和鼠标点击效果在【Effects】→【Options...】中设置。

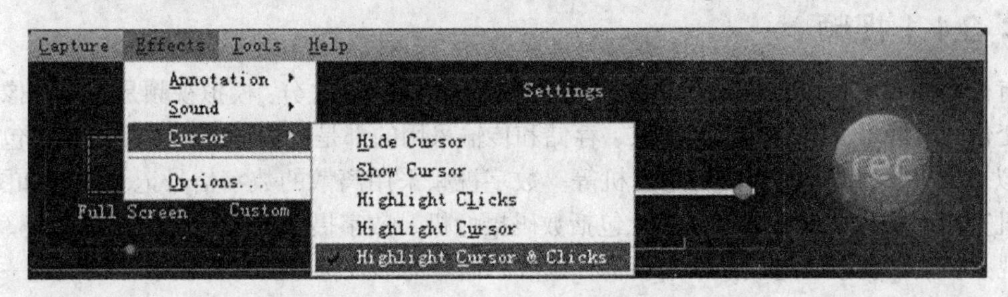

图 3.15　Cursor选项菜单

（6）单击【Effects】菜单→【Options...】→弹出“Effects Options”对话框，如图 3.16 所示→相关参数参考窗口中设置。

【Annotation】选项卡：设置系统标志和字幕。

【System stamp】区：【Time/Date】、【Elapsed time】和【Display Time/Date first】→在录制的视频中加入时间信息，【Time/Date Format...】→设置时间及日期格式，【Preview】预览设置。单击【Options...】按钮→弹出“System Stamp Options”对话框，如图 3.17 所示→设置系统标志的样式和位置→选择默认，即时间信息将以预设样式显示在整个视频中部居中的位置。

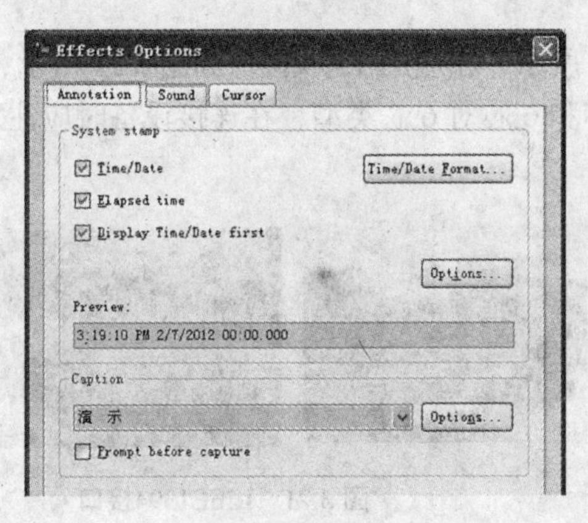

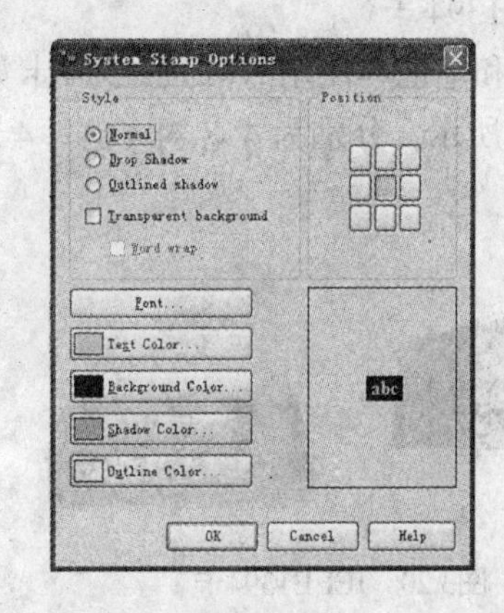

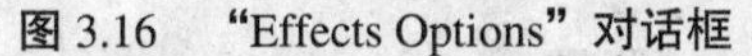

图 3.16　“Effects Options”对话框　　　　图 3.17　“System Stamp Options”对话框

【Caption】区：在文本框中输入“演示”→单击【Options...】按钮→弹出【Caption Options】“字幕选项”对话框→【Style】选择“48 号 宋体”→【Position】选择“上部居中显示”，其他默认→单击【OK】按钮完成设置。

（7）单击【Sound】选项卡，设定鼠标“按下”和“抬起”时的声音文件位置；单击【Cursor】选项卡，设定光标的样式、【Highlight cursor】“高亮光标”和【Highlight mouse clicks】“高亮鼠标点击”的效果→默认设置→单击【OK】按钮返回。

（8）单击程序主界面右侧【rec】按钮或快捷键“F9”→3s 倒计时后进入屏幕录制状态，如图 3.18 所示→完成操作后单击【Stop】按钮或快捷键“F10”停止录制，如图 3.19 所示。

图 3.18 开始录制

图 3.19 停止录制

（9）完成录制后，系统自动进入预览模式，如案例图 3.4 所示→单击【save】按钮→保存文件。

3.1.1 视频

视频有模拟视频（analog video）和数字视频（digital video）之分：模拟视频是一组图像和声音随时间连续变化的电信号，早期的视频获取、存储和传输采用的都是模拟形式，模拟视频源包括模拟摄像机、模拟摄像头、录像机、VCD/DVD 机等。数字视频采用离散的数字信号记录声音和图像信息，可被计算机直接存储和处理，数字视频源包括数码摄像机、数字摄像头等。所谓视频捕获 / 采集，就是将模拟视频和数字视频通过视频采集设备，以数字信号的形式保存到计算机中，以便进一步进行编辑处理。

3.1.2 视频采集卡

视频采集卡是实现数字视频捕获的必要设备，按照视频信号源不同可分为模拟采集卡和数字采集卡两类。模拟采集卡，通常也称压缩卡，接收来自视频输入端的模拟视频信号，通过对信号采样、量化，编码生成压缩的数字视频序列。数字采集卡用于采集数字信号，虽无需经过模拟 / 数字信号的转换，但仍需通过采集卡端口与 DV 等数字设备连接进行视频数据的传送，采集 DV 信号的卡也叫 IEEE1394 卡。下面分别针对 IEEE1394 卡和模拟采集卡进行介绍：

1. IEEE1394 卡

台式机和笔记本使用的 IEEE1394 卡如图 3.20 所示，相应的 1394 接口如图 3.21 所示，1394 连接线如图 3.22 所示，分别为 4 芯对 4 芯，4 芯对 6 芯和 6 芯对 6 芯类型，在连接设备时应注意连接线的接口类型。

图3.20 IEEE1394卡

图 3.21 IEEE1394接口

图 3.22 IEEE1394连接线

IEEE1394 是苹果公司开发的串行标准，也称为 Firewire 火线接口，支持外设热插拔，可为外设提供电源，支持同步数据传输，数据传输率高，可以达到 400 Mbps。1394 卡主要用于数字视频的捕

获，比如DV视频的采集，将DV的数字端口与计算机的1394口相连接，通过视频编辑软件，便可以直接将DV拍摄的高质量的视频和音频无失真地同步传输到计算机中。

2. 模拟采集卡

模拟采集卡如图3.23所示，负责采集模拟视频信号，完成模拟信号到数字信号的转换与压缩，能在捕捉视频信号时同步捕获伴音信号，使视频和音频信号同步保存和播放。常见的模拟采集卡接口类型有：RF端子接口、AV接口、S-video端子接口、色差分量接口、Audio In接口、Audio out接口、R/M端子接口等。下面分别对各类型接口进行简单介绍：

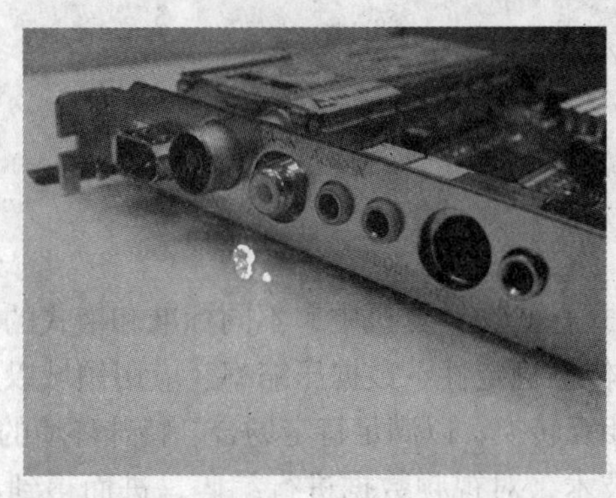

图3.23 模拟采集卡

（1）RF端子接口。RF端子接口也叫射频接口，是最常见的视频连接方式，该接口接收并传输视频和音频混合编码信号，由于信号间的互相干扰，图像传输质量较差。天线、模拟闭路电视采用该接口类型。

（2）AV接口。AV接口也叫复合视频接口，连接具有AV端子的模拟视频设备，如模拟摄像机、录相机等。该接口由黄、白、红三路RCA（莲花插座）接头组成，黄色接头传输视频信号，白色和红色接头分别传输左、右声道的音频信号。AV接口实现了视频信号和音频信号的分离传输，避免了混合传输造成的干扰，但仍属于在同一信道中传输亮度信号和色度信号的方式，导致部分色彩信号损失。

（3）S-video端子接口。连接具有S端子的模拟视频设备，使用5芯接口，其中两路传输视频亮度信号，两路传输色度信号，一路为公共屏蔽地线。由于分开传送亮度和色度信号，S端子的画面效果要优于AV端子。

（4）色差分量接口。色差分量接口也称为Component接口，采用Y/Pb/Pr和Y/Cb/Cr两种标识，前者表示逐行扫描色差输出，后者表示隔行扫描色差输出。一般用红、绿、蓝三种颜色分别标注线缆和接口，绿色线缆（Y）传输亮度信号，蓝色和红色线缆（Pb/Cb和Pr/Cr）传输色差信号。注意，色差分量接口不传输音频信号，获取音频信号还需独立的两条音频线。使用Component接口的画质效果要优于S端子。

（5）Audio In接口。声音输入接口，同步采集模拟信号中的伴音。

（6）Audio Out接口。声音输出接口，连接声卡。

（7）R/M端子接口。红外感应器接口。

当前部分采集卡集成了数字接口和模拟接口两种类型，购买时可根据实际需要进行选择。

「课堂随笔」

项目 3.2 数字视频格式转换

例题导读

“经典案例 3.4”介绍了通过视频转换大师软件的使用，学会数字视频格式转换的技巧和方法。

知识汇总

- 视频转换大师软件的使用
- 各种数字视频格式的应用

视频数据捕获完毕后，将以一定的压缩标准和格式存储在计算机中，不同标准和格式的视频，其记录方式和特点明显不同，主要体现在画面清晰度、传输稳定性、数据压缩率、应用领域以及适用的播放器等诸多方面。因此，经常需要将视频格式进行相互转换，以满足特定场合、特殊环境的需要。

数字视频格式转换，其本质是通过特定的压缩技术，对视频数据进行编码，进而得到不同格式的视频文件，其最终目的是最大程度地保持视频质量，同时尽可能少地占用存储空间。视频数据之所以可以被进一步压缩，是因为组成视频的图像数据具有高度的相关性，相邻的图像间具有极强的连贯性，即存在大量的时域和空域上的冗余信息。通过对视频中声音和图像数据的压缩，可以极大地节省硬盘空间，更高效地得到 CPU 的处理，提高响应速度，同时也为网络应用提供了必要条件。因此，要让数字视频得到更广泛的应用，必须首先解决压缩编码的问题。

目前，主要的压缩编码标准有：ITU（国际电讯联盟）的 H.261、H.262、H.263 和 H.264 等，国际标准化组织下属的运动图像专家组的 MPEG 系列标准，此外还有在互联网上被广泛应用的 RealNetworks 公司的 RealVideo、Microsoft 公司的 WMV 以及 Apple 公司的 QuickTime 等。下面，我们对常见的视频格式作简单的介绍。

1.AVI 格式

AVI 的英文全称是 audio video interleaved，即音频视频交错格式。它是由 Microsoft 公司于 1992 年推出，专门为 Windows 设计的一种数字视频格式。所谓“音频视频交错”，就是将音频数据和视频数据以交错的方式存储，独立于硬件设备，可以进行同步播放。这种视频格式的优点是兼容性好、图像质量高、调用方便，缺点是占用空间较大。

2.NAVI 格式

NAVI 是 newAVI 的英文缩写，是一个较新的视频格式。该格式由 ASF 压缩算法改进得到，较之 ASF 具有更高的帧率，但也牺牲了 ASF 的视频流特性，不宜在网络中传输，因此也称它为非网络版的 ASF。

3.DV-AVI 格式

DV-AVI 的英文全称是 digital video format，是由索尼、松下、JVC 等诸多厂商联合提出的一种数字视频格式，数码摄像机记录的视频数据便是采用这种格式存储，其文件扩展名为 .avi。

4.DivX 格式

DivX 是由 DivXNetworks 公司开发，在 MPEG-4 version3 视频编码的基础上得到的高效编码标准。其视频采用 MPEG-4 压缩算法，音频采用 MP3 压缩算法，再将视频和音频整合成新的视频文件，即 DivX 影片，以.avi 作为该格式的扩展名。DivX 视频格式兼具 VCD 的大小和 DVD 的画质，因此又被称为“DVD 杀手”。

5.Xvid 格式

Xvid 是第一个真正开放的源代码，通过通用公共授权 GPL（general public license）发布的视频编码格式，由原 DviX 的一部分技术人员联合开发，编码效率高、质量好、扩展性强，是目前广泛应用的视频压缩格式。Xvid 格式的视频文件扩展名有 .avi、.mkv、.mp4 等。

6.MOV 格式

MOV 的英文全称是 movie digital video technology，是由 Apple 公司开发的一种视频文件格式，早期仅兼容 Apple Mac OS，后续推出了 QuickTime 的 Windows 版本，使其跨平台性大大增强，同时，该视频格式还具有压缩率高、支持网络流媒体播放等优点，更可以根据不同的网络环境采用不同的压缩算法进行编码，应用十分灵活。该格式的视频文件扩展名为 .mov。

7.ASF 格式

ASF 的英文全称是 advanced streaming format，是 Microsoft 公司 windows media dervice 的核心组成。该格式是一种流媒体文件压缩格式，采用 MPEG-4 压缩算法，具有较高的压缩率。该格式的视频文件扩展名为 .asf。

8.WMV 格式

WMV 是 windows media video 的英文缩写，是 Microsoft 公司推出的一种流媒体格式，具有本地或网络回放、可扩充的媒体类型、部件下载、流的优先级化、环境独立性、扩展性等优点，更适合于网络传输。该格式的视频文件扩展名为 .wmv。

9.RM 格式

RM 的英文全称是 real media，是由 RealNetworks 公司开发的流媒体文件格式，可以根据网络的传输速率定制不同的压缩比率，从而实现在低速率网络环境中的实时传输和不间断播放。该格式的视频文件扩展名为 .ra 和 .rm。

10.RMVB 格式

RMVB 的英文全称是 real media variable bit rate，较之 RM 格式画面更加清晰，原因是它对静止或动作场景少的画面采用较低的编码速率，将较高的编码速率留给复杂的动态画面，合理利用了资源，使得图像质量和大小之间达到一种平衡。该格式的视频文件扩展名为 .rmvb。

11.FLV 格式

FLV 是 flash video 的英文缩写，是一种网络流媒体格式，视频部分基于 H.263 编码，音频部分使用 MP3 编码。FLV 格式的出现有效解决了视频文件导入 flash 后使导出的 SWF 文件体积过大的缺点，具有体积极小、加载速度极快、画面质量良好等优点，已成为各大视频网站广泛使用的视频传播格式。该格式的视频文件扩展名为 .flv。

12.3GP 格式

3GP 是一种 3G 流媒体视频编码格式，为了配合 3G 网络的高速传输而开发，主要应用在手机、MP4 播放器等移动设备上，具有体积小、移动性强等优点，缺点是对 PC 机的兼容性不够，画面质量较差。该格式的视频文件扩展名为 .3gp。

经典案例 3.4 “视频转换大师”实现 RMVB 与 WMV 格式转换

“视频转换大师”是一款专业的视频转换软件，支持 AVI、Mpeg、3GP、MP4、Mpeg1、Mpeg2、Mpeg4、VCD、SVCD、DVD、Diva、ASF、RM、RMVB 及 MOV 等常见视频格式之间的相互转换。本案例采用该软件完成 RMVB 格式到 WMV 格式的转换。

1．案例作品

天空与白云.rmvb

案例图3.5　源RMVB视频文件

WMV

天空与白云.wmv

案例图3.6　转换后的WMV视频文件

2．制作步骤

（1）双击打开“视频转换大师”主程序，如图3.24所示，右侧区域列出了常见的视频转换格式→单击【更多】，显示全部可转换的视频格式列表，如图3.25所示。

图3.24　“视频转换大师”主界面

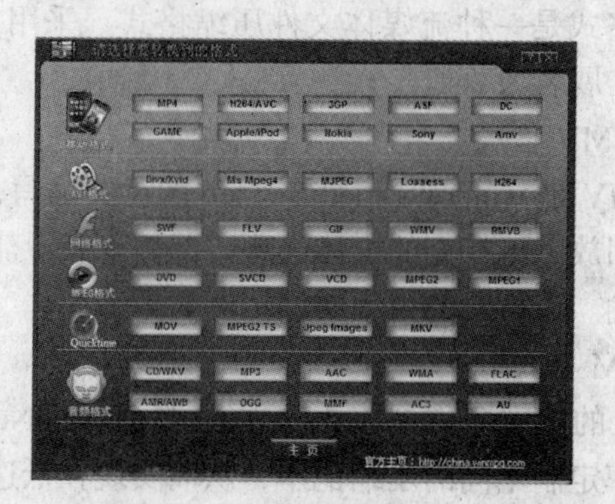

图3.25　可转换的视频格式列表

（2）单击【WMV】铵钮→弹出“WMV转换”对话框，如图3.26所示→选择待转换的视频【源文件】，如案例图3.5所示，设置转换后文件的【输出】位置以及【配置文件】。

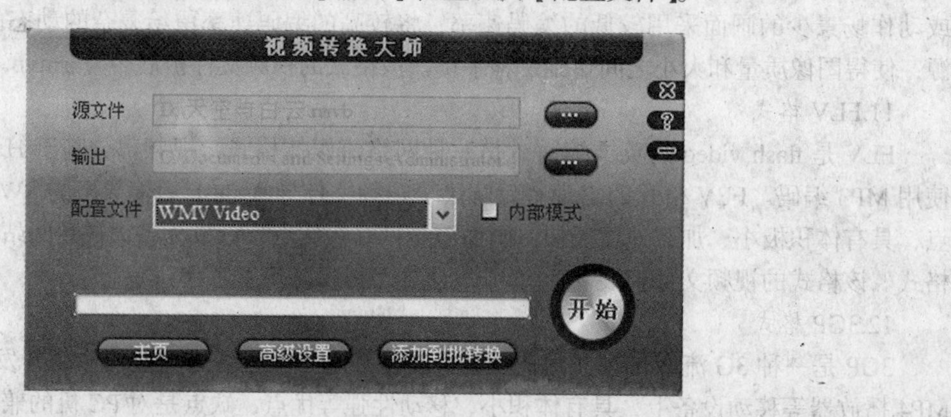

图3.26　“WMV转换”对话框

【配置文件】以预设的形式提供给用户，每种配置文件针对音频和视频有不同的编码方案，用户可根据实际情况进行选择，一般默认即可。

【高级设置】可以实现视频的片段截取、字幕添加、视频剪裁以及视频码率、帧速率设置等功能。

【添加到批转换】可以实现一次转换多个视频文件。

（3）单击【开始】按钮→开始转换，如图3.27所示→转换后得到WMV文件，如案例图3.6所示。

图 3.27 格式转换过程

技术提示：

1. 安装“视频转换大师”应尽量选择默认安装路径，如需更改，也应安装至英文或数字目录下，使用中文目录可能导致安装或运行出错。

2. 对RM/RMVB格式的文件进行转换时，建议在本机系统安装RealPlayer播放器，用以支持该视频格式的编解码。此外，该格式的转换功能界面与图3.26略有不同，同学们可自行尝试。

3. 软件主界面上【内部模式】是默认选项，表示格式转换时自动选择内部编解码器和外部编解码器，对于AVI格式或MOV格式的源文件，如果在进行格式转换时发生异常，可尝试改变此选项。

「课堂随笔」

项目 3.3 数字视频编辑

例题导读

“经典案例 3.5”和“经典案例 3.6”分别使用 Windows Movie Maker 和会声会影视频编辑软件，完成了“美丽校园风光”和“宝宝百日纪念册”的编辑工作，通过片头片尾制作、滤镜和转场工具的使用，以及项目模板和覆叠轨的应用，学会数字视频后期编辑与处理的技巧和方法。

知识汇总

- 素材的导入与项目模板的应用
- 片头与片尾的特效制作
- 滤镜和转场工具的使用

数字视频捕获和格式转换的目的都是为了在后期对数字视频进行更好的编辑，我们把在计算机中进行的视频编辑称为非线性编辑，与线性编辑相对应。线性编辑是一种传统的视频编辑方式，需要按时间顺序依次对节目进行制作，比如传统的磁带和电影胶片编辑都属于线性编辑。这种编辑方式有较大的局限性，不能对视频素材进行随机的存取，素材的反复使用会引起信号损失而导致画面质量下降，同时所需设备繁多，投资较大，不适合一般家庭用户使用。相比而言，非线性编辑操作灵活方便、编辑效率高，很好地弥补了线性编辑的这些缺点。

经典案例 3.5　制作照片电影“美丽校园风光”（Windows Movie Maker 编辑、制作）

Windows Movie Maker 是 Windows 操作系统自带的视频编辑工具，功能简单实用，可以完成常见的视频效果制作，如镜头组合、画面特效、镜头过渡特效、片头片尾制作等，可以满足家庭用户对视频编辑的基本需求。

1．案例作品

案例图3.7　“美丽校园风光”素材

案例图3.8　“美丽校园风光”效果图

2．制作步骤

（1）双击打开 Windows Movie Maker 主程序→单击【文件】菜单→【新建项目】→单击【1. 捕获视频】中的【导入图片】→导入案例图 3.7 中“素材 1~ 素材 6”→单击【导入音频或音乐】→导入“素材 7”。主窗口显示已经导入的素材，如图 3.28 所示。

图 3.28　导入素材效果图

（2）添加片头。

① 单击【2. 编辑电影】中的【制作片头或片尾】→【在电影开头添加片头】→输入“美丽的校园风光”。

② 单击【其他选项】中【更改文本字体和颜色】→选择“华文行楷”。单击【更改文本颜色】→【规定自定义颜色】→ RGB 值设置为“255”、“181”、“161”。

③ 单击【更改背景颜色】→【规定自定义颜色】→ RGB 值设置为“184”、“244”、“255”。

④ 滑动【透明度】滑块至 20% →【字号】选择“增加文本大小”→【位置】选择“居中对齐”。

⑤ 单击【其他选项】中【更改片头动画效果】→在【片头 两行】中选择“移动片头，分层”，如图 3.29 所示→单击【完成，为电影添加片头】返回主界面。

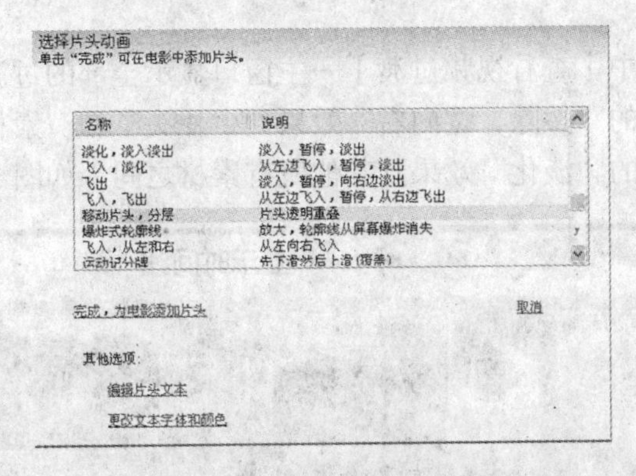

图 3.29　片头动画效果选项

（3）拖动【收藏】中“素材 1”至“素材 6”至窗口底部“情节提要视图”中，如图 3.30 所示→单击【显示时间线】→将“素材 7”拖至【音频 / 音乐】时间轴，显示 0:00:00.00 时松开左键，“时间线视图”下的各素材效果如图 3.31 所示。

图 3.30　“情节提要视图”下的各素材效果图

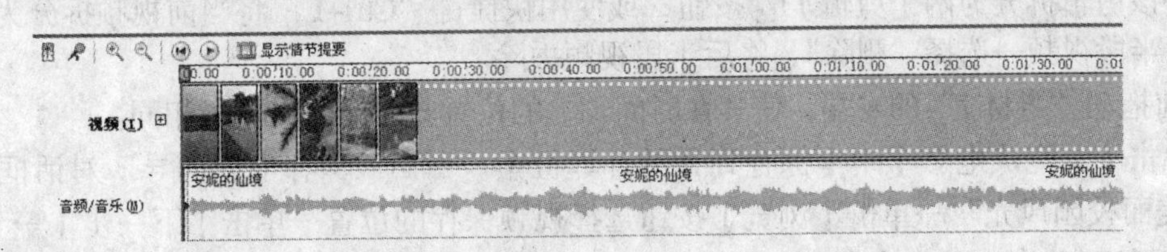

图 3.31　“时间线视图”下的各素材效果图

（4）添加视频效果。

① 单击【显示情节摘要】返回“情节摘要视图”→单击【2. 编辑电影】中的【查看视频效果】→主窗口显示全部的视频特效。

② 拖动“放慢，减半”效果到片头视频，此时片头的持续播放时间变为原来的 2 倍。

③ 右键单击【情节提要】栏中“素材 1”→选择“视频效果 ...”→弹出“添加或删除视频效果”对话框，如图 3.32 所示→选中【可用效果】中的“缓慢放大”→单击【添加】按钮添加至【显示效果】。同样方法添加“镜像，水平”效果→单击【确定】按钮返回。

④ 拖动“缓慢，缩小”效果到“素材 3”和“素材 4”。添加了“视频效果”的视频剪辑左下角五角星变为蓝色，否则为灰色。

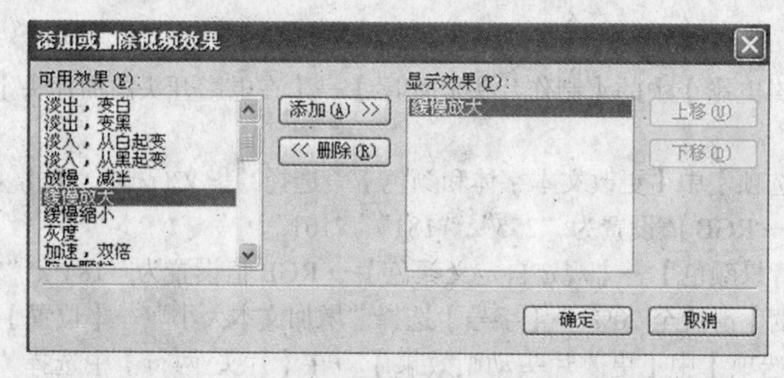

图 3.32 “添加或删除视频效果”对话框

（5）添加视频过渡效果。

① 单击【2. 编辑电影】中【查看视频过渡】→主窗口显示全部的过渡效果。

② 拖动【视频过渡】中的“擦除，宽向右”效果到“片头”和“素材 1”之间。

③ 拖动【视频过渡】中的“淡化”效果到其他所有素材之间，如图 3.33 所示。

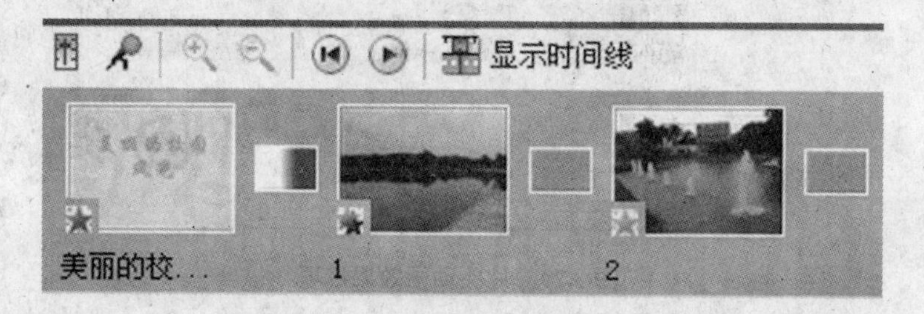

图 3.33 添加视频过渡效果

（6）“Ctrl+T”切换至“时间线视图”→右键单击“素材 7”→选择“音量 ...”→移动滑块调节音量大小→单击【确定】按钮返回。

（7）创建和编辑视频剪辑。

① 单击【1. 捕获视频】中【导入视频】→导入视频“素材 8”。

② 拖动“素材 8”至【情节提要】栏末尾→按（5）中方法为此视频添加“圆形”视频过渡效果。

③“Ctrl+T”切换至“时间线视图”→单击【放大】按钮，可放大素材显示比例。

④ 选中“素材 8”→单击右侧预览窗口中【播放】按钮→40 s 处单击【暂停】按钮→单击【在当前帧中将该剪辑拆分为两个剪辑】按钮，或使用快捷键“Ctrl+L”将当前视频拆分为前后两个片段。右键后半段视频→选择“删除”，将后半段视频去除。

⑤ 向前拖动“素材 7”的末端，使其在时间轴上的位置与视频结束位置相同。

（8）单击【3. 完成电影】中【保存到我的计算机】→弹出“保存电影向导”对话框→输入视频的名字：“美丽校园风光”→单击【浏览】按钮选择视频保存的位置→单击【下一步】→【其他设置】选择“高质量视频（大）”→【下一步】显示保存进度→去掉“单击‘完成’后播放电影”复选框→单击【完成】按钮结束全部编辑工作，最终效果如案例图 3.8 所示。

技术提示：

1. 由于Windows Movie Maker内嵌Windows Media Player播放器，要求导入的视频文件能够在该播放器中播放，可能导致部分视频文件无法导入。解决方法是：单击主程序【工具】菜单→【选项...】→弹出“选项”对话框→选择【常规】选项卡→选择“自动下载编解码器”。

2. 若1中操作仍无法导入视频，建议使用格式转换软件将视频素材转换成WMV格式再行导入。

经典案例 3.6　使用会声会影编辑“宝宝百日纪念册”

会声会影是一款专为个人和家庭设计的视频编辑软件，相比 Windows Movie Maker 具有更强大的编辑功能，操作简单，具有完整的影音规格和捕获格式支持，可以方便灵活地完成视频的创作、编辑、渲染和共享工作，下面以案例形式介绍该款视频编辑软件的常用操作。

1．案例作品

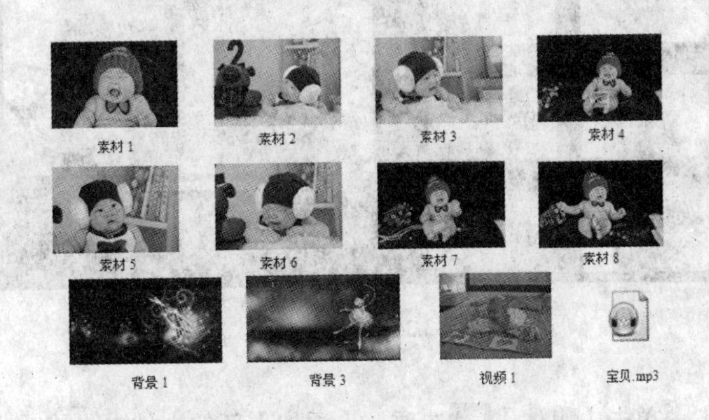

案例图3.9　“宝宝百日纪念册”素材

案例图3.10　“宝宝百日纪念册”效果图

2．制作步骤

（1）参数设置。

① 双击打开会声会影 X4 主程序→单击【设置】菜单→【参数选择】→弹出“参数选择”对话框。

②【常规】选项卡→“工作文件夹”设置为：“E:\ 宝宝百日动感相册”→其他选项默认。

③【编辑】选项卡→“重新采样质量”设置为“最佳”→“默认照片 / 色彩区间”设置为“5s”→其他选项默认→单击【确定】按钮返回主界面。

（2）下载模板。

① 单击“最小化按钮”左侧的【帮助与产品信息】按钮→选择【实现更多功能】选项卡→选择【模板】选项卡→选择“入门级模板”→“立即下载”。

② 下载完成后，单击【立即安装】→安装已下载的模板。

③ 同样方法下载安装其他所有模板及【标题】选项卡下的字体包，完成后关闭【帮助与产品信息】。

（3）导入模板。

① 单击工具栏上【即时项目】按钮→弹出“即时项目”对话框→【选择项目】下拉菜单中选择“自定义”→单击【导入项目模板】按钮→在步骤（2）下载模板所在的文件夹里找到 .Vpt 文件→单击【打开】完成模板导入。

② 同样方法导入所有下载的模板，完成后关闭窗口，如图 3.34 所示。

图 3.34 导入模板

（4）添加素材。

① 选择【2 编辑】→单击【媒体】选项→【添加】新的文件夹→修改文件名为“宝宝百日动感相册”。

② 单击【导入媒体文件】按钮→导入案例图 3.9 中全部素材，如图 3.35 所示。

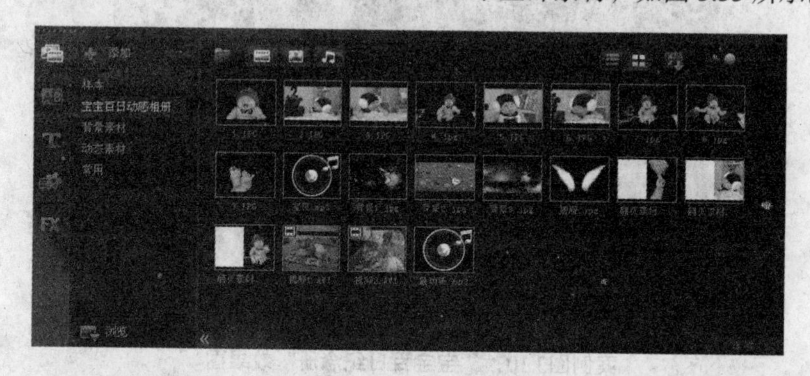

图 3.35 添加素材效果图

（5）制作片头。

① 单击【即时项目】按钮→【选择项目】下拉菜单中选择“开始”→选择第一个示例→右侧窗口选择“在开始处添加”→单击【插入】按钮完成模板的应用。

② 拖动“素材 1”至“覆叠轨 #1”并按住 Ctrl 键替换当前模板素材。

③ 双击【标题轨】文字→在预览窗口的文本框中输入“宝宝百日纪念册”，随之右侧打开【选项】窗口:【编辑】选项卡→字体“隶书”,【属性】选项卡→【动画】→【应用】→下拉框选择“飞行”→选择第一行第二列效果。

④ 右键音乐轨声音文件，单击“删除”。

（6）搭建素材框架。

① 单击【轨道管理器】按钮，选中“覆叠轨 #2”至“覆叠轨 #6”复选框→单击【确定】按钮返回。

② 添加“背景 1”至视频轨→选择【转场】选项→【收藏夹】下拉菜单选择“闪光”效果，并拖拽至视频轨的“片头”和“背景 1”中间。

③ 将素材 1，3，5，6，7，8 按图 3.36 顺序依次添加到覆叠轨 #1~ 覆叠轨 #6，每个素材之间间隔 1 s →依次拖动各素材右边界至同一位置，如图 3.36 所示。

④ 右键单击“背景 1”→选择“自动摇动和缩放”。

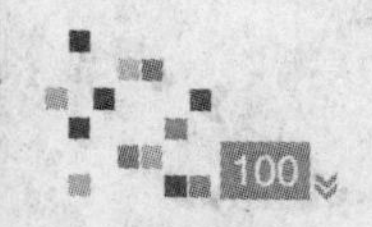

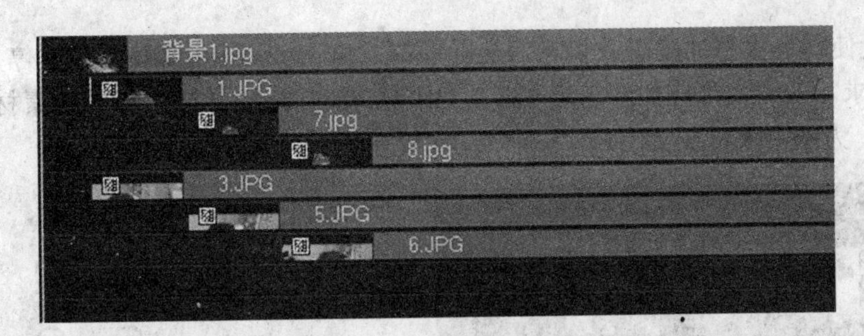

图 3.36 搭建素材框架效果图

（7）利用滤镜制作动画效果。

① 单击【FX】滤镜FX选项→【标题效果】下拉菜单选择“NewBlue 视频精选 Ⅱ”→将“画中画”滤镜拖放到“素材 1”上→在预览窗口单击右键→选择“保持宽高比”和“调整到屏幕大小”。

② 单击【选项】 选项 →【属性】选项卡→单击【遮罩和色度键】→选中“应用覆叠选项”复选框→“类型”选择“遮罩帧”→右侧选择“全透明遮罩” →关闭当前选项。

③ 将“替换上一个滤镜”复选框去掉→选择“画中画”→单击【自定义滤镜】→去掉“使用关键帧”复选框→详细设置如图 3.37 所示。

④ 选择“使用关键帧”→滑动滑块至起始位置，各选项与前一设置相同，如图 3.38 所示。

⑤ 滑动滑块至中部位置得到关键帧 2，详细设置如图 3.39 所示。

⑥ 滑动滑块至尾部位置，各选项设置与关键帧 2 相同→单击【确定】按钮返回。

⑦ 单击【编辑】选项卡→选中“应用摇动和缩放”复选框→“自定义”→参考图 3.40 设置三个关键帧→单击【确定】按钮返回，其他素材图片可做类似处理添加动态效果。

⑧ 选择“覆叠轨 #1”中“素材 1”→单击右键“复制属性”→按住 Shift 选择素材 3，5，6，7，8 →单击右键“粘贴属性”，将素材 1 的属性设置应用到其他各素材。

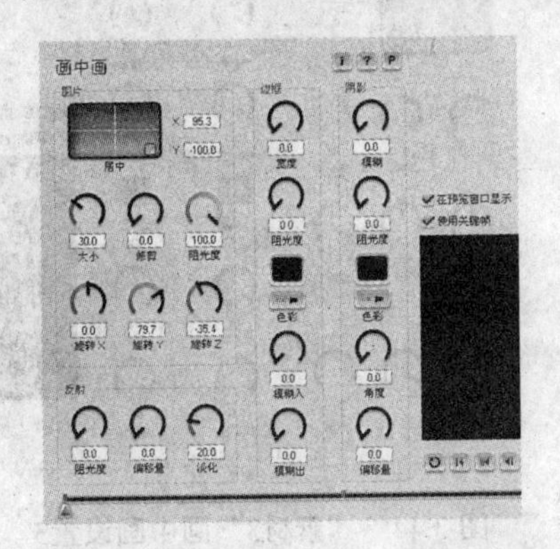

图 3.37 “素材1”画中画设置1

图 3.38 “素材1”画中画设置2

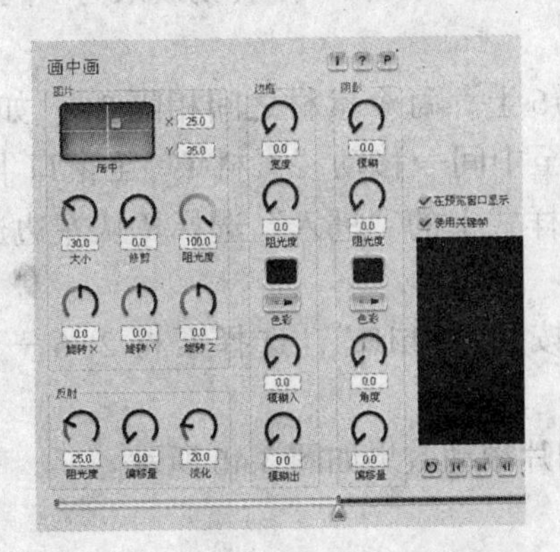

图 3.39 “素材1”画中画设置3

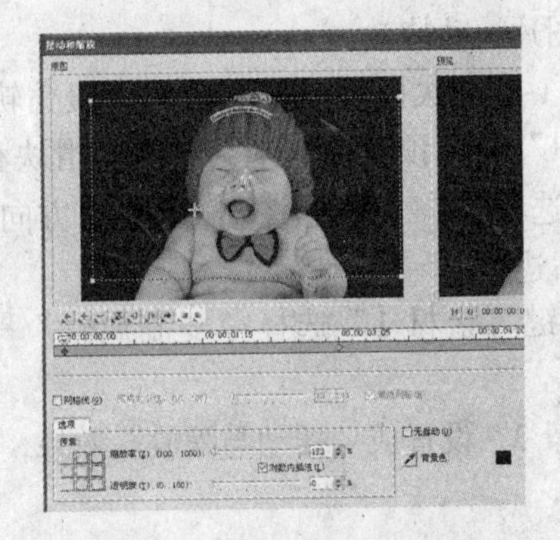

图 3.40 摇动和缩放效果设置

⑨ 上述设置使得各素材的动态效果均为从屏幕右下角飞入，在中部偏上位置停止，素材间相互覆盖，不满足要求。实际效果应如图 3.41 所示，因此需要对除“素材 1”以外各素材调整每帧位置，下面以“素材 3”为例：“素材 3”不使用关键帧的设置如图 3.42 所示。

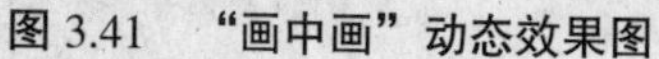
图 3.41 “画中画”动态效果图

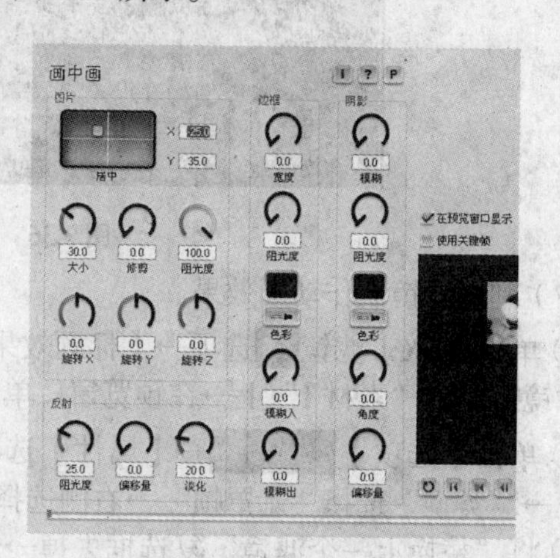

图 3.42 “素材3”画中画设置1

起始关键帧设置如图 3.43 所示，此时的参数“X”值、“旋转 Y”值与“素材 1”的参数“X”值、“旋转 Y”值互为相反数，以保证其从左下角飞入，逆向旋转。

第 2 帧关键帧与末尾关键帧设置如图 3.44 所示，此时的参数“X”值与“素材 1”的参数“X”值互为相反数，以保证最终停留位置在素材 1 的左侧。

其他素材的画中画设置参考本素材设置，请同学们自行完成。

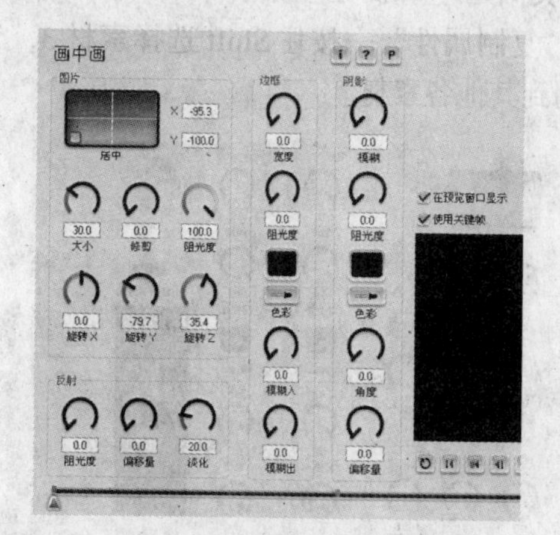

图 3.43 “素材3”画中画设置2

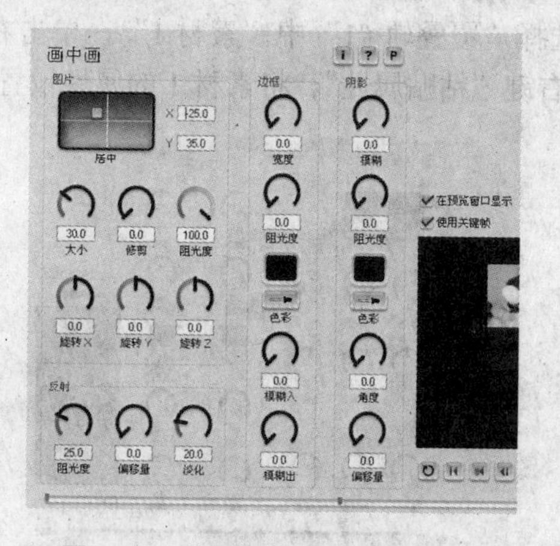

图 3.44 “素材3”画中画设置3

（8）将“背景 3”顺次拖放至视频轨末尾，设置其与“背景 1”间转场效果为“闪光”。

（9）制作图片滚动特效。

① 将素材 1~6 顺次拖放至覆叠轨 #1~ 覆叠轨 #6 上，每个素材之间相隔 2 s，如图 3.45 所示。

② 选择“1”→在预览窗口中，将左右滑块移至中间→移动“素材 1”至窗口下部居中位置。

③ 单击【选项】→【属性】选项卡→【方向 / 样式】的“进入”选择“从左边进入”，“退出”选择“从右边退出”。

④ 单击右键“素材 1”选择“复制属性”→按住“Shift”，选择素材 2~6 →单击右键“粘贴属性”。

⑤ 将“背景 3”设置成“摇动与缩放”效果，图片滚动效果如图 3.46 所示。

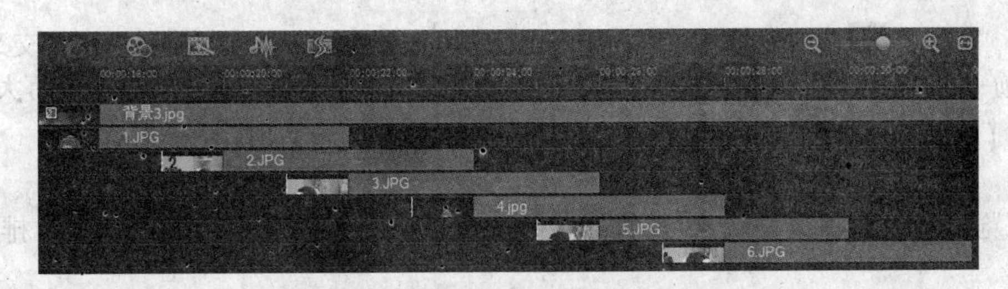

图 3.45　图片滚动特效的素材排列

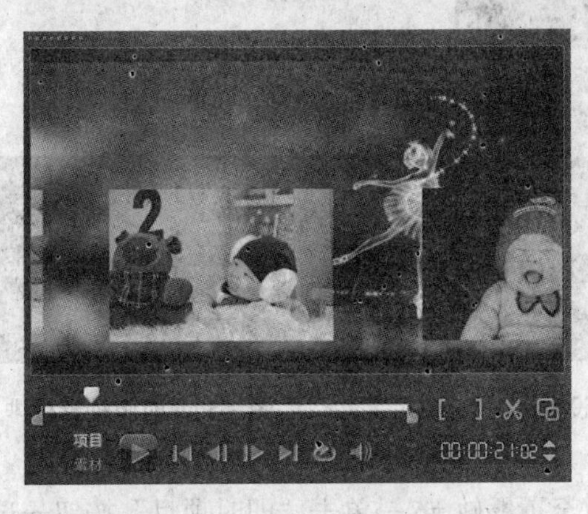

图 3.46　图片滚动效果图

（10）视频添加与处理。

① 将素材“视频 1”顺次拖放至视频轨末尾→鼠标移至“视频 1”第 10 秒处→“Ctrl+I”或右键选择“分割素材”，将“视频 1”分割成前、后两个片段。

② 右键后一个片段选择“删除”→右键前一个片段选择“分割音频”，使音频、视频文件分离，在“声音轨”声音文件上单击右键选择“删除”，可删除原视频中的声音；采用同样方法，将前段视频分割为前 3 s 和后 7 s 两个片段。

③ 在预览窗口播放前一段视频→播放至 1 s 左右时单击【暂停】按钮→“选项”→“视频”选项卡→单击“抓拍快照”，保存“快照 1”至素材面板中，并将其拖放至覆叠轨 #1。

④ 在预览窗口上单击右键→选择“保持宽高比”和“调整到屏幕大小”。

⑤ 应用“画中画滤镜”→“选项”→“遮罩和色度键”→勾选“应用覆叠选项”→类型选“遮罩帧”→选择“透明遮罩”→关闭返回。

⑥ 单击“自定义滤镜”→去掉“使用关键帧”复选框→选择预置窗口中“侧视图”→详细设置如图 3.47 所示→单击【确定】按钮返回。

⑦ 右键单击覆叠轨 #1 刚抓拍的图片选择“复制”→在覆叠轨 #2 同样位置单击右键“粘贴”为“快照 2”→打开“自定义滤镜”，详细设置如图 3.48 所示→单击【确定】按钮返回。

图 3.47　“快照1”画中画设置1

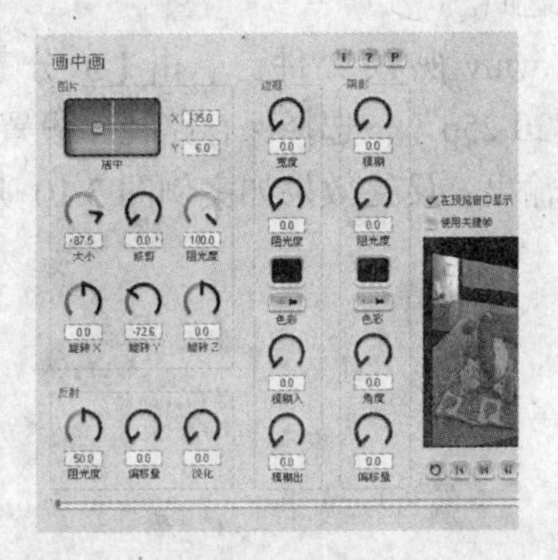

图 3.48　“快照2”画中画设置2

⑧ 选择“图形” 选项→将（0，0，0）黑色色块拖放至“视频 1”前→应用“交叉淡化过渡”至黑色色块前；将“视频 1”拖放至覆叠轨 #3→在预览窗口单击右键选择“调整至屏幕大小”。

⑨ 单击【选项】→选择“透明遮罩”→“方向 / 样式”→选择“从下方进入” 、“暂停区间向前旋转” 、“淡入动画效果” 。

⑩ 在预览窗口中调整覆叠轨 #3 及暂停区间大小，如图 3.49 所示→时间轴素材排列如图 3.50 所示。

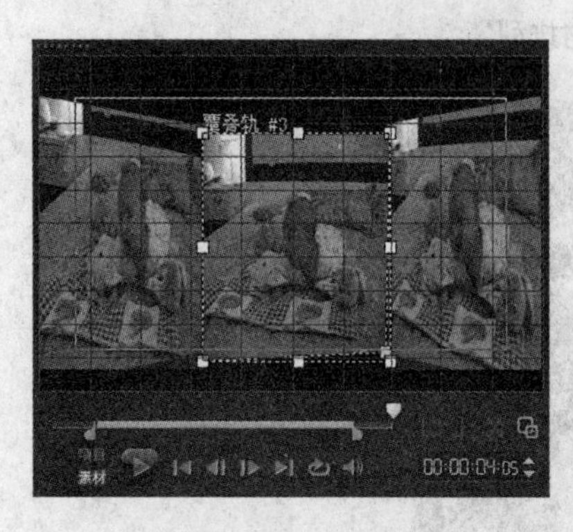

图 3.49　视频布局设置

图 3.50　时间轴素材排列效果图

（11）制作片尾。

① 将后 7s 视频片段拖放至覆叠轨 #6→单击“即时项目”按钮→选择“结尾”→“在结尾处添加”→单击“插入”。

② 右键单击音乐轨上的音频文件，选择“删除”。

③ 右键单击覆叠轨 #1 上的图片选择“复制属性”→右键覆叠轨 #6 上的视频片段选择“粘贴属性”。

④ 右键单击覆叠轨 #1 上的图片选择“删除”→将覆叠轨 #6 上的视频拖放至覆叠轨 #1 原图片处。

⑤ 单击该视频【选项】→【编辑】选项卡→选中“反转视频”复选框。

⑥ 单击【属性】选项卡→选择“心形”遮罩→添加“气泡”滤镜→单击【自定义滤镜】→第一帧【大小】设置为 6→最后一帧【大小】设置为 15→单击【确定】铵钮返回。

⑦ 选择“标题轨”→预览窗口中双击文字将其改为“The End”，调整其右边界使之与视频右边界对齐。

（12）添加背景音乐：将素材音乐“宝贝 .mp3”拖放至音乐轨→单击标题“The End”右边界→在音乐轨素材文件上单击右键→“分割素材”→对后半部分右键“删除”，删除多余的背景音乐。

（13）保存项目：单击“文件”菜单→“智能包 ...”→弹出的选项窗口单击“是”→【打包为】选择：“压缩文件”→设置文件路径→单击【确定】进入打包过程→显示“项目已经成功压缩”→单击【确定】按钮返回。

（14）生成 .wmv 视频文件：单击【3 分享】选项卡→【创建视频文件】→选择“WMV”→“WMV HD 720 25p”→选择保存路径→设置文件名为“宝宝百日动感相册”→单击【保存】按钮完成视频文件的输出，最终效果如案例图 3.10 所示。

技术提示：

1. 会声会影X4“最小化”左侧的【Corel Guide】按钮提供视频学习教程。

2. 覆叠轨的层次由下至上顺次覆盖，同PhotoShop等软件的层叠顺序正好相反。同一覆叠轨上的两张图片可以完全重叠，有翻页的效果，而视频则不可以。

3. 会声会影可以简单方便地创建和分享自己的模板，编辑好项目后单击“文件”菜单→“导出为模板...”，使用时将其添加到“即时项目库”中即可。

在会声会影中，转场和滤镜是特效设计时最常用的两种方式，灵活地运用这两种方式，可以设计出更为绚丽的特效效果，下面分别针对转场效果和滤镜效果进行介绍。

3.3.1 转场效果

转场主要用于影片不同场景之间的过渡。节目编辑中“切（Cut）”方法属于无技巧转场，利用镜头间的自然过渡连接两个场景，而实际制作时为了体现不同的视觉效果和叙事要求，经常使用技巧转场方式，即利用特殊的转场效果来连接两个场景，这种方式在镜头的组接和画面表现方面都有越来越多的应用。

会声会影 X4 提供了 16 类共 126 种转场效果，单击【转场】选项→“收藏夹”下拉菜单选择“全部”→查看全部转场效果。可采用以下四种方法添加转场效果：

（1）拖拽转场效果至两个素材之间。

（2）选择某一转场效果，单击【对视频轨应用当前效果】按钮。

（3）单击【对视频轨应用随机效果】按钮。

（4）单击【设置】菜单→【参数选择】→【编辑】选项卡→勾选“自动添加转场效果”→右侧下拉框中选择一种默认转场效果。

转场效果可以添加一个或多个。素材之间可以添加一个转场，利用“色块”或两个轨道可以添加两个转场，若想添加三个或三个以上的转场，则必须借助两个轨道完成。另外，标题之间也可以添加转场。

3.3.2 滤镜效果

滤镜可以将特殊的效果添加到视频中，用以改变素材的样式。例如，可以改善素材的光线，调节素材的色调及饱和度等，使素材呈现出不同的绘图效果。添加滤镜后，滤镜效果会应用到素材的每一帧上，调整滤镜属性，可以控制起始帧与结束帧之间的滤镜强度、效果和速度。

会声会影 X4 可以将多个滤镜应用到同一段视频素材中。单击【选项】面板→将“替换上一个滤镜”复选框去掉→选择另外一个滤镜效果→拖放到素材上即可。若要调整滤镜的顺序，只须使用列表右侧的“向上”或“向下”箭头调整，如图 3.51 所示。会声会影最多支持每个素材添加五个滤镜效果。

图 3.51　多滤镜应用

会声会影 X4 提供了 13 类共 70 种滤镜效果，可按照如下步骤添加：

（1）单击【滤镜】FX选项→下拉菜单选择“全部”→选择滤镜效果→按住鼠标左键将其拖拽至待应用的素材上（可以是视频轨、覆叠轨和标题轨上的图片或视频素材）。

（2）调整参数。如果对预设的滤镜效果不满意，可以单击【选项】→【属性】选项卡→【自定义滤镜】进行设置，设置窗口主要分为两大类：

第一类：以“云彩”滤镜效果为例，如图 3.52 所示，窗口左侧显示原图，右侧为添加滤镜后的效果图，单击【播放】▶按钮可以进行预览，拖动窗口下方的滑块可以浏览特定帧。

窗口下部的“基本”选项卡可以调整当前帧的【效果控制】和【颗粒属性】,【效果控制】包括云彩的“密度”、“大小”、“变化”及是否“反转”,【颗粒属性】包括“阻光度”、“X 比例”、“Y 比例”和“频率”参数，同学们可以通过调整以上参数体会效果的变化。

使用【添加关键帧】+按钮添加关键帧，不同的关键帧设置，可以产生不同的动态变化效果。

第二类：以“画中画”滤镜为例，包括“图片”、“反射”、“边框”、“阴影”、“预设效果”、“预览窗口”和“时间轴”等选项区域，如图 3.53 所示。

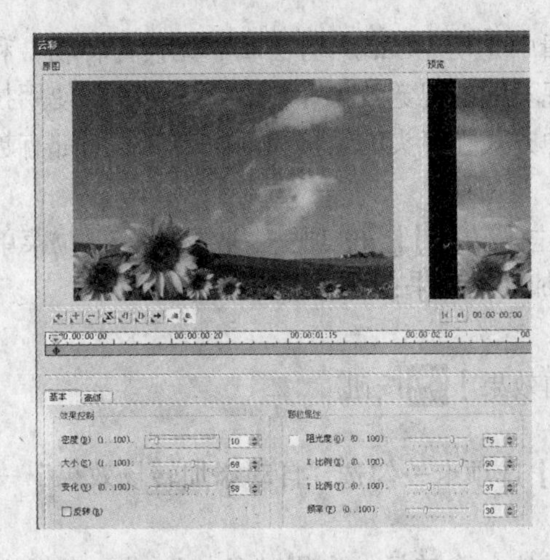

图 3.52 “云彩”滤镜设置

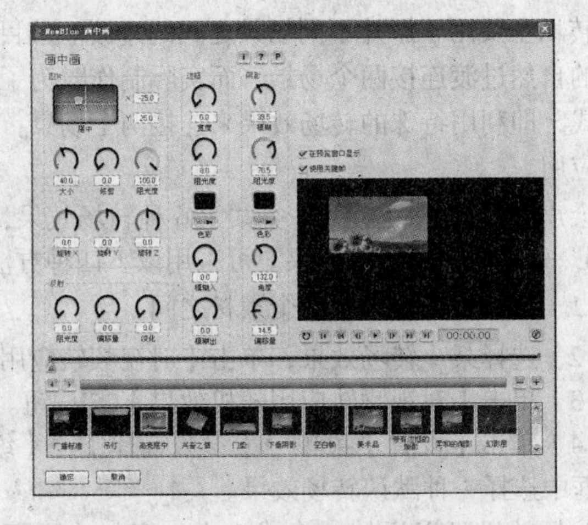

图 3.53 “画中画”滤镜设置

去掉“使用关键帧”复选框，素材图片或视频只具有当前设置的效果，而不具有动态的变化。图片的位置信息用 X、Y 表示，图片的镜面效果在“反射”选项中设置，图片的旋转效果使用“旋转 X”、“旋转 Y”和“旋转 Z”表示。

勾选“使用关键帧”复选框，首先对起始关键帧进行设置，各项参数决定了素材的初始状态。拖动时间轴上的滑块至其他任意位置，修改参数设置，即可在当前位置添加一个关键帧，此时从起始帧到当前帧呈现出动画效果，单击【播放】按钮进行预览。应用此方法可添加多个关键帧，实现比较复杂的动画效果。

“转场”效果和“滤镜”效果设置灵活，种类繁多，同学们需在课后多加练习，方能运用自如，设计出满意的视频特效。

「课堂随笔」

项目 3.4 数字短片制作

例题导读

“经典案例 3.7”使用会声会影视频编辑软件实现了“Forrest Gump 精彩片段欣赏”短片的剪辑与制作，通过前期构思准备、片头片尾制作、精彩视频分割、字幕特效应用以及智能包的使用，学会数字短片制作的技巧和方法。

知识汇总

- 视频短片的构思与结构，片头与片尾的特效制作
- 视频分割功能的使用
- 字幕特效的制作
- 智能包的使用

数字短片是多媒体艺术中一个重要的组成部分，包括诸多动态影像的表现形式，如 DV 短片、实物动画、三维动画、平面动画、flash 动画等，是结合数字视频技术和电影艺术的产物，数字短片也随着互联网的发展、DV 设备的普及逐渐成为流行的多媒体应用形式，那么怎样制作一部数字短片呢？

一部好的数字短片，除了需要掌握熟练的编辑技巧外，还应该有巧妙的构思和独特的创意，因此首先应该对短片的整体架构和效果进行构思，再完成片头、主体内容、片尾等的编辑制作。

经典案例 3.7 Forrest Gump 精彩片段欣赏

1．案例作品

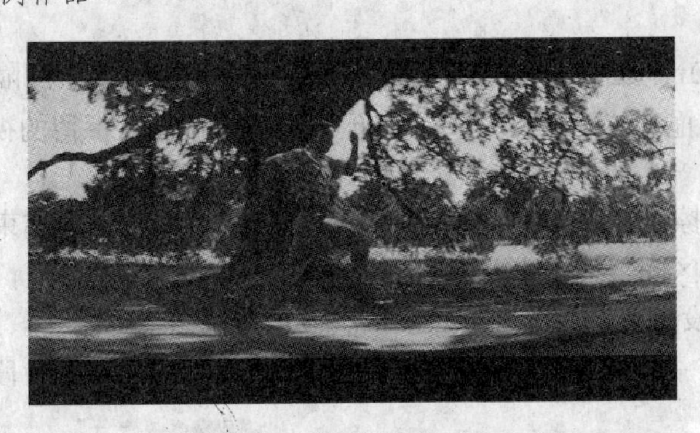

素材1 Forrest Gump.avi

素材2 I'm Forrest ... Forrest Gump.mp3

案例图3.11 “Forrest Gump精彩片段欣赏”素材

案例图3.12 "Forrest Gump精彩片段欣赏"效果图

2．制作步骤

构思：

设计短片内容为"Forrest Gump影片精彩片段欣赏"，首先需要总体浏览影片，将精彩部分分割成独立的视频片段，拟分成"Forrest and his mother"、"Forrest and Jenny"和"Forrest and his friends"三大主题，每个主题由若干视频片段组成，所选片段应具有一定的代表性，比如一些经典场景、经典事件等。接下来为数字短片添加片头字幕"Forrest Gump精彩片段欣赏"并应用一定的动画效果，同时添加片段字幕和转场特效用于主题之间的切换。三个主题很好地串联起整部影片，符合设计要求。片尾可以选取人物的特写镜头突出影片主人公，在画面的左侧回顾影片中的经典镜头，同时滚动片尾字幕，如经典台词等，最终完成整部数字短片的构思工作。

制作：

（1）打开"会声会影"主程序→单击【设置】菜单→【参数选择】→【编辑】选项卡→勾选"自动添加转场效果"→"默认转场效果"选择"过滤–交叉淡化"→单击【确定】按钮返回。

（2）单击【2 编辑】→【添加】→新建"Forrest Gump"文件夹→单击【导入媒体文件】按钮→导入案例图3.11中"素材1"视频文件和"素材2"音频文件。

（3）分割视频。

① 将"素材1"拖放至视频轨→单击【选项】→【多重修整视频】→"快速搜索间隔"设置为"0:00:01"→单击【向前搜索】按钮或拖动"擦洗器"→在预览窗口定位至需保留的视频段开始处→单击【设置开始标记】按钮。

② 单击【向前搜索】按钮或拖动"擦洗器"→在预览窗口定位至需保留的视频段结束处→单击【设置结束标记】按钮→"修整的视频区间"显示出要保留的视频段。

③ 同样方法剪辑其他需保留的视频段，剪辑后的视频片段依次显示在视频轨中。

注意：对精彩视频片段的定义并不唯一，同学们可根据自己的理解截取不同的精彩片段作为本案例素材。

（4）添加标题。

① 单击【图形】选项→下拉框选择"色彩"→拖动"黑色色块"至片头开始处→调节色块右边界，设置持续时间为4s。

② 单击【标题】选项→选择第4行第4列"lorem ipsum"样式拖放至标题轨→双击标题→预览窗口修改文字为"Forrest Gump精彩片段欣赏"→调整持续时间为2s。

③ 同样方法再次选择第1行第6列"lorem ipsum"样式顺次拖放至标题轨→修改标题为"Forrest and his mother"→调整持续时间为2s→单击【选项】→"对齐"选择"对齐到下方中央"。

（5）单击【故事版视图】→前后拖拽视频片段可移动所在位置，将内容相似的片段顺次排列，构成一个精彩合集的子集，如图 3.54 中的后四个片段表示“Forrest and his mother”的精彩内容。

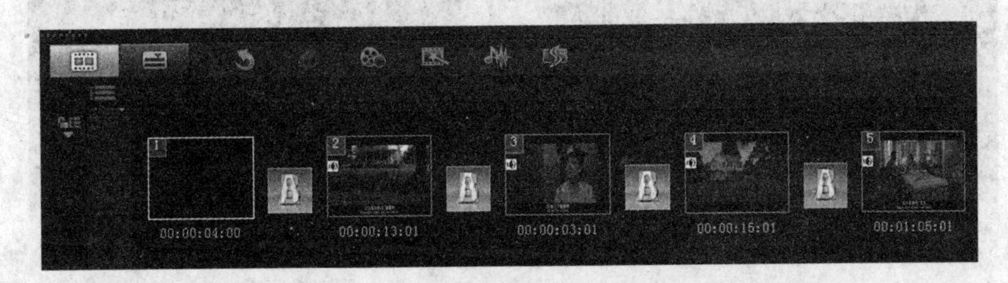

图 3.54 “故事版视图”下的视频排列1

（6）设置“精彩片段”间效果。

① 单击【图形】选项→“色彩”→拖动“黑色色块”至“视频 5”和“视频 6”之间，此时“黑色色块”自动标记为“视频 6”→单击【选项】→【色彩】→“色彩区间”修改为“0:00:03”。

② 切换至“时间轴视图”→单击【标题】选项→选择第 1 行第 6 列“lorem ipsum”样式拖放至标题轨→调整位置，使其与“视频 6”开始位置对齐（不包括转场部分）→设置持续时间为 1 s→添加标题“Forrest and Jenny”→单击【选项】→“对齐”选择“对齐到下方中央”。

③ 切换至“故事板视图”→单击【转场】选项→在“视频 5”和“视频 6”之间添加“飞行”效果。

（7）将所有与“Jenny”相关的视频片段拖放至“视频 6”之后，顺次排列，如图 3.55 所示→选择“视频 9”→单击【选项】→单击“速度 / 时间流逝”→弹出“速度 / 时间流逝”对话框→设置“速度”为 50%，实现慢镜头的效果。

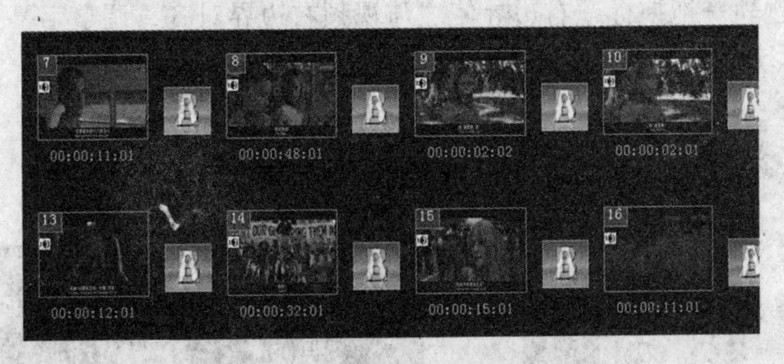

图 3.55 “故事版视图”下的视频排列2

（8）同样方法设置精彩片段“Forrest and his friends”，效果如图 3.56 所示。

图 3.56 “故事版视图”下的视频排列3

（9）制作片尾。

① 切换至“时间轴视图”→单击“轨道管理器”→添加“覆叠轨 #2”和“覆叠轨 #3”→单击【确定】按钮返回→将“Forrest”奔跑的三个片段分别拖放至覆叠轨 #1~ 覆叠轨 #3，位置如图 3.57 所示→选择当前视频轨上的背景视频→单击【选项】→【属性】→选中“变形素材”→在预览窗口调整素材大小如图 3.58 所示。

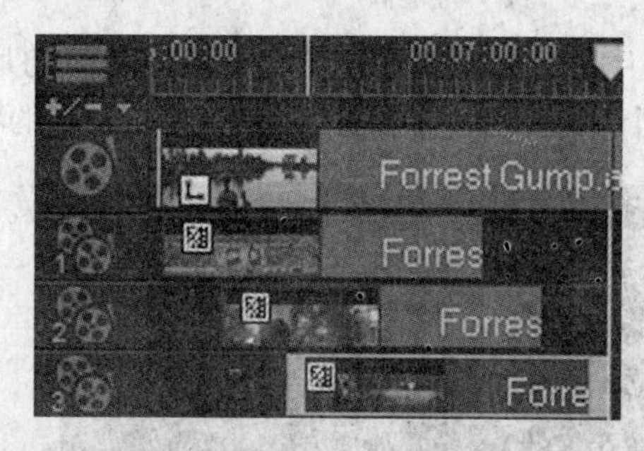

图 3.57 “时间轴视图”下视频排列效果图

图 3.58 调整素材大小效果图

② 调整背景视频的“速度 / 时间流逝”为 1 min30 s→覆叠轨 #1~ 覆叠轨 #3 上每段视频持续时间为 1 min。

③ 选择覆叠轨 #3 上的视频片段→单击【选项】→【属性】→【遮罩和色度键】→勾选“应用覆叠选项”→“类型”选择“遮罩帧”→选择“影片”效果。

④ 单击【滤镜】选项→拖拽“画中画”效果至覆叠轨 #3 上的片段→单击【选项】→【属性】→【自定义滤镜】→去掉“使用关键帧”→修改“自定义滤镜”设置，如图 3.59 所示→单击【确定】按钮返回→“方向 / 样式”选择“从下方进入”→“对齐选项”选择“停靠在底部居左”。

⑤ 右键该视频“复制属性”→右键覆叠轨 #1 和覆叠轨 #2 上的视频“粘贴属性”→选择覆叠轨 #2 视频→“对齐选项”选择“停靠在中央居左”→选择覆叠轨 #1 视频→“对齐选项”选择“停靠在顶部居左”。

⑥ 单击视频轨背景视频→右键选择“静音”。

（10）制作片尾字幕：在视频轨上添加“黑色色块”至结尾处→单击【标题】选项→选择第 1 行第 5 列效果拖放至标题轨→拖拽标题右边界使之与视频右边界对齐，调整字幕开始位置如图 3.60 所示→键入影片中的精彩对白→【选项】→修改文字大小为“20”。

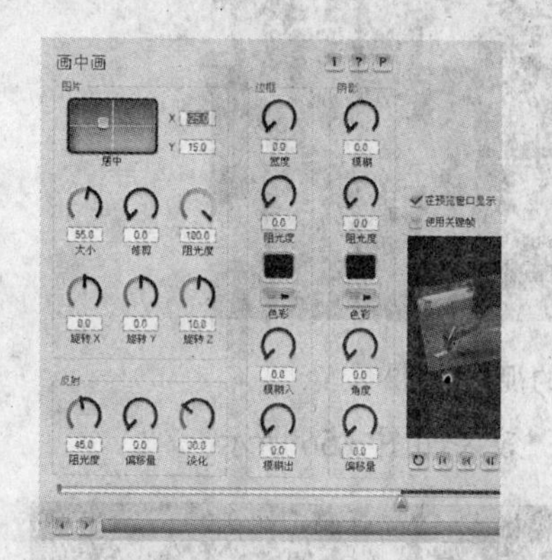

图 3.59 “覆叠轨#3”画中画设置

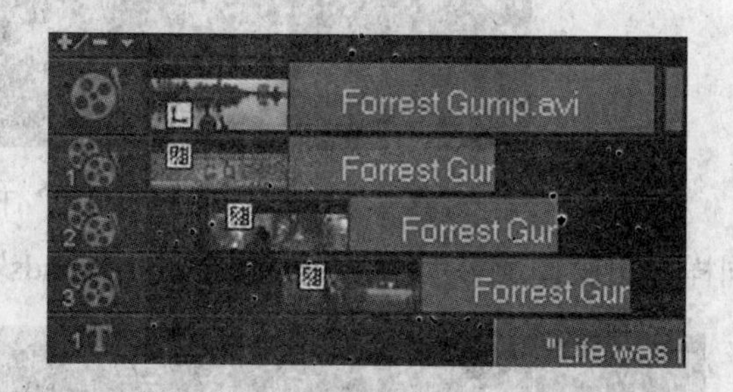

图 3.60 片尾字幕开始位置设置

（11）添加背景音乐。将“素材 2”背景音乐“I'm Forrest ... Forrest Gump.mp3”拖放至音乐轨→右键选择“复制”→顺次“粘贴”填满音乐轨，如果最后一段过长，可拖动背景音乐右边界与视频轨最右边界对齐，如图 3.61 所示。

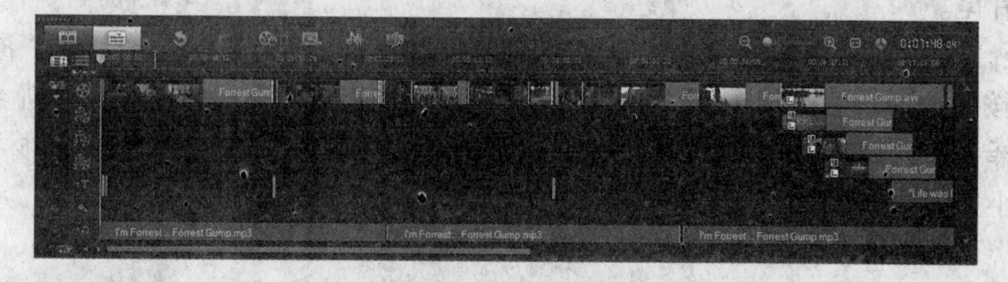

图 3.61 背景音乐的排列效果图

（12）生成 .FLV 视频文件。单击【3 分享】→【创建视频文件】→选择“FLV”→“FLV (640*480)”→选择保存路径→设置文件名为“Forrest Gump 精彩片段欣赏”→单击【保存】按钮完成视频文件的输出，最终效果如案例图 3.12 所示。

技术提示：

1. 对于时长较短的视频，可采用单击【选项】→【按场景分割】实现视频的自动分割。这种方法先按帧的内容进行扫描，再根据画面、光线、摄像机的开关机操作等变化，自动将视频分割为不同的场景。

2. 会声会影X4支持多种视频格式的输出，可根据实际需要选择相应的输出格式。

视频编辑前，通常需要对视频镜头进行分割，以获取更符合主题的视频片段，会声会影提供了该项功能。同时，智能包选项可以将项目的所有文件打包保存，以便后续的编辑和整理，下面将分别介绍会声会影中镜头分割与智能包的具体应用方法。

3.4.1 视频分割

将视频素材插入到【故事板视图】或【时间轴视图】以后，经常需要将其分割为多个视频片段，再针对每个片段进行加工处理，比如添加转场效果、滤镜效果等。会声会影可以轻易实现视频分割功能，主要方法如下：

1. 按场景分割

在【时间轴视图】上选择 AVI 或 MPEG 类型的视频文件→单击【选项】→【视频】选项卡→选择“按场景分割”→弹出“场景”对话框，如图 3.62 所示→选择默认设置→单击【扫描】按钮，系统开始自动检测视频中的不同场景，并自动分割成多个素材文件。如果想将前后两个素材合并为一个文件，在“场景”对话框中选中后面的素材，单击【连接】按钮即可。

会声会影检测场景的方法取决于视频文件的类型。在 AVI 文件中，采用两种方法检测：一是 DV 录制时按照录制的日期和时间检测场景；二是根据不同帧内容的变化检测场景，如动作变化、相机移动、亮度变化等，再将他们分割成单独的视频文件。在 MPEG-1 或 MPEG-2 文件中，仅按照视频内容的变化检测场景并分割。

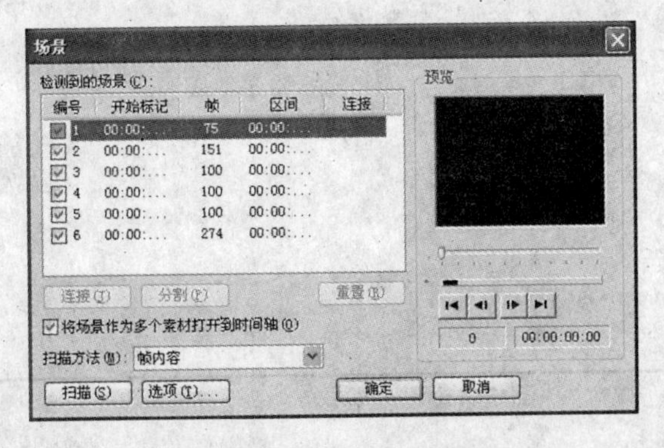

图 3.62 “场景”对话框

2. 多重修整视频

“多重修整视频”功能可以精确定位到视频素材的时间点或图像帧，实现手动选择分割点。

（1）单击视频轨上的素材文件→【选项】→【视频】选项卡→单击“多重修整视频”，弹出“多重修整视频”对话框，定义“快速搜索的时间间隔” 0:00:15:00 可进行片段的快速定位搜索，也可以拖

动滑块进行定位，如需精细修剪，可单击【转到下一帧】按钮精确定位。

（2）定位至需保留片段的开始处按 F3 或按钮设置开始标记。

（3）定位至需保留片段的结束处按 F4 或按钮设置结束标记，此时在开始和结束标记之间的一段视频被保留，同时在“修整的视频区间”中显示。

（4）重复以上方法可以分割多个视频。

3. “剪刀”修剪

该方法将一个视频分割为多个视频片段，修剪后的片段并没有真正被剪切为独立的视频文件，而是开始和结束位置发生了变化，具体方法是：

单击视频轨上的素材文件→拖动预览视图中的“滑块”位置或单击【下一帧】、【上一帧】按钮找到分割点→单击“剪刀”按钮，可将视频素材从当前位置分割为两个视频，重复以上操作可以分割多个视频。

3.4.2 智能包的应用

编辑一个项目需要很多素材文件，不同的素材文件可能存放在不同的位置，为了便于以后的编辑和修改，可以将项目文件保存为智能包，具体方法是：

（1）单击【文件】菜单→选择【智能包...】→弹出“智能包”对话框，如图 3.63 所示→选择打包为“文件夹”→指定文件存放路径、项目文件夹和文件的名字→单击【确定】按钮→显示“项目已经成功压缩”→单击【确定】按钮完成智能包的生成。

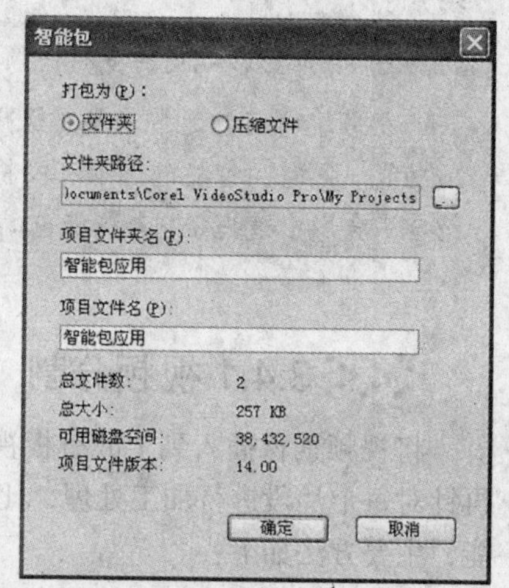

图 3.63 “智能包”对话框

（2）在智能包存档选项中，可以选择打包为“压缩文件”，添加密码并保存，此时可将项目中的所有素材一并打包压缩，如此该项目可以在任何其他会声会影编辑站中打开。

「课堂随笔」

重点串联

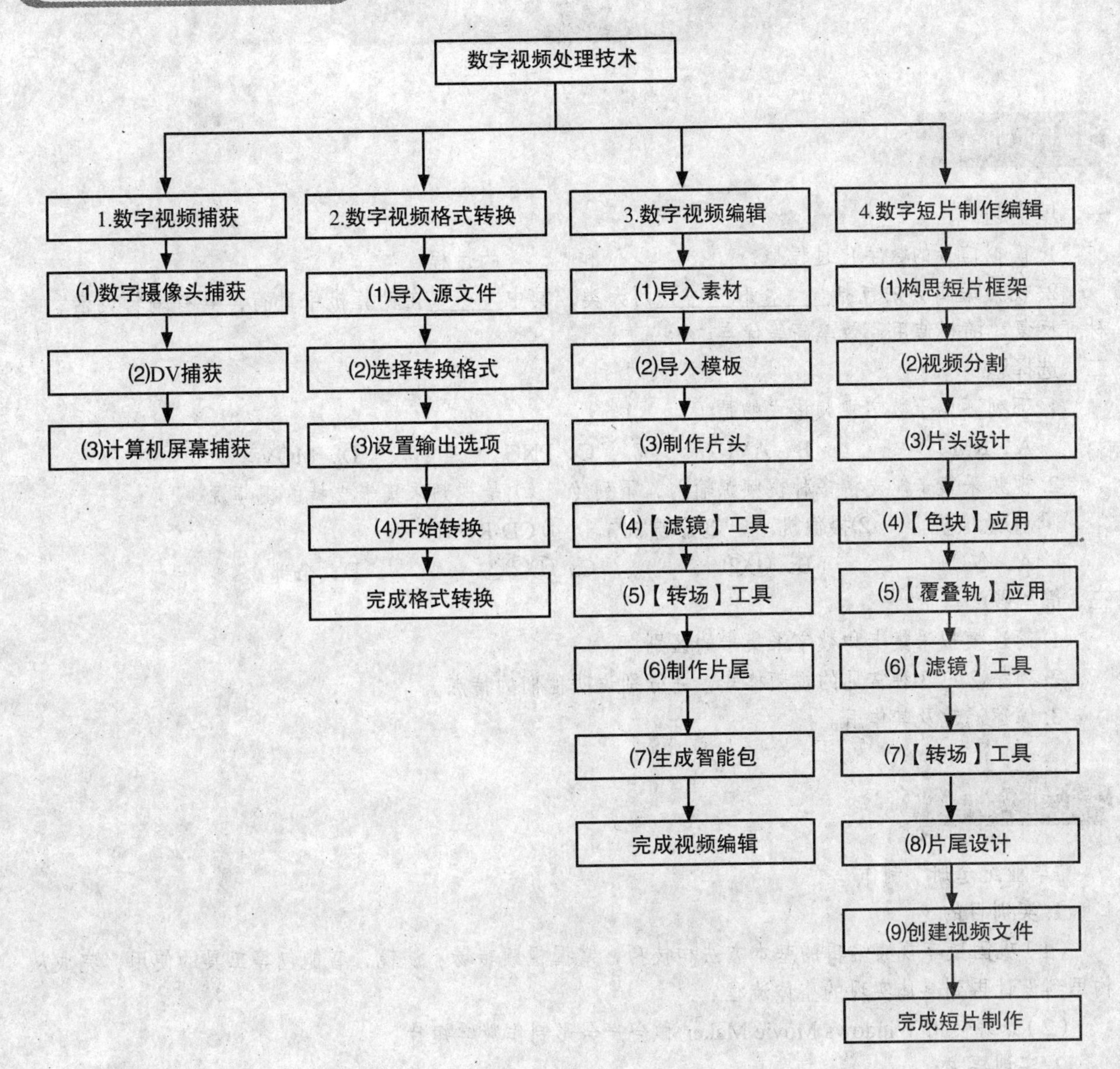
数字视频处理技术
1.数字视频捕获
(1)数字摄像头捕获
(2)DV捕获
(3)计算机屏幕捕获
2.数字视频格式转换
(1)导入源文件
(2)选择转换格式
(3)设置输出选项
(4)开始转换
完成格式转换
3.数字视频编辑
(1)导入素材
(2)导入模板
(3)制作片头
(4)【滤镜】工具
(5)【转场】工具
(6)制作片尾
(7)生成智能包
完成视频编辑
4.数字短片制作编辑
(1)构思短片框架
(2)视频分割
(3)片头设计
(4)【色块】应用
(5)【覆叠轨】应用
(6)【滤镜】工具
(7)【转场】工具
(8)片尾设计
(9)创建视频文件
完成短片制作

拓展与实训

基础训练

一、填空题

1. 模拟信号的数字化过程是______、______和______的过程。

2. 视频编辑方法包括______和______两大类，其中______在计算机中进行，具有编辑灵活、素材可反复、随机使用、效率高等优点。

二、选择题

1. 下列不属于数字视频格式的是（　　）

A．RM　　B．AVI　　C．PNG　　D．MOV

2. 视频采集卡能支持多种视频源输入，下列（　　）是视频采集卡支持的视频源。

①放像机　②摄像机　③影碟机　④ CD-ROM

A．仅①　　B．①②　　C．①②③　　D．全部

三、简答题

1. 简述模拟采集卡和数字采集卡的区别。

2. 列举 2 ~ 3 种常见的视频格式，并分别说明他们的特点。

3. 简述滤镜及其作用。

技能实训

“毕业纪念册”制作

1. 实训目的

（1）巩固数字视频编辑的基本方法和技巧，掌握视频转场、滤镜、智能包等工具的使用，完成从构思到设计再到具体实现的整体流程。

（2）熟练使用 Windows Movie Maker 和会声会影制作数字短片。

2. 实训要求

（1）熟练掌握片头 / 片尾、覆叠轨、转场效果、字幕添加和滤镜的使用，完成“毕业纪念册”的设计与制作。

（2）自选图片和视频素材。

（3）正确使用覆叠轨制作画中画效果，不需使用过多的转场，保证视频效果的统一。

（4）工具使用正确。

（5）主题突出，表达准确，寓意深刻。

（6）设计流程清晰，过程完整，有新意。

3. 实训效果图

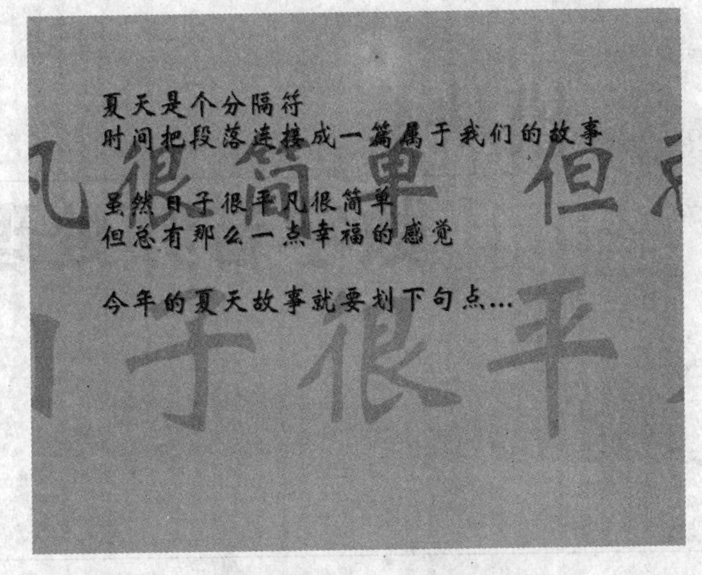

毕业纪念册效果图

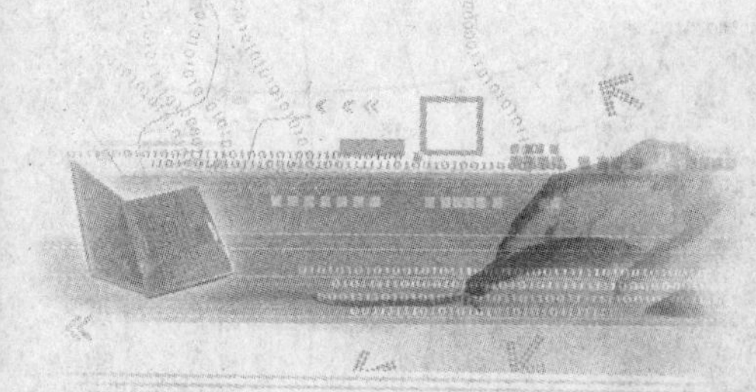

模块4 数字音频处理技术

教学聚焦

◆ 多媒体技术的发展使计算机能够很灵活地处理音频信息，可使视频图像更具有真实性，随着对案例的学习，可实现音频的处理加工和输入和输出功能，音频处理技术已得到广泛的应用。

知识目标

◆ 通过经典案例的制作，掌握音频处理的各种应用方法，从而使学生通过使用恰当的工具来制作音频文件，达到预期的效果。

技能目标

◆ 学会录制声音，制作声音文件，编辑和优化声音文件。

课时建议

◆ 4 课时

教学重点和教学难点

◆ 应用音频处理技术，解决实际问题。

项目 4.1 数字音频录制

例题导读

“经典案例 4.1”和“经典案例 4.2”讲述了制作声音文件的几种常见的方法。

知识汇总

- 声道种类
- 录音以及声音文件的制作

通常在生活中怎样录制自己的声音，制作自己的声音文件呢？首先，要掌握一些有关音频方面的最基本的常识。

1．声道 (sound channel)

声道是指声音在录制或播放时在不同空间位置采集或回放的相互独立的音频信号，所以声道数也就是声音录制时的音源数量或回放时相应的扬声器数量。

2．单声道

单声道是比较原始的声音复制形式，早期的声卡采用得比较普遍。当通过两个扬声器回放单声道信息的时候，我们可以明显感觉到声音是从两个音箱中间传递到我们耳朵里的。这种缺乏位置感的录制方式用现在的眼光看自然是很落后的，但在声卡刚刚起步时，已经是非常先进的技术了。

3．立体声

单声道缺乏对声音的位置定位，而立体声技术则彻底改变了这一状况。声音在录制过程中被分配到两个独立的声道，从而达到了很好的声音定位效果。这种技术在音乐欣赏中显得尤为实用，听众可以清晰地分辨出各种乐器来自的方向，从而使音乐更富想象力，更加接近于临场感受。立体声技术广泛运用于自 Sound Blaster Pro 以后的大量声卡，成为了影响深远的一个音频标准。时至今日，立体声依然是许多产品遵循的技术标准。

4．四声道环绕

人们的欲望是无止境的，立体声虽然满足了人们对左右声道位置感体验的要求，但是随着技术的进一步发展，大家逐渐发现双声道已经越来越不能满足我们的需求。由于 PCI 声卡的出现带来了许多新的技术，其中发展最为神速的当数三维音效。三维音效的主旨是为人们带来一个虚拟的声音环境，通过特殊的 HRTF 技术营造一个趋于真实的声场，从而获得更好的听觉效果和声场定位。而要达到好的效果，仅仅依靠两个音箱是远远不够的，所以立体声技术在三维音效面前就显得捉襟见肘了，但四声道环绕音频技术则很好地解决了这一问题。

四声道环绕规定了 4 个发音点：前左、前右，后左、后右，听众则被包围在这中间。同时还建议增加一个低音音箱，以加强对低频信号的回放处理（这也就是如今 4.1 声道音箱系统广泛流行的原因）。就整体效果而言，四声道系统可以为听众带来来自多个不同方向的声音环绕，可以获得身临各种不同环境的听觉感受，给用户以全新的体验。如今四声道技术已经广泛融入于各类中高档声卡的设计中，成为未来发展的主流趋势。

5. 5.1 声道

5.1 声道已广泛运用于各类传统影院和家庭影院中，一些比较知名的声音录制压缩格式，例如，杜比 AC-3（dolby digital）、DTS 等都是以 5.1 声音系统为技术蓝本的，其中“.1”声道，则是一个专

门设计的超低音声道，这一声道可以产生频响范围 20 ~ 120 Hz 的超低音。其实 5.1 声音系统来源于 4.1 环绕，不同之处在于它增加了一个中置单元。这个中置单元负责传送低于 80 Hz 的声音信号，在欣赏影片时有利于加强人声，把对话集中在整个声场的中部，以增加整体效果。相信每一个真正体验过 Dolby AC-3 音效的朋友都会为 5.1 声道所折服。

千万不要以为 5.1 已经是环绕立体声的顶峰了，更强大的 7.1 系统已经出现了。它在 5.1 的基础上又增加了中左和中右两个发音点，以求达到更加完美的境界。由于成本比较高，还没有广泛普及。

经典案例 4.1　录音并制作原创声音文件（录制声音，制作一段原创 WAV 格式声音文件）

1．案例作品

经常要将自己的一段声音录制成以下如案例图 4.1 所示的声音文件，双击播放后如案例图 4.2 所示。

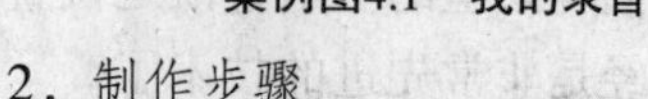

案例图4.1　我的录音

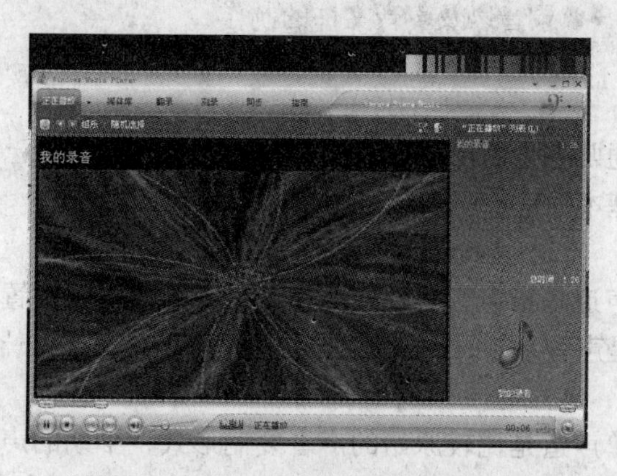

案例图4.2　我的录音

2．制作步骤

通过操作系统自带的录音机程序来录制声音。

（1）如图 4.1，打开录音机，单击【开始】→【程序】→【附件】→【娱乐】→【录音机】程序，如图 4.2 所示。

图 4.1　打开录音机

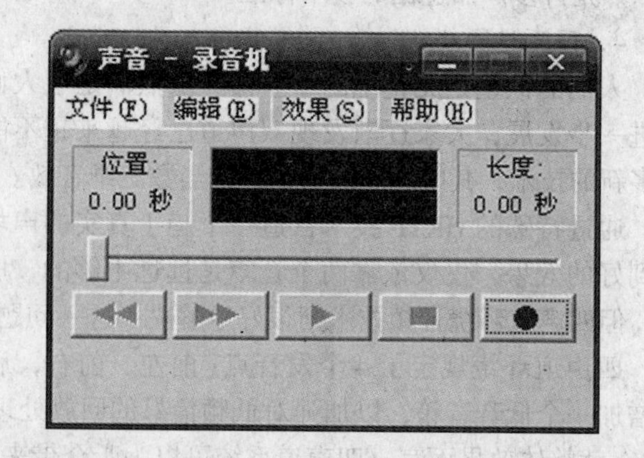

图 4.2　“声音-录音机”对话框

（2）设置声音输入。双击窗口右下角声音图标，在弹出的声音“属性”控制面板中单击选项的属性，如图 4.3 所示，在下拉菜单中选择第一项声音输入→复选麦克风音量，单击【确定】按钮；在如图 4.4 所示的“主音量”面板中将麦克风音量的静音勾去掉→将麦克风音量调到最高。

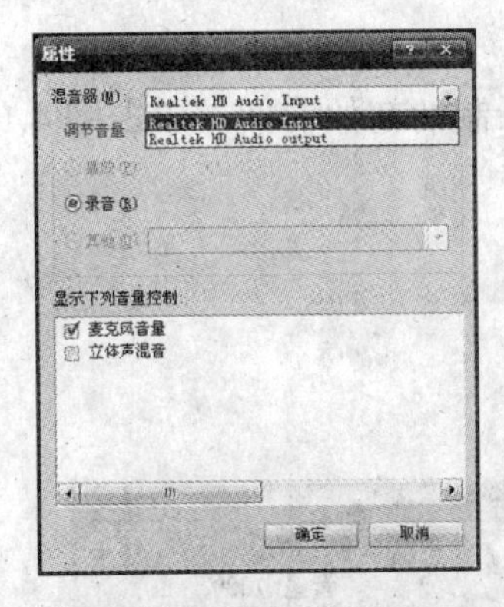

图 4.3　设置录音机输入

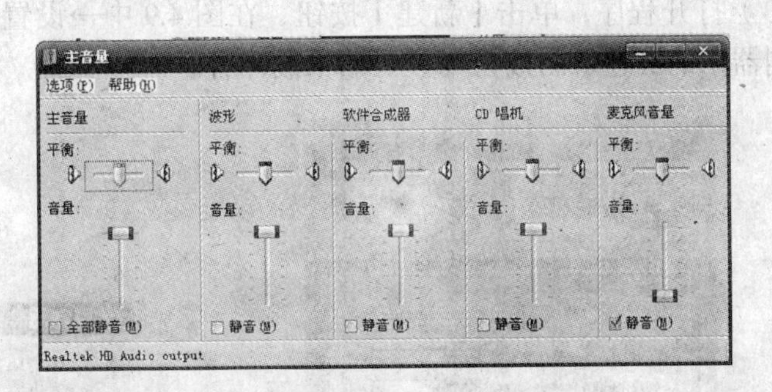

图 4.4　设置主音量

（3）开始录音。准备好麦克风，单击【文件】中的【新建】声音文件→单击录音机文件中的新建，创建新的声音文件，单击如图 4.1 所示的红色录音按钮，按照如图 4.5 所示使用麦克风录制自己的一段声音，录制完成后单击【停止】按钮，保存声音文件如图 4.6 所示。

图4.5　录制声音

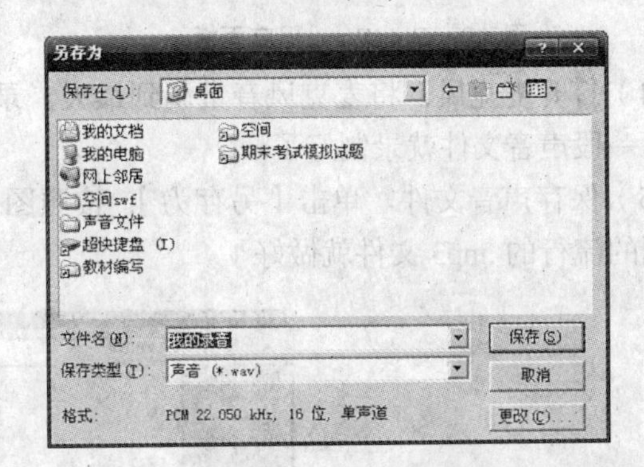

图4.6　保存声音文件

经典案例 4.2　制作原创 .mp3 格式声音文件（使用 GoldWave 软件）

1．案例作品

GoldWave 软件是一个集声音编辑、播放、录制和转换的音频工具，体积小巧，功能却不弱。可打开的音频文件相当多，包括 WAV, OGG, VOC, IFF, AIFF, AIFC, AU, SND, MP3, MAT, DWD, SMP, VOX, SDS, AVI, MOV, APE 等音频文件格式，你也可以从 CD 或 VCD 或 DVD 或其他视频文件中提取声音。内含丰富的音频处理特效，如多普勒、回声、混响、降噪到高级的公式计算（利用公式在理论上可以产生任何你想要的声音）的处理等。

案例图4.3　我的录音.mp3文件

我们将自己的一段声音录制成 .mp3 文件，如案例图 4.3 所示。

2．制作步骤

（1）安装 GoldWave 5.66 软件，在网上下载如图 4.7 所示的 GoldWave 程序→将程序打开，安装程序，如图 4.8 所示，单击“是”按钮，将程序安装完成。

图4.7　GoldWave软件

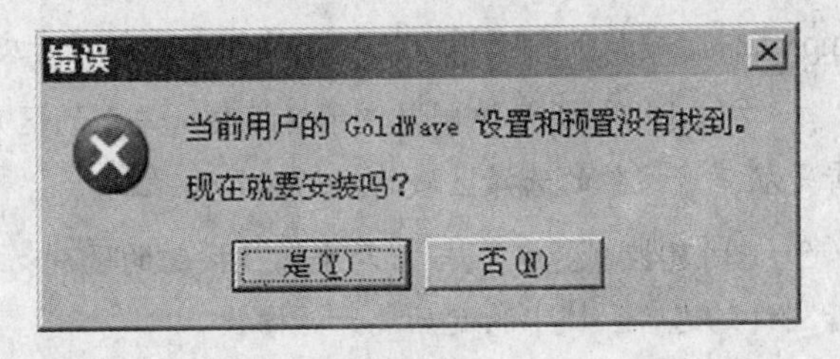

图4.8　GoldWave软件

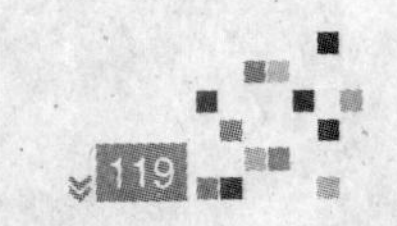

（2）设置声音属性，按照第一种方法第二步设置好麦克风。

（3）打开程序，单击【新建】按钮，在图 4.9 中→设置声音录制的初始时间，单击图 4.10 中声音控制器中的红色录制按钮，开始录制声音。

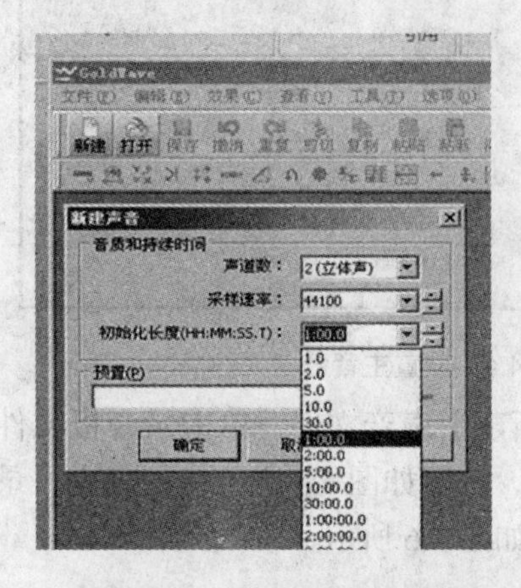

图 4.9　GoldWave程序面板

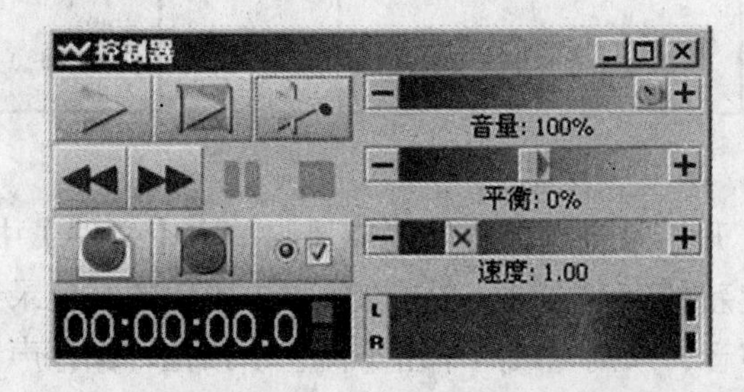

图 4.10　GoldWave声音控制器

（4）打开麦克风，将麦克风音量调到最大，录制声音→录制完成后，单击控制器中的停止按钮，这样，一段声音文件就录制好了。

（5）保存声音文件。单击【另存为】，按照图 4.11 所示，将声音文件另存为 .mp3 文件，这样一个原创的流行的 .mp3 文件就做好了。

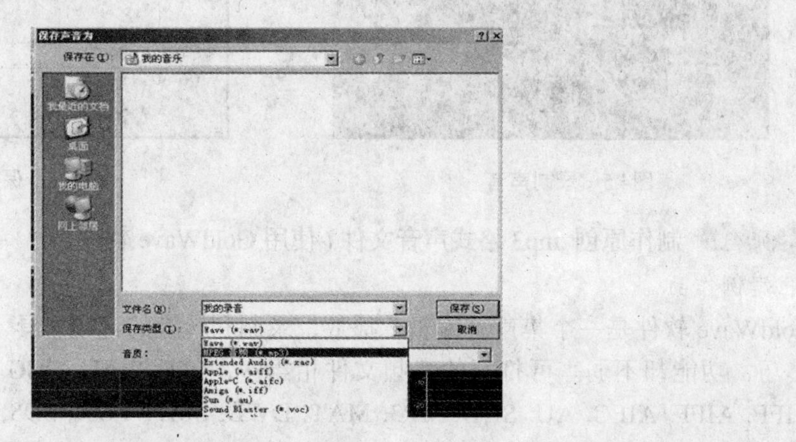

图 4.11　GoldWave软件

技术提示：

1. 录制声音之前一定要设置声音的输入，尽量调节麦克风的音量到最大。

2. 使用GoldWave软件录制声音时候，在GoldWave程序面板中必须看得到声音波动振动的动画。否则说明声音没有输入电脑，需要检查声音输入设置或者检查麦克风。

3. 使用录音机录制声音的方法简单，容易实现，但是不便于跟踪声音录制细节和编辑，也不能制作.mp3文件，建议读者使用GoldWave软件来录制声音文件。

4. 在如图4.10所示控制器中录音按钮与的区别：前者是从新建声音文件的起始端开始录制，后者是从声音文件的选择区域的起始端开始录制。

5. 图4.10控制器中与两个播放按钮的区别：前者是从声音文件的起始端开始播放，后者是从声音文件的选择区域中的起始端开始播放。

「课堂随笔」

项目 4.2 数字音频文件的编辑和优化

例题导读

"经典案例 4.3"和"经典案例 4.4"讲解了编辑和优化声音的几种常见的方法和技巧。

知识汇总

- 音频常识
- 声音文件的编辑、优化、合成

声音文件制作完成了，觉得不够理想，如何来编辑已经制作好的声音文件呢？让我们来了解一下有关音频的基本常识。

1. 模拟信号和数字信号

可以听见的声音经过音频线或话筒的传输都是一系列的模拟信号。模拟信号是可以听见的，而数字信号就是用一堆数字记号（其实只有二进制的 1 和 0）来记录声音，而不是用物理手段来保存信号（用普通磁带录音就是一种物理方式）。我们实际上听不到数字信号。

2. 音频

数码音频是保存声音信号、传输声音信号的一种方式，它的特点是信号不容易损失。而模拟信号是最后可以听到的东西。数码录音最关键的一步就是要把模拟信号转换为数码信号。录制出来的文件主要有两个指标：一个是采样精度（即采样频率，或称采样率、采率），另一个是比特率。

3. 采样频率（采样精度）

录制出来的信号一般为数码信号，它是用一堆数字来描述原来的模拟信号，所以它要对原来的模拟信号进行分析，知道所有的声音都有其波形，数码信号就是在原有的模拟信号波形上每隔一段时间进行一次"取点"，赋予每一个点以一个数值，这就是"采样"，然后把所有的"点"连起来就可以描述模拟信号了。很明显，在一定时间内取的点越多，描述出来的波形就越精确，这个尺度就称为"采样精度"。最常用的采样精度是 44.1 kHz，它的意思是每秒取样 44 100 次。之所以使用这个数值是因为经过了反复实验，人们发现这个采样精度最合适，低于这个值就会有较明显的损失，而高于这个值，人的耳朵已经很难分辨，而且增大了数字音频所占用的空间。一般为了达到"万分精确"，我们还会使用 48 kHz 甚至 96 kHz 的采样精度，实际上，96 kHz 采样精度和 44.1 kHz 采样精度的区别绝对不会像 44.1 kHz 和 22 kHz 那样大，我们所使用的 CD 的采样标准就是 44.1 kHz，目前 44.1 kHz 还是一个最通行的标准。

4. 比特率

比特率是大家常听说的一个名词，数码录音一般使用 16 bit、20 bit 或 24 bit 制作音乐。什么是"比特"？知道声音有轻有响，影响声音响度的物理要素是振幅，作为数码录音，必须也要能精确表示乐曲的轻响，所以一定要对波形的振幅有一个精确的描述。"比特 (bit)"就是这样一个单位，16 比

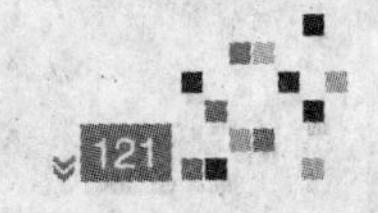

特就是指把波形的振幅划为 2 的 6 次方即 65 536 个等级，根据模拟信号把它划分到某个等级中去，就可以用数字来表示了。和采样精度一样，比特率越高，越能细致地反映乐曲的轻响变化。20 bit 就可以产生 1 048 576 个等级，表现交响乐这类动态十分大的音乐已经没有什么问题了。刚才提到了一个名词“动态”，它其实指的是一首乐曲最响和最轻的对比能达到多少，我们也常说“动态范围”，单位是 dB，而动态范围和我们录音时采用的比特率是紧密结合在一起的，如果我们使用了一个很低的比特率，那么就只有很少的等级可以用来描述音响的强弱，当然就不能听到大幅度的强弱对比了。动态范围和比特率的关系是：比特率每增加 1 bit，动态范围就增加 6 dB。所以假如我们使用 1 bit 录音，那么我们的动态范围就只有 6 dB，这样的音乐是不能听的。16 bit 时，动态范围是 96 dB。这可以满足一般的需求了。20 bit 时，动态范围是 120 dB，对比再强烈的交响乐都可以应付自如了，表现音乐的强弱是绰绰有余了。发烧级的录音师还使用 24 bit，但是和采样精度一样，它与 20 bit 相比不会有很明显的变化，理论上 24 bit 可以做到 144 dB 的动态范围，但实际上是很难达到的，因为任何设备都不可避免会产生噪音，至少在现阶段 24 bit 很难达到其预期效果。

经典案例 4.3　编辑、优化声音文件（使用 GoldWave 5.66 软件）

1．案例作品

我们在生活中经常碰到以下情况：听到一首好听的歌曲，很想从歌曲中剪辑出一段来制作手机铃声，并且要将剪辑出来的铃声去掉噪音或者进行加大音量等操作；从下面案例图 4.4，一首长达 5 min 的 mp3 歌曲中剪辑前面 25 s 制作成为如案例图 4.5 的 mp3 歌曲。

案例图4.4　我的录音

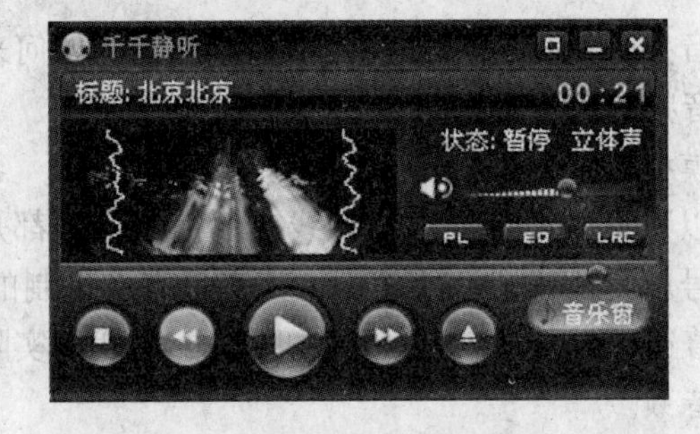

案例图4.5　歌曲片段

2．制作步骤

程序面板中选区的概念：打开 GoldWave 程序，在如图 4.13 所示的面板中通过拉动鼠标形成中间明亮区域，这个区域表示被选择区域，被称为声音文件的选取。

（1）通过 GoldWave 5.66 软件打开汪峰的这首歌曲《北京北京》。

（2）在如图 4.12 所示的程序面板 1 中将鼠标移动到软件的两端，分别移动鼠标拉动竖条至如图 4.13 的程序面板 2 所示，将可选范围控制在前面 20 s，单击 GoldWave 5.66 程序面板中的剪裁工具，裁剪出中间所显示的声音，单击控制器中的“播放”按钮，看是否是我们所需要的声音片段，如果不是，则继续裁剪，直到满意为止。

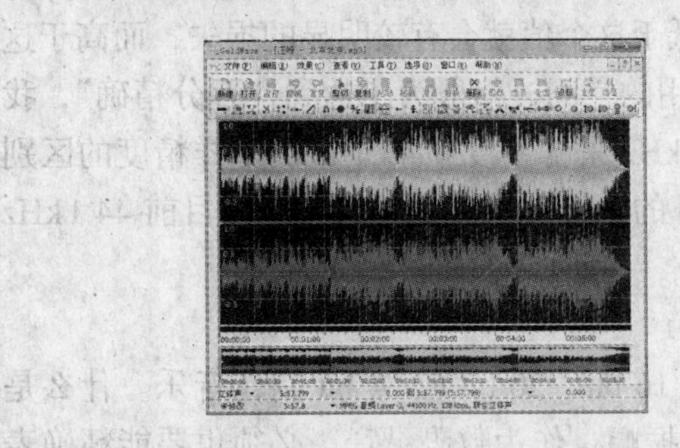

图 4.12　GoldWave程序面板1

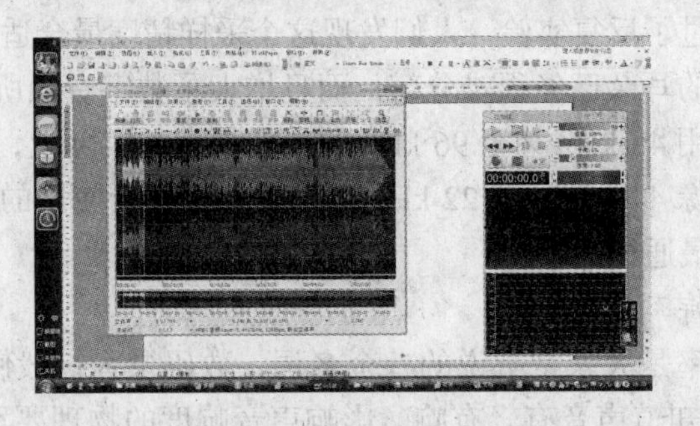

图 4.13　GoldWave程序面板2

（3）调节音量。如果我们觉得裁剪出来的音乐声音小了，需要提高音量，则可以单击程序工具栏中的按钮，在弹出的更改音量面板（图4.14）中，单击预置下拉菜单中的音量来更改音量，通过如图4.15 所示的GoldWave声音控制器中的“播放”按钮可以反复试听声音，直到你觉得声音达到了要求为止；如果我们要调节声音文件局部片段的音量，则将此声音片段设置成为选区，然后调节音量即可。

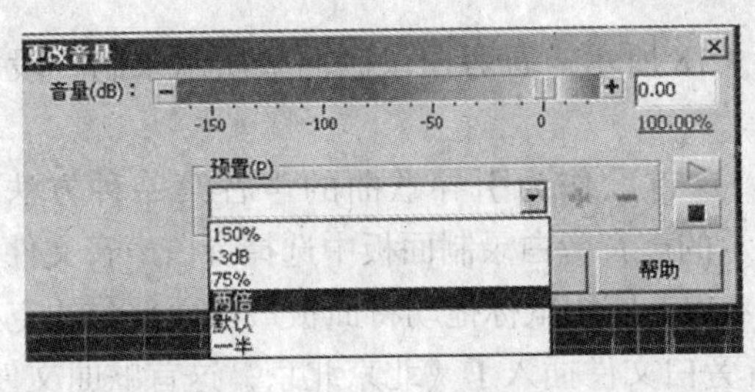

图4.14　更改音量面板

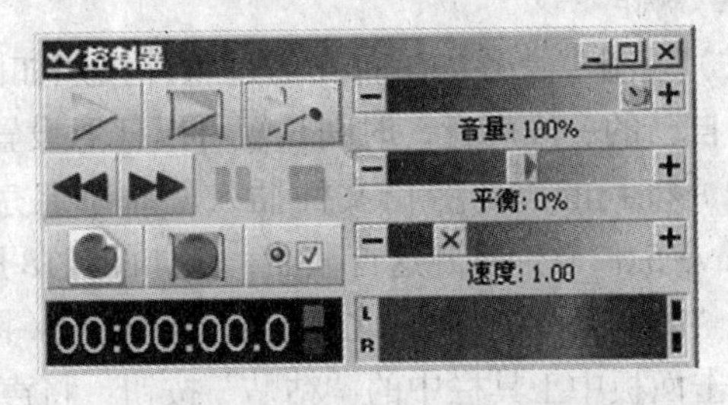

图4.15　GoldWave声音控制器

（4）删除不要的声音片段。我们在声音的播放中，往往会讨厌文件中的某一小段，比如出现的很明显的声音杂音，需要将那一小段杂音删掉，先单击控制面板中的“播放”按钮，记住不需要的那段文件的起始位置，然后我们可以按照第一步的方法通过鼠标拖动先选择好不需要的片段，单击如图4.12 中的“删除”按钮，通过鼠标拖动将面板中声音文件的显示范围显示全部，单击如图4.15 所示GoldWave声音控制器中的“播放”按钮，反复试听，并且反复修改，直到满意为止。

（5）去掉声音多余的噪音、嗡嗡音。有时候，当我们放大音量时，会产生嗡嗡音，或者砂音等，这时候我们可以单击GoldWave程序面板工具栏中的“降噪”按钮，在如图4.16所示声音降噪面板中在预置下拉菜单中选择降噪、减少嗡嗡声等操作，直到得到满意的声音文件为止。

（6）保存文件。通过以上操作的优化，将声音文件反复调试好之后，单击【文件】→【另存为】命令，选择好mp3文件，定义好名字，在保存类型里面选择第一项即可，如图4.17所示。

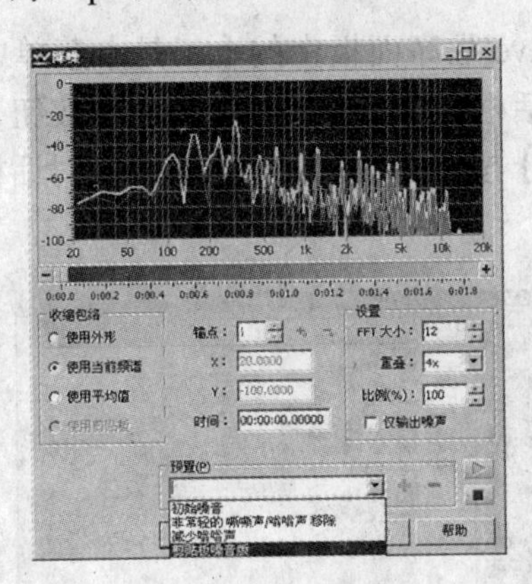

图4.16　声音降噪面板

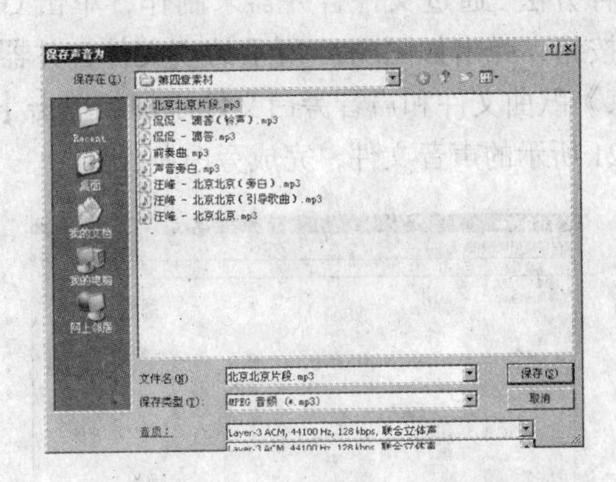

图4.17　另存声音文件面板

经典案例4.4　合成多个声音文件(GoldWave 5.66软件)

1．案例作品

汪峰的这首《北京北京》我很喜欢，我很想在歌曲的前面插入自己的一段声音作为引导词，或者在歌曲中间加入我自己的一段声音作为旁白，即将案例图4.6中的声音旁白文件插入《北京北京》中。情况一：声音旁白作为引导词插入声音文件与歌曲按照先后关系播放；情况二：声音旁白文件作为旁白插入声音文件与歌曲同步播放。

汪峰 - 北京北京.mp3
汪峰
勇敢的心

声音旁白.mp3

案例图4.6 声音旁白

2．制作步骤

（1）录制声音旁白。首先通过软件按照如图 4.18 所示声音旁白录制面板所示录制一段自己的旁白，即自己的一段声音，时间长短可以任意设置。

（2）将我的声音旁白文件插入《北京北京》这首歌作为引导歌曲的声音第一种方法为：通过 GoldWave 5.66 软件打开这首歌曲，在如图 4.18 所示的声音旁白录制面板中选择旁白声音文件，单击工具栏的“复制”，在《北京北京》歌曲面板中（图 4.19）使用鼠标拖动将面板最前面部分的空白区域显示，单击面板中工具栏中的“粘贴”按钮，将声音旁白文件插入了《北京北京》这首歌曲文件前面了，单击控制器的“播放”按钮，播放正确无误即可，将结果另存为北京（引导声音）.mp3，完成操作。

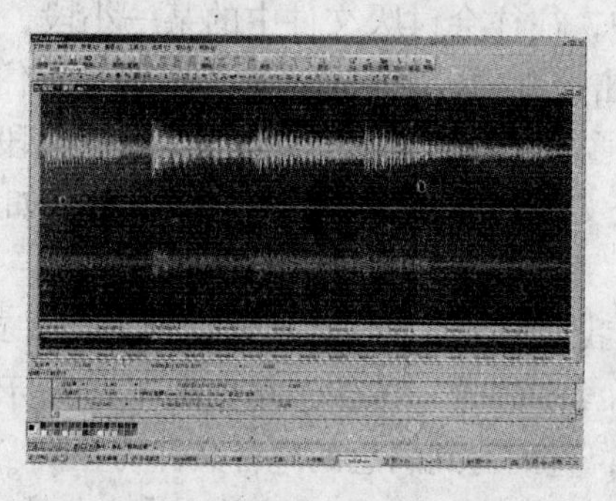

图4.18 “声音旁白录制”面板

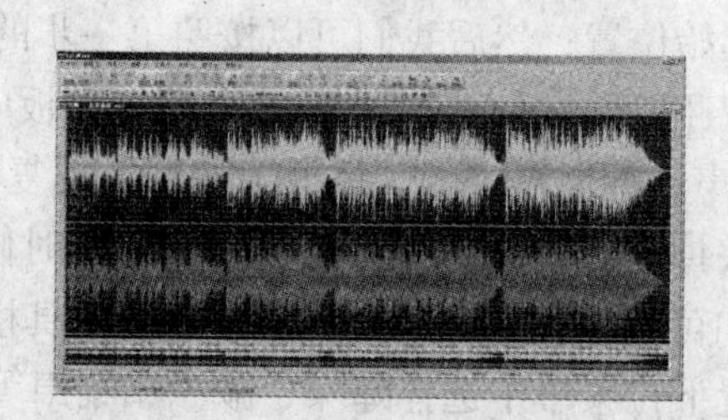

图4.19 “《北京北京》歌曲”面板

第二种方法：通过文件合并器来制作，单击 GoldWave 程序面板中的【工具】菜单中的【文件合并器】按钮，弹出如图 4.20 所示的“文件合并器”对话框，单击【添加文件...】按钮，将汪峰的《北京北京》歌曲文件和声音旁白文件添加，单击【合并】按钮，在“保存声音为”对话框中，另存为如图 4.21 所示的声音文件，完成旁白制作。

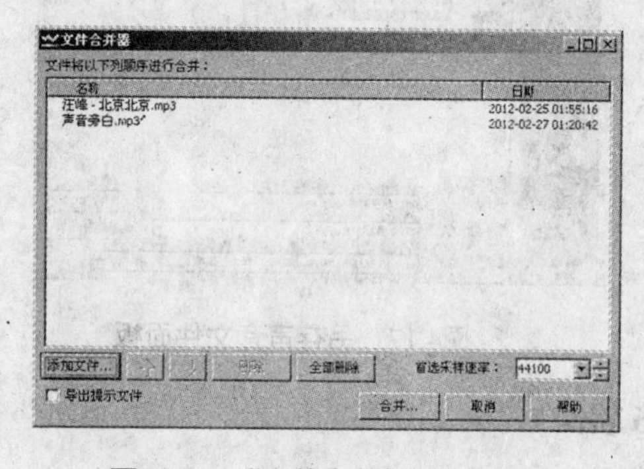

图 4.20 “文件合并”对话框

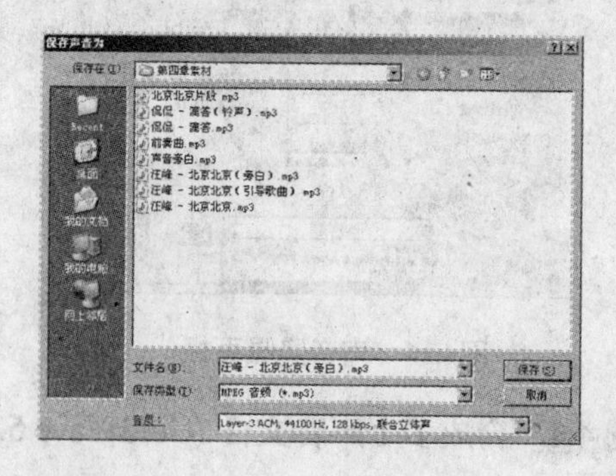

图 4.21 “保存声音为”对话框

（3）如果我们要将声音旁白文件制作成为《北京北京》这首歌的旁白，和歌曲同步播放，我们使用两个音乐播放器，分别将《北京北京》这首歌和《旁白》歌曲同时播放，打开 GoldWave 软件单击【录制】按钮，这样就可以将歌曲和另一声音制作成旁白。

技术提示：

在编辑声音时，在弹出的编辑声音对话框中，通常带有“播放”按钮，可以通过“播放”按钮来反复试听音乐效果，进行反复调试。

「课堂随笔」

项目 4.3 数字音频文件的格式转换

例题导读

“经典案例 4.5”主要讲解了如何通过 GoldWave 软件中的工具将 mkv 文件的影片文件的前奏剪辑成为一首 mp3 形式的歌曲。

知识汇总

- 音频文件格式
- 格式转换，声音编辑
- 光碟种类

在生活中，我们经常要转换音频文件格式，比如，要将网上下载的音乐文件转换成容量更小的文件格式，这里我们讲述了通过 GoldWave 5.66 软件来将各种声音文件格式进行转换的几种简单方法。

4.3.1 音频格式

常见音频文件格式的特点是：要在计算机内播放或是处理音频文件，也就是要对声音文件进行数、模转换，这个过程同样由采样和量化构成，人耳所能听到的声音，最低的频率是从 20 Hz 起一直到最高频率 20 kHz，20 kHz 以上人耳是听不到的，因此音频的最大带宽是 20 kHz，故而采样速率需要介于（40~50）kHz 之间，而且对每个样本需要更多的量化比特数。音频数字化的标准是每个样本 16 位 (16 bit，即 96 dB) 的信噪比，采用线性脉冲编码调制 PCM，每一量化步长都具有相等的长度。在音频文件的制作中，采用的都是这一标准。

首先，我们在这里要详细介绍一下最常见的几种音频文件格式。

1.CD 格式：音质最好的文件格式

当今世界上音质最好的音频格式是什么？当然是 CD 了。因此要讲音频格式，CD 自然是打头阵的先锋。在大多数播放软件的“打开文件类型”中，都可以看到 *.cda 格式，这就是 CD 音轨了。标准 CD 格式也就是 44.1K 的采样频率，速率 88 K/s，16 位量化位数，因为 CD 音轨可以说是近似无损的，因此它的声音基本上是忠于原声的，因此如果你是一个音响发烧友的话，CD 是你的首选。它会

让你感受到天籁之音。CD 光盘可以在 CD 唱机中播放，也能用电脑里的各种播放软件来播放。一个 CD 音频文件是一个 *.cda 文件，这只是一个索引信息，并不真正包含声音信息，所以不论 CD 音乐的长短，在电脑上看到的 *.cda 文件都是 44 字节长。

注意：不能直接复制 CD 格式的 *.cda 文件到硬盘上播放，需要使用像 EAC 这样的抓音轨软件把 CD 格式的文件转换成 WAV，这个转换过程如果光盘驱动器质量过关而且 EAC 的参数设置得当的话，可以说是基本上无损音频。推荐大家使用这种方法。

2.WAV 格式：无损的音乐格式，容量大的文件格式

WAV 是微软公司开发的一种声音文件格式，用于保存 Windows 平台的音频信息资源，被 Windows 平台及其应用程序所支持。“*.wav” 格式支持 MSADPCM、CCITT A LAW 等多种压缩算法，支持多种音频位数、采样频率和声道，标准格式的 WAV 文件和 CD 格式一样，也是 44.1K 的采样频率，速率 88 K/s，16 位量化位数。

在 Windows 平台下，基于 PCM 编码的 WAV 是被支持得最好的音频格式，所有音频软件都能完美支持，由于本身可以达到较高的音质的要求，因此，WAV 也是音乐编辑创作的首选格式，适合保存音乐素材。

WAV 音频格式的优点：简单的编 / 解码（几乎直接存储来自模 / 数转换器 (ADC) 的信号）、普遍的认同 / 支持以及无损耗存储。WAV 格式的主要缺点：占用音频存储空间大。对于小的存储限制或小带宽应用而言，这可能是一个重要的问题。WAV 格式的另外一个潜在缺陷是在 32 位 WAV 文件中的 2G 限制，这种限制已在为 SoundForge 开发的 W64 格式中得到了改善。常见的 WAV 文件使用 PCM 无压缩编码，这使 WAV 文件的质量极高，体积也出奇的大。

3.MIDI 格式：作曲家最爱

经常玩音乐的人应该常听到 MIDI（musical instrument digital interface）这个词，MIDI 允许数字合成器和其他设备交换数据。MID 文件格式由 MIDI 继承而来。MID 文件并不是一段录制好的声音，而是记录声音的信息，然后在告诉声卡如何再现音乐的一组指令。这样一个 MIDI 文件每存 1 min 的音乐只用大约（5 ~ 10）kB。今天，MID 文件主要用于原始乐器作品，流行歌曲的业余表演、游戏音轨以及电子贺卡等。*.mid 文件重放的效果完全依赖声卡的档次。*.mid 格式的最大用处是在电脑作曲领域。*.mid 文件可以用作曲软件写出，也可以通过声卡的 MIDI 口把外接音序器演奏的乐曲输入电脑里，制成 *.mid 文件。

4.MP3 格式：最流行、用得最多的音乐文件格式

MP3 格式诞生于 20 世纪 80 年代的德国，所谓的 MP3 指的是 MPEG 标准中的音频部分，也就是 MPEG 音频层。根据压缩质量和编码处理的不同分为三层，分别对应“*.mp1” / “*.mp2” / “*.mp3” 这三种声音文件。需要提醒大家注意的地方是：MPEG 音频文件的压缩是一种有损压缩，MPEG3 音频编码具有 10：1~12：1 的高压缩率，同时基本保持低音频部分不失真，但是牺牲了声音文件中 12 kHz 到 16 kHz 高音频这部分的质量来换取文件的尺寸，相同长度的音乐文件，用 *.mp3 格式来储存，一般只有 *.wav 文件的 1/10，而音质要次于 CD 格式或 WAV 格式的声音文件。由于其文件尺寸小，音质好，所以在它问世之初还没有什么别的音频格式可以与之匹敌，因而为 *.mp3 格式的发展提供了良好的条件。直到现在，这种格式还是风靡一时，作为主流音频格式的地位难以被撼动。但是树大招风，MP3 音乐的版权问题也一直找不到办法解决，因为 MP3 没有版权保护技术，说白了也就是谁都可以用。

MP3 格式压缩音乐的采样频率有很多种，可以用 64 kbps 或更低的采样频率节省空间，也可以用 320 kbps 的标准达到极高的音质。我们用装有 Fraunhofer IIS Mpeg Lyaer3 的 MP3 编码器（现在效果最好的编码器）MusicMatch Jukebox 6.0 在 128 kbps 的频率下编码一首 3 min 的歌曲，得到 2.82 MB 的 MP3 文件。采用缺省的 CBR（固定采样频率）技术可以以固定的频率采样一首歌曲，而 VBR（可变采样频率）则可以在音乐“忙”的时候加大采样的频率获取更高的音质，不过产生的 MP3 文件可能在某些播放器上无法播放。我们把 VBR 的级别设定成为与前面的 CBR 文件的音质基本一样，生

成的 VBR MP3 文件为 2.9MB。

5.WMA 格式：最具实力，文件容量最小的文件

WMA (windows media audio) 格式是来自于微软的重量级选手，后台强硬，音质要强于 MP3 格式，更远胜于 RA 格式，它是以减少数据流量但保持音质的方法来达到比 MP3 压缩率更高的目的，WMA 的压缩率一般都可以达到 1 : 18 左右，WMA 的另一个优点是内容提供商可以通过 DRM（digital rights management）方案如 Windows Media Rights Manager 7 加入防拷贝保护。这种内置了版权保护技术可以限制播放时间和播放次数甚至播放的机器等，这对被盗版搅得焦头乱额的音乐公司来说可是一个福音，另外 WMA 还支持音频流 (stream) 技术，适合在网络上在线播放，作为微软抢占网络音乐的开路先锋可以说是技术领先、风头强劲，更方便的是不用像 MP3 那样需要安装额外的播放器，而 Windows 操作系统和 Windows Media Player 的无缝捆绑让你只要安装了 Windows 操作系统就可以直接播放 WMA 音乐，新版本的 Windows Media Player 7.0 更是增加了直接把 CD 光盘转换为 WMA 声音格式的功能，在新出品的操作系统 Windows XP 中，WMA 是默认的编码格式。WMA 这种格式在录制时可以对音质进行调节。同一格式，音质好的可与 CD 媲美，压缩率较高的可用于网络广播。虽然现在网络上还不是很流行，但是在微软的大规模推广下已经得到了越来越多站点的承认和大力支持，在网络音乐领域中直逼 *.mp3。因此几乎所有的音频格式都感受到了 WMA 格式的压力。

经典案例 4.5　剪辑 MP3 歌曲（把电影中的片头音乐剪辑成为一首 MP3 歌曲）

从网上下载了《北京爱情故事》这部电视剧，由于现在网络上下载的影片大部分是 mkv 格式，如案例图 4.7 所示。所以下面就讲述如何将 mkv 文件的影片文件的前奏剪辑成为一首 MP3 歌曲。

案例图 4.7　“文件合并”对话框

（1）通过 GoldWave 软件打开影片，注意，打开的“文件类型”为所有文件，打开后进入如图 4.22 所示的面板。

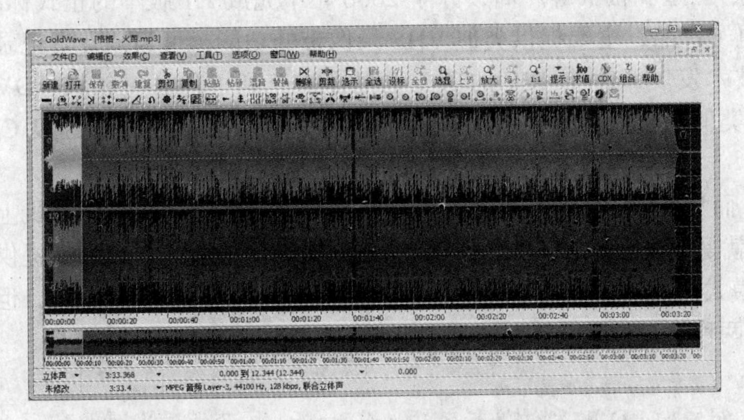

图 4.22　“GoldWave程序”对话框

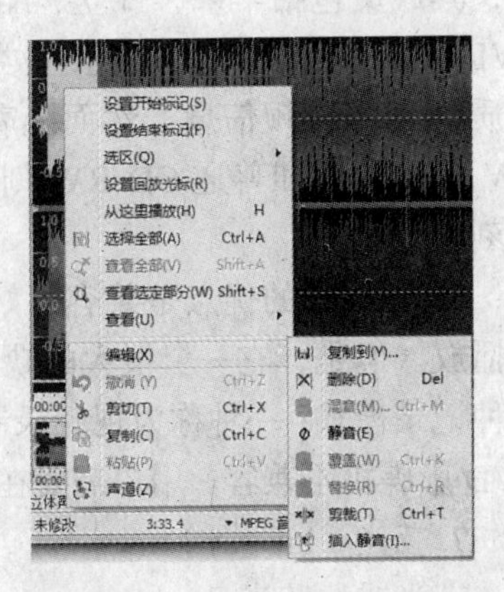

图 4.23　“鼠标右键”对话框

（2）将选区选定在文件的前面部分即影片的前奏曲部分，在选区上右击，如图 4.22 所示选择【编辑】中的【复制到】命令，在弹出的对话框中选择保存类型为 MP3 类型即可。

将 MP3 文件转换成为文件容量更小的 WMA 格式文件：

使用同样的方法打开 MP3 文件，单击【文件】→【另存为】命令，在保存文件类型选择 WMA 格式，单击【保存】按钮。

这样，我们就将网上下载的影片文件的前奏曲制作成了一首好听的 MP3 歌曲或者 WMA 歌曲。

技术提示：

在编辑声音时，在弹出的编辑声音对话框中，通常带有播放按钮，可以通过播放按钮来反复试听音乐效果，不断完善播放效果。

4.3.2 光碟种类

1.CD

CD 是索尼和飞利浦公司联手研制的一种数字音乐光盘，有 12 cm 直径和 8 cm 直径两种规格，以前者最为常见，它能提供 74 min 的高质量音乐。

2.CD-ROM

CD-ROM 用于存储电脑数据的只读型 CD。

3.VCD

VCD 是采用 MPEG-1 压缩编码技术的影音光盘，其图像清晰度和 VHS 录像带差不多。

超级 VCD 是 VCD 的改进产品，采用 MPEG-2 编码，图像清晰度得到了提高。

4.DVD

DVD 是一种外型类似 CD 的新一代超大容量光盘，它将广泛应用于高质量的影音节目记录和用做电脑的海量存储设备。

5.R-CD

R 是英文 read 的缩写，就是“读”的意思；W 则是 write 的缩写，就是“写”的意思 。

CD-R，DVD-R 就是可读 CD,DVD；CD-RW，DVD-RW 就是可读写 CD，DVD。

至于“-”和“+”只是标准不一样。

6.DVD-RW

DVD-RW 标准是由 Pioneer（先锋）公司于 1998 年提出的，并得到了 DVD 论坛的大力支持，其成员包括苹果、日立、NEC、三星和松下等厂商，并于 2000 年中完成 1.1 版本的正式标准。DVD-RW 产品最初定位于消费类电子产品，主要提供类似 VHS 录像带的功能，可为消费者记录高品质多媒体视频信息。然而随着技术发展，DVD-RW 的功能也慢慢扩充到了计算机领域。DVD-RW 刻录原理和普通 CD-RW 刻录类似，也采用相位变化的读写技术，同样是固定线性速度 CLV 的刻录方式。

DVD-RW 的优点是兼容性好，而且能够以 DVD 视频格式来保存数据，因此可以在影碟机上进行播放。但是，它一个很大的缺点就是格式化需要花费一个半小时的时间。另外，DVD-RW 提供了两种记录模式：一种称为视频录制模式，另一种称为 DVD 视频模式。前一种模式功能较丰富，但与 DVD 影碟机不兼容。用户需要在这两种格式中做选择，使用不太方便。

7. 蓝光（blu-ray）

蓝光或称蓝光盘（blu-ray disc，缩写为 BD），利用波长较短（405 nm）的蓝色激光读取和写入数

据，并因此而得名。而传统 DVD 需要光头发出红色激光（波长为 650 nm）来读取或写入数据，通常来说波长越短的激光能够在单位面积上记录或读取更多的信息。因此，蓝光极大地提高了光盘的存储容量，对于光存储产品来说，蓝光提供了一个跳跃式发展的机会。

目前为止，蓝光是最先进的大容量光碟格式，BD 激光技术的巨大进步，使你能够在一张单碟上存储 25 GB 的文档文件。这是现有（单碟）DVDs 的 5 倍。在速度上，蓝光允许 1 到 2 倍或者说每秒 4.5~9 MB 的记录速度。

蓝光光碟拥有一个异常坚固的层面，可以保护光碟里面重要的记录层。飞利浦的蓝光光盘采用高级真空连结技术，形成了厚度统一的 100 μm（1 μm=1/1 000 mm）的安全层。飞利浦蓝光光碟可以经受住频繁的使用、指纹、抓痕和污垢，以此保证蓝光产品的存储质量数据安全。

在技术上，蓝光刻录机系统可以兼容此前出现的各种光盘产品。蓝光产品的巨大容量为高清电影、游戏和大容量数据存储带来了可能和方便，将在很大程度上促进高清娱乐的发展。目前，蓝光技术也得到了世界上 170 多家大的游戏公司、电影公司、消费电子和家用电脑制造商的支持。八家主要电影公司中的七家，即迪斯尼、福克斯、派拉蒙、华纳、索尼、米高梅和狮门的支持。

8. MD

索尼公司研制的迷你可录音乐光盘，外型像电脑用的 3.5 英寸软盘，但采用光学信号拾取系统，类似 CD。MD 使用高效的压缩技术来达到与 CD 相同的记录时间，音质则接近 CD。

9. D/A 转换器

数码音响产品 (例如，CD、DVD) 中将数字音频信号转换为模拟音频信号的装置。D/A 转换器可以做成独立的机器，以配合 CD 转盘使用，此时常被称为解码器。

10.CD 转盘

将 CD 机的机械传动部分独立出来的机器。

超取样：取样频率数倍于 CD 制式的标准取样频率 44.1 kHz，其目的是便于 D/A 转换之后数码噪声的滤除，改善 CD 机的高频相位失真。早期的 CD 机使用 2 倍频或 4 倍频率取样，近期的机器已经达到 8 倍或者更高。

11.HDCD

HDCD（high definition dompact disc, 高解析度 CD）是一种改善 CD 音质的编码系统，兼容传统的 CD，但需要在带 HDCD 解码的 CD 机上重放或外接一台 HDCD 解码器才能获得改善的效果。

12. 比特 (bit)

二进制数码信号的最小组成单位，它总是取 0 或 1 两种状态之一。

13. 比特流

飞利浦公司的一种将 CD 数码信号转换成模拟音乐信号的技术。

14. 杜比 B，C，S

美国杜比公司研制的系列磁带降噪系统，用于降低磁带录音产生的嘶嘶声，扩展动态范围。B 型降噪系统能降噪 10 dB，C 型增加到 20 dB，S 型则可达 24 dB。

15. 杜比 HX Pro

杜比 HX Pro 不是降噪系统，而是一种改善磁带高频记录失真的技术，通常也称为“上动态余量扩展”。

16. 杜比环绕声 (dolby surround)

一种将后方效果声道编码至立体声信道中的声音。重放时需要一台解码器将环绕声信号从编码的声音中分离出来。

17. 杜比定向逻辑 (dolby pro-logic)

在杜比环绕声的基础上增加了一个前方中置声道，以便将影片中的对白锁定到屏幕上。

18. 杜比数字 (dolby digital)

杜比数字也称为 AC-3，杜比实验室发布的新一代家庭影院环绕声系统。其数字化的伴音中包含左前置、中置、右前置、左环绕、右环绕 5 个声道的信号，它们均是独立的全频带信号。此外还有一路单独的超低音效果声道，俗称 0.1 声道。所有这些声道合起来就是所谓的 5.1 声道。

19.AV 功放

AV 功放是专门为家庭影院用途而设计的放大器，一般都具备 4 个以上的声道数以及环绕声解码功能。

定向逻辑环绕声放大器：带杜比定向逻辑解码功能的 AV 功放。

杜比数字放大器：也称为 AC-3 放大器，一种带杜比数字解码功能的 AV 功放。

接收机：带有收音功能的放大器。

技术提示：

在录制声音文件时，如果觉得声音文件不够清晰或者达不到所需要的效果，可以通过红色的录制按钮反复录制，将声音文件制作得更好。

「课堂随笔」

重点串联

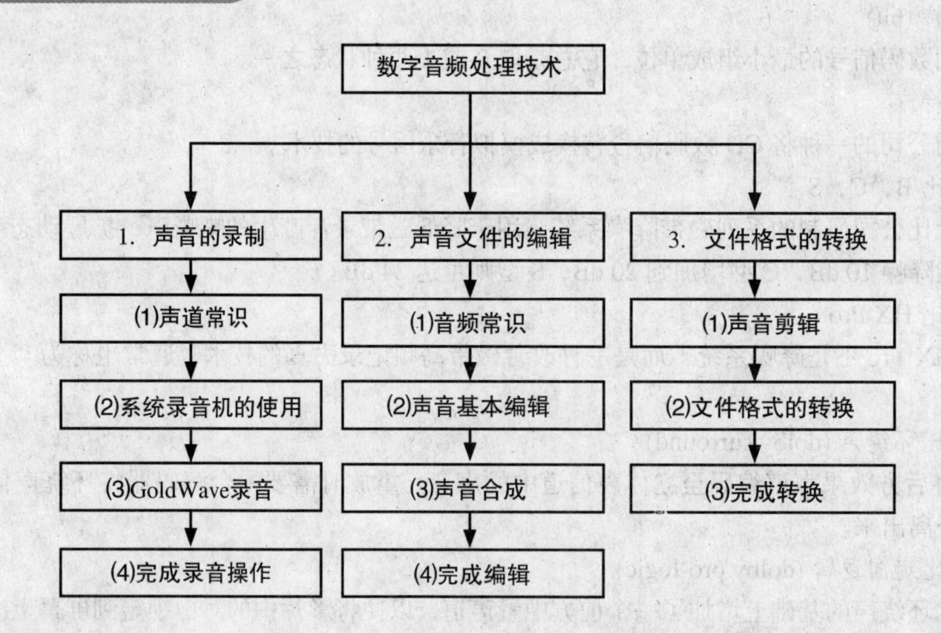

拓展与实训

基础训练

一、填空题

1.GoldWave 是一款______软件。

2. 声道是指声音在录制或播放时在不同空间位置采集或回放的相互独立的______。

二、选择题

1. 下列哪种属于只有音频的光碟（　）。

A.CD　　B.DVD　　C.VCD　　D.R-CD

2. 最小的二进制单位被称为（　）。

A. 字节　　B. 比特　　C. 字　　D. 声道

三、简答题

1. 什么是音频?

2. 什么是采样频率?

3. 什么是声道，双声道和单声道的声音会有什么区别?

4. 简述 mp3 文件和 wma 文件的区别?

技能实训

【技能实训一】编辑声音文件

1. 实训目的

编辑处理声音文件。

2. 实训要求

（1）熟练应用 GoldWave 软件制作声音文件。

（2）请将素材库中侃侃的《滴答》的前奏部分制作一个两秒的手机短信铃声，效果自己制作。

（3）要求剪辑的声音文件音量较大并且较清晰。

【技能实训二】合成声音文件

1. 实训目的

合成声音文件。

2. 实训要求

① 熟练应用 GoldWave 软件录制两段声音文件。

② 请将两段声音文件合成为对白文件（先后顺序）和旁白文件（并列）。

【技能实训三】剪辑声音，转换声音格式

1. 实训目的

合成转换声音文件格式。

2. 实训要求

（1）请从网上下载一部你自己最爱的电影，使用 GoldWave 软件将中你最爱的电影片段剪辑制作成 MP3 文件。

（2）利用 GoldWave 软件将 MP3 文件转换成 WNA 文件。

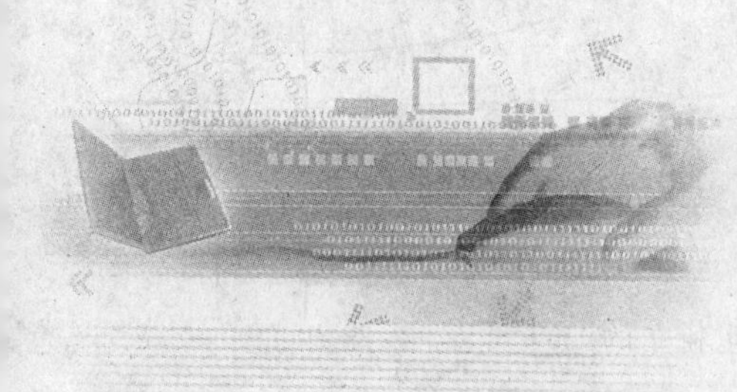

模块5 网络多媒体广告创意与制作

教学聚焦

◆ 网络多媒体广告创意与制作中，Flash 的表现形式应用最为广泛，本模块用 Flash 制作的“平板电脑专卖”网络多媒体广告完整地体现了整个制作流程，对广大读者有极大的指导价值。

知识目标

◆ 通过经典案例的制作，掌握 Flash CS4 中各种强大的网页动画特效，从而使学生制作不同网络多媒体广告时能更恰当地选择网页动画编辑功能来实现预期的效果。

技能目标

◆ 学会 Flash CS4 制作网络多媒体广告动画特效创意、常用方法与技巧，网站的前期规划，各页面影片的制作，网站的整合与发布，从而设计出功能强大的网页多媒体广告。

课时建议

◆ 8 课时

教学重点和教学难点

◆ 网络多媒体广告设计。

项目 5.1 网络多媒体广告设计

例题导读

“经典案例 5.1”和“经典案例 5.2”讲解了使用 Flash CS4 制作网络多媒体广告创意与制作的流程，以“平板电脑专卖”广告设计为例，让读者学会网络多媒体广告制作的计划与围绕某一主题进行可行性设计。

知识汇总

- Flash 广告常用的三种表现形式
- 确定广告主题，围绕主题设计框架结构

如何使用 Flash CS4 进行网络多媒体广告设计呢？ Flash 是当今 Internet 上最流行的广告制作工具，用于网上各种动感网页广告、Logo 广告、Banner 广告、MTV 广告等的制作。要制作出精美的网络多媒体广告，首先要对 Flash 网络多媒体广告设计进行精心策划，做出计划与可行性设计方案。

经典案例 5.1 计划与可行性设

1．案例作品

Flash 网页广告概述。要制作 Flash 广告，首先需要了解 Flash 广告的特点以及常见的表现形式。根据实际投放网络广告的需要选择是否用 Flash 来制作广告，以及应当采用何种广告形式。

以新浪网站 Flash 广告为例讨论 Flash 广告的常见形式，它们出现在网页的不同位置，出现方式也不同，通常 Flash 广告经常采用以下几种表现形式。

①嵌入式。如网页上的 Banner 广告、Logo 广告和导航广告，如案例图 5.1 所示。

案例图5.1 网页上的Banner广告、Logo广告和导航广告

②浮动式。网页上的浮动广告、网页上的游标广告 ，如案例图 5.2 所示。

③弹出式。网页上的弹出式广告，如案例图 5.2 所示。

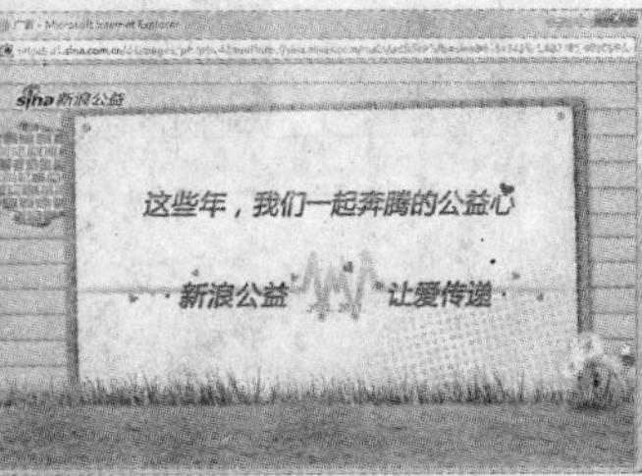

案例图5.2 网页上的浮动广告、游标广告和弹出式广告

2．Flash 网页广告的计划和可行性设计

要用 Flash 进行网络多媒体广告创意与制作，就要了解使用 Flash 制作网页广告的流程，Flash 网站的制作流程一般包括以下内容。

（1）需求分析。企业的品牌形象确定广告主题。

（2）广告构思设计。网站的整体风格与企业品牌、文化的统一。确定设计目标、广告对象、设计内容目录。确定作品交付平台和交付媒体：平台指的是 Windows 操作系统、Linux 操作系统等；媒体是否为网络媒体。

（3）网站结构规划，网页布局设计。

（4）准备页面元素，制作各页面广告影片剪辑。

（5）整合、测试并发布。

3. 收集素材资料

在前期策划阶段，需要选择用于网站制作的企业介绍、产品介绍、图片、影像等相关信息，本项目选择“平板电脑专卖”广告网站的制作，根据该平板电脑的风格——“超薄！超清！超值！”，为网站选择一些能够反映平板电脑特点、体现时尚风格的元素。风格确定后，收集相关的素材。

技术提示：

在详细的制作网络多媒体广告之前，还要写出详细的网络多媒体广告创意与制作文案策划。

结构大体有目录、前言、广告商品、广告目的、广告期间、广告区域、广告对象、策划构思、广告策略、广告主题表现及媒体运用等。

「课堂随笔」

经典案例 5.2　多媒体广告的设计

用 Flash 多媒体广告设计，需要选择一个主题，本案例以“平板电脑专卖”为主题（为了教学所需，部分图片素材来源于谷歌平板电脑官网 http://www.google.ygcplt.com/ ），总体框架设计如下。

1. 案例作品

对“平板电脑专卖”广告网站进行框架设计，框架结构图如案例图 5.3 所示。

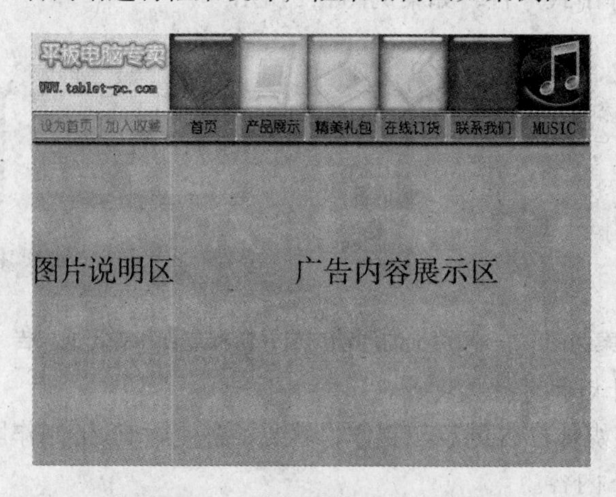

案例图5.3　平板电脑专卖框架结构图

2．分类广告设计

根据网页多媒体广告的不同位置和不同作用，分类进行广告设计。

（1）Logo 文字：平板电脑专卖，www.tablet-pc.com 。

广告词：超清！超薄！超值！

（2）界面设计：表现为交互性、可控性、实时性、动态性。

以灰色为背景，体现艺术特色。水晶按钮体现高贵。

导航有“设为首页，加入收藏，首页，产品展示，精美礼包，在线订货，联系我们，MUSIC”，通过代码实现内部跳转。

每一页是一个场景或独立的 swf 文件。

内容页有对应的产品，填充内容区。能够前后选择交互，选中某个作品后，单击打开窗口播放。

首页内容区展示代表性的产品。

填加音乐插放的控制，不占空间。

技术提示：

从网站下载模板，是快速学习制作Flash广告网站的捷径。由于Flash版本的问题，对中文路径支持不佳，最好把下载的模板放在根目录下，打开，分析网站的制作，利用其中的素材，学做广告。

「课堂随笔」

项目 5.2 元素动画创建

例题导读

“经典案例 5.3”、“经典案例 5.4”、“经典案例 5.5”、“经典案例 5.6”、“经典案例 5.7”和“经典案例 5.8”讲解了如何利用 Flash CS4 的元件、逐帧动画、形状补间动画、传统补间动画、遮罩动画和动作脚本编写各种动画技术。

知识汇总

- 标尺、导入图形、导入声音、按钮制作和交换元件的使用方法
- 逐帧动画、补间形状动画、传统补间动画和遮罩动画的技术
- 添加动作帧、动作 - 按钮的方法和动画脚本编写的方法

如何应用 Flash 技术制作一套完美的 Flash 多媒体广告呢？网站的 Logo 广告、Banner 广告以及

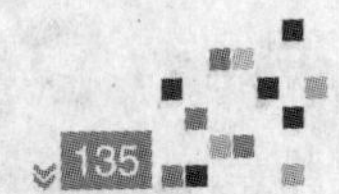

其他广告元素动画创建的基本思路是：根据广告各元素动画需要其表现形式的情况，综合利用 Flash CS4 的元件、逐帧动画、形状补间动画、传统补间动画、遮罩动画和动作脚本编写等各种动画技术，最大程度地制作出完美的 Flash 多媒体广告。

经典案例 5.3　元件创建

1．案例作品

素材及导航效果图如案例图 5.4、5.5 所示。

案例图5.4　素材

案例图5.5　导航效果图

2．制作步骤

（1）制作导航按钮元件。新建 Flash CS4 文件，大小为 800 × 150。保存为“button.fla”文件。

（2）按【Ctrl+Alt+Shift+R】键，打开“标尺 (R)”功能，拖拽出所需参考线。水平参考线位置 106，150；垂直参考线位置 200，300，400，500，600，700，800，如图 5.1 所示。

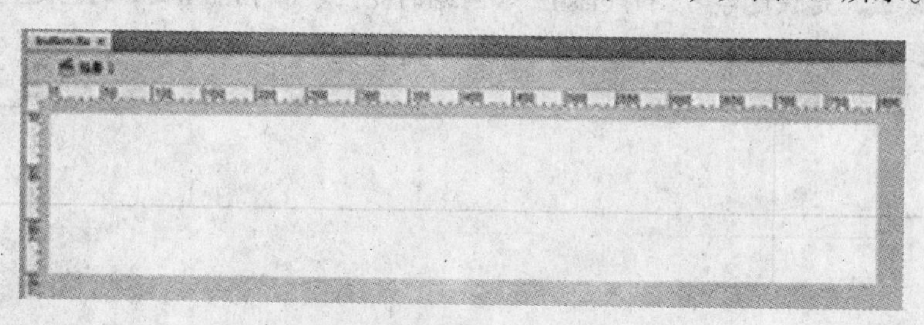

图5.1　绘制参考线

（3）导入按钮元件的素材。按【Ctrl+R】键，打开“将网站模板 .psd 导入到舞台”对话框→复选制作按钮素材→修改文字层属性，单选“可编辑文本 (X)”选项 →单击【确定】按钮，如图 5.2 所示。

（4）单击【文件】→【导入】→【导入到库】命令，复选按钮素材→单击【打开】按钮，如图 5.3 所示。导入素材后的场景效果，如图 5.4 所示。

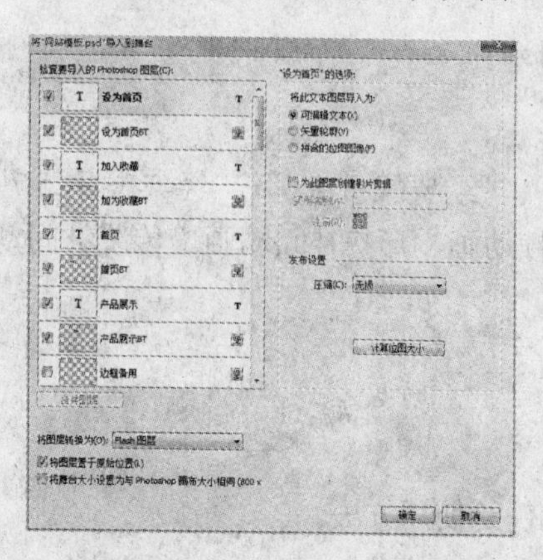

图5.2　导入制作按钮素材

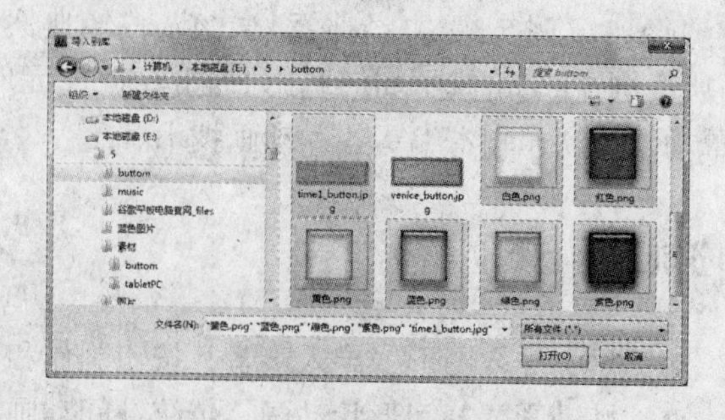

图5.3　导入素材到库

（5）按【Ctrl+F8】键→新建“按钮”元件“bt1”→单击【确定】按钮，如图 5.5 所示。

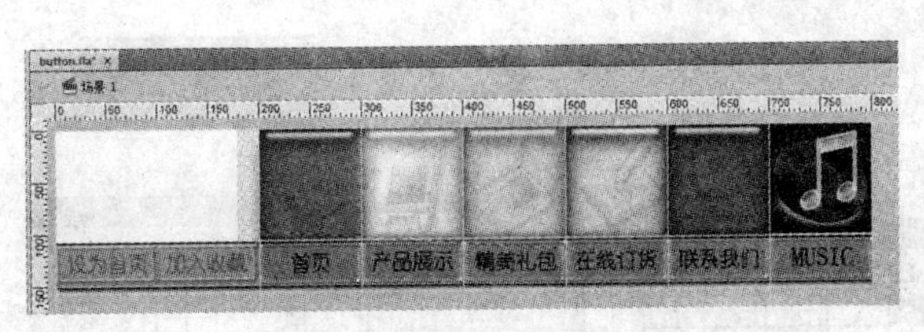

图5.4　导入素材场景1效果图

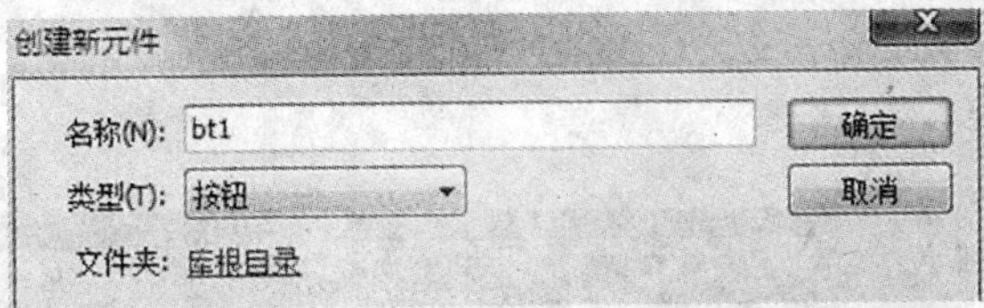

图5.5　创建bt1按钮元件

（6）拖出参考线，水平位置 106，0，40，垂直位置 0，100，如图 5.6 所示。

（7）从库面板打开“网站模板 .psd 资源”文件夹，选择“首页 BT”，拖拽到舞台中，调整位置对齐 0，0，在“指针经过、按下、点击”帧，按【F6】键，插入关键帧，如图 5.7 所示。

（8）新建图层 2，单击“弹起”帧，从库面板中选择“首页图”，拖拽插入“首页图”，调整位置，如图 5.8 所示。

（9）新建图层 3，单击“指针经过”帧，按【F7】键，插入空白关键帧，从库面板中拖拽“红色 .png”，调整位置，如图 5.9 所示，调整“Alpha”透明度为“80%”，如图 5.10 所示。

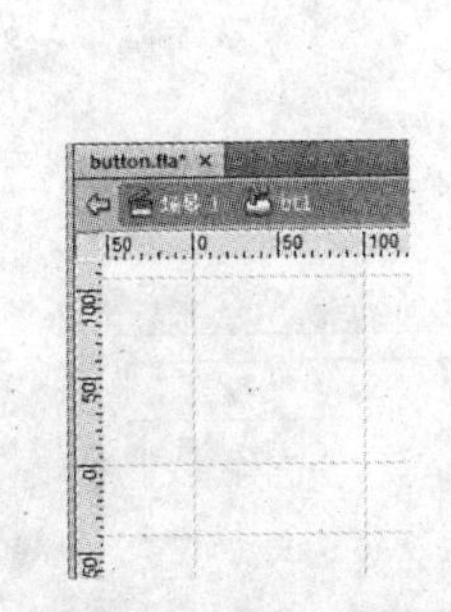

图 5.6　精确定位参考线

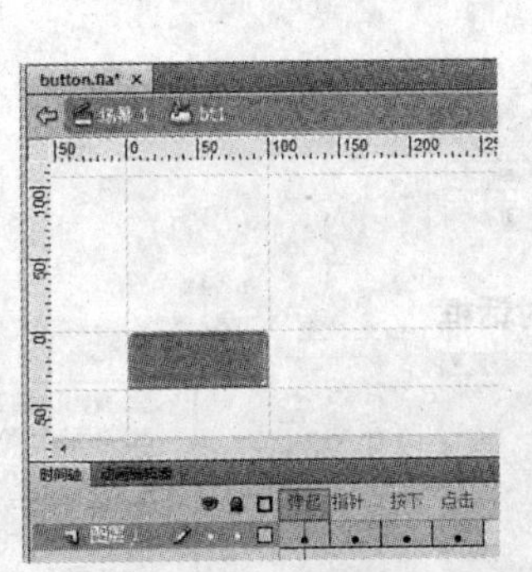

图 5.7　bt1图层1

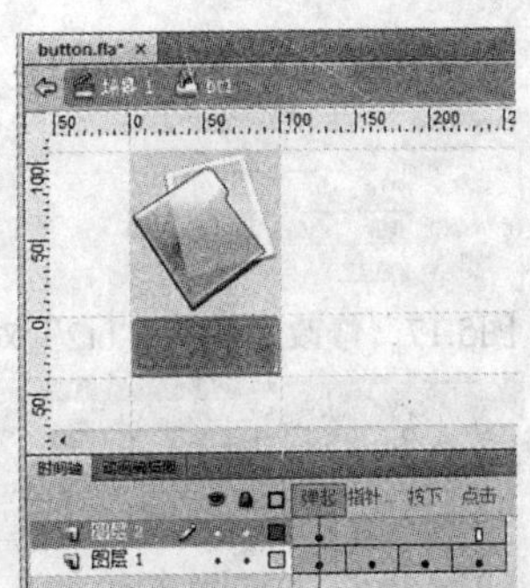

图 5.8　bt1图层2第1帧

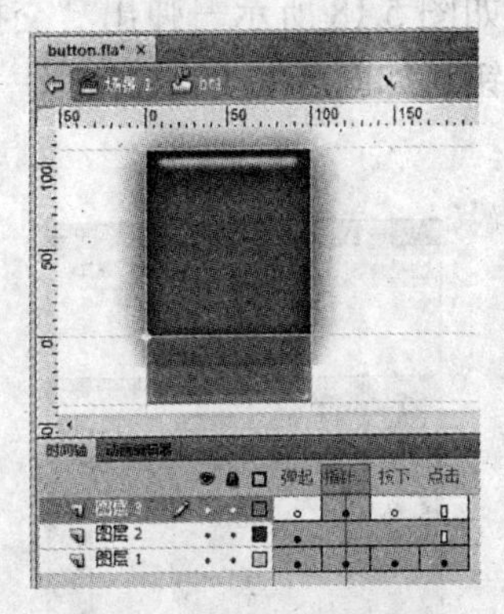

图 5.9　红色按钮特效

（10）新建图层“音效”，导入声音文件“chimes.wav”和“click.wav”文件，单击【打开】按钮，如图 5.11 所示。

（11）在“指针经过”帧，按【F7】键，插入空白关键帧，在属性面板中，选择声音“chimes.wav”，同步为“事件”和“重复”，如图 5.12 所示，增加音效后的效果如图 5.13 所示。

图5.10　调整Alpha

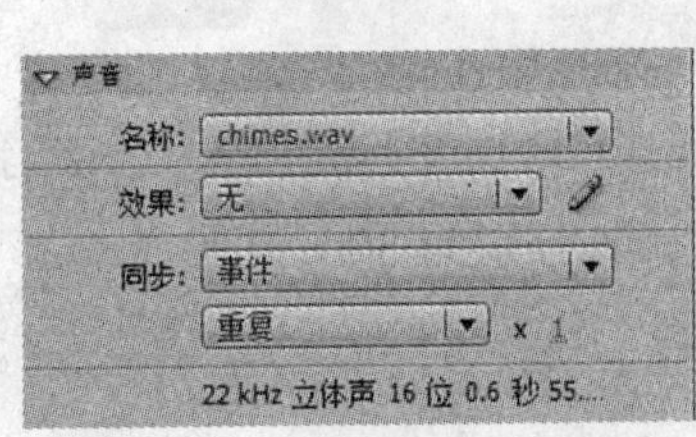

图 5.12　添加声音

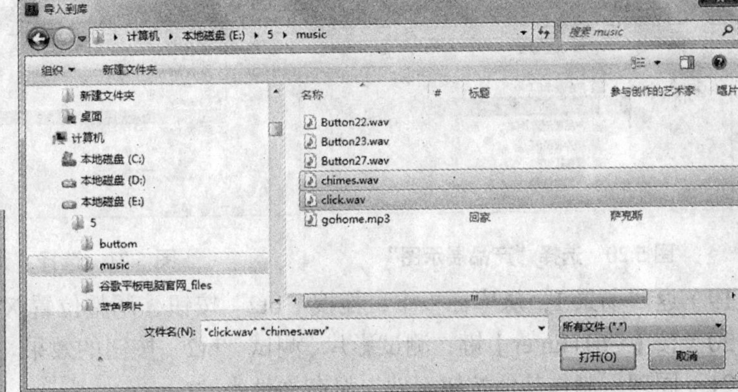

图 5.11　导入音效素材

（12）在“按下”帧，按【F7】键，插入空白关键帧，在属性面板中，选择声音“click.wav”，同步为“事件”和“重复”，增加音效后的效果如图 5.14 所示。

（13）新建图层“文字”，输入“首页”文字，字体为“幼圆”，大小为“20”，颜色为“黑色”。

（14）在其他帧按【F6】键，插入关键帧，修改“指针经过”字体颜色为白色，如图 5.15 所示。

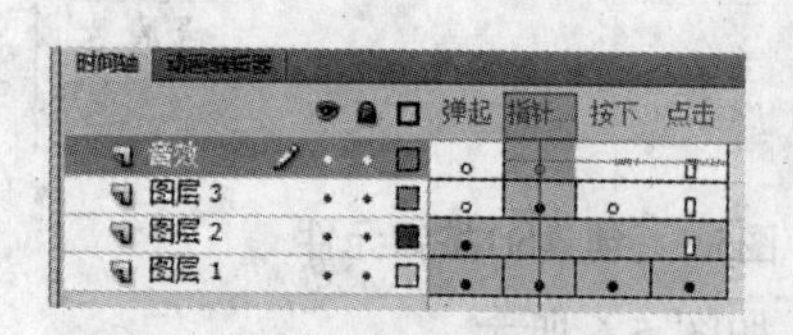

图5.13 “指针经过”音效

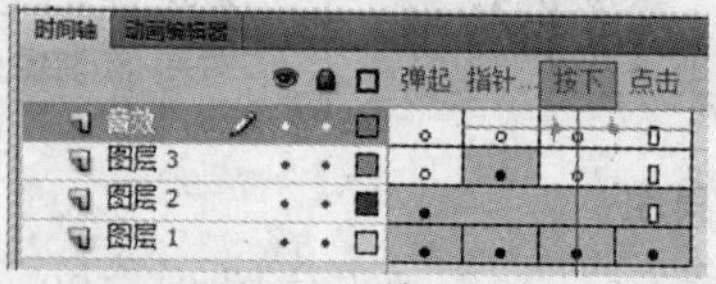

图5.14 “按下”音效

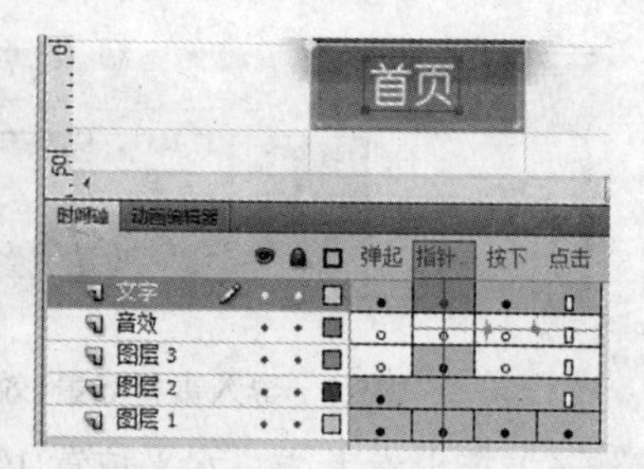

图5.15 文字图层

（15）返回场景 1，新建图层“按钮”，从库中拖拽出按钮“bt1”，调整位置 X,Y 分别为 200，110。按【Ctrl+Enter】键，测试影片。

（16）制作“bt2”按钮元件。打开库面板，选中“bt1”按钮元件→右击→单击【直接复制】选项，如图 5.16 所示→修改名称为“bt2”，如图 5.17 所示，单击【确定】按钮。

（17）双击打开“bt2”按钮元件，选中“图层 2”第 1 帧，在属性面板中，单击【交换】按钮，如图 5.18 所示→弹出“交换位图”对话框，如图 5.19 所示，选择“产品展示图”，单击【确定】按钮，如图 5.20 所示。

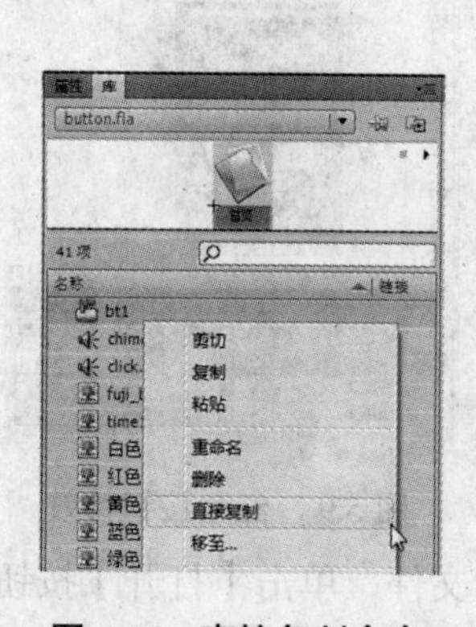

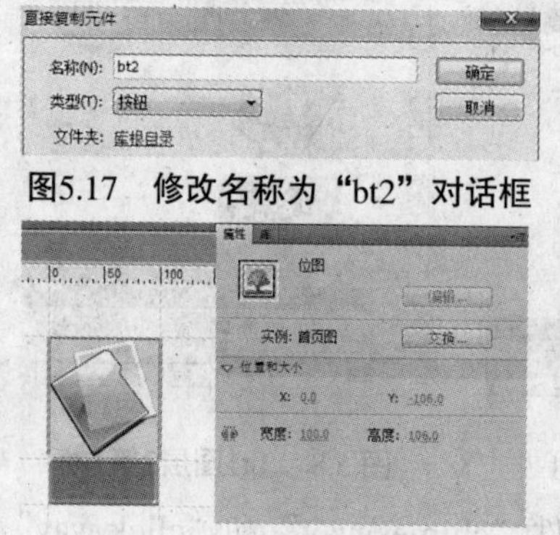

图5.17 修改名称为“bt2”对话框

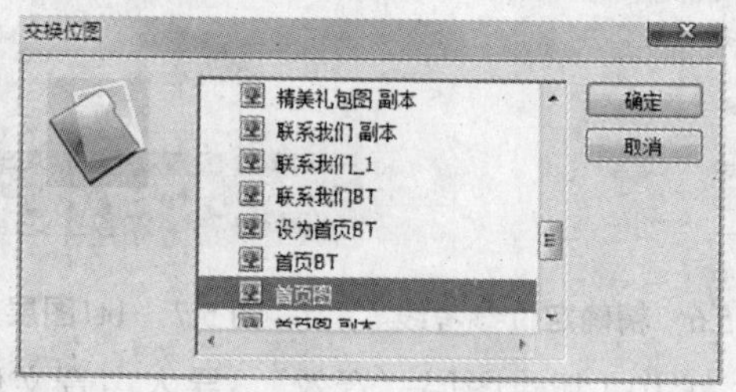

图 5.16 直接复制命令　　图 5.18 “交换”按钮　　图 5.19 “交换位图”对话框

（18）选中图层 3 第 2 帧，在属性面板中，单击【交换】按钮→选择“元件 3”→单击【确定】按钮，如图 5.21 所示，制作好的“bt2”按钮如图 5.22 所示。

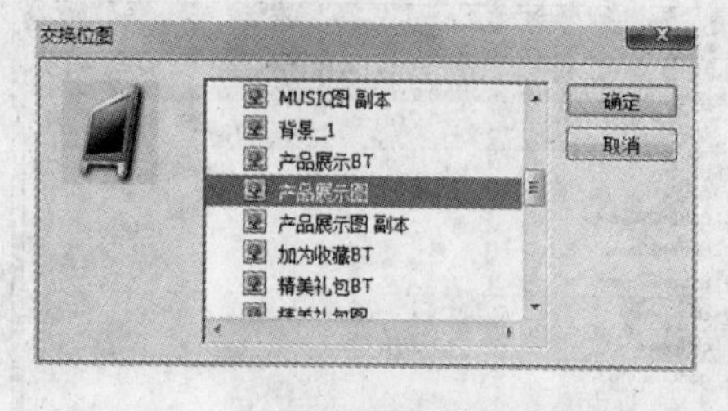

图 5.20 选择“产品展示图”

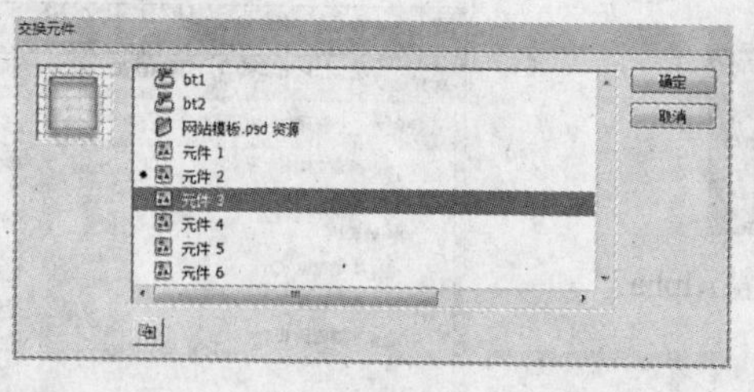

图 5.21 选择“元件3”

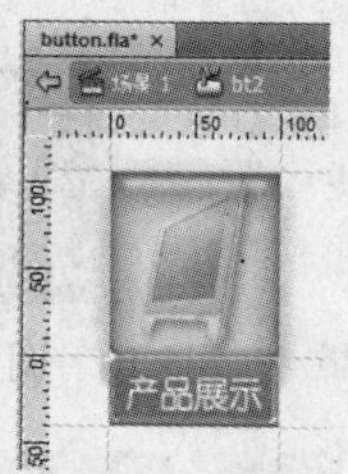

图 5.22 “bt2”按钮

（19）返回场景 1，从库面板中，拖拽“bt2”按钮，调整位置 X，Y 分别为 300，110。

（20）按【Ctrl+Enter】键，测试影片，测试“bt2”按钮的效果。

（21）同理，制作其他按钮元件，保存文件为“button.swf”。

技术提示：

Flash CS4的元件有影片剪辑、按钮和图形三种。制作Flash多媒体广告时，元件应用最为广泛,用Flash制作的导航菜单具有动感强、视觉效果好、交互性高的优点。

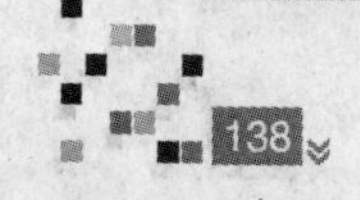

「课堂随笔」

经典案例 5.4 逐帧动画创建

1. 案例作品

创建“超薄！超清！超值！”广告图片的逐帧动画效果。

案例图5.6 素材图

案例图5.7 效果图

2. 制作步骤

（1）制作首页内容影片剪辑元件。新建 Flash CS4 文件，场景大小设置为 600×450，背景色为白色，帧频为 12 fps，保存为“index.fla”文件。

（2）导入素材。按【Ctrl+R】键，打开“导入”对话框→选择“t1.png”→单击【打开】按钮，如图 5.23 所示。在弹出的如图 5.24 所示的对话框中，单击【是】按钮。导入后的逐帧图层结构如图 5.25 所示。

（3）转换图形元件。选中场景第 1 帧中的图片，右击，选择“转换为元件”命令，名称输入“t1”，选择类型为“图形”，单击【确定】按钮，如图 5.26 所示。同理，转换图形 t2~t6。

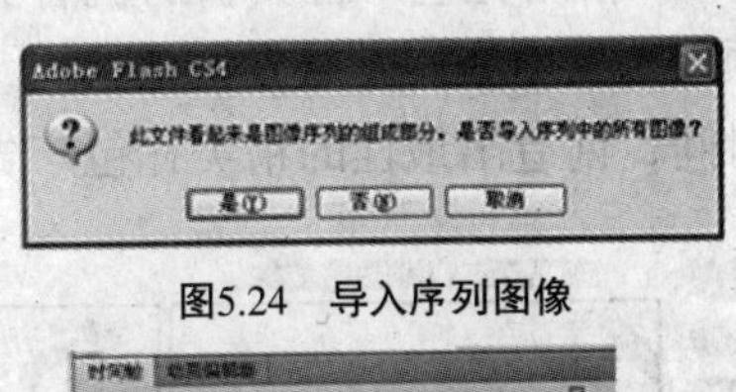

图5.24 导入序列图像

图5.25 导入后的逐帧图层结构

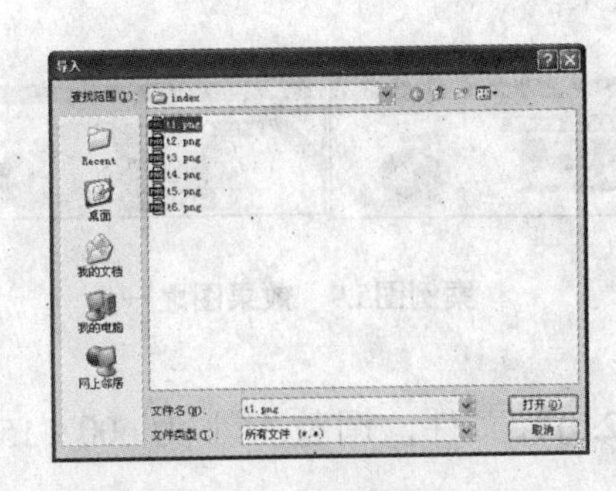

图5.23 导入素材图片

图5.26 转换图形元件

（4）调整图形元件位置。依次选中场景第 1~6 帧中的图形元件，移动到恰当的位置。

（5）选中第 7 帧，按【F6】键，插入关键帧，从库面板中拖拽出其他图形 t1~t5，缩放到适当大小，移动到恰当的位置。

（6）新建图层 2，单击“文本工具（T）”，在场景中输入“超薄！超清！超值！”，在属性面板设置字体为“幼圆”，大小为“40”，黑色，如图 5.27 所示。输入文字后的图层结构如图 5.28 所示。

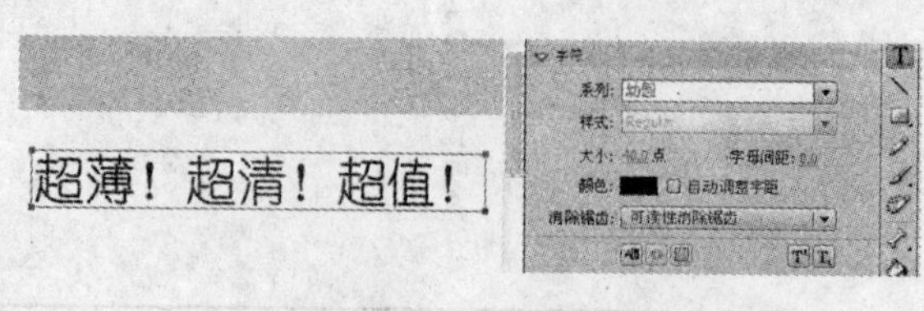

图 5.27　输入文字

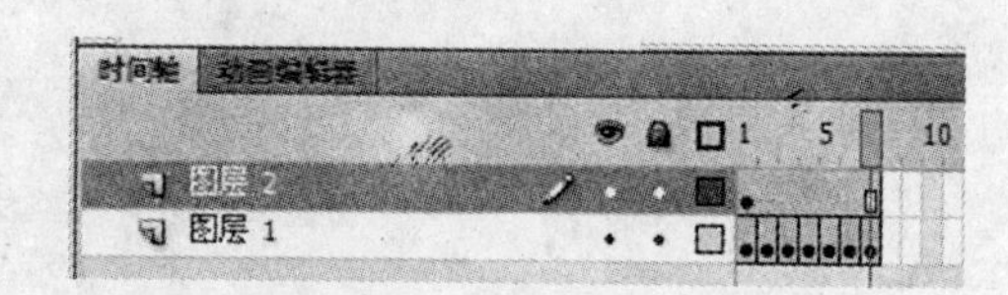

图 5.28　输入文字后的图层结构

（7）按【Ctrl+Enter】键，测试影片，测试逐帧动画的效果。

（8）按【Ctrl+F12】键，发布文件为“index.swf”。

技术提示：

Flash CS4的逐帧动画，用于制作Flash多媒体广告，通过图片的轮换给客户留下深刻印象。

逐帧动画播放时，速度很快，可以按【F5】键，插入帧，延长时间，达到减低速度的目的。

「课堂随笔」

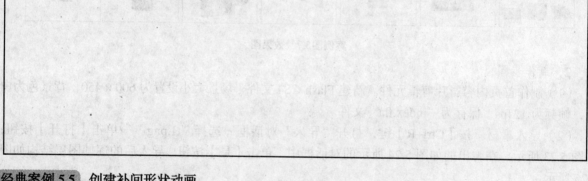

经典案例 5.5　创建补间形状动画

1．案例作品

如何制作 Flash 精品礼包广告吸引购机者呢？运用 Flash CS4 的创建补间形状动画和遮罩图层技术，可以达到预期效果。制作时导入素材图片，按照顺序有规律地排列好图层，调整好影片剪辑动画的位置，停留时间，创造出最佳的精美礼包广告视觉效果。

案例图5.8　素材图　　　案例图5.9　效果图之一

2．制作步骤

（1）新建文件。新建“Flash 文件 (ActionScript 2.0)”文件，调整大小为 600 × 154，帧频为 12 fps。保存文件为“gift.fla”(gift 意思是礼物)。

（2）导入素材图片。按【Ctrl+R】键，打开“导入”对话框，从素材文件夹，选择“gift.psd”文件，单击【打开】按钮，如图5.29所示，复选“将舞台大小设置为与Photoshop画布大小相同”，单击【确定】按钮，如图5.30所示。

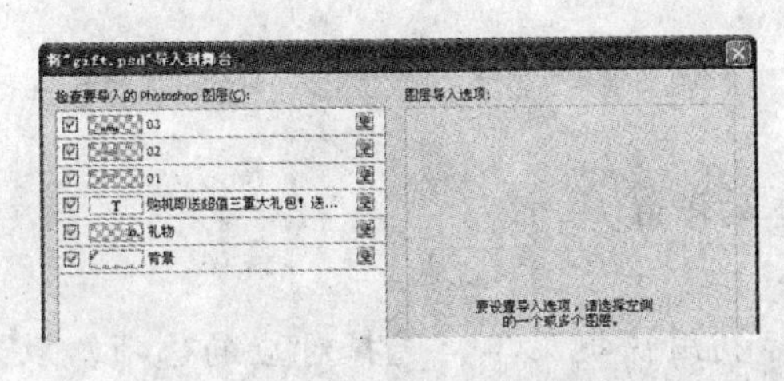

图5.29 导入“gift.psd”素材

图5.30 复选相关选项

（3）转换为图形元件。选中“购机即送超值三重大礼包！送完即止！”图形，右击，选择“转换为元件”选项，在“转换为元件”对话框中，输入“名称”为“t”，选择“类型”为“图形”，单击【确定】按钮，如图5.31所示。同理，转换三个礼包广告条分别为图形元件“t01”、“t02”、“t03”。

（4）创建影片剪辑。按【Ctrl+F8】键，打开“创建新元件”对话框，创建“影片剪辑”，“wz”，如图5.32所示，单击【确定】按钮。

（5）打开“库”面板，选中“t”图形元件，拖拽到舞台，如图5.33所示，按【Ctrl+K】键，打开“对齐”面板，单击“相对于舞台”按钮，使文字水平和垂直均居中对齐，如图5.34所示。

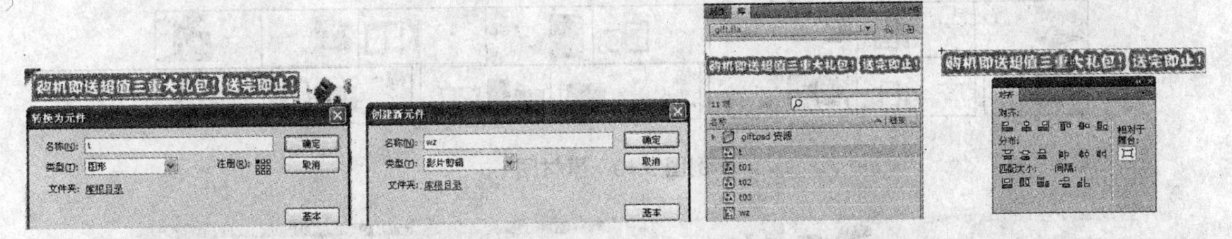

图5.31 转换图形元件t　图5.32 创建新元件wt　图5.33 “库”面板　图5.34 “对齐”对话框

（6）创建补间形状动画影片剪辑。新建图层2，在文字左侧，用“矩形工具”绘制一个无边框的蓝色矩形，如图5.35所示。

（7）在图层1第30帧，按【F5】键，插入帧，在图层2第30帧，按【F6】键，插入关键帧，用“任意变形工具（Q）”拖拽改变矩形的大小，直到覆盖全部文字为止，如图5.36所示。

（8）选中图层2第1帧，右击，选“创建补间形状”选项，创建补间形状动画，如图5.37所示。

（9）选中图层2，右击，选中“遮罩层”选项，创建遮罩动画效果，如图5.38所示。

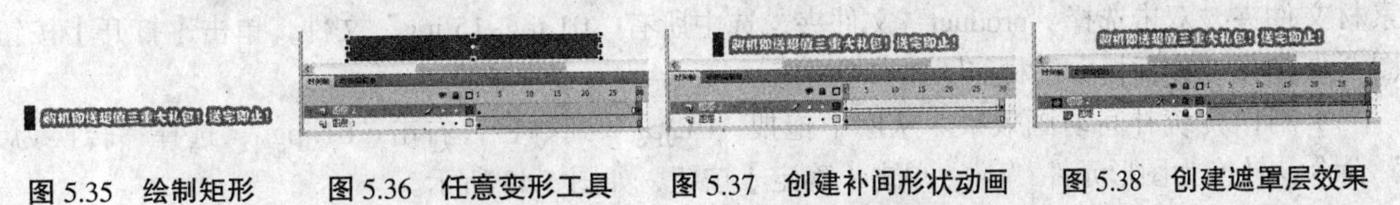

图5.35 绘制矩形　图5.36 任意变形工具　图5.37 创建补间形状动画　图5.38 创建遮罩层效果

（10）选中图层1及图层2第40帧，按【F5】键，插入帧，如图5.39所示。

（11）返回场景1，选中文字图层，在“属性面板”中，单击按钮，在“交换元件”对话框中，选择“wz”影片剪辑，单击【交换】按钮，如图5.40所示。

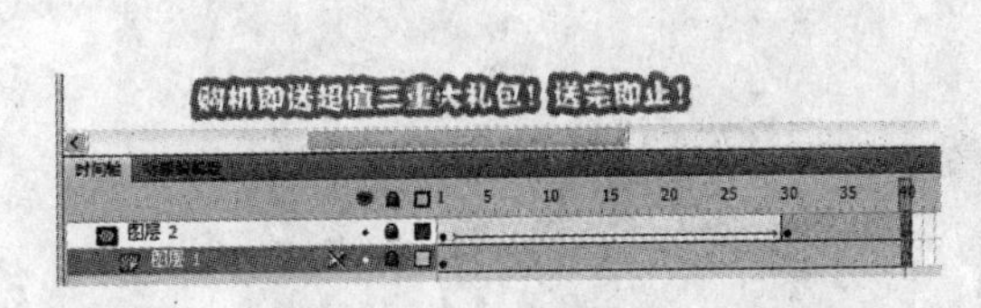

图5.39 延长帧

图5.40 “交换元件”对话框

（12）按【Ctrl+Enter】测试影片，调整“wz”影片剪辑到合适的位置。同理，制作其他形状补间动画。

技术提示：

1．创建补间形状动画是 Flash CS4 以前版本的保留。

2．创建补间形状动画需要首尾两个关键帧。

3．如果想删除补间形状动画，可右击鼠标利用快捷菜单，选择对应的选项，取消已做动画。

经典案例 5.6 创建传统补间动画

1．案例作品

平板电脑产品的功能很多，如何用动画的形式介绍给用户呢？运用 Flash CS4 的创建传统补间动画和图层技术，可以达到预期效果。制作时导入素材图片，按照顺序有规律地排列好图层，调整好图片动画的位置，淡入效果，停留时间，能够创造出最佳的广告视觉效果。

案例图 5.10 素材图

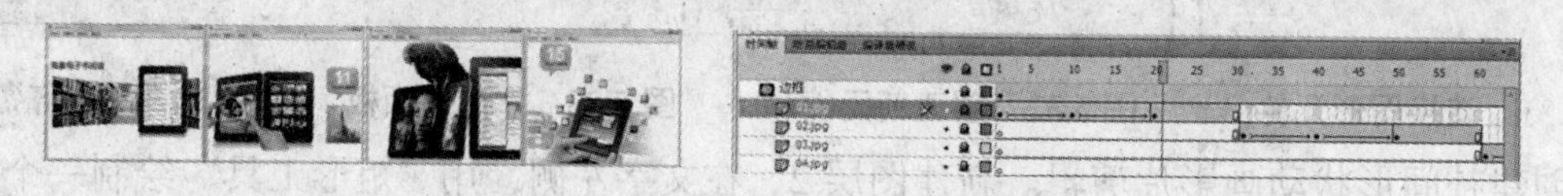

案例图 5.11 部分传统补间动画效果图

2．制作步骤

（1）新建文件。新建“Flash 文件 (ActionScript 2.0)”文件，调整大小为 600×450，帧频为 12 fps。保存文件为“product.fla(product 意思是产品)。

（2）导入素材图片。单击【文件】→【导入】→【导入到库】命令，打开“导入到库”对话框，从素材文件夹，双击选择“product”文件夹，选中所有“01.jpg~15.jpg”文件，单击【打开】按钮，如图 5.41 所示，库面板中素材如图 5.42 所示。

（3）制作传统补间动画效果。从库中拖拽“01.jpg”到舞台，右击“01.jpg”，选择“转换为元件”命令，转换为图形元件“t1”，单击【确定】按钮，如图 5.43 所示。

（4）确定参考线。按【Ctrl+Alt+Shift+R】键，显示“标尺”，拖出水平参考线，位置 0，600，垂直参考线，位置 0，450，舞台大小参考线，如图 5.44 所示。

（5）插入关键帧。调整好“t1”图片元件在舞台上的位置，如图 5.45 所示。在第 10，20 帧，按【F6】键，插入关键帧，在第 20 帧，调整好“t1”图片元件在舞台上的位置，如图 5.46 所示。

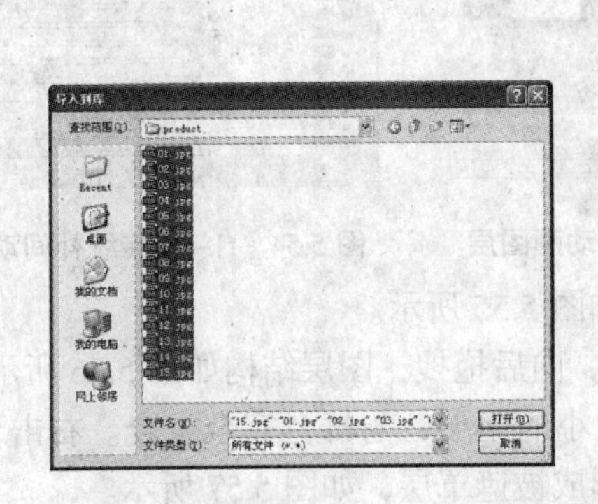

图 5.41　导入素材文件到库

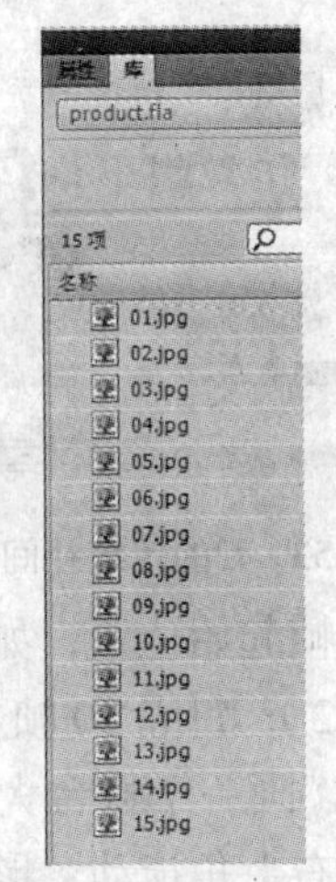

图5.42　库中的素材文件

图 5.43　“转换为元件”对话框

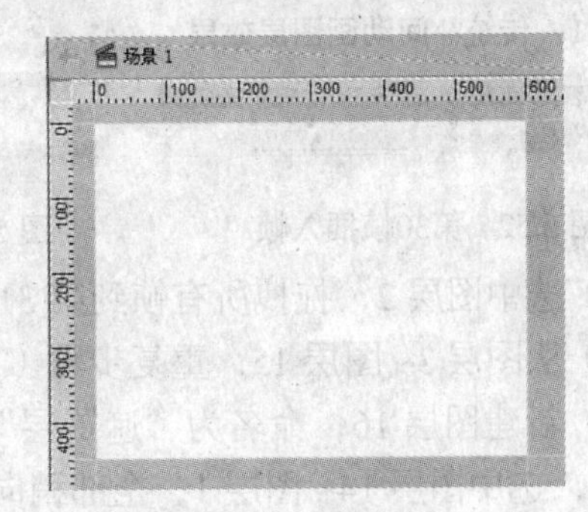

图 5.44　参考线

（6）调整 Alpha。选中舞台中第 1 帧的“t1”图片元件，在属性面板中，选择“色彩效果”下“样式”为“Alpha”，如图 5.47 所示。调整 Alpha 为“0”，如图 5.48 所示，效果如图 5.49 所示。

图 5.45　“t1”图片第1帧在舞台的位置

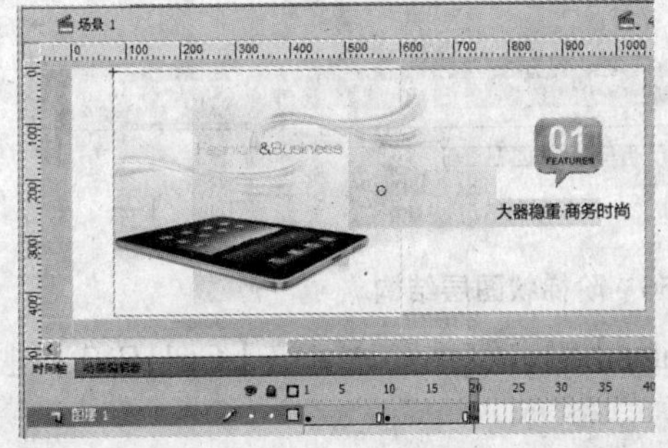

图5.46　“t1”图片第20帧在舞台的位置

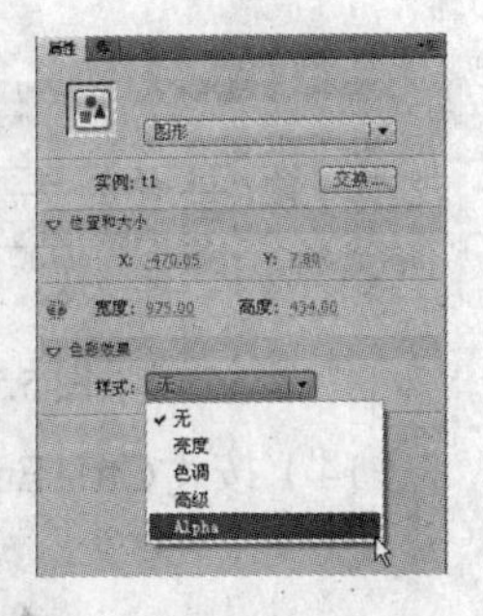

图 5.47　选择Alpha

（7）创建传统补间动画。按【Shift】键，依次单击第 1、10 帧，同时选中这些帧，右击，单击“创建传统补间”选项，如图 5.50 所示，创建传统补间动画，图层效果如图 5.51 所示。

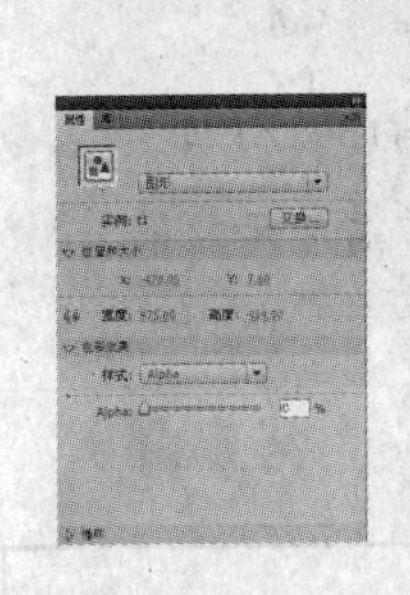

图 5.48　Alpha调整为0

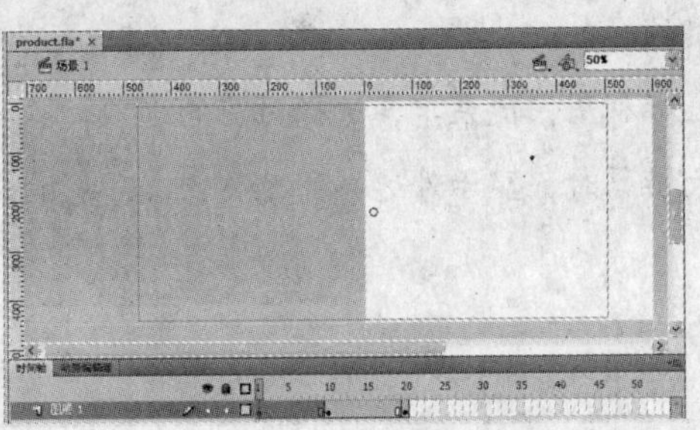

图 5.49　t1透明效果图

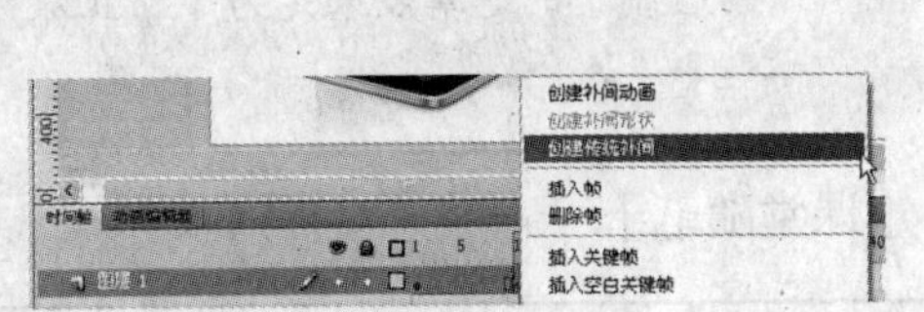

图 5.50　创建传统补间

（8）选中第 30 帧，按【F5】键，插入帧，如图 5.52 所示。按【Ctrl+Enter】键，测试影片。

（9）新建图层 2，拖拽“02.jpg”到舞台，右击“02.jpg”，选择“转换为元件”命令，转换为图形元件“t2”，单击【确定】按钮。重复步骤（5）~（8），制作“t2”的传统补间动画，如图 5.53 所示。

（10）新建图层 3~15，重复 t1 制作步骤，制作 t3~t15 的传统补间动画，如图 5.54 所示。

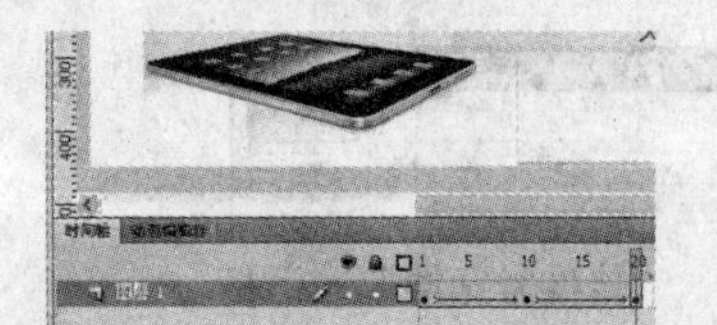

图 5.51　传统补间动画图层效果

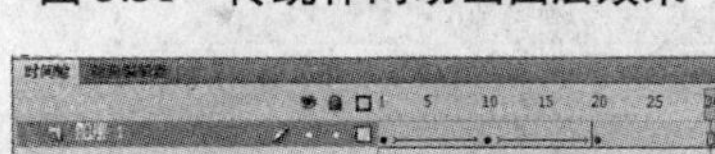

图 5.52　第30帧插入帧

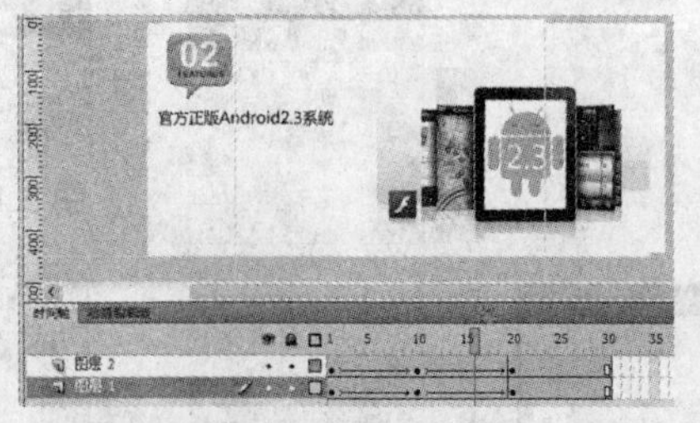

图 5.53　t2的传统补间动画图层

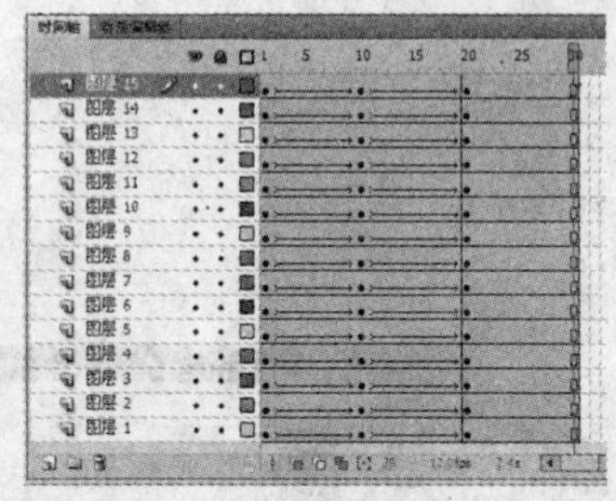

图 5.54　t1~t15传统补间动画

（11）选中图层 2，拖拽所有帧到第 31 帧起始位置，如图 5.55 所示。

（12）从图层 3~ 图层 15，重复步骤（12），每隔 30 帧，向后拖拽，图层结构如图 5.56 所示。

（13）新建图层 16，命名为“遮罩层”，画一个舞台大小的矩形，与舞台完全重合。右击，选择“遮罩层”，选中图层 14~ 图层 1，全部稍向右上角拖动，形成被遮罩层，如图 5.57 所示。

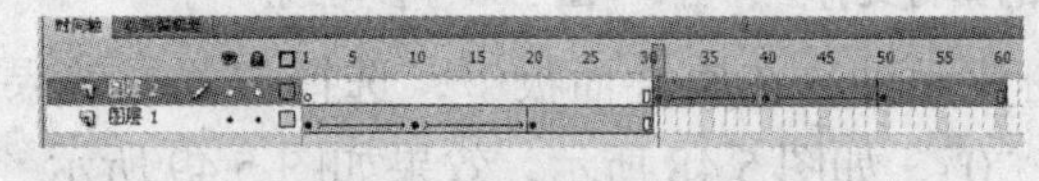

图5.55　图层2最终结构

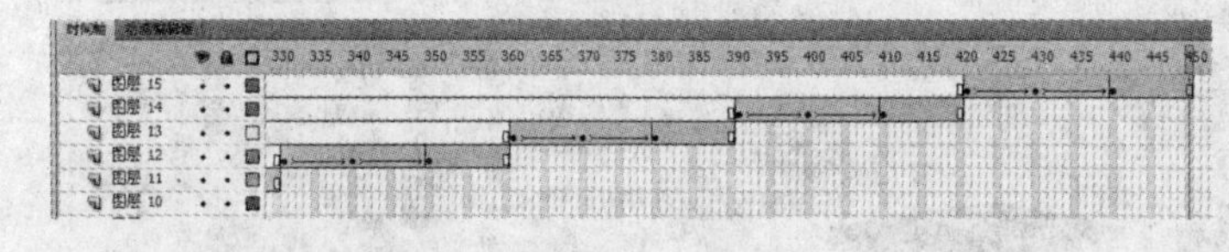

图 5.56　阶梯状图层结构

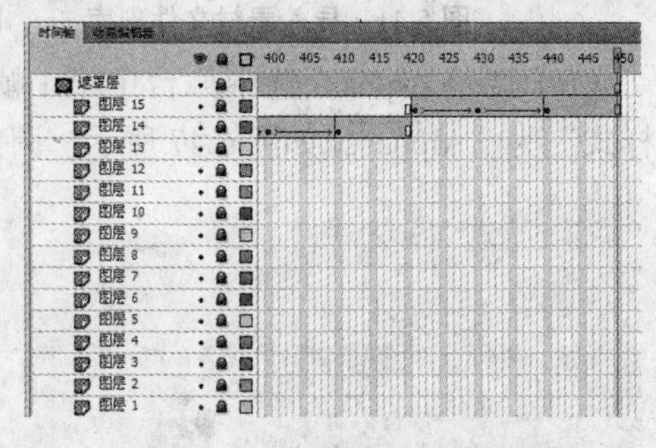

图 5.57　多层遮罩图层结构图

（14）按【Ctrl+Enter】键，测试影片。按【Ctrl+F12】键，发布影片。

技术提示：

1. 传统补间动画创建是Flash CS4以前版本的保留。
2. 创建传统补间动画需要首尾两个关键帧。
3. 如果想删除传统补间动画，可右击鼠标利用快捷菜单，选择对应的选项，取消已做动画。
4. 最后制作的遮罩效果是为了防止放大屏幕时，显示外边界的无关内容，影响广告展示效果。

「课堂随笔」

2. 制作步骤

（1）编写音乐的播放和停止动作脚本。为“音乐”图层和按钮“MUSIC”添加命令代码。打开制作好的“button.fla”文件。

（2）导入音乐“gohome.mp3”文件。单击【文件】→【导入】→【导入到库】命令，选择音乐“gohome.mp3”文件→单击【打开】按钮，导入音乐“gohome.mp3”文件。

（3）新建一个图层并命名为“音乐”，选择第1帧，从“库”面板拖拽音乐“gohome.mp3”文件到舞台，打开“属性”面板，设置“同步”为“开始”和“循环”，如图5.68所示。

（4）选择第1帧，按【F9】键，打开“动作-帧”对话框，在右侧的文本框中，输入脚本代码，如图5.69所示。第1帧显示有“α”字母，如图5.70所示。代码如下：

```
mysong = new Sound()
mysong.attachSound("music");
mysong.play() // 使声音在动画开始时播放
var soundkey=1 // 定义变量 soundkey，监视声音播放情况
```

（5）选择按钮“MUSIC”，按【F9】键，打开“动作-按钮”对话框，在右侧的文本框中，输入脚本代码，如图5.71所示。代码如下：

```
on(release){
soundkey=-soundkey // 使变量值为原值相反数
if(soundkey==1){
mysong.stop()
mysong.start()
} // 如果 soundkey 值为正，则播放声音，mysong.stop() 使声音停止后再播，以免声音产生叠加，影响效果
if(soundkey==-1){
mysong.stop()
}
// 如果 soundkey 值为负，则声音停止
}
```

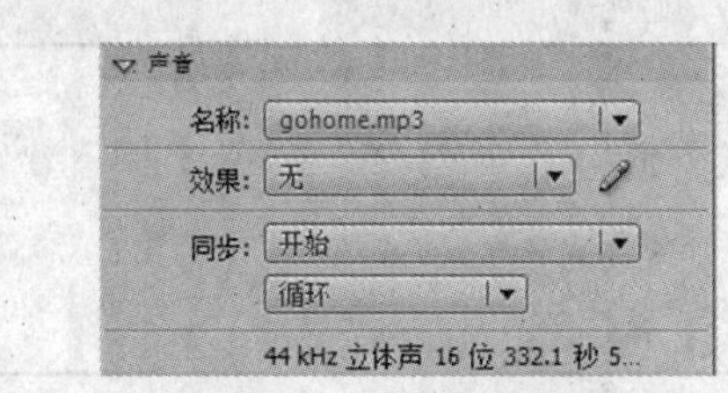

图5.68　声音同步设置

图5.70　帧显示“α”字母

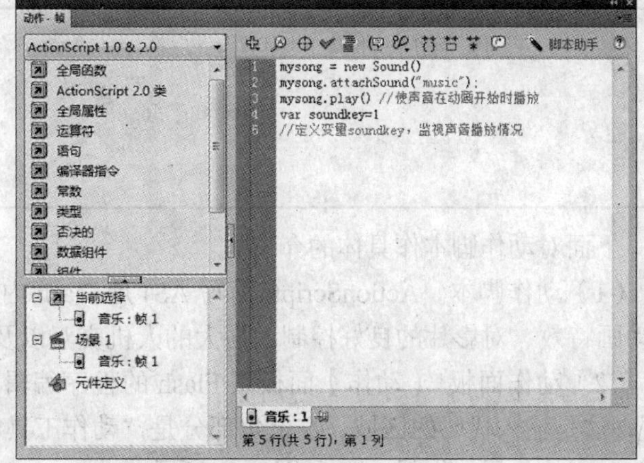

图5.69　动作-帧

（6）按“检查语法”图标，检查语法显示“此脚本中没有错误”，如图5.72所示。

（7）按【Ctrl+Enter】键，测试影片，单击“MUSIC”按钮，音乐停止，再次单击“MUSIC”按钮，仍然没有音乐播放。

（8）返回场景1，在“库”面板中，选择音乐“gohome.mp3”文件。右击，选择“属性”，打开

“声音属性”对话框，在“链接”选项中，复选“为 ActionScript 导出 (X)”和“在帧 1 中导出”选项，输入“标识符（I）”为“music”，单击【确定】按钮，如图 5.73 所示。“库”面板中，声音文件显示如图 5.74 所示。

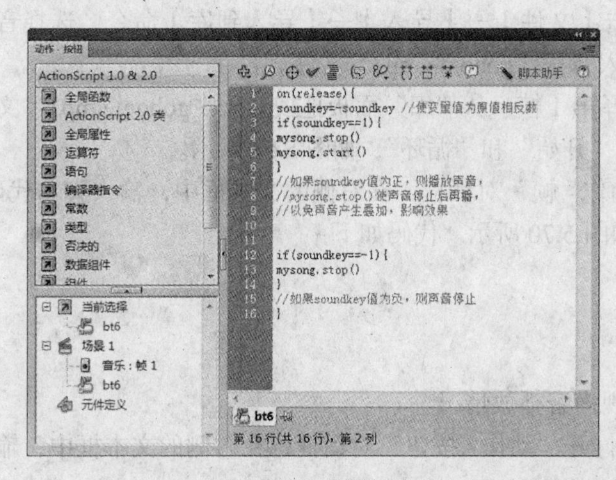

图 5.71　“动作-按钮”对话框

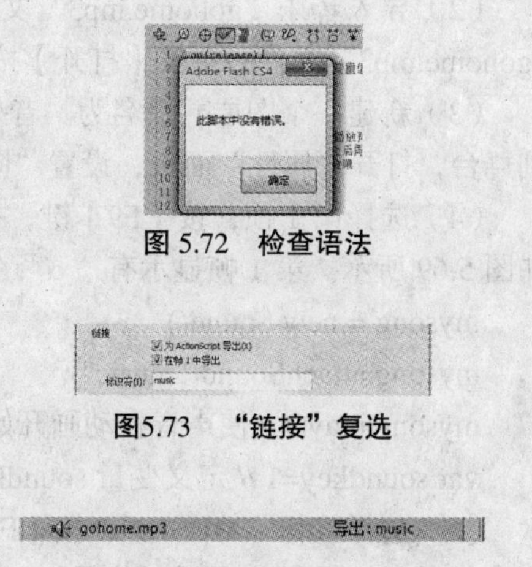

图 5.72　检查语法

图5.73　“链接”复选

图 5.74　显示“导出：music”

（9）按【Ctrl+Enter】键，测试影片，单击“MUSIC”按钮，音乐停止，再次单击“MUSIC”按钮，音乐播放。反复多次单击“MUSIC”按钮，播放和停止正常。

技术提示：

在flash中只有以下三类对象可以添加动作脚本：关键帧（也包括空白关键帧）、按钮和影片剪辑。

如何给这些对象（包括关键帧、按钮、影片剪辑）添加动作脚本呢？为对象添加动作脚本首先要选中该对象，按【F9】键打开动作面板即可添加。动作面板就是为各对象添加动作脚本的地方。

打开动作面板的方法：单击【窗口】→【动作】命令，按【F9】键或右击。

「课堂随笔」

下面对动作脚本作具体的介绍。

（1）动作脚本。ActionScript(简写 AS) 是 Flash 内置的编程语言，用它为动画编程，可以实现各种动画特效、对影片的良好控制、强大的人机交互以及与网络服务器的交互功能。

（2）动作面板。【动作】面板是 Flash 的程序编辑环境，它由两部分组成。右侧部分是“脚本窗口”，这是输入代码的区域。左上角部分是“动作工具箱”，每个动作脚本语言元素在该工具箱中都有一个对应的条目，如图 5.71 和图 5.73 所示。

（3）添加动作的基本步骤。选定某关键帧或某个按钮或某个影片剪辑元件，打开动作面板，在面板右侧的脚本窗格中写代码或双击动作工具箱相应条目。一般每条语句写一行，以分号结束。写出所有代码后，用语法工具进行语法检查，如无错误，使用自动套用格式，然后运行。

注意：① AS 中严格区分大小写字母；②标点符号必须在英文状态下输入；③关键字一般呈现蓝色（关键字是具有特定含义的保留字，是用于执行一项特定操作的单词）。

项目 5.3 Flash 制作网络多媒体广告

例题导读

"经典案例 5.9"和"经典案例 5.10"讲解了片头和 LOADING 场景的制作方法和技巧。

知识汇总

- ●创建影片剪辑元件，绘制矩形的方法
- ●动作 - 帧，传统补间动画制作方法

如何制作一个精美的片头，展示平板电脑专卖的品牌形象呢？通过选取金属质感的背景图片，元件的遮罩动画、图片显示动画、Logo 动画、导入音乐、制作和使用"进入"按钮来体现广告的特点。

主页 Flash 片头是一段简短的 Flash 动画，以浓缩的形式展现产品的特点。它具有简练、精彩等特性。播放片头（piantou.swf）动画，单击片头中的"进入"按钮引出主页（main.swf）的显示。

经典案例 5.9 制作片头

1．案例作品

案例图5.14 素材

案例图5.15 部分效果图

2．制作步骤

（1）新建文件。新建"Flash 文件 (ActionScript 2.0)"文件，调整大小为 800×600，帧频为 12 fps。保存文件为"piantou.fla"。

（2）导入素材图片。单击【文件】→【导入】→【导入到库】命令，打开"导入到库"对话框，从素材文件夹，双击选择"piantou"文件夹，选中所有文件，单击【打开】按钮，如图 5.75 所示。

（3）重命名图层 1 为"背景"，从库面板拖拽"bg.jpg"到舞台，转换为图形元件"bg"，并调整大小为 800×600，与舞台对齐。

（4）制作"book"影片剪辑。按【Ctrl+F8】键，新建"影片剪辑"，名称为"book"，单击【确定】按钮。从库中拖拽"book.jpg"到舞台，按【F8】键，转换为"book1"图形元件。

（5）新建图层 2，用"矩形工具（R）"画一个无边框的黑色矩形，大小为 83.3×118，并与舞台水平垂直居中对齐。

（6）调整"book1"图形元件的起始位置，如图 5.76 所示。

（7）在图层 1 第 5 帧和第 65 帧，按【F6】键，插入关键帧。在图层 1 第 65 帧，按【F5】键，插入帧。调整"book1"图形元件的结束位置，如图 5.77 所示。

（8）制作补间动画和遮罩动画。选中图层 1 第 5 帧，右击，选择"创建传统补间"选项，创建

传统补间动画。选择图层 2，右击，选择“遮罩层”选项，创建遮罩层动画，如图 5.78 所示。

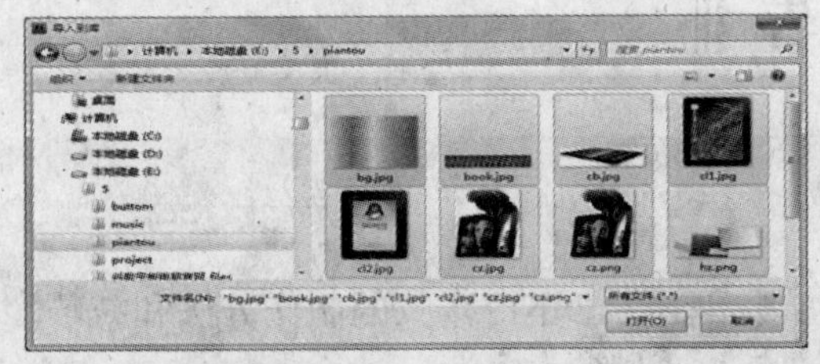

图 5.75 导入素材到库

图5.76 book1 起始位置 图 5.77 book1 结束位置

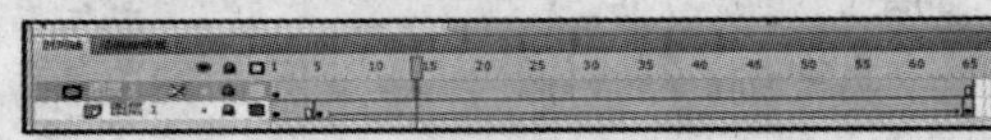

图 5.78 创建传统补间和遮罩层动画

（9）按【Ctrl+F8】键，新建“影片剪辑”，名称为“pm”，单击【确定】按钮。

（10）用“矩形工具（R）”画一个无边框的渐变矩形，大小为“244 × 168”，填充渐变色左端黑色 Alpha 为“50%”，并与舞台标志左上角对齐，如图 5.79 所示。

（11）选中第 30 帧，按【F6】键，插入关键帧，用“任意变形工具（Q）”向下压缩矩形为一条线段，位置 X,Y 为（0，164），宽度为 244，高度为 1，如图 5.80 所示。

（12）选中第 1 帧，右击，选择“创建补间形状”选项，创建补间动画，在第 40 帧，按【F5】键，插入帧。

（13）新建图层 2，重复第（10）~（12）步骤，做出上下相对的另一半补间动画，第 1 帧如图 5.81 所示。图层 2 第 30 帧，压缩（X,Y）为（0，-172），如图 5.82 所示。

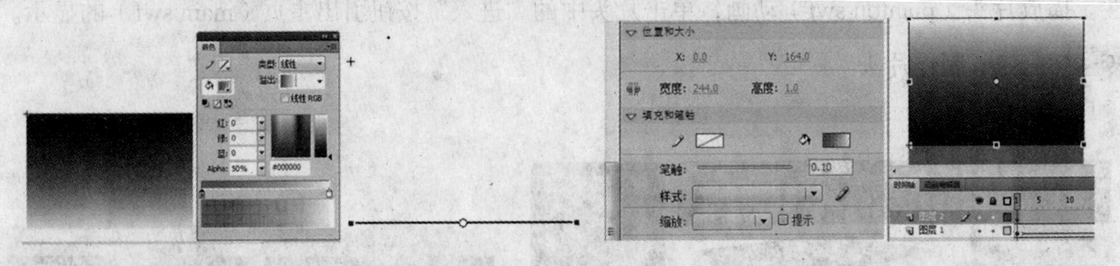

图5.79 图层1第1帧矩形 图5.80 图层1第30帧压缩为一条线段 图5.81 图层2第1帧矩形

（14）制作“chaozhi”影片剪辑。从库中拖拽“cz.png”到舞台，按【F8】键，转换为“cz”图形元件。在第 30 帧，按【F6】键，插入关键帧，按“任意变形工具（Q）”，同时按【Shift】键，拖拽鼠标等比例缩小到（X,Y）为（226.65，300）。

（15）选中第 1 帧，按“任意变形工具（Q）”，同时按【Shift】键，拖拽鼠标等比例缩小到（X,Y）为（20，26.1）。在属性面板中，调整 Alpha 为“0”，如图 5.83 所示。

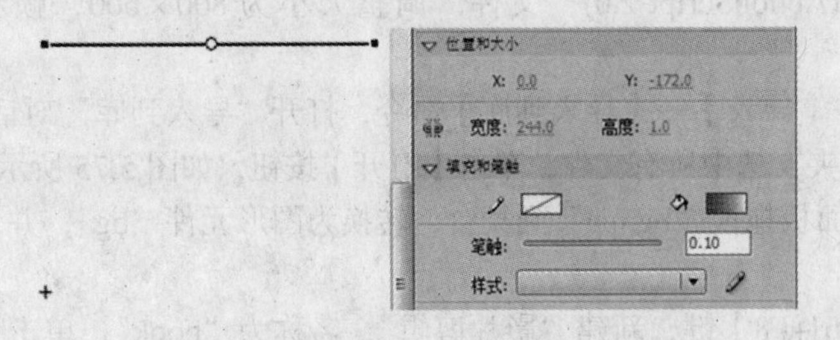

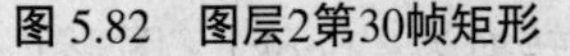

图 5.82 图层2第30帧矩形

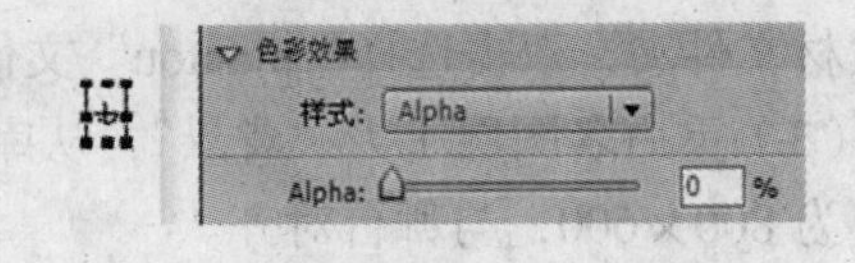

图 5.83 调整第1帧大小和Alpha为0

（16）选中第 1 帧，右击，选择“创建传统补间”选项，在属性面板中，设置“补间”“逆时针”旋转 2 周。如图 5.84 所示。

（17）选中第 40 帧，按【F5】键，插入帧，如图 5.85 所示。

（18）打开外部库。按【Ctrl+Shift+O】键，打开“作为库打开”对话框，选择“LOGO.fla”文件，单击【打开】按钮，如图 5.86 所示，导入“LOGO.fla”文件，库面板，如图 5.87 所示。

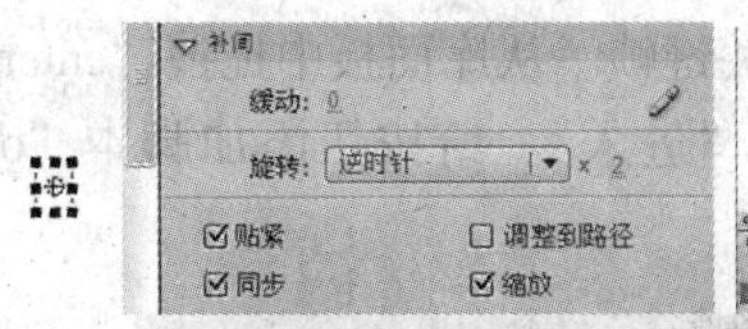

图 5.84 设置补间逆时针旋转2周

图 5.85 完整图层结构

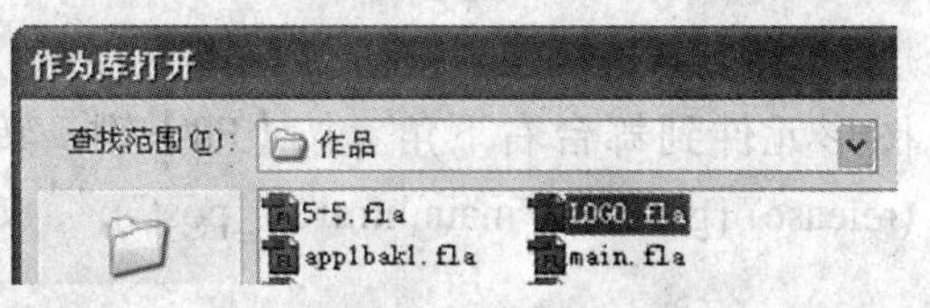

图 5.86 "作为库打开"对话框

（19）建图层"LOGO"，从"LOGO.fla"文件库面板中拖拽"LOGO"影片剪辑到舞台左上角，如图 5.88 所示。

（20）制作"盒子"（hz）影片剪辑。从库中拖拽"hz.png"到舞台，按【F8】键，转换为"hz1"图形元件。在第 10，20 帧，按【F6】键，插入关键帧。

（21）选中第 20 帧，在属性面板中，调整 Alpha 为"0"。

（22）选中第 20 帧，右击，选择"动作"选项，添加"stop()"脚本，如图 5.89 所示。

（23）选中第 10 帧，右击，选择"创建传统补间"选项，创建传统补间动画，如图 5.90 所示。

图 5.87 LOGO.fla库面板　图5.88 定位"LOGO"影片剪辑

图 5.89 添加"stop()"脚本

图 5.90 "hz"影片剪辑图层结构

（24）组装元件。新建图层"盒子"，从库面板中拖拽出"盒子"影片剪辑到舞台，坐标为（314，296），在第 20 帧，按【F5】键，插入帧。

（25）新建图层"超亮 1"，先从库面板中拖拽"cl1.jpg"图片到舞台，坐标为（478，113），再拖拽"pm"影片剪辑到舞台，坐标为（511，319），放置到与 cl1.jpg 屏幕对齐。

（26）新建图层"超亮 2"，先从库面板中拖拽"cl2.jpg"图片到舞台，坐标为（42，109），再拖拽"book"影片剪辑到舞台，坐标为（105.3，102.3），放置到与 cl2.jpg 屏幕对齐。

（27）新建图层"超值"，从库面板中拖拽"chaozhi"影片剪辑到舞台，坐标为（346，306）。

（28）新建图层"标语"，从库面板中拖拽"wz.png"图片到舞台，坐标为（330，23）。

（29）新建图层"超薄"，从库面板中拖拽"cb.png"图片到舞台，坐标为（384，314），转换为图形元件"cb"。

（30）创建动画。选中"超薄"图层，选中第 1 帧，拖拽鼠标到第 21 帧，在第 41，61 帧，按【F6】键，插入关键帧。在第 61 帧，拖拽图形元件"cb"到坐标（242，532）位置。选中第 41 帧，右击，选择"创建传统补间"动画。

（31）选中"标语"层，在第 10，20，30，40，50，60，70，80，90，100，110，120 帧，按【F6】键，插入关键帧。在第 20，40，60，80，100，120 帧，右击，选择"转换为空白关键帧"，实现标语闪烁的效果。

（32）选中所有图层在第 140 帧，按【F5】键，插入帧。

（33）新建图层"音乐"，导入"gohome.mp3"到库。选中第 1 帧，在属性面板中，设置声音名称选"gohome.mp3"，同步为"开始""重复"，如图 5.91 所示。

（34）新建图层"action"，在最后 1 帧，按【F7】键，插入空白关键帧。给按钮添加脚本"stop();"，如图 5.92 所示。

（35）新建图层“按钮”，在最后 1 帧，按【F7】键，插入空白关键帧。从库面板中拖拽“enter”图形元件到舞台右下角。按【F8】键，转换为按钮元件，命名为“进入”。给按钮添加脚本“on (release) {getURL("main.html", "_post");”，如图 5.93 所示。

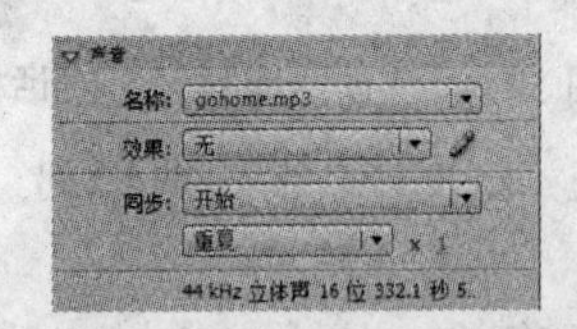

图 5.91　“hz”影片剪辑图层结构

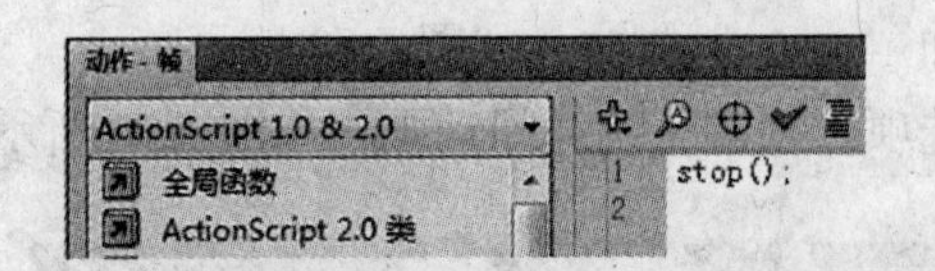

图 5.92　“动作-帧”脚本

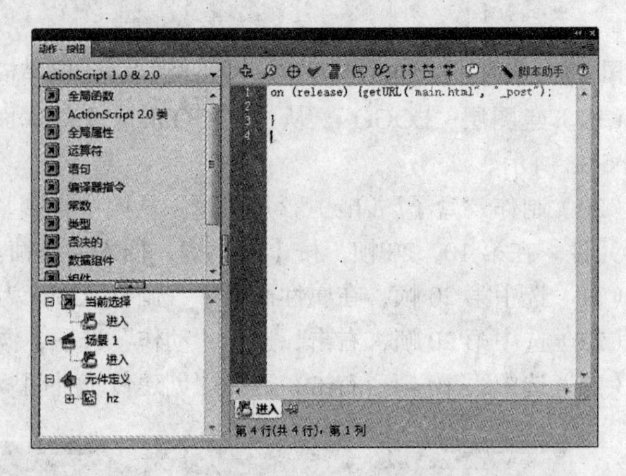

图 5.93　“动作-按钮”脚本

（36）按【Shift+F12】键，发布文件，在浏览器中测试正常。再次保存文件。完整图层结构，如图 5.94 所示。

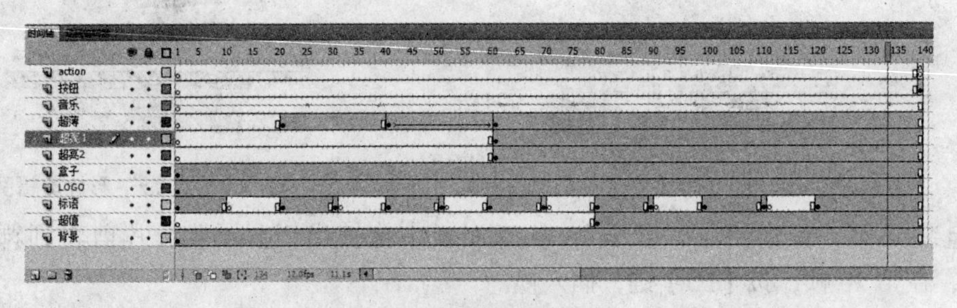

图 5.94　完整图层结构

技术提示：

1. 片头动画要体现广告的主题。
2. 调整好不同元件的出场顺序和位置。
3. 进入按钮要放在最后一帧。

「课堂随笔」

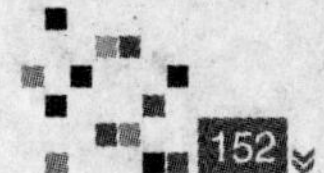

经典案例 5.10 LOADING 场景制作

1．案例作品

如何给平板电脑专卖广告制作一个完美的预载动画呢?

打开预先准备好的声像素材；导入金属质感的凹槽背景；制作从 0 到 100 的闪光移动条；动态文本框，显示 0% 到 100% 的变化过程；显示动态 LOGO ；单击【Enter】按钮，进入主界面。素材及部分效果图如案例图 5.16、5.17 所示。

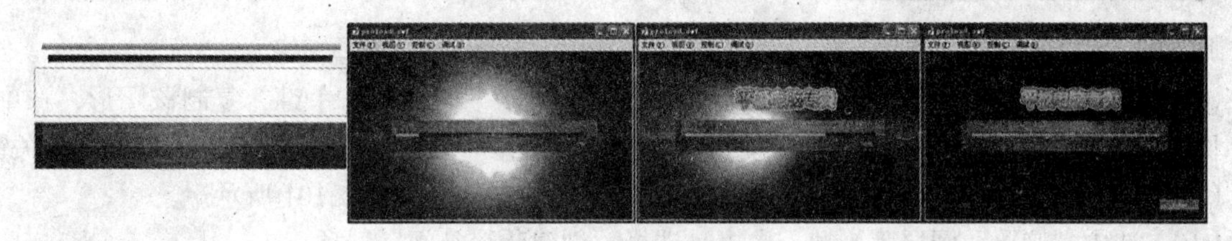

案例图5.16 素材　　　　案例图 5.17 部分效果画

2．制作步骤

（1）新建文件。新建“Flash 文件 (ActionScript 2.0)”文件，调整大小为 512×288，帧频为 12fps。另存为“loading.fla”文件。

（2）导入素材图片。单击→【导入到库】命令，打开“导入到库”对话框，双击选择“loading”文件夹，选中所有文件，单击【打开】按钮，如图 5.95 所示。

（3）按【Ctrl+Shift+O】键，打开“作为库打开”对话框，选择“声像素材 .fla”，单击【打开】按钮，如图 5.96 所示。同理，打开“LOGO.fla”素材文件，库面板如图 5.97 所示。

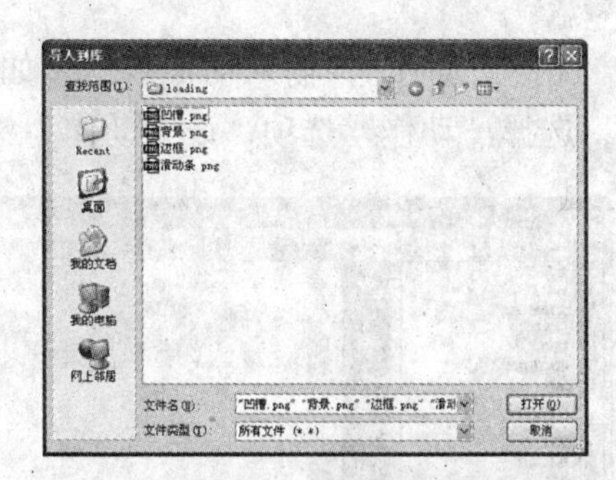

图 5.95 导入素材到库

图 5.96 “作为库打开”对话框

（4）选中“图层 1”，重命名为“视频”，从“声像素材 .fla”库面板，拖拽“streamviedo”到舞台，提示语如图 5.98 所示，单击【是】按钮。

图 5.97 库面板

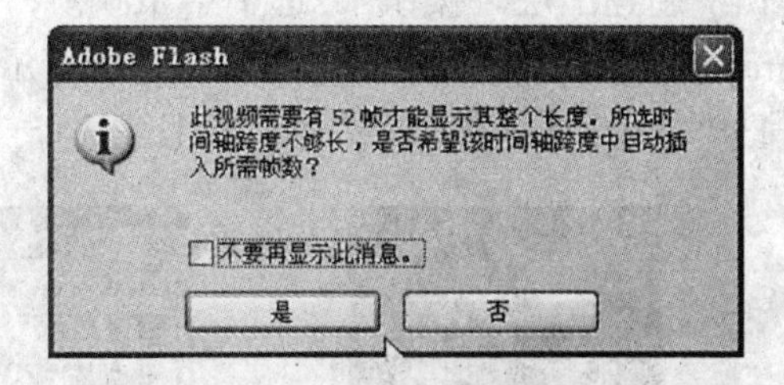

图 5.98 提示信息

（5）新建图层“音乐”，从“声像素材 .fla”库面板，拖拽“streamsound”到舞台，更改属性面板中声音的同步为“开始”、“重复”。

（6）新建图层“LOGO”，从“LOGO.fla”库面板，拖拽“LOGO”到舞台，水平垂直居中对齐。

（7）新建图层 4，5，6，7，分别命名为“边框”、“ 背景”、“ 凹槽”和“滑动条”。从库面板中

拖拽对应的素材图片到相应的图层，并调整好位置，如图 5.99 所示。图层结构如图 5.100 所示。

图 5.99　元件在场景中的位置

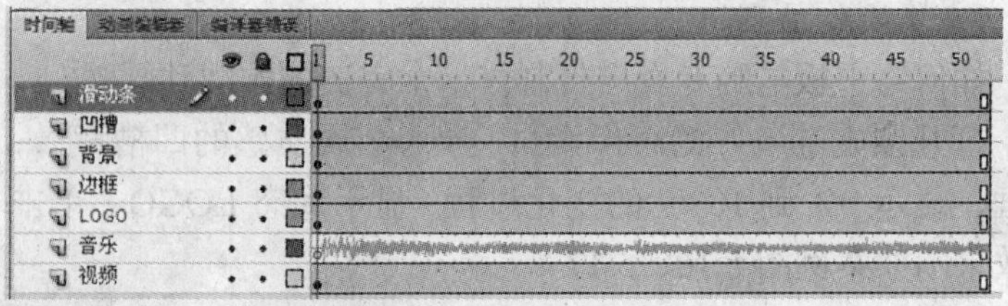

图5.100　图层结构

（8）新建图层“遮罩”，选中“滑动条”图层第 1 帧，按【Ctrl+C】键，复制该图形，选中“遮罩”图层第 1 帧，按【Ctrl+Shift+V】键，粘贴到当前位置。在第 100 帧，按【F6】键，插入关键帧。

（9）选中“遮罩”图层第 1 帧，拖拽到滑动条左端点对齐，如图 5.101 所示。

（10）选中“遮罩”图层第 1 帧，右击，选择“创建传统补间”选项。

（11）选中“遮罩”图层，右击，选择“遮罩层”选项，创建遮罩效果如图 5.102 所示。

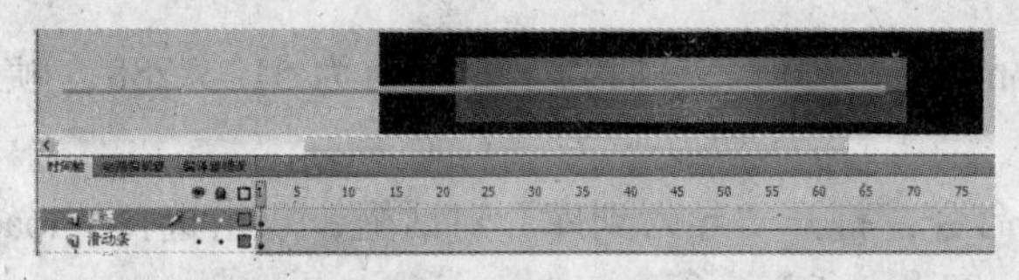

图5.101　左端对齐

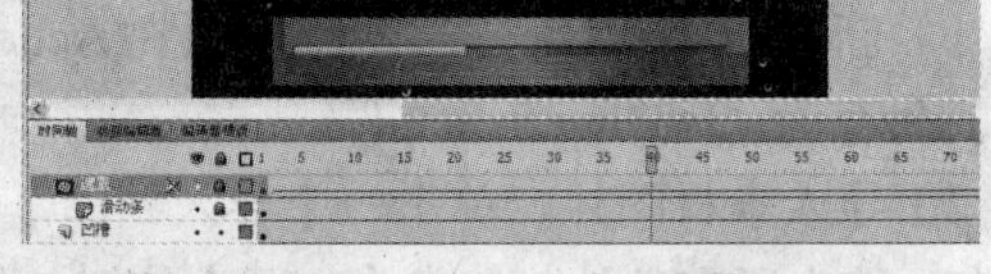

图5.102　创建传统补间和遮罩层动画

（12）新建图层“动态文本”，用“文本工具（T）”在舞台上画出文本框，属性为“动态文本”，标签为“loadNum”，如图 5.103 所示。

（13）新建图层“action”，选中第 1 帧，右击，选择“动作”，输入动作脚本，如图 5.104 所示。在第 100 帧，按【F7】键，插入空白关键帧，右击，选择“动作”选项，设置动作为“stop(　);”。

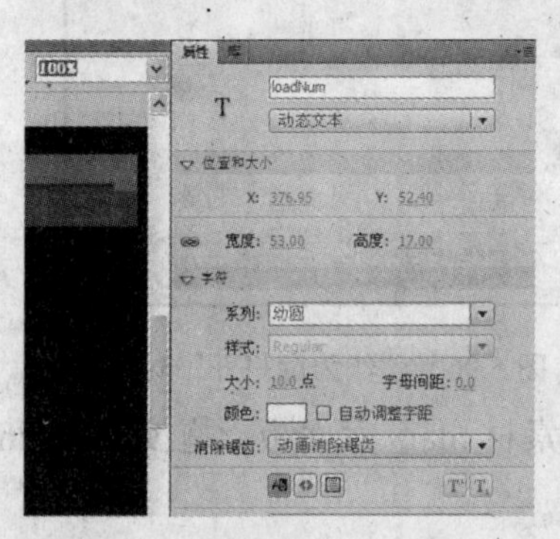

图 5.103　动态文本设置

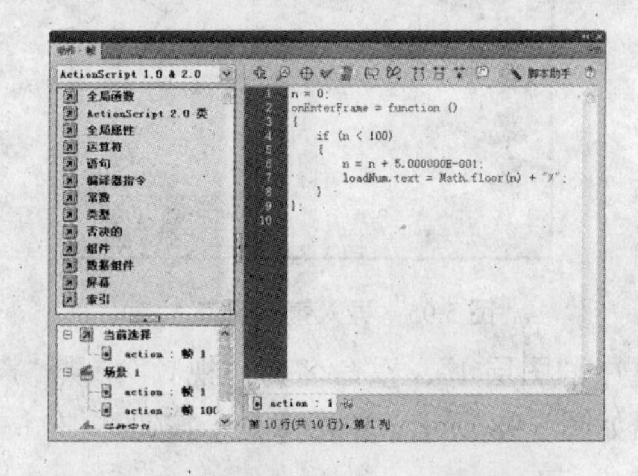

图 5.104　输入action脚本

（14）新建图层“按钮”，选中第 100 帧，按【F7】键，插入空白关键帧，在“公用库”中拖拽“bar grey”按钮到舞台右下角，如图 5.105 所示。

（15）选中“bar grey”按钮，右击，选择“动作”选项，输入脚本，如图 5.106 所示。

图5.105　按钮位置

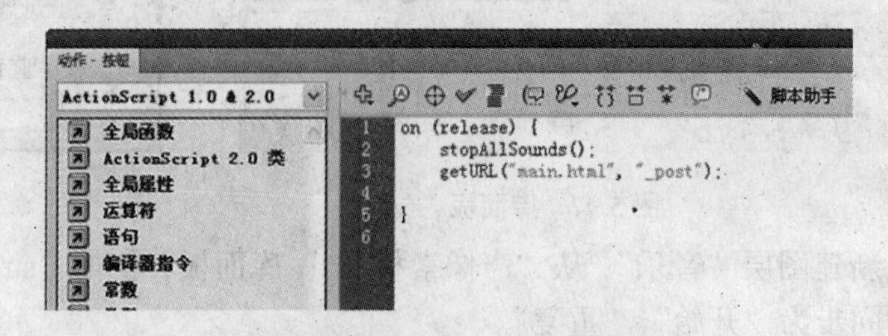

图5.106　按钮动作脚本

（16）总体结构如图 5.107 所示。测试影片，保存结束。

图5.107　总体图层结构

>>>

技术提示：

本案例是演示代码。关于基本代码的正常预载的方法有两种：一种是_framesloaded和_totalframes的比较，一种是getBytesloaded( )和getBytesTotal( )的比较，一般倾向于后者。

制作好广告作品后，上传后，如不使用预载代码，往往打开后一片空白，等了很久也不知道能否看到。

「课堂随笔」

项目 5.4 制作广告网站

例题导读

“经典案例 5.11”和“经典案例 5.12”讲解了使用 Flash CS4 制作整个广告网站的全过程。从制作广告内容页到主页中导航栏的脚本制作有机地完成了纯 Flash 广告网站的制作。最后发布并上传网站。

知识汇总

- 导入，绘制矩形，转换元件的方法
- 添加动作 - 帧脚本，添加动作 - 按钮脚本的方法
- 交换位图，制作影片剪辑的方法
- 查找免费空间，上传文件的方法

创建广告网站的整体框架。网站的各种元件制作完成后，如何把它们有机地链接成一个广告网站呢？从创建网站的整体框架入手，制作一个 main.fla 主页文件，作为该网站的“主页”。在主页文件中添加相应的脚本代码，通过导航按钮链接五个广告内容页。它们主要由五个 .swf 文件组成，即“首页”、“产品展示”、“精美礼包”、“在线订货”、“联系我们”。制作完成后发布为 .html 和 .swf 文件，整理所有内容到一个文件夹下，上传后，打开浏览器观察结果，完成一个完整广告网站的制作。网站主页整体框架如图 5.108 所示。

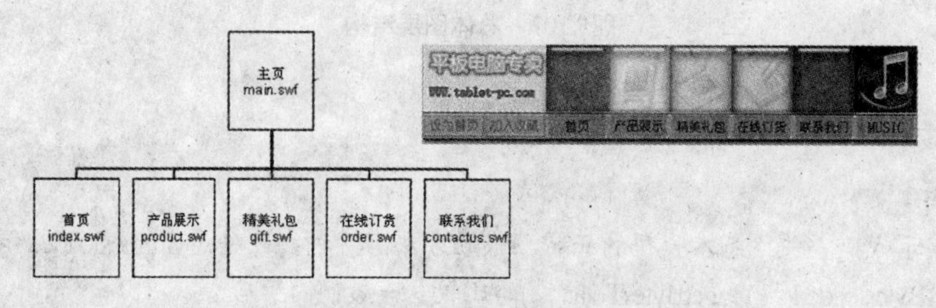

图5.108　网站主页整体框架

经典案例 5.11　制作广告内容页

1．案例作品

如何把全部内容组装成一个网站呢？本案例在 main.fla 中，链接了全部的广告内容页。左侧内容效果图及广告网站整体效果图如案例图 5.18、案例图 5.19 所示。

案例图5.18　左侧内容页效果图

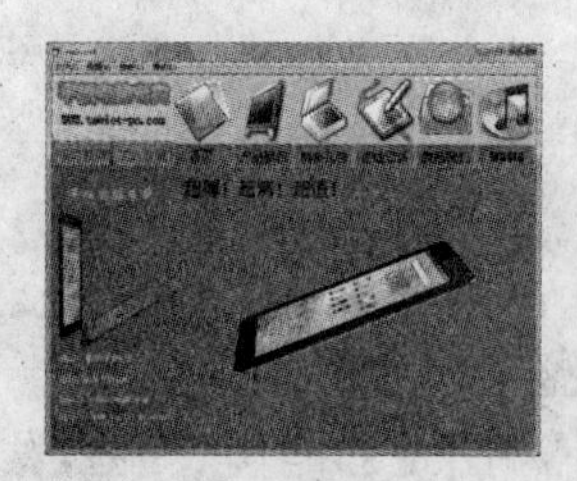
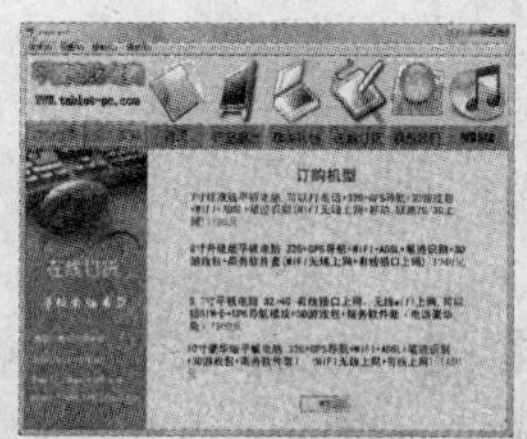
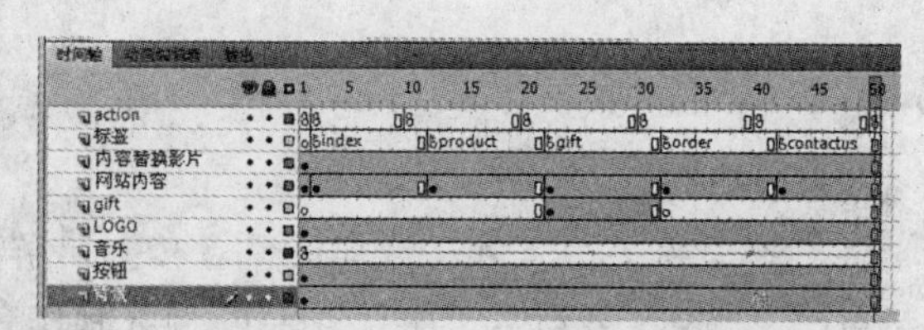

案例 图5.19　广告网站整体效果图

2．制作步骤

（1）新建文件。打开预先制作好的“button.fla”文件，调整大小为 800×600，帧频为 12 fps。另存为“main.fla”文件，如图 5.109 所示。

（2）导入素材图片。按【Ctrl+Shift+O】键，打开“作为库打开”对话框，选择“LOGO.fla”文件，单击【打开】按钮，打开“LOGO.FLA”库面板，如图 5.110 所示。

（3）新建“LOGO”图层，从库面板，拖拽“LOGO”影片剪辑和图片“www.tablet-pc.com”到舞台左上角，调整好位置，如图 5.111 所示。

（4）单击【文件】→【导入】→【导入到库】命令，打开“导入到库”对话框，选择左侧内容6张图片，如图5.112所示，单击【打开】按钮。从库面板，拖拽“main.jpg”图片到舞台左下角，调整好位置。如图5.113所示。

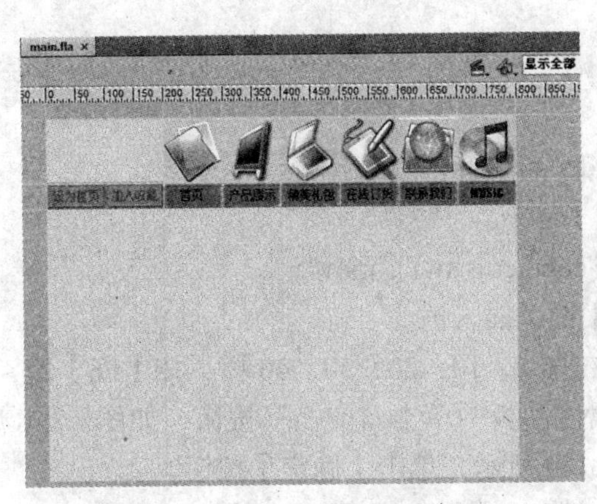

图5.109 “main”整体布局

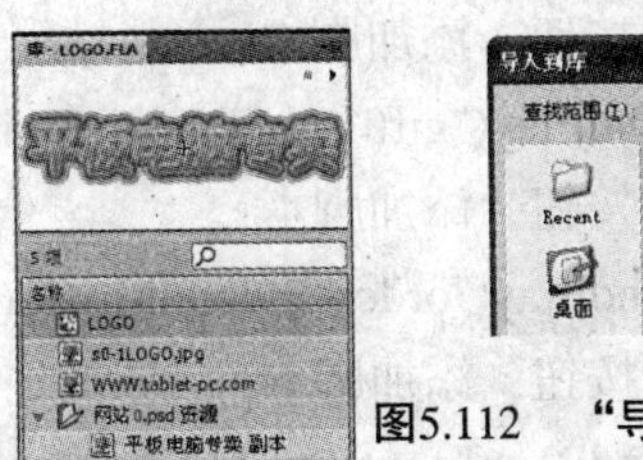

图5.110 库-LOGO.FLA面板

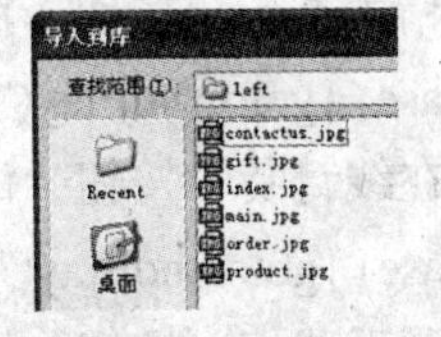

图5.112 “导入到库”对话框

图5.111 LOGO位置

图5.113 库-LOGO.FLA面板

（5）新建“内容替换影片”图层，用“滴管工具（I）”选取左侧图片背景色。用“矩形工具（R）”在舞台右下角画一个60×450的矩形，位置（200，150）。按【F8】键，打开“转换为元件”对话框，选择类型为“影片剪辑”，输入名称为“内容替换影片”，单击【确定】按钮，如图5.114所示。在属性面板中，输入实例名称为“mov”，如图5.115所示。

（6）新建“action”图层，在第1帧，按【F9】键，打开“动作-帧”对话框，在右侧输入两行脚本：

```
loadMovie("soft.swf","mov");
stop();
```

分别在第2，10，20，30，40，50帧，按【F7】键，插入空白关键帧，在第2帧，按【F9】键，打开“动作-帧”对话框，在右侧输入“loadMovie("index.swf","mov");”。

在第10，20，30，40，50帧，按【F9】键，打开“动作-帧”对话框，在右侧输入“stop();”。

（7）新建“标签”图层，在第2帧，按【F7】键，插入空白关键帧，在属性面板，输入帧标签名称为“index”，如图5.116所示。同理在第12，22，32，42帧，按【F7】键，插入空白关键帧，在属性面板，输入帧标签名称分别为“product”，“gift”，“order”，“contactus”，如图5.117所示。

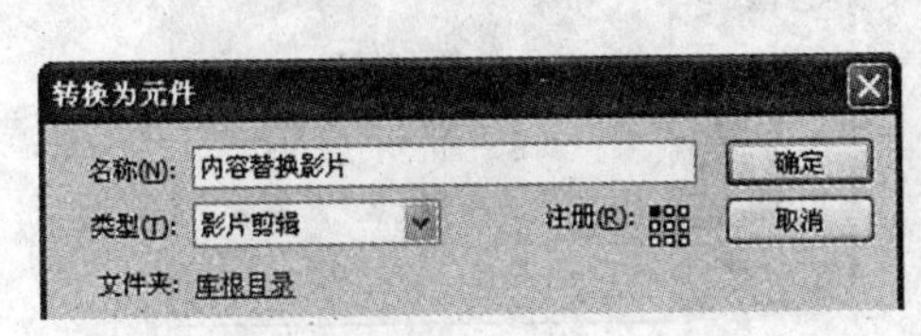

图5.114 “转换为元件”对话框

图5.115 实例名称为“mov”

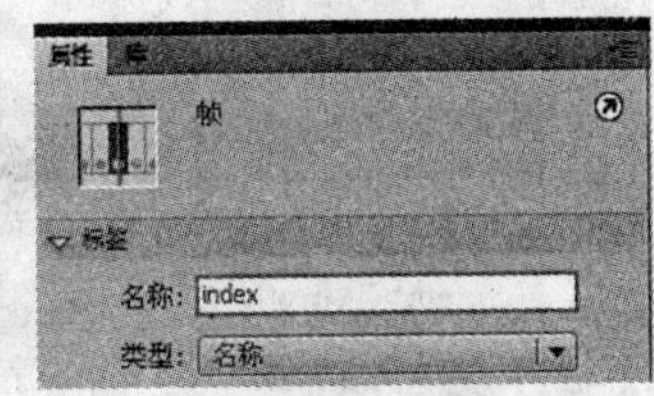

图5.116 输入帧标签名称“index”

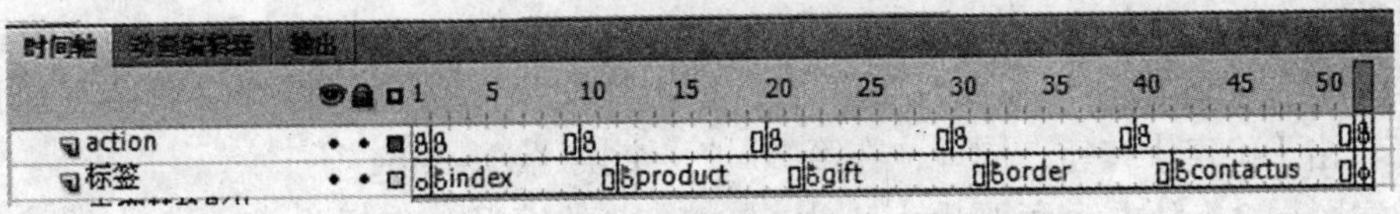

图5.117 标签图层结构

（8）添加按钮脚本。选中“首页”输入图5.117按钮，按【F9】键，打开“动作-按钮”对话框，在右侧输入5.117以下脚本：

on (release) {gotoAndPlay("index");loadMovie("index.swf","mov");}

同理，选中“产品展示”按钮，添加脚本：

on (release) {gotoAndPlay("product");loadMovie("product.swf","mov");}

选中“精美礼包”按钮，添加脚本：

on (release) {gotoAndPlay("gift");loadMovie("gift.swf","mov");}

选中“在线订货”按钮，添加脚本：

on (release) {gotoAndPlay("order"); loadMovie("order.swf","mov");}

选中“联系我们”按钮，添加脚本：

on (release) {gotoAndPlay("contactus");loadMovie("contactus.swf","mov");}

（9）延长帧。选中所有图层的第 50 帧，按【F5】键，插入帧。

（10）添加左侧图片。选中“网站内容”图层，在第 2，10，20，30，40 帧，按【F6】键，插入关键帧。选中第 2 帧，在舞台中选择左侧图片，在属性面板中单击“交换”按钮，如图 5.118 所示。在“交换位图”对话框中，选择“index.jpg”，如图 5.119 所示，单击【确定】按钮。

（11）同理，依次交换第 10 帧为“product.jpg”，第 20 帧为“gift.jpg”，第 30 帧为“order.jpg”，第 40 帧为“contactus.jpg”。

（12）制作“gift”影片剪辑。导入到库“wl1-1.jpg,wl1-2.jpg,wl1-3.jpg”图片文件。按【Ctrl+F8】键，打开“创建新元件”对话框，选择类型为“影片剪辑”，输入名称为“wl123”，如图 5.120 所示，单击【确定】按钮。

（13）从库面板拖拽“wl1-1.jpg”到舞台，按【Ctrl+K】键，打开“对齐”对话框，按下“相对于舞台”，单击顶端对齐和左侧对齐，如图 5.121 所示。

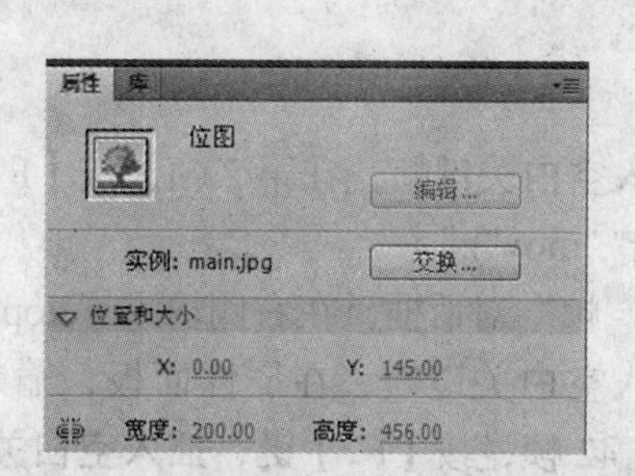

图5.118 “交换”按钮

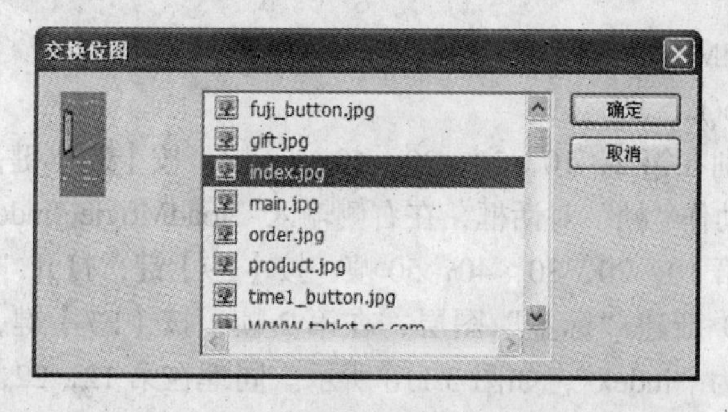

图5.119 “交换位图”对话框

图5.120 “创建新元件”对话框

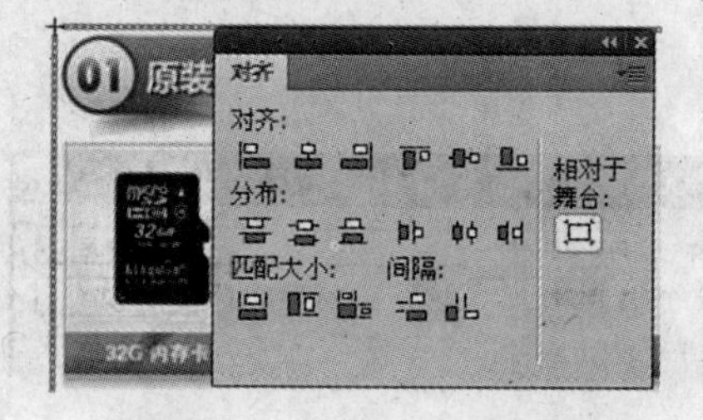

图5.121 “对齐”对话框

（14）在第 60 帧，按【F5】键，插入帧，在第 20，40 帧，按【F6】键，插入关键帧，选中第 20 帧，单击舞台中的图片，在属性面板中，单击“交换”按钮，打开“交换”对话框，单击“wl1-2.jpg”，单击【确定】按钮。同理，在第 20 帧，交换“wl1-3.jpg”。

（15）新建图层 2，从左上角画出大小为 600×300 的矩形，坐标为（0，0）。右击，选择“遮罩层”。

（16）新建“gift”图层，在第 20，32 帧，按【F6】键，插入关键帧，选中第 20 帧，从库面板中拖拽“wl123”影片剪辑到坐标（200，300）位置。

（17）按【Ctrl+Enter】键，测试影片，一切正常。保存文件“main.fla”。

技术提示：

1. 主页“main.fla”是网站的门面，一定要保持界面的统一。
2. 正式发布后，需要上传到网站空间，配合html文件重新定位，与后台数据库配合实现交互。
3. 正式发布时，导航按钮要链接为html内容网页。

「课堂随笔」

经典案例 5.12　网站的上传与发布

1．案例作品

网站制作完成后，最终的效果要发布并上传到互联网上才能发挥作用。如何做到这些呢？本案例介绍查找免费空间，上传 swf 文件，游览发布后的效果。游览器整体效果图如案例图 5.20 所示。

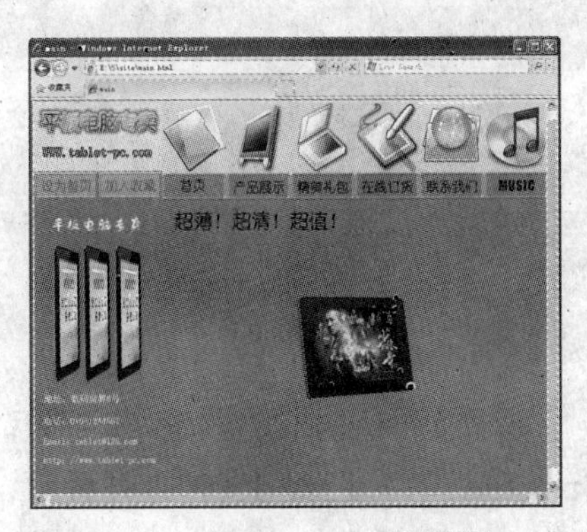

案例图 5.20　游览器整体效果图

2．制作步骤

（1）查找免费空间。打开百度，输入“免费空间 swf”，如图 5.122 所示，单击“百度一下”按钮，搜索免费空间。其中一条搜索结果，介绍网站 http://megaswf.com 支持每个文件最大 10MB 的 SWF 文件的免费空间，如图 5.123 所示。

图 5.122　查找“免费空间 swf”

转贴：MegaSWF - 免费SWF空间 百度空间 应用平台
MegaSWF 是一个提供使用者存放 SWF 文件的免费空间，每个文件最大限制是10MB，无须注册即可上传，但上传后所有人都看得到你所上传的内容，你也可以注册免费帐号，...
apps.hi.baidu.com/share/detail/5305824 2010-5-17 - 百度快照

图 5.123　查找结果之一

（2）整理上传文件夹。在上传前确保所有页面的影片在同一文件夹目录下，如图 5.124 所示。

（3）上传文件。在 IE 中输入“http://megaswf.com”网址，按【Enter】键，打开主页，单击“Upload”（上传）链接，如图 5.125 所示。

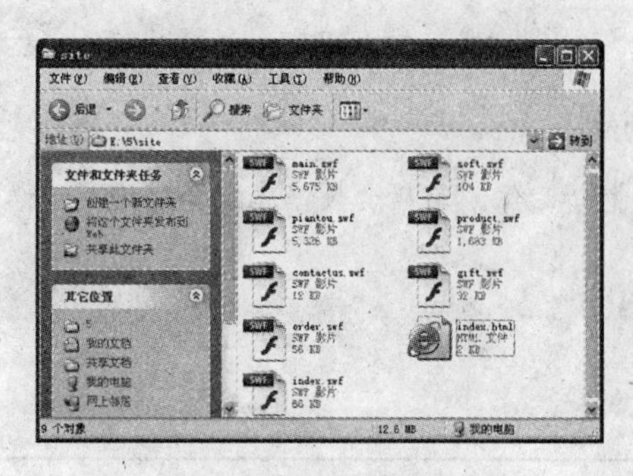

图 5.124　整理上传文件夹

图 5.125　Upload上传

（4）在打开上传网页中，单击“浏览…”按钮，如图 5.126 所示，打开“选择要加载的文件”对话框，如图 5.127 所示。选择“piantou.swf”，单击【打开】按钮。

图 5.126　浏览上传文件

（5）输入“Title”（标题）为“片头动画”；单选“Display Size”选项中的“Custom Display Size”选项，输入 800，600，如图 5.128 所示，单击【Upload】按钮。

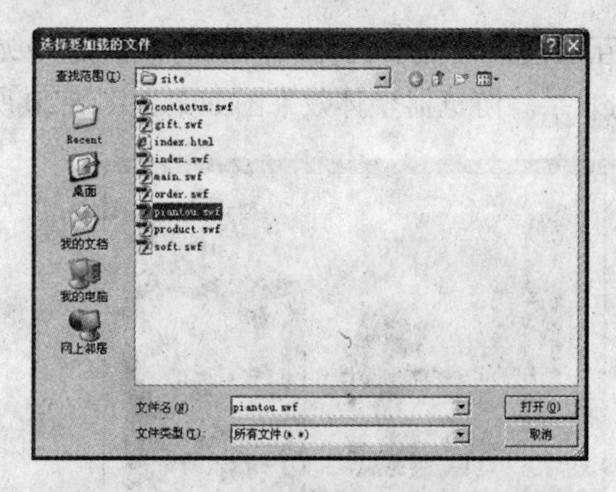

图 5.127　“选择要加载的文件”对话框

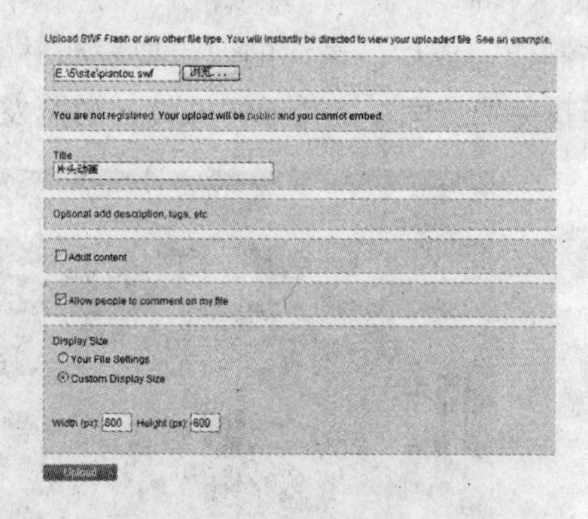

图 5.128　输入“片头动画”和尺寸

（6）显示上传进度，如图 5.129 所示。显示“piantou.swf”已经上传成功页面，网址 http://megaswf.com/serve/2249061，如图 5.130 所示。

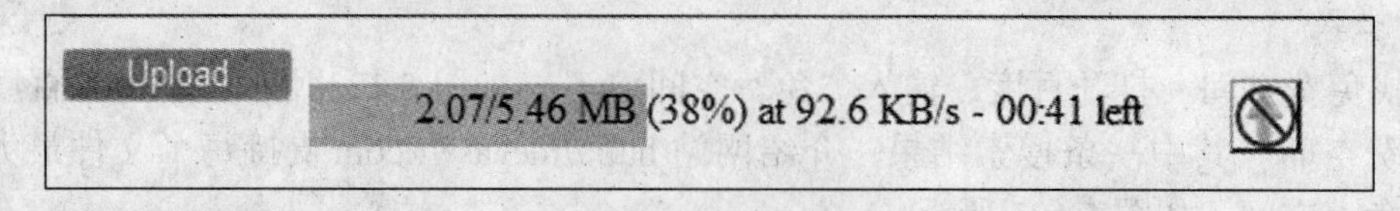

图 5.129　显示上传进度

（7）单击“Click here to view”（单击预览），浏览器中显示“片头动画”，如图 5.131 所示。

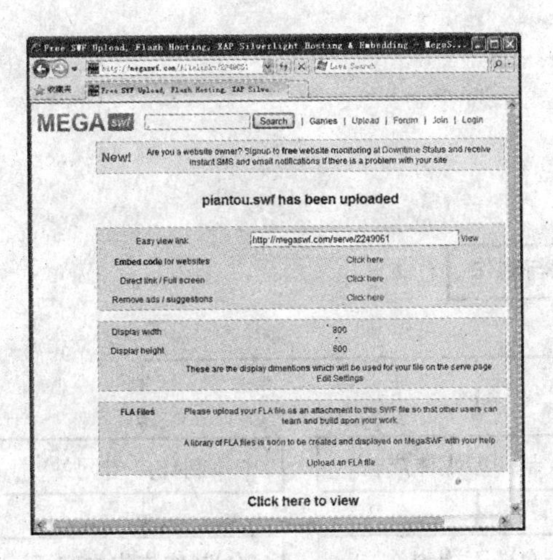

图 5.130　显示上传成功页面

图 5.131　浏览器中的片头动画

技术提示：

1. 正式发布时形成html文件，在主页导航栏的每个按钮添加相应的脚本，实现单击按钮时跳转到指定的html内容页面。

2. 网站的内容整合完成后，保存index.fla文件。同时测试影片并发布为index.swf和index.html文件。

3. 网站的上传。正式网站上传时把所有文件整理到一个文件夹中，利用FTP工具发布网站，上传到指定的空间，解析申请的域名。本案例只是测试，只能上传单独的SWF文件，并非一个完整的网站。

「课堂随笔」

重点串联

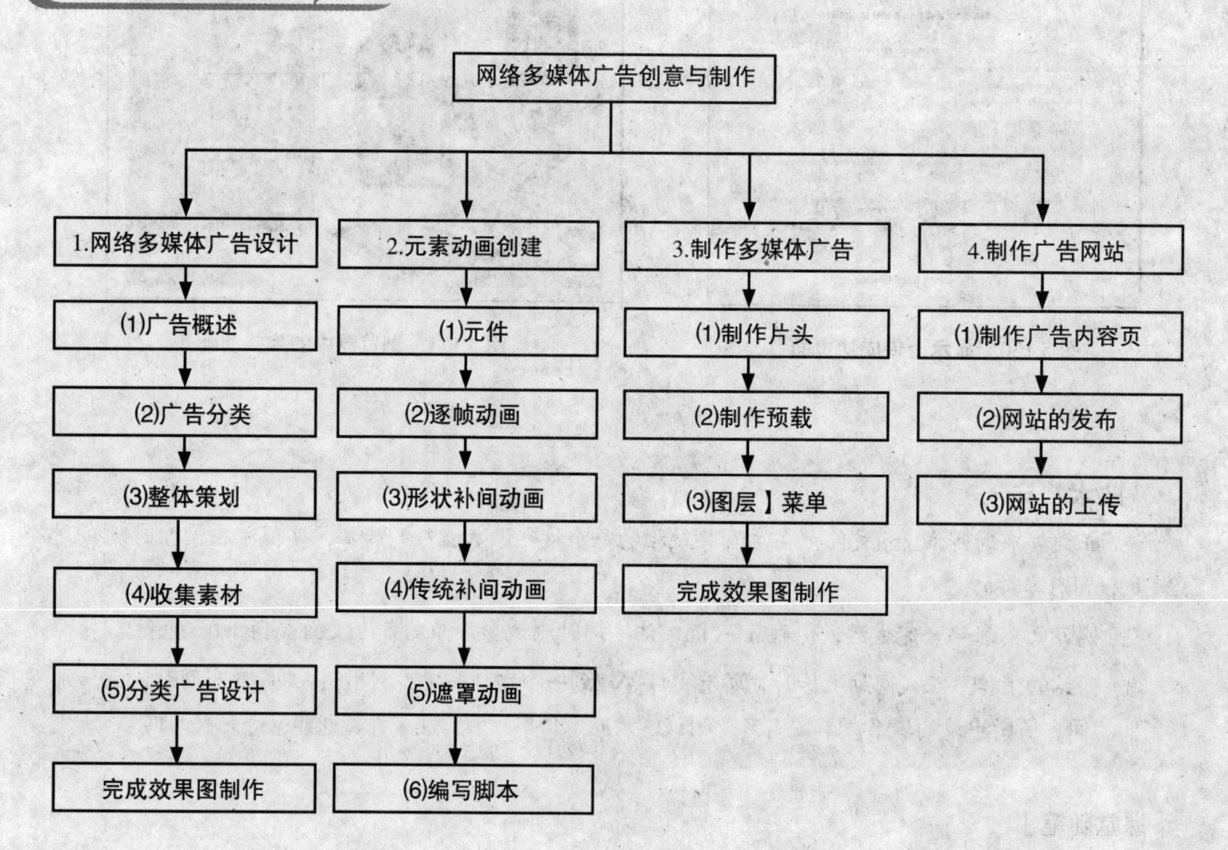
网络多媒体广告创意与制作
1.网络多媒体广告设计
(1)广告概述
(2)广告分类
(3)整体策划
(4)收集素材
(5)分类广告设计
完成效果图制作
2.元素动画创建
(1)元件
(2)逐帧动画
(3)形状补间动画
(4)传统补间动画
(5)遮罩动画
(6)编写脚本
3.制作多媒体广告
(1)制作片头
(2)制作预载
(3)图层】菜单
完成效果图制作
4.制作广告网站
(1)制作广告内容页
(2)网站的发布
(3)网站的上传

拓展与实训

基础训练

一、填空题

1. 利用______工具，可直接绘制出一颗五角星。

2. 在 Flash CS4 中可创建三类补间动画，它们分别是创建补间动画、__________和___________。

二、选择题

1. 显示 / 取消标尺的组合键是（　　）

A．Ctrl+Alt+ Shift+RB　　　C．trl+ Shift+A

C．Ctrl+Alt+ W　　　D．ESC

2. 按（　　）键，可以打开动作面板。

A．F5　　　B．F6　　　C．F9　　　D．F8

三、简答题

1. 简述 Flash 多媒体网络广告有哪些常用形式？

2. 简述使用 Flash 制作网页广告一般包括哪些流程？

3. Flash 按钮元件有哪几帧？各有什么作用？

技能实训

制作 FLASH 版音乐网站

1. 实训目的

（1）用 Flash 周边软件 Aleo Flash MP3 Player Builder 3.1.23（创建精美 Flash MP3 播放机软件），高效制作 FLASH 版音乐网站。培养网络音乐广告创意与制作的基本构成要素设计，如添加音乐、选择播放器、发布网络版音乐。

（2）掌握网络数字音乐播放器制作的基本方法和技巧。

（3）了解 Flash 周边软件与 Flash CS4 异曲同工解决实际工作中的各种数字音乐技术的作用。

2. 实训要求

（1）下载并安装 Aleo Flash MP3 Player Builder（创建精美 Flash MP3 播放机软件）。

（2）自选网络音乐素材。

（3）添加至少三首音乐素材。

（4）选择播放器。

（5）发布音乐网站。

（6）最终效果在浏览器中自如控制音乐播放器的各种操作。

3. 实训效果图

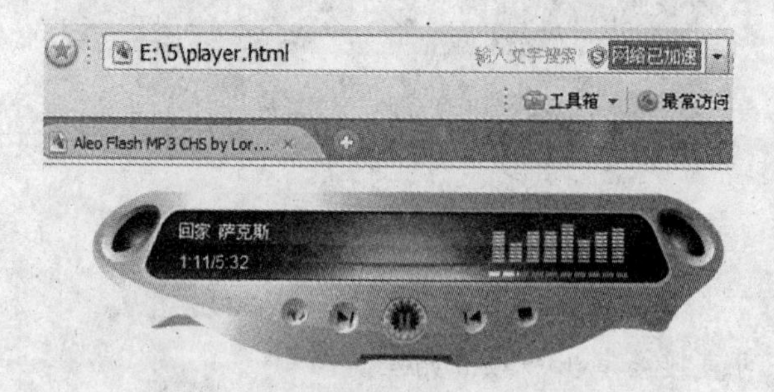

音乐网站播放器

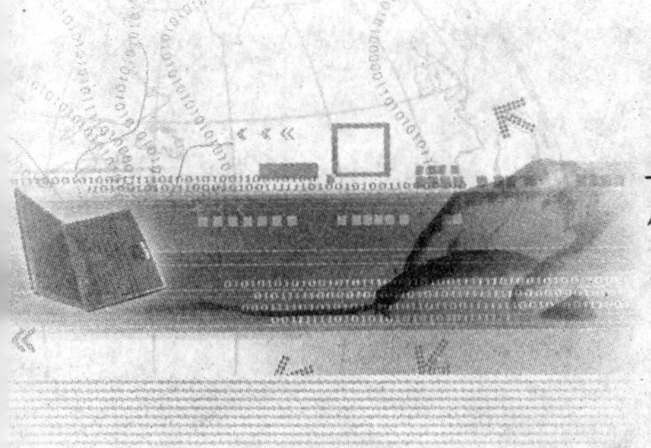

模块6 交互式多媒体开发与实现

教学聚焦

◆ Director 可以创建包含高品质图像、数字视频、音频、动画、三维模型、文本、超文本以及 Flash 文件的交互式多媒体。下面介绍目前流行的多媒体体开发软件 Director 11，学习了解现代多媒体交互系统的创作平台，独立开发交互式多媒体程序。

知识目标

◆ 通过经典案例的制作，掌握 Director 中编排表与精灵、Lingo 语言、文本控制、视频 / 音频控制、图像控制、行为、3D 交互环境、发布多媒体产品，从而使学生完成现代多媒体交互系统的创作。

技能目标

◆ 熟悉掌握 Director 的基本功能、基础动画、Lingo 基础、行为、3D 环境。

课时建议

◆ 16 课时

教学重点和教学难点

◆ 多媒体开发软件 Director 11 的功能及其应用。

项目 6.1 交互式多媒体舞台设计元素设计

例题导读

"经典案例 6.1"介绍了通过使用 Director 的舞台、编排表、精灵、位图绘图工具、矢量图绘图工具，实现"聪明学字词成语"界面设计，学会交互式多媒体舞台设计、元素设计。

知识汇总

- 编排表的使用方法，精灵的控制方法
- 位图绘图工具、矢量图绘图工具的使用

经典案例 6.1 "聪明学字词成语"界面设计

1. 案例作品

案例图 6.1　聪明学字词成语1

案例图 6.2　聪明学字词成语2

2. 制作步骤

（1）进入 Director 11，执行 File → New →"Movie"命令新建电影，执行 Modify → Movie →"Properties"命令→打开舞台属性检查器对话框→将电影舞台的大小设置为 640×480，背景为白色，如图 6.1 所示。

（2）按"Ctrl+3"组合键→打开 Internal Cast 窗口→按"Ctrl+R"组合键导入素材\模块 6 文件夹相关素材，如图 6.2 所示。

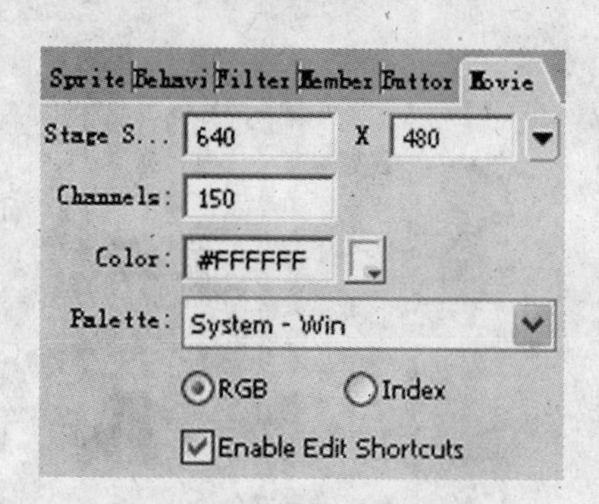

图 6.1　舞台属性

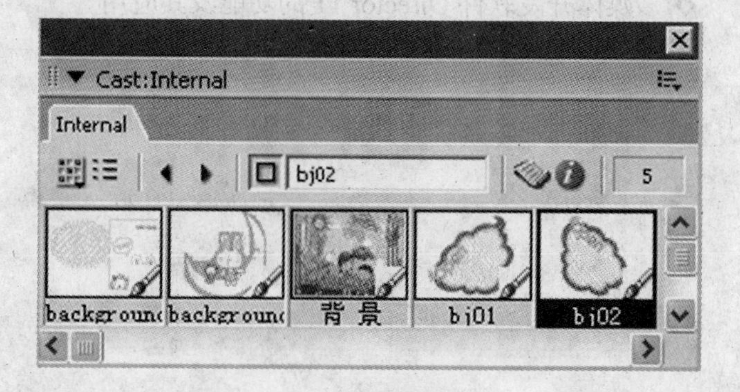

图 6.2　导入素材

（3）在 Cast 列表中选择 background01 →拖到 Score 面板第 1 通道第 1 帧，形成精灵 1，如图 6.3

所示。

（4）按“Ctrl+Alt+S”组合键→打开 Property Inspector 面板→单击 Scale → Scale 设为 62.5%，如图 6.4 所示。

图 6.3　添加素材

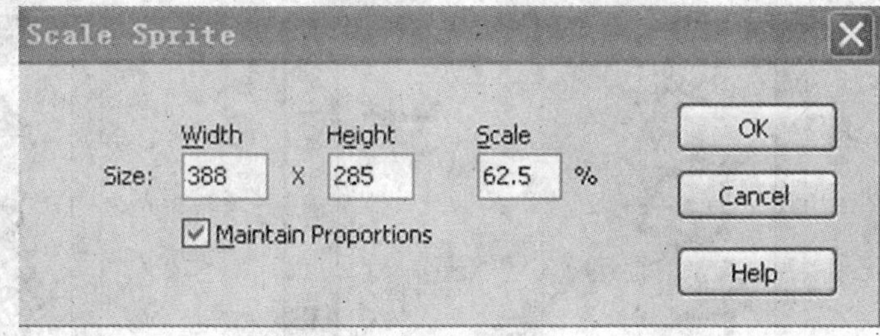

图 6.4　缩小背景

（5）Cast 列表中选择 bj01 →拖到 Stage 面板中→打开 Property Inspector 面板，缩放大小，调整位置，如图 6.5 所示。

（6）同样方法，将相关演员拖到 Stage 面板中，缩放大小，调整位置，如图 6.6 所示。

图 6.5　添加并缩放素材

图 6.6　排列素材

（7）创建按钮图形。执行 Window →“Paint”命令→打开 Paint 窗口→单击左上角的【+】按钮，新建一个空白的 Paint 6 →使用文本 (Text) 工具，绘制如图 6.7 所示的图形，并填充适当颜色。

（8）单击左上角的【+】按钮→新建一个空白的 Paint 7 →使用文本 (Text) 工具，绘制如图 6.8 所示的图形，并填充适当颜色。

图 6.7　绘制学生字

图 6.8　绘制学生词

（9）依步骤 (8) 创建学成语、听故事。把创建的 4 个图拖到 Stage 面板中，缩放大小，调整位置，如图 6.9 所示。

（10）执行 Window → “Text”命令→打开 Text 窗口→输入聪明学字词成语，字体大小自由设计→把创建的文本拖到 Stage 面板中，调整位置，如图 6.10 所示。

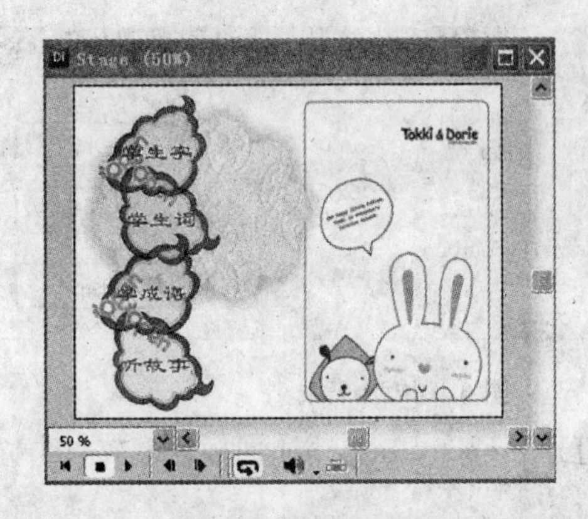

图 6.9　放置按钮

图 6.10　放置文本

（11）选择所有精灵→打开 Property Inspector 面板→设置 Start Frame 为 1，End 为 5，如图 6.11 所示。

（12）在 Cast 列表中选择“背景”→拖到 Score 面板第 1 通道第 45 帧→打开 Property Inspector 面板，缩放大小，调整位置，如图 6.12 所示。完成操作，保存文件。

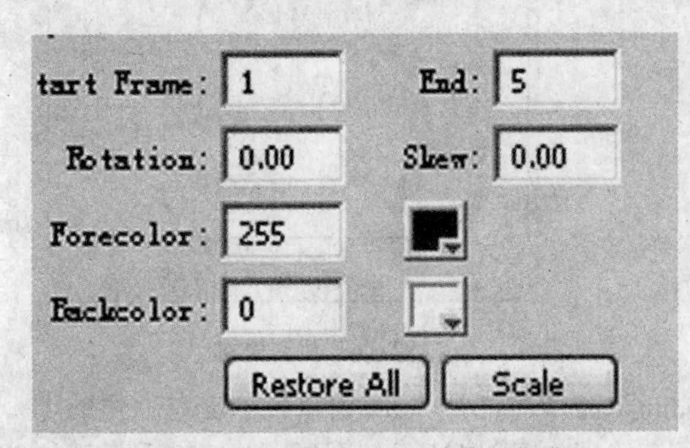

图 6.11　调整帧跨度

图 6.12　添加素材

在使用 DIRECTOR 制作多媒体交互系统过程时，系统界面元素中舞台、角色是必不可少的工具，两个重要的因素是编排表和精灵，编排表是组织角色进行“演出”的指挥中心，而角色则被这个指挥中心赋予了不同的演出任务，即变为“精灵”。

6.1.1 舞台和角色

（1）设置电影属性。在 Director 中将一个 Director 文件称之为电影，屏幕上的矩形的显示区域称为舞台。

可以设置电影的舞台大小、舞台相对位置、背景颜色、调色板等属性，如图 6.13 所示。这些会影响整部作品的相关属性。因此在开始制作作品前先设置这些属性是一个非常好的习惯。

① 打开一个已有的文件或者创建一个新的电影文件。

Font Map 主要用于在跨平台作品上实现字体的匹配。可以将当前的字体映射

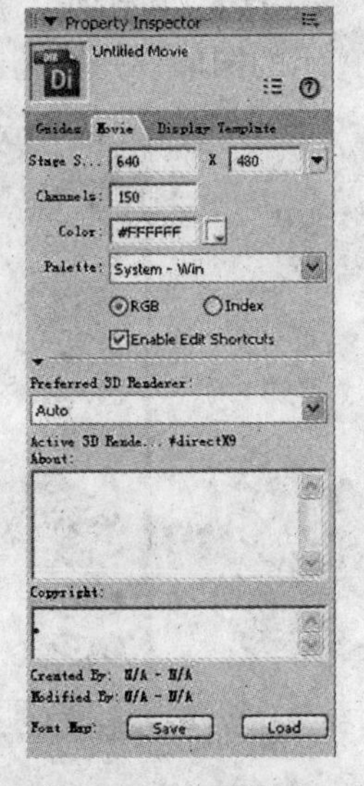

图 6.13　电影属性

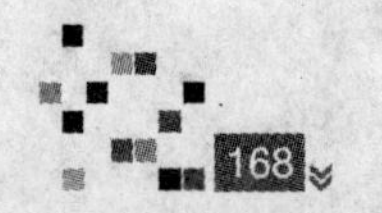

设置保存为 Fontmap.txt 文件，也可以导入设置。

在 Display Template 标签页中，可以设置电影的一些高级属性。

（2）角色（Cast）窗口。角色窗口是电影中所使用到的所有角色存储的仓库，窗口中的每一个对象都可以称为“角色”。角色可以包括图片、声音、文字、调色板、视频文件、脚本等。

可以以列表方式查看角色窗口中的角色，如图 6.14 所示；也可以以缩略图方式查看，如图 6.15 所示。在列表方式下，角色窗口中显示了角色的名称、编号、存储状态、脚本类型、角色类型、修改日期和备注栏等信息，有些类似于资源管理器中的详细信息查看方式。

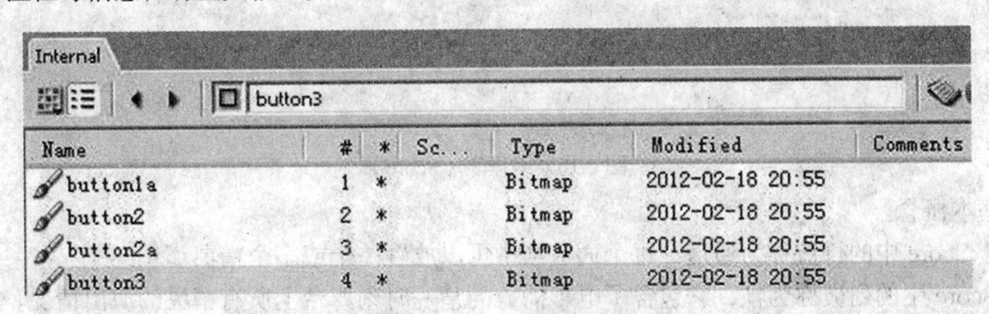

图 6.14　列表方式查看角色

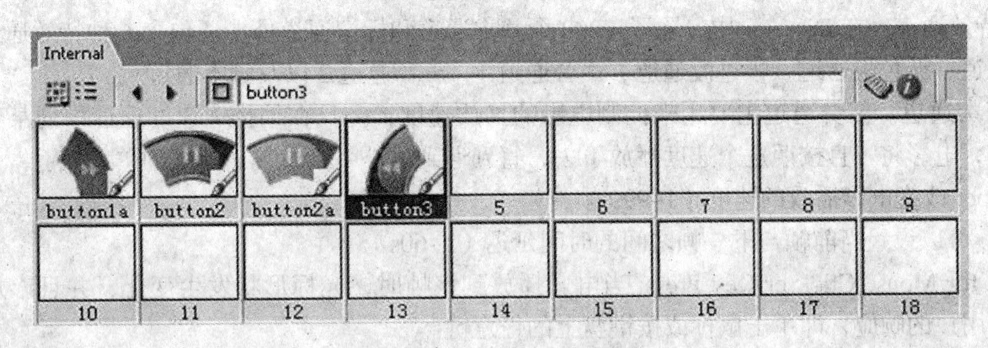

图 6.15　缩略图方式查看角色

在缩略图方式下，每一个角色都显示了一个自身包含内容的缩略图，可以进行排序和移动，双击缩略图，可以对角色进行编辑。每个角色右下角的小图标显示了该角色的类型。

常见的角色类型有：

位图 Shape Text Transition Film loop Sound Palette Parent script Button Radio box Field Movie script Xtra Check button Havok Physics DVD 定制光标 RealMedia OLE Behavior Shockwave 3D Vector shape Animated GIF Flash movie QuickTime video

角色表可以分为内部角色表（ Internal Cast ）和外部角色表（ External Cast ）两种类型。内部角色表保存在电影文件的内部，不能被不同的电影所共享。依次执行 File → New → Cast 命令，打开 New Cast 对话框，在 Name 文本框中为角色表指定一个名称，在 Storage 选项区域中选中 Internal 单选按钮，单击【Create】按钮，即可创建一个角色表。

外部角色表保存在电影文件的外部，可以被其他电影文件所共享。外部角色表的创建方法与内部角色表创建方法相同，只需要在 New Cast 对话框中选中 External 单选按钮。

每一个角色表中最多可以容纳 32000 个角色，这足以满足大多数情况的需要。

每一部电影开始时都有一个角色表，可以添加任意多个角色表。

6.1.2 编排表与精灵

（1）编排表（Score）。Score（编排表）是安排精灵、设置电影效果、控制舞台上所有精灵在时间上执行动作的窗口。选择 Window → “Score” 命令，或者按下组合键“Ctrl+4”，即可打开编排表窗

口，如图 6.16 所示。

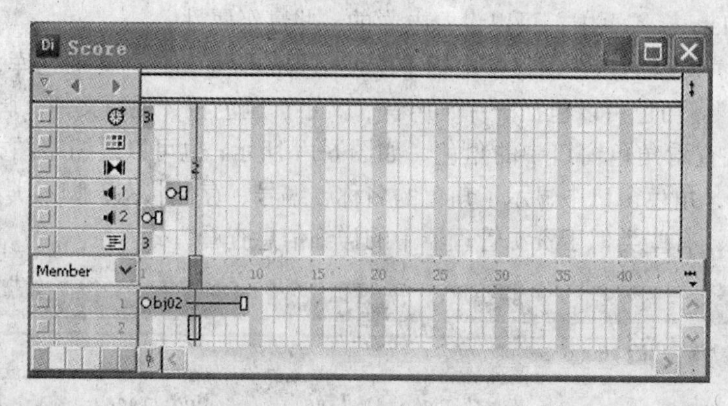

图 6.16　编排表（Score）

① 基本概念。

通道 :Score 中的行被称为通道，每个通道当中可以放置一个或多个精灵。

帧 :Score 中的列被称为帧，它包含了电影播放的某一时刻舞台上所有精灵的演出情况。

精灵 : 精灵是角色在舞台上的表现形式，精灵由角色充当载体。

② 特效通道。在 Director 中，除了 1000 个基本通道和标记通道外，还包含 6 种特效通道，分别是节奏通道、调色板通道、帧过渡通道、声音通道 1、声音通道 2 以及脚本通道。

③节奏通道。节奏通道主要用来控制电影的播放速度，一旦在编排表速度通道中的某个单元设置了速度，电影将一直按照这个速度播放下去，直到遇到另外一个设置了速度的单元。

Tempo: 改变电影播放的速度（1~999 帧 /s）。

Wait: 可以设置当前帧与下一帧之间的时间延迟（1~60s）。

Wait for Mouse Click or Key Press: 当电影播放到该帧时，光标形状发生变化，并且影片停止播放，等待用户的响应，即单击鼠标或按键盘上的任意键。

Wait for Cue Point : 在影片中播放视频或音频时，控制不了精确的播放时间，而导致画面已经结束，但声音还在播放是经常发生的事情。如果选中该单选按钮，便可以解决这种问题，当电影播放到当前帧时，画面就停留在该帧，直到视频或者音频播放完毕后，画面才继续向前播放。

④调色板通道。调色板通道主要用于调整系统所使用的调色板。在这个通道中提供了 10 种调色板类型，不同的类型产生的图像效果也存在一定的区别。可以在该通道上双击鼠标左键，即可打开调色板管理器。

⑤帧过渡通道。帧过渡通道主要用来为通道设置过渡，从而能够像其他软件一样产生一个转场效果，常见的过渡特效包括：

Cover 过渡特效：覆盖式过渡，将下一帧画面以各种方式从别处移到当前画面上。

Dissolve 过渡特效：溶解式过渡。

Push 过渡特效：推拉式过渡。

Reveal 过渡方式：逐渐显示方式。

Strips 过渡特效：锯齿状过渡方式。

Wipe 过渡特效：擦拭过渡效果。

Other

Ⅰ. 打开素材 \ 模块 6\ 风景欣赏 .dir。单击 Score 窗口中的 Hide → Show Effects Channels 按钮→打开特效通道窗口。

Ⅱ. Transition 通道的第 11 帧位置双击鼠标打开对话框→在对话框中做如图 6.17 所示的设置。

Ⅲ.Transition 通道的第 21 帧位置双击鼠标打开对话框→在对话框中做如图 6.18 所示的设置。

Ⅳ. 所有设置完毕。单击 Control Panel 面板中的【Play】按钮，观看风景欣赏的动画效果。

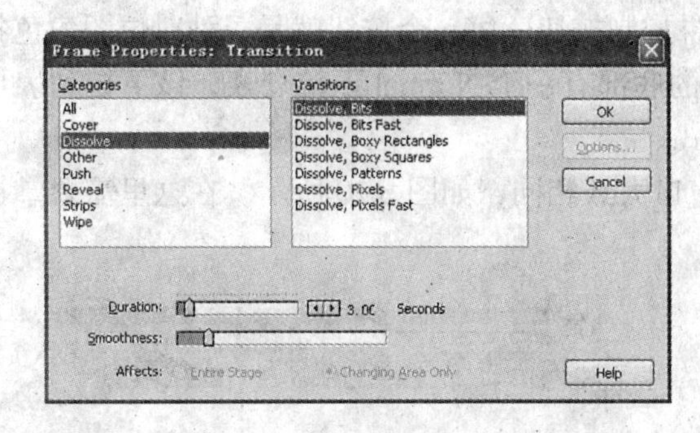

图 6.17　第11帧自定义设置

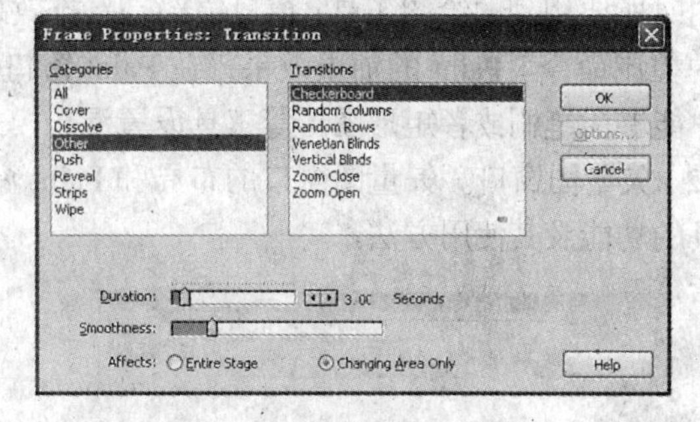

图 6.18　第21帧自定义设置

（2）精灵。

① 在编排表中添加精灵 . 在编排表中添加精灵的方法是：将选中的角色直接拖入编排表中即可；如果要添加多个精灵，则可以按住 Shift 键执行多选操作。

② 编辑精灵。在角色表中添加了一个精灵后，就可以对其进行一些编辑，使其符合用户的设计意图。常见的操作如下：Edit Sprite Frames 编辑精灵帧，Edit Entire Sprite 编辑精灵，Cut Sprites 剪切精灵，Copy Sprites 复制精灵，Paste 粘贴，Insert Keyframe 插入关键帧，Tweening 逐渐过渡，Arrange 排列，Transform 转换。

③ 混合模式。Director 中的混合模式决定了互相重叠的精灵的最终显示效果。在制作交互式多媒体系统时，可以使用这些效果创建出富有创意的多媒体作品，下面介绍常用的几种类型。

Copy 方式：Copy 是 Director 默认的混合模式。这种方式直接把精灵放在舞台上，它将覆盖掉上面的精灵。

Matte 方式：褪光效果将图形对象周围的背景色去掉，即将其设置为透明的，但这种方式不去除位于图形内部的背景色。

Background Transparent 方式：这种效果可以与褪光效果进行对比，使用背景透明效果，不仅能够使图形以及图形周围的背景变为透明，也会将图像对象内部的白色区域变为透明。

Transparent 方式：将精灵中的像素加亮显示，使其下面的图像清晰地通过。

Reverse 方式：Reverse 效果用于黑白背景上的黑白角色的显示，但也可以用于彩色图像以产生一些特殊的效果。

Ghost 方式：使用这种特效时，如果背景色和前景色互补，前景色将被显示出来。

Mask 方式：Mask 特效可以将图像的一部分设置为透明，一部分设置为不透明。

Blend 方式：Blend 效果使图像上的所有颜色都具有一定的、可变的透明性。

Daskest 方式：使用 Daskest 来处理图像时，系统将比较前景图像上的像素和背景的像素，选取较低亮度的像素显示到屏幕上。

Lightest 方式：Lightest 方式与 Daskest 方式正好相反，使用亮化效果将比较前景图像上的像素和背景图像上的像素，选取较高亮度的像素显示到屏幕上。

Add 方式：该效果与 Add 相对应，使用约束叠加效果时，当叠加所得的颜色值超过了 256 时，将把颜色值约束为 255。

6.1.3 编辑图形

（1）位图窗口。执行 Window →“Paint”命令或直接按下键盘上的“Ctrl+5”组合键，打开位图窗口，如图 6.19 所示，位图窗口主要包括角色控制区域、工具箱和编辑区域三部分。

角色控制区域可以方便角色的控制，例如，对当前角色编辑完毕后，需要编辑下一个角色，则

不需要重新打开 Cast 列表进行操作，而只需要单击【Next Cast Member】按钮即可。Paint 位图窗口中包含一系列的工具命令，按照功能可以将其分为两类：绘图工具按钮和效果工具按钮。窗口的左侧是绘图时所要用到的绘图工具；窗口顶部是一排效果控制按钮，每一个按钮就是一种对位图角色特殊效果的控制命令。Paint 的油墨效果，在 Paint 窗口的底部有一个 Normal 下拉列表，该下拉列表可以使用户能够为笔刷或者矩形图形等工具设置混合模式。

（2）矢量图窗口。矢量图窗口的布局和 Paint 窗口大致相同，如图 6.20 所示。在这里需要掌握下列工具的功能及其使用方法。

图 6.19　位图窗口

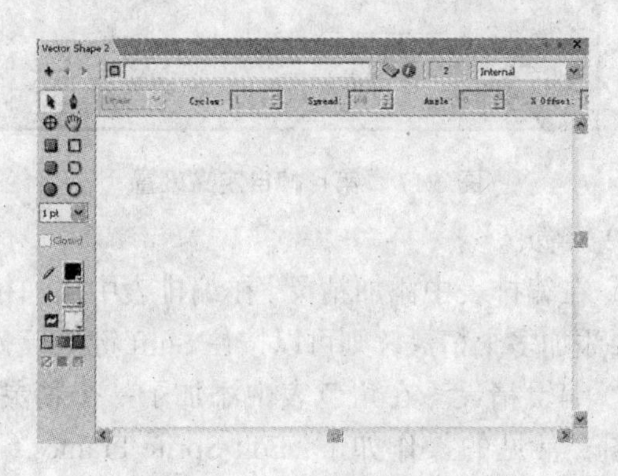

图 6.20　矢量图窗口

①钢笔工具。钢笔工具主要用来绘制具有圆角的曲线，它的优点在于可根据用户的设定，任意变换形状。

②渐变工具。利用该工具可以绘制出具有渐变效果的图形。主要参数如下：

Gradient Cycles，Gradient Spread，Gradient Angle。

「课堂随笔」

项目 6.2　交互式多媒体动画设计

例题导读

"经典案例 6.2"介绍了通过关键帧动画制作技法和胶片环动画制作技法，实现"聪明学字词成语"动画设计，学会交互式多媒体动画设计。

知识汇总

- 设置精灵属性
- 关键帧动画制作技法
- 胶片环动画制作技法

动画是多媒体中最好的一种表现方式，它具有时尚别致、新颖出奇等诸多特点，具有强烈的视觉冲击力和画面表现力。

经典案例 6.2 “聪明学字词成语”动画设计

1．案例作品

案例图 6.3

案例图 6.4

2．制作步骤

（1）打开经典案例 6.1.dir→在 Score 面板右击通道 6 第 5 帧→选择“insert Keyframe”命令。

（2）选择通道 6 第 1 帧→打开 Property Inspector 面板→设置精灵 blend 值为 0，如图 6.21 所示。

（3）打开 Internal Cast 窗口→导入素材 \ 模块 6 文件夹 bg06 图片→在 Cast 列表中选择 bg06，拖到 Score 面板第 2 通道第 10 帧→设置起始帧和结束帧，使其时间跨度从第 10 帧到第 50 帧，并把第 20，30，40，50 帧设为关键帧。

（4）选择第 2 通道第 10 帧→设 Rotation 的值为 -20，如图 6.22 所示。

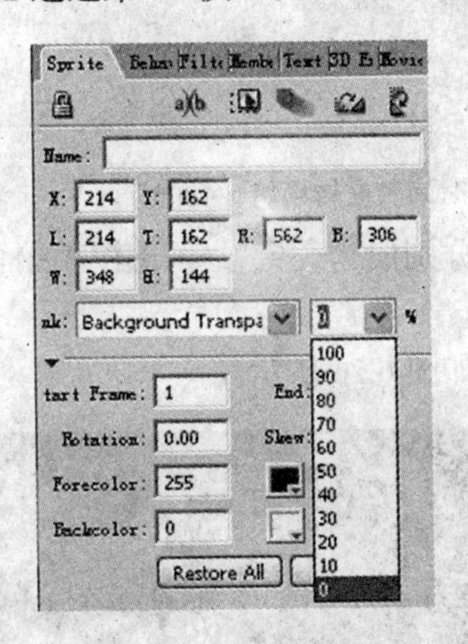

图 6.21　blend值设为0

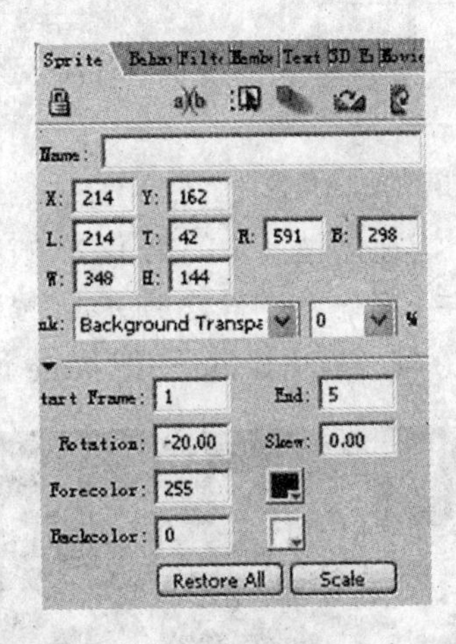

图 6.22　Rotation值设为-20

（5）依步骤 (4) 方法调整第 20，30，40，50 帧的 Rotation 的值分别为 0，20，0，-20。

（6）选择动画精灵→按“Ctrl+X”组合键剪切精灵→打开 Internal Cast 窗口→按“Ctrl+V”组合键粘贴精灵，生成胶片环动画角色。

（7）胶片环动画角色拖放到第 2 通道第 10 帧→设置起始帧和结束帧，使其时间跨度从第 10 帧到第 40 帧。

（8）所有设置完毕，保存文件。单击 Control Panel 面板中的【Play】按钮，观看聪明学字词成语的动画效果。

Director 动画包括基础动画、录制动画、从空间到时间动画、从角色表到时间动画、胶片环动画等。

6.2.1 形成原理

动画技术的根本其实是利用了人眼所产生的一种错觉。现代研究证实，视觉印象在人眼中可以持续大约 0.1s 之久，也就是说，当两个视觉印象之间切换的时间间隔不超过 0.1s，并映射到人眼睛中时，前一个印象尚未消失而后一个印象已经产生，并与前一个印象融合在一起，这样就形成了视觉暂留现象，从而形成了动画效果。

6.2.2 关键帧动画

关键帧动画制作技术是一种最原始的技术，其原理是将动画中的每一个画面都制作为一个角色，然后将这些画面一帧一帧地连接在一起，并以一定的速度播放所形成的动画。在一部电影中，关键场景的一幅画面称之为关键帧，关键画面决定精灵属性的关键值。在同一个精细的关键帧动画中，每一个关键帧处的精灵在属性上只是具有细微的差别。

（1）打开素材 \ 模块 6 文件夹赛车展示 .dir。

（2）按“Ctrl+6”组合键打开 Text 窗口→使用键盘输入“END”，自定义字体大小，创建一个文本 Cast 角色，如图 6.23 所示。

（3）从 Internal Cast 窗口中将 Cast 角色 1(F101) 拖动到 Score 窗口中的精灵通道 1，形成精灵 1→将时间跨度转换为第 1~100 帧→点击 scale →把 scale 设为 30，如图 6.24 所示。

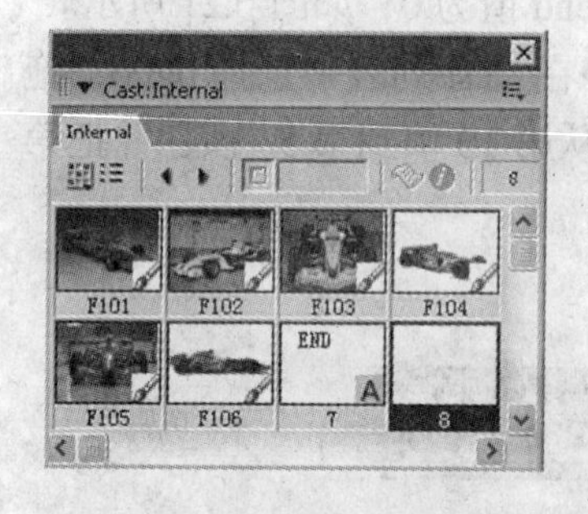

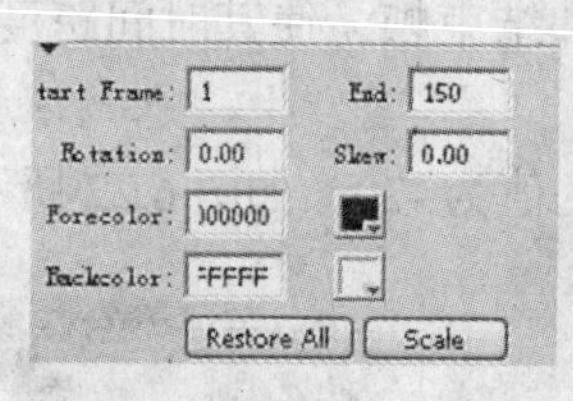

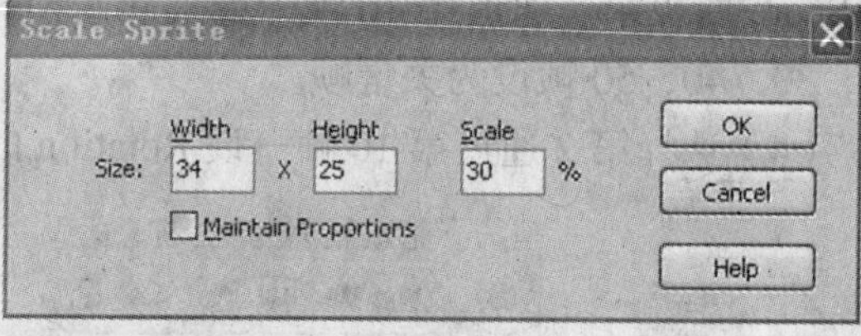

图 6.23　创建的Cast角色　　　　图 6.24　时间跨度转换第1~100帧

（4）按住 Alt 键拖动精灵 1 的第 1~20 帧和 30 帧，分别成为关键帧→单击第 30 帧，在舞台窗口中将精灵拖动到左上角，如图 6.25 所示。

（5）选中第 20 帧，点击 scale →把 scale 设为 200，如图 6.26 所示。

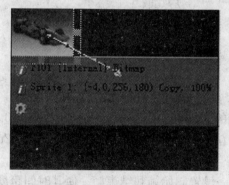

图 6.25　拖动精灵图　　　　图 6.26　精灵属性检查器对话框的设置

（6）选中第 1 帧→将 W 和 H 的值设置为 200 和 150，混合百分比设置为 10% →在舞台上拖动精灵 1 到舞台外的右上角，如图 6.27 所示。

（7）从 Internal Cast 窗口中将 Cast 角色 2(F102) 拖动到 Score 窗口中的精灵通道 2，形成精灵 2→将时间跨度转换为第 30~100 帧→将精灵 2 的第 30，50，60 帧设为关键帧，按照步骤 (5)~(7) 的方法，精灵 2 也创建一个关键帧动画，如图 6.28 所示。

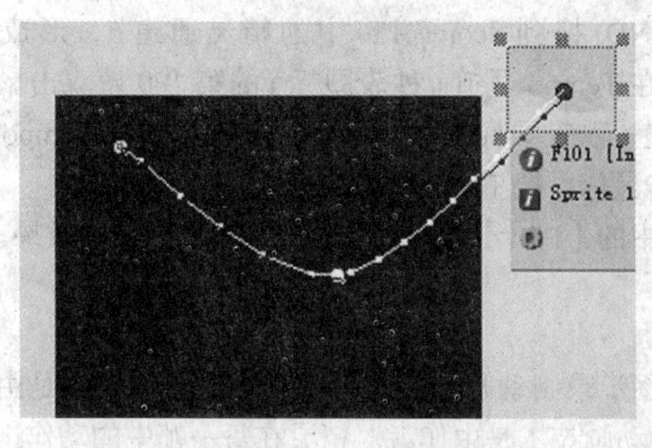

图 6.27　创建关键帧动画

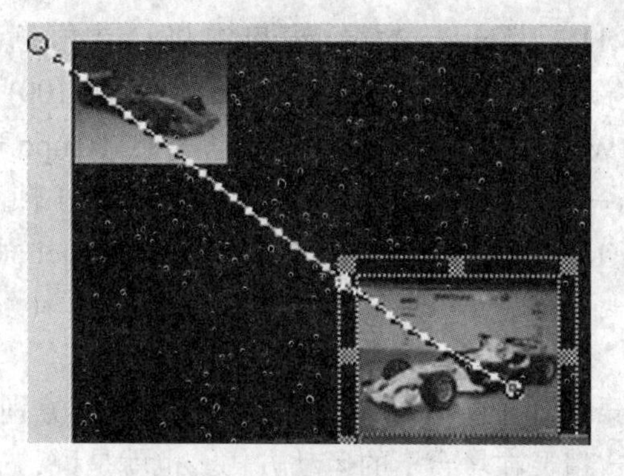

图 6.28　创建关键帧动画

注意：精灵 2 是在第 30 帧的时候从舞台的左上角逐渐地变大显示到舞台的中央 (第 50 帧)，然后缩小到舞台的右边最终位置 (第 60 帧)。

(8) 从 Internal Cast 窗口中将 Cast 角色 3(F103) 拖到 Score 窗口中的精灵通道 3，形成精灵 3 →将时间跨度转换为第 60~100 帧→将精灵 3 的第 60，80，90 帧设为关键帧，按照步骤 (5)~(7) 的方法，精灵 3 也创建一个关键帧动画，如图 6.29 所示。

注意：精灵 3 是在第 60 帧的时候从舞台的右上角逐渐地变大显示到舞台的中央 (第 80 帧)，然后缩小到舞台的左边最终位置 (第 90 帧)。

(9) 从 Internal Cast 窗口中将 Cast 角色 4(F104) 拖到 Score 窗口中的精灵通道 4，形成精灵 4 →将时间跨度转换为第 90~100 帧→将精灵 4 的第 95，100 帧设为关键帧，按照步骤 (5)~(7) 的方法，给精灵 3 也创建一个关键帧动画，如图 6.30 所示。

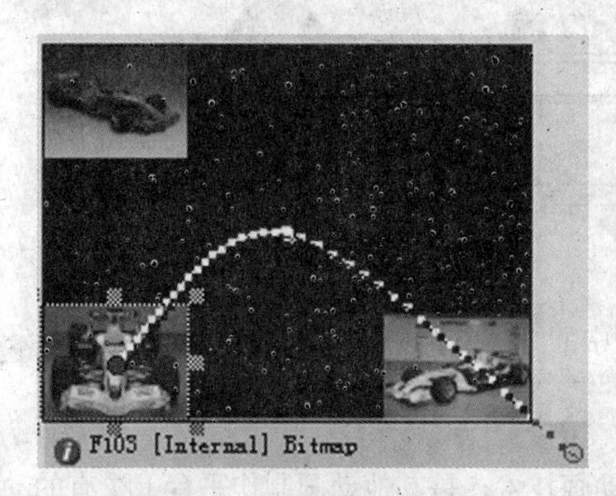

图 6.29　创建关键帧动画

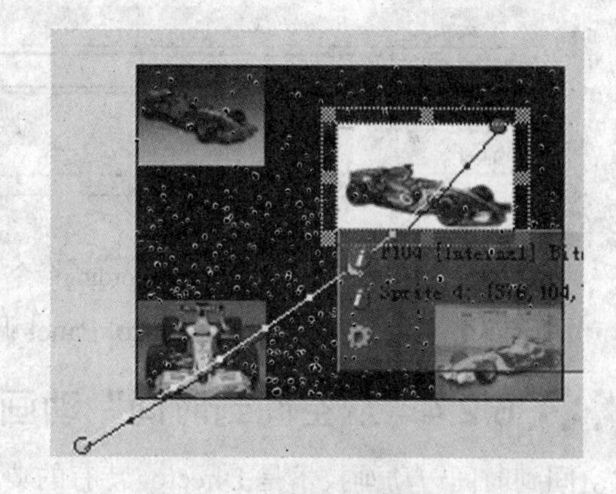

图 6.30　创建关键帧动画

注意：精灵 4 是在第 90 帧的时候从舞台的左下角逐渐地变大显示到舞台的中央 (第 90 帧)，然后缩小到舞台的右边最终位置 (第 100 帧)。

(10) 此时，4 个赛车图片的显示动画都已创建完成。为了可以更长时间地观看赛车的图片，需要延长显示时间。在 Tempo 通道 (秒表图标) 的第 30 帧中双击鼠标→打开对话框中做如图所示的设置→单击【OK】按钮关闭对话框。按此方法设置帧第 60，90 帧。

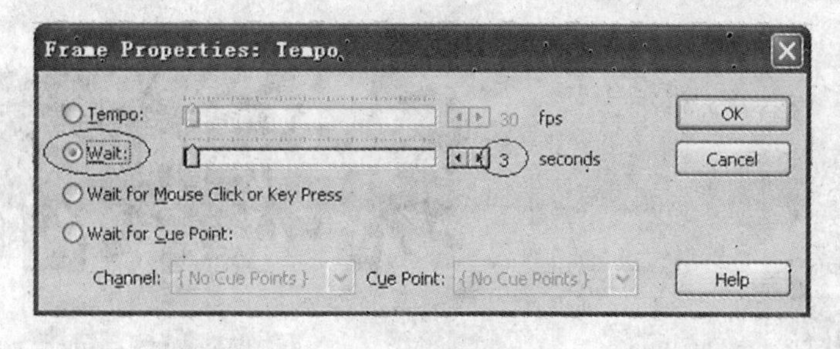

图 6.31　自定义设置

（11）从 Internal Cast 窗口中将 Cast 角色 7(END) 拖到 Score 窗口中的精灵通道 5，形成精灵 5→将时间跨度转换为 1 帧 (start 100 end 100) →在 Tempo 通道 (秒表图标) 的第 100 帧双击鼠标→选择 Wait for Mouse or Key Press →在 Tempo 通道 (秒表图标) 的第 1 帧双击鼠标，把 Tempo 设为 30 fps →在 Tempo 通道 (秒表图标) 的第 91 帧双击鼠标，把 Tempo 设为 3 fps。

（12）所有设置完毕。单击 Control Panel 面板中的【Play】按钮，观看赛车展示的动画效果。

6.2.3 录制动画

录制动画技术可以被分为两种形式，分别是逐步录制动画和实时录制动画。录制动画是由制作者决定精灵在舞台上的运动方式。也就是说，这种动画技术是由作者对精灵在每一帧中的动作进行实时控制而产生的动画形式。

（1）打开素材 \ 模块 6 文件夹移动的热气球 .dir。从 Internal Cast 窗口中将 Cast 角色 1(热气球) 拖动到 Score 窗口中的精灵通道 1，形成精灵 1。

（2）执行 Control →“step Recording”命令，如图 6.32 所示。

（3）单击 Control Panel 调板中的【Step Forward】按钮→第 2 帧生成关键帧→移动第 2~5 帧→从 Internal Cast 窗口中将热气球移动到舞台左上角。

（4）按照步骤 (3) 的方法，第 10，15，20，25 帧把热气球分别移动到舞台的右上角、右下角、左下角、中央，如图 6.33 所示。

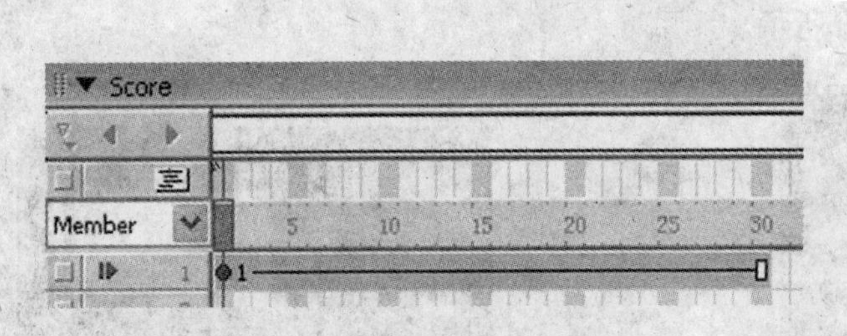

图 6.32　执行step Recording命令

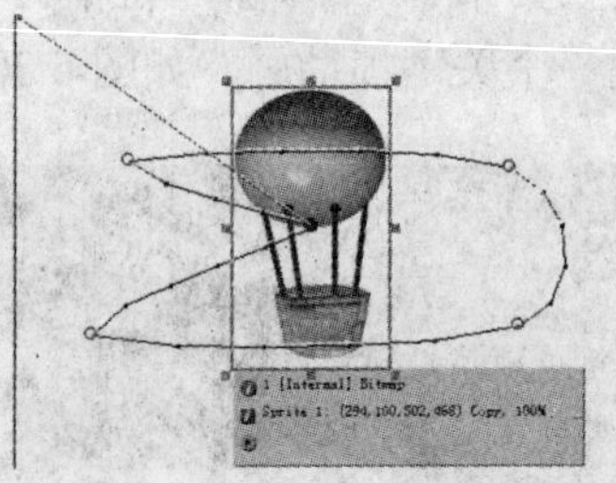

图 6.33　创建关键帧动画

（5）所有设置到此完毕。单击 Control Panel 调板中的【Play】按钮，观看热气球的动画效果。

6.2.4 “从空间到时间”动画

“空间到时间”动画技术是 Director 特有的典型动画技术，是其他动画制作平台上少有的动画制作方法。利用它，能够方便、快捷地将逐帧动画的各个静态画面连接成动画。

（1）打开素材 \ 移动的木偶 .dir。

（2）执行 Edit → Preferences →“Sprite”命令，打开对话框做如图 6.34 所示的设置。

（3）从 Internal Cast 窗口中将 Cast 角色 1 拖动到 Score 窗口精灵通道 1 的第 1 帧，形成精灵 1→将 Cast 角色 2 拖动到 Score 窗口精灵通道 2 的第 1 帧，形成精灵 2。依次处理角色 3~12，舞台上依次调整 12 个精灵的位置，如图 6.35 所示。

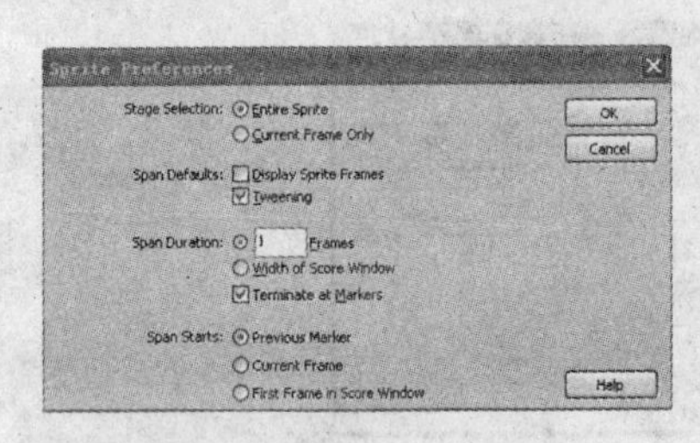

图 6.34　修改Span Duration

图 6.35　排列精灵

（4）选择所有精灵，执行 Modify →“Space To Time”命令→打开对话框，做如图 6.36 所示的设置。

（5）所有设置完毕。单击 Control Panel 调板中的【Play】按钮，观看木偶的移动效果。

6.2.5“从角色表到时间”动画

从角色表到时间（Cast to Time）动画技术是通过 Cast 列表来制作动画的一种方法，它为用户提供了一个快捷的替换角色的方法。要使用这种动画方式，用户只需要对角色表中的相应角色执行“Cast to Time”命令即可。

（1）打开素材\开放的鲜花 .dir，选择所有角色，执行 Modify →“cast To Time”命令，形成精灵 1 →选择精灵 1 →并将时间跨度调整为第 1~100 帧，效果如图 6.37 所示。

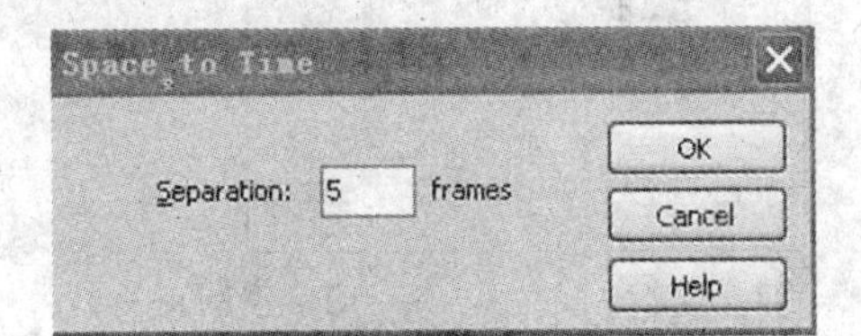

图 6.36　修改Separation

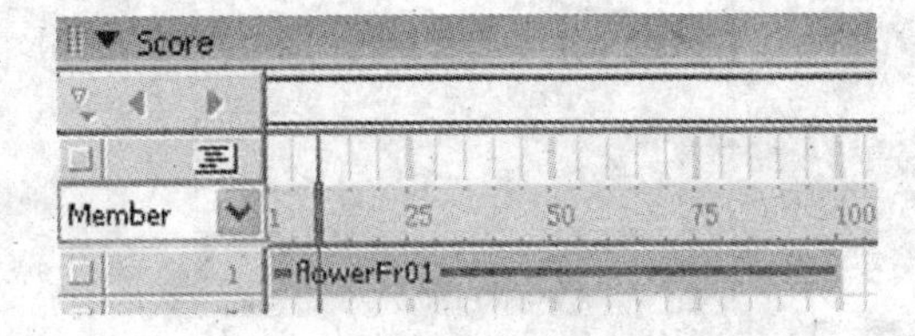

图 6.37　时间跨度转换为第1~100帧

（2）所有设置完毕。单击 Control Panel 调板中的【Play】按钮，观看鲜花的动画效果。

6.2.6 胶片环动画

胶片环动画（filmloop）就是制作一个动画片段，然后在电影中任意使用和播放这段动画的片段。

创建胶片环：选择动画帧序列，执行 Insert →“Film Loop”命令，或者直接将 Score 窗口中的动画帧序列直接拖到 Cast 表中。

「课堂随笔」

项目 6.3 交互媒体设计

例题导读

“经典案例 6.3”介绍了通过使用 Lingo 语言，完善“聪明学字词成语”脚本，实现 Director 的强大交互功能，学会交互媒体设计。

知识汇总

- 精灵脚本的添加
- 帧脚本的添加
- 导航命令的使用

Director 之所以能够制作出具有强大交互功能的多媒体作品，并不仅仅因为它可以制作动画，能够编辑图形，更重要的是它提供了一种非常直观且功能强大的语言，这种语言被称为 Lingo 语言。那么 Director 是如何实现强大的交互功能的？从下面的案例可以学会设计多媒体作品交互功能的方法和技巧。

经典案例 6.3　完善“聪明学字词成语”脚本

1. 案例作品

案例图6.5　作品展示一

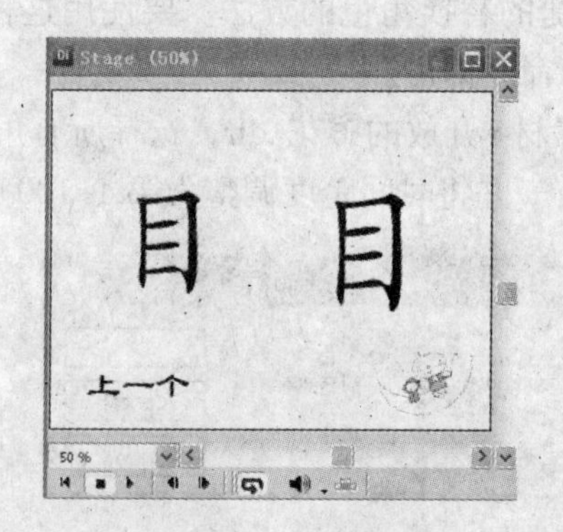

案例图 6.6　作品展示二

2. 制作步骤

（1）打开经典案例 6.2.dir →打开 Internal Cast 窗口→导入模块 6\ 经典案例文件夹，如图 6.38 所示图片。

（2）在 Cast 列表中选择“口字”→拖到 Score 面板第 3 通道第 11 帧→设置起始帧和结束帧，使其时间跨度为第 11~20 帧→选择“口字”→拖到 Score 面板第 4 通道第 11 帧→设置起始帧和结束帧，使其时间跨度为第 11~20 帧，调整大小、位置，如图 6.39 所示。

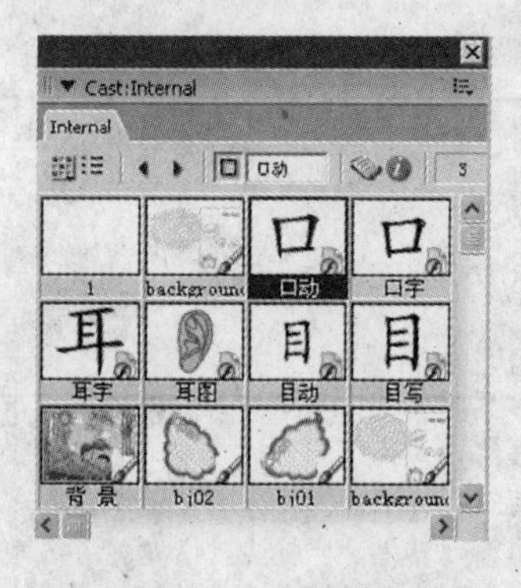

图 6.38　导入素材

图 6.39　添加素材

（3）执行 Window → “Text” 命令打开 Text 窗口→输入“口”，字体大小任意设置→把创建的文本拖到 Score 面板第 3 通道第 10 帧，调整位置，如图 6.40 所示。

（4）依步骤（3）创建文本角色“目”、“耳”、“上一个”、“下一个”，大小任意设置，添加素材到舞台。调整大小、位置，如图 6.40 所示。

注意：第 4 通道第 21 帧“耳”角色，跨度 1 帧。第 5 通道第 31 帧“目”角色，跨度 1 帧。第 6 通道第 21 帧“上一个”角色，跨度为第 21~40 帧。第 7 通道第 10 帧“下一个”角色，跨度为第 10~30 帧。

（5）依步骤（2）添加素材“目动”、“目写”、“耳图”、“耳字”到舞台，如图 6.40 所示。

注意：第 8 通道第 31 帧“目动”角色，跨度为第 31~40 帧。第 7 通道第 31 帧“目写”角色，跨度为第 31~40 帧。第 4 通道第 21 帧“耳字”角色，跨度为第 21~30 帧。第 5 通道第 21 帧“下一个”角色，跨度为第 21~30 帧。

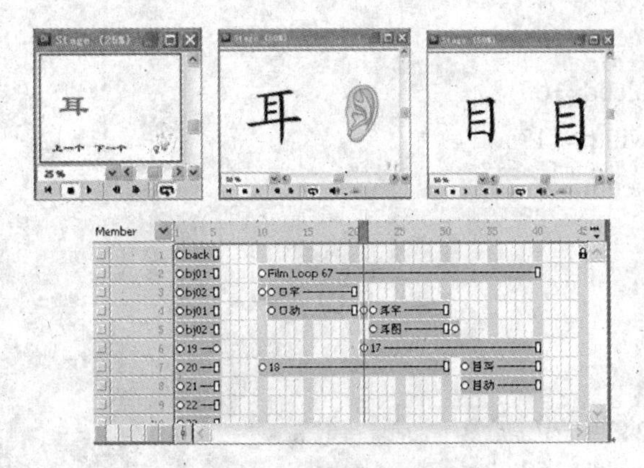

图 6.40　添加素材

(6)双击脚本通道第 5 帧，打开 Script 窗口，输入如下脚本：

```
on exitFrame me
 go to the frame     停在当前帧
end
```

(7)第 10，20，21，30，31，40，60 帧输入如下 script：

```
on exitFrame me
  go to the frame
end
```

(8)右击“学生字”按钮，选择 script, 输入如下 script：

```
on mouseenter me
 cursor 260
 sprite(me.spritenum).blend=90    设置当前精灵透明度为 90
 sprite(me.spritenum).width=152    设置当前精灵宽度为 90
 sprite(me.spritenum).height=34    设置当前精灵高度为 90
end
on mouseleave me
 cursor 0
 sprite(me.spritenum).blend=100
 sprite(me.spritenum).width=117
 sprite(me.spritenum).height=26
end
on mouseup me
 go 10    到第 10 帧
end
```

“学生词”按钮 Script：

```
on mouseenter me
 cursor 260
 sprite(me.spritenum).blend=90
 sprite(me.spritenum).width=152
 sprite(me.spritenum).height=34
end
on mouseleave me
```

```
 cursor 0
 sprite(me.spritenum).blend=100
 sprite(me.spritenum).width=117
 sprite(me.spritenum).height=26
end
```

"学成语"按钮 Script：

```
on mouseenter me
 cursor 260
 sprite(me.spritenum).blend=90
 sprite(me.spritenum).width=152
 sprite(me.spritenum).height=34
end
on mouseleave me
 cursor 0
 sprite(me.spritenum).blend=100
 sprite(me.spritenum).width=117
 sprite(me.spritenum).height=26
end
```

"听故事"按钮 Script：

```
on mouseenter me
 cursor 260
 sprite(me.spritenum).blend=90
 sprite(me.spritenum).width=152
 sprite(me.spritenum).height=34
end
on mouseleave me
 cursor 0
 sprite(me.spritenum).blend=100
 sprite(me.spritenum).width=117
 sprite(me.spritenum).height=26
end
on mouseup me
 go 45
end
```

"口"、"耳"、"目"按钮 Script：

```
on mouseup me
 go to the frame +1
end
```

"Film loop"按钮 Script：

```
on mouseUp me
 go 1
end
```

(9)标记通道第 10，21，31 帧添加标记，如图 6.41 所示。

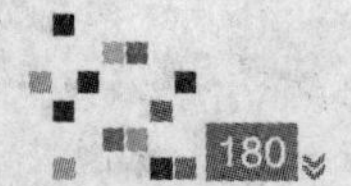

图 6.41　添加标记

（10）右击下一个，选择 script, 输入如下 script：

```
on mouseUp me
 go #next  到下一个标记
end mouseUp
```

上一个 Script：

```
on mouseUp me
 go #previous   到上一个标记
end mouseUp
```

（11）所有设置完毕，保存文件。单击 Control Panel 调板中的【Play】按钮，观看效果。

交互式多媒体创作工具 Director 与采用 Lingo 语言作为编程的脚本工具有密切关系，Lingo 语言是 Director 有灵魂，掌握了 Lingo 语言也就掌握了 Director 创作工具的实质，并完全控制了 Director。

6.3.1Lingo 语言

（1）概述。Lingo 是一种事件驱动的语言，事件的概念与其他编程语言中的相同，例如，鼠标单击就是一个用户事件，同样还有许多系统事件。Lingo 脚本是由许多的事件处理例程组成的，处理例程也被称为 Handle。在某一事件发生的同时，该事件的处理例程就开始运行起来，例如，下面代码：

```
On mouseenter me
        go 5
End
```

在这个 Lingo 脚本仅有一个事件处理例程，它以 on 开头，以 end 结束。其中，mouseenter 是一个基本的用户事件，这个事件将会导致对这个 Lingo 处理例程的调用。通过上面的代码，给系统这样的指令：当鼠标指针位于精灵上时，将把当前的播放指针放置到第 5 帧，并接着播放。

在 Director 环境下依次选择 Window →“Script”命令，打开脚本窗口，如图 6.42 所示。

图 6.42　脚本窗口

（2）脚本的基本类型：在 Director 中，常用的脚本类型包括三种，分别是角色脚本、编排表脚本和电影脚本。

① 角色脚本 。发生在角色上的时间产生的系统消息，例如，MouseUp、MouseLeave 等事件。在角色表中，附加有角色脚本的角色会在左下角出现脚本指示图标，如果选中该角色，然后单击角色表窗口中的【Script】按钮，就可以打开脚本窗口。

② 编排表脚本。Director 中的编排表角色可以分为两大类：一类是精灵脚本，另一类是帧脚

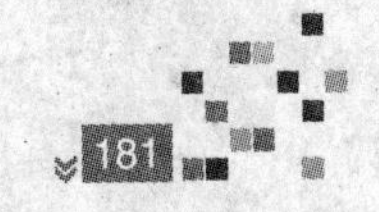

本。由于它们附加的对象都是编排表，因此把它们视为一类脚本。当创建了一个新的编排表脚本时，Director 会自动把这个脚本作为一个脚本角色放置在角色表窗口中。

③ 电影脚本 。与编排表脚本相同，电影脚本在角色表中也是作为一个角色来保存的。在角色表中选择一个空的单元格，然后使用脚本窗口建立一个新的脚本作为电影脚本。

6.3.2 导航命令

（1）使用 go 命令导航，go 命令可以使时间指针移动到指定电影中指定的帧上。表达式中的 whichFrame 可以是一个标记或整数帧。表达式中的 whichMovie 必须是一个指定的电影文件。当 Lingo 处于激活状态时可以使用 go loop 短语使时间指针循环到前一个标记点，这样可以很方便地使时间指针在电影的一部分中保持循环，可以避免使用 go to the frame 在带有 trasition 的一帧中循环，导致电影播放速度变慢和处理器超载。

Go 命令的语法形式为：

go {to} {frame} whichFrame

go {to} movie whichMovie

go {to} {frame} whichFrame of movie whichMovie

go {to} marker whichmark

描述：在控制电影时，使用标记点来标识导航指令的目标要比帧好，因为编辑电影常常导致帧数的变化，这样每一次都需要重新定位，而使用标记点则可以通过移动标记点来定位，当它移动时所有的引用将自动改变。

（2）使用 Play 命令导航。go 命令只能使时间指针在电影中进行单向的顺序移动，而使用 Play 命令就可以使时间指针在电影中自由跳转。Play 命令使时间指针跳转得到特定的帧，时间指针从目标帧开始继续播放电影。如果遇到 Play done 命令，则时间指针重新回到发出原始 play 命令的帧。

Play 命令的语法形式为：

sprite(whichFlashSprite).play()

play [frame] whichFrame

play movie whichMovie

play frame whichFrame of movie whichMovie

play sprite whichFlashSprite

描述：Play 命令可以使时间指针跳转到一指定电影的指定帧或开始播放一个电影或一个精灵。对于电影而言，表达式 whichFrame 可以是标签的标志符字符串或是整数的帧编号。表达式 whichMovie 必须是指向电影文件的字符串。当这个电影在另一目录下，WhichMovie 必须指明路径。

6.3.3 图像控制

在 Director 中，通过利用 Lingo 语言可以对精灵的位置、颜色、内容、大小等属性进行调整，从而使其能够按照指定的方式进行运动，使作品的效果变得更加生动、活泼。常用的属性有 rect 属性、rotation 属性、skew 属性以及 flipV 属性等。

rect 属性主要用于控制图形的形状，rotation 属性可以使舞台上的精灵进行旋转，使用 flipH 和 flipV 两个属性来控制图形的翻转，skew 属性可以使精灵矩形的垂直边发生某个角度的变化，操作如下。

（1）打开素材 \ 模块 6 文件夹碰撞动画特效 .dir →将 Internal Cast 窗口中的角色拖动到舞台中并调整大小，如图 6.43 所示。

（2）执行 Window → “Score” 命令→调整三个精灵开始帧为第 1 帧，终止帧为第 4 帧，如图 6.44 所示。

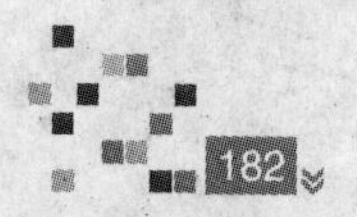

图 6.43　精灵的放置位置图

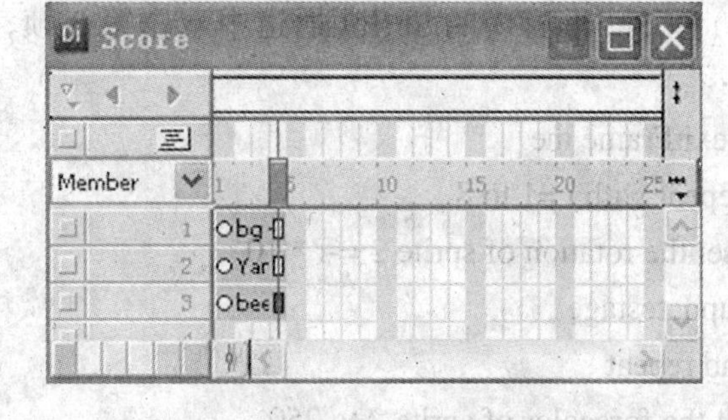

图 6.44　设置精灵的帧数

（3）执行 Window →“Text”命令→打开 Text 窗口→输入“点背！”→设置字体和字号→将该角色拖动到通道 4 中的第 4 帧位置→在舞台上调整位置。

（4）在 Score 窗口的 Script 通道中双击第 2 帧→在弹出的 Script 窗口中，输入以下 Lingo 控制语句：

```
on exitFrame me
 set Vloc3 = the locV of sprite 3
 set Hloc2 = the locH of sprite 2
 set HT3 = the height of sprite 3
 set WD3 = the width of sprite 3
 repeat with i = 1 to 10
  set the skew of sprite 2 =i*5-30
  set the locH of sprite 2 = Hloc2-i*12
  set the locV of sprite 3 =Vloc3+i*10
  set the height of sprite 3 =HT3+i*3
  set the Width of sprite 3 =WD3+i*3
  set the rotation of sprite 3 = i * 36
  waita
  updatestage
 end repeat
 repeat with i = 1 to 10
  set the skew of sprite 2 =–i*2
  waitb
  updatestage
 end repeat
end
on waita
 repeat with n =1 to 80000
 end repeat
end
on waitb
 repeat with n =1 to 10000
 end repeat
end
```

说明：其中 waita 和 waitb 句柄设置了时间延迟。

（5）在 Score 窗口的 Script 通道中双击第 3 帧，在弹出的 Script 窗口中，输入以下 Lingo 控制语句：

```
on exitFrame me
  repeat with i =1 to 8
   set the rotation of sprite 2 =-i * 10
   updatestage
  end repeat
  set the forecolor of sprite 2 to 250
end
```

说明：在循环语句中设置了精灵 2 的旋转，其后设置了精灵 2 的颜色。

（6）在 Score 窗口的 Script 通道中双击第 4 帧→在弹出的 Script 窗口中，输入以下 Lingo 控制语句：

```
on exitFrame me
  go to the frame
end
```

（7）保存电影文件，单击 Control Panel 调板中的【Play】按钮，效果如图 6.45 所示。

图 6.45　碰撞的动画效果

6.3.4 文本控制

现在的多媒体交互系统设计当中，文本仍然是计算机与用户交流信息的主要方法之一，在 Director 中，文本和文本域是两个不同的概念，文本只能用来显示指定的文本信息，而文本域则可以允许修改文本内容。通常情况下，文本主要用在需要向用户提供某些信息的位置，而文本域则用于用户交互，例如，数据库录入、资料查询等。利用 Lingo 语言中的 text 属性得到文本精灵的内容，利用 Lingo 语言的 field 属性得到文本域精灵的内容。

举例：set member(1).text =“中国”　文本 1 演员赋值“中国”

set Val= member(1).text　获取文本 1 演员的值

「课堂随笔」

项目 6.4 交互式多媒体视频、音频控制

例题导读

“经典案例 6.4”介绍了通过使用声音控制行为，实现在“聪明学字词成语”中添加音频，学会交互式多媒体视频、音频控制。

知识汇总

- ●特效通道的使用
- ●声音控制行为的使用

在多媒体设计领域中，视频播放程序和音频播放程序是两种重要的工具。如果将这些工具嵌入多媒体交互系统当中，可以在很大程度上提高交互系统的质量，提高项目的成功率。Director 是如何实现视频、音频控制的？从下面的案例中可以学会交互式多媒体视频、音频控制的方法和技巧。

经典案例 6.4 “聪明学字词成语”添加视频、音频

1．案例作品

案例图6.7　聪明学字词成语添加视频页面

案例图6.8　聪明学字词成语添加音频页面

2．制作步骤

（1）打开经典案例 6.3.dir →打开 Internal Cast 窗口→导入素材 \ 模块 6 文件夹如图 6.46 所示的声音文件。

图 6.46　导入素材

（2）打开特效通道→将“口腔”拖到声音通道 2 的第 11~15 帧→将“口腔需要”拖到声音通道 2 的第 16~20 帧→将“耳朵”拖到声音通道 2 的第 22~25 帧→将“耳朵可以”拖到声音通道 2 的第 26~30 帧→将“目光”拖到声音通道 2 的第 32~35 帧→将“妈妈的目光”拖到声音通道 2 的第 36~40 帧。

（3）双击节奏通道第 15 帧→按如图 6.47 所示完成设置。

（4）依步骤 (3) 的方法，完成第 20，25，30，35，

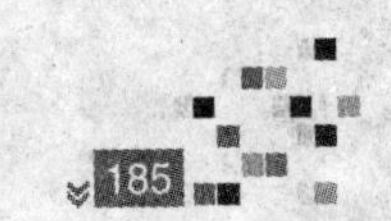

40 帧的节奏通道设置。

（5）选择 Tools（classic）→【push button】按钮→设计“一个非常有用的人”等按钮→排列图标，如图 6.48 所示。

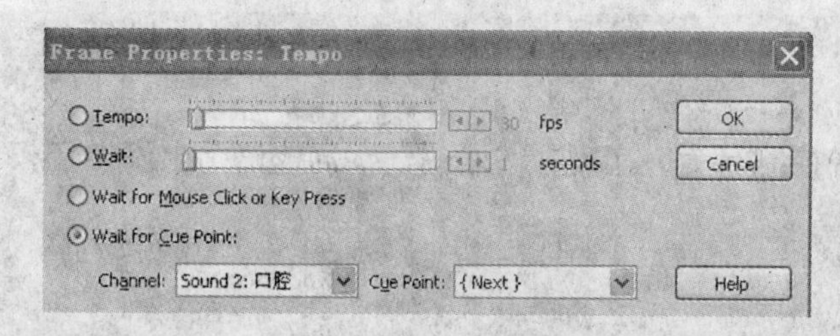

图 6.47 Wait For Cue Ponit

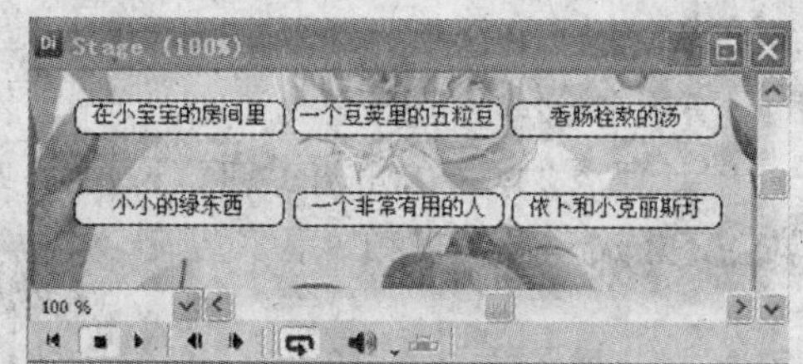

图 6.48 创建按钮

（6）执行 Window →“Library Palette”命令→打开 Library 对话框→单击【Library List】按钮，从弹出的菜单中选择 Media →“Sound”命令→打开声音控制行为选项面板。

（7）从 Library 对话框中单击并拖动 Play Sound 行为按钮到舞台的“一个非常有用的人”按钮中→打开对话框做如图 6.49 所示的设置→设置完成单击【OK】按钮确定。

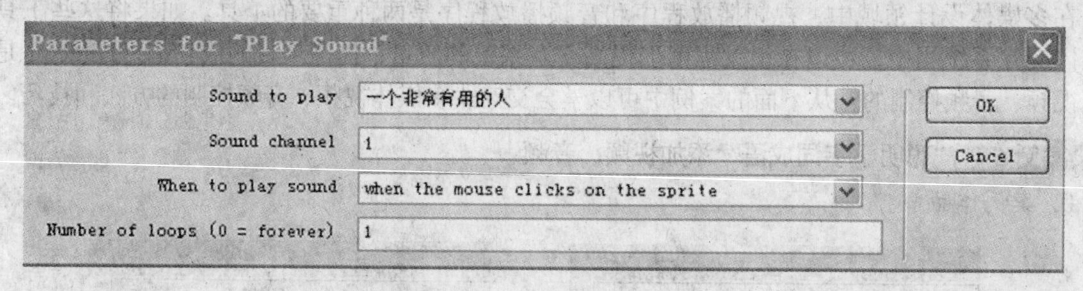

图 6.49 play sound 行为

（8）依步骤（7）完成其他按钮的设置，保存文件。

Director 是一个非常完美的多媒体创作工具。之所以说它完美，不仅因为它的功能包含了多媒体创作的方方面面，还因为它带有大量的行为，我们通过库面板可以找到它们，并使用行为可轻松地实现视频、音频控制。

6.4.1 行为概论

行为实际上就是将 Lingo 语言进行了规范，使其能够灵活地移植、将程序设计进行优化的一种手段。在 Director 中，行为包括两种基本类型：一种是内置的行为，另一种是自定义的行为。

6.4.2 内置行为库

Director 内置行为库中所包含的行为很多。这就为很多初学者提供了方便，即不会 Lingo 也能做出具有交互性功能的作品。

（1）Animation 类行为。Animation 动画类行为都是可以用来制作动画效果的，这里不仅包括一些简单的动画样式，如动画的淡入淡出、颜色循环，也包括能与用户进行简单交互的鼠标事件动画，更有一些奇特的类似于转场的动画效果。

（2）Controls 控制类。Controls 控制类行为主要是为了实现对电影精灵或角色的指定控制，如完成指定位置的跳转和运动等。这是一类比较重要的行为，在实现交互功能的时候可以用到。

（3）Media 媒体类。Media 媒体类行为均是针对于具体的媒体类型所列出的一些行为，如 Flash 动画类的行为专门应用于 Flash 动画或矢量图，而 Sound 声音类行为的针对性更强，只能应用于声音类型的精灵。这一类的行为其功能都是对相应的类型精灵进行播放模式或画面质量控制。

（4）Internet 网络类。网络类行为主要是运用于浏览数据时的交互性。其中包括表单类，如传输

数据所需要的菜单和窗口以及按钮等，还有就是流式行为类，如等待与跳转等。这些行为都需要在联网的状态下进行测试，才能确定该行为是否具有相应的表现。

（5）Navigation 导航类。导航类行为在多媒体制作过程中应用得相当普遍，它主要实现的是对电影画面的控制，如循环播放、跳转到某帧、指定到具体的 URL 等。另外，导航类行为通常的应用方式都比较简单，建议掌握常用的几种类型，以便在实际应用中直接使用。

（6）PaintBox 绘图工具类。绘图工具类行为主要是用于创建一个类似于绘图板的所需要的工具，如绘图板、橡皮擦、撤销绘图、选择颜色和笔刷等。此类行为的使用频率较低，但是作为一个内置的行为库，有其自身的存在价值，该类行为通常应用于位图或者矢量图精灵上。

（7）Text 文本类。文本类行为主要是对文本或域文本中的内容进行动画设置，如打字机动画显示等，以及对文本内容进行格式化设置，如货币、数字等，以及建立一些特殊文本内容，如月历、倒计时等。

6.4.3 视频控制

使用 Lingo 语言，用户可以对电影的视频实现完全而灵活的控制，使电影中的视频更好地工作。在 Windows 操作环境下，Director 电影主要使用两种类型的数字视频，一是 QuickTime for Windows 电影，一是 Microsoft 的 AVI 数字视频。关于视频的控制主要由视频的播放、视频的暂停、停止、快进和快退组成，操作如下。

（1）打开素材\模块 6 文件夹 AVI 播放器 .dir→将 Cast 角色“speedis”拖动到舞台上，生成精灵 1→调整其大小与位置，效果如图 6.50 所示。

（2）将 Cast 角色“lau”、“lu”、“playu”、“stopu”、“ru”、“rau”分别拖动到舞台上→生成精灵 2，3，4，5，6，7→调整位置如图 6.51 所示。

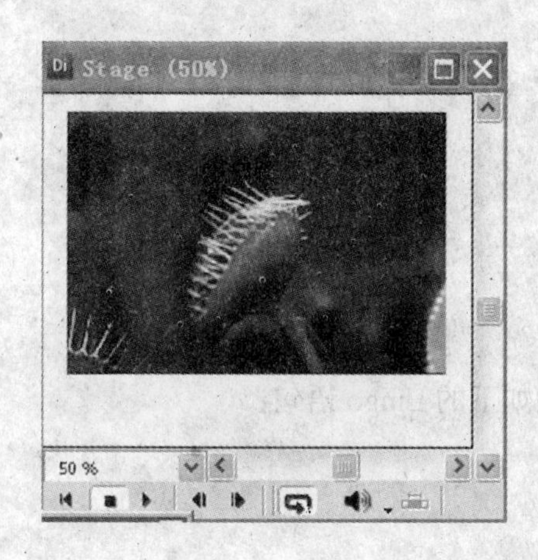

图 6.50　生成精灵1

图 6.51　生成精灵

（3）在工作窗口单击工具栏中的【Script】按钮→弹出 Script 窗口→设置脚本类型为 Movie。

```
on startmovie
 set the movierate of sprite 1 to 0
  set the castnum of sprite 2 to member("lad")
  set the castnum of sprite 3 to member("ld")
  set the castnum of sprite 4 to member("playu")
  set the castnum of sprite 5 to member("stopd")
  set the castnum of sprite 6 to member("rd")
  set the castnum of sprite 7 to member("rad")
end
```

（4）双击 Script 通道的第 2 帧单元格→打开 Script 窗口→输入如下 Lingo 语句：

```
on exit Frame me
go to the frame   停在当前帧
end
```

（5）选中舞台上的精灵 2→单击右键→在快捷菜单中选择“Script”命令→打开 Script 窗口输入如下的 Lingo 语句：

```
on mouseUp me
 set the movietime of sprite 1 to 0   到开始
set the movierate of sprite 1 to 0   暂停
 set the castnum of sprite 2 to member("lad")
 set the castnum of sprite 3 to member("ld")
 set the castnum of sprite 4 to member("playu")
 set the castnum of sprite 5 to member("stopd")
 set the castnum of sprite 6 to member("ru")
 set the castnum of sprite 7 to member("rau")
 updatestage
 end
```

（6）选中舞台上的精灵 3→打开 Script 窗口为其添加如下的 Lingo 语句：

```
on mouseUp me
 set the castnum of sprite 2 to member("lau")
   set the castnum of sprite 3 to member("ld")
   set the castnum of sprite 4 to member("playu")
   set the castnum of sprite 5 to member("stopu")
   set the castnum of sprite 6 to member("ru")
   set the castnum of sprite 7 to member("rau")
  updatestage
  set the movierate of sprite 1 to-2   快退
end
```

（7）选中舞台上的精灵 4→打开 Script 窗口为其添加如下的 Lingo 语句：

```
on mouseUp me
  set the movierate of sprite 1 to 1   播放
  set the castnum of sprite 2 to member("lau")
  set the castnum of sprite 3 to member("lu")
  set the castnum of sprite 5 to member("stopu")
  set the castnum of sprite 6 to member("ru")
  set the castnum of sprite 7 to member("rau")
end
```

（8）选中舞台上的精灵 5→打开 Script 窗口为其添加如下的 Lingo 语句：

```
on mouseUp me
   if (the castnum of sprite 7 = 8) then
  set the movietime of sprite 1 to the duration of the member of sprite 1
  set the castnum of sprite 2 to member("lau")
  set the castnum of sprite 3 to member("lu")
```

```
    set the castnum of sprite 4 to member("playd")
    set the castnum of sprite 5 to member("stopu")
    set the castnum of sprite 6 to member("rd")
    set the castnum of sprite 7 to member("rad")
    updatestage
  end if
end
```

（9）选中舞台上的精灵 6→打开 Script 窗口为其添加如下的 Lingo 语句：

```
on mouseUp me
  set the movierate of sprite 1 to 2    快进
  set the castnum of sprite 2 to member("lau")
  set the castnum of sprite 3 to member("lu")
  set the castnum of sprite 4 to member("playu")
  set the castnum of sprite 5 to member("stopu")
  set the castnum of sprite 6 to member("rd")
  set the castnum of sprite 7 to member("rau")
  updatestage
end
```

（10）选中舞台上的精灵 7→打开 Script 窗口为其添加如下的 Lingo 语句：

```
on mouseUp me
   if (the castnum of sprite 5 = 12) then
   set the movierate of sprite 1 to 0    暂停
   set the castnum of sprite 5 = member("stopd")
   updatestage
  end if
 end
```

（11）AVI 播放器动画的制作完成，播放电影。

6.4.4 音频控制

在一个完整的多媒体作品中，如果多媒体电影中没有声音，那么其效果将会大大降低。在 Director 中，通过使用声音通道和行为可以实现简单的声音控制。使用 Lingo 语言，完全可以不受两个声音通道和几个简单声音行为的约束，在电影中就可以随心所欲地使用各种音频。

使用 PuppetSound 命令控制声音，PuppetSound（木偶化）是一个重要的概念。通过对声音木偶化操作后，对象将完全忽略编排表的指令，而只受 Lingo 语言的控制。例如，使用下面的语句可以直接播放声音通道 2 中的声音：PuppetSound 2, “bg_Music01”。

内置行为库 Media 媒体类常用声音行为有：Play Sound 行为播放声音、Stop Sound 行为停止声音、Pause Sound 行为 暂停声音、Channel Volume Slider 行为控制声音。

「课堂随笔」

项目 6.5 3D 交互环境

例题导读

“经典案例 6.5”介绍了通过利用 Director 快速创建一个 3D 作品展示的环境，利用 3D 行为，实现汽车模具欣赏，学会 Director 中制作 3D 动画的方法和技巧。

知识汇总

- 3D 交互环境介绍
- 3D 动画的方法和技巧

在 Director 中，不仅可以创建二维的动画，还可以制作复杂的 3D 动画。3D 文本是如何创建的？3D 动画是如何设计的？

经典案例 6.5　汽车模具欣赏

1．案例作品

案例图 6.9　“汽车模具”作品展示

2．制作步骤

（1）进入 Director 11，执行 File → New →“Movie”命令新建电影，执行 Modify → Movie →“Properties”命令→打开舞台属性检查器对话框，将电影舞台的大小设置为 500×330，Color 为 #000000。

（2）执行 File →“Import”命令，导入模块 6\project05 文件夹汽车 3.w3d 并拖动到舞台，生成精灵。

（3）执行 Window →“Library Palette”命令，选择 library 面板→ 3D → Actions。从 Library 对话框中单击并拖动 Pan Camera Horizontal 行为按钮到舞台的精灵 1 中，打开对话框，做如图 6.52 所示的设置，设置完成单击【OK】按钮确定。

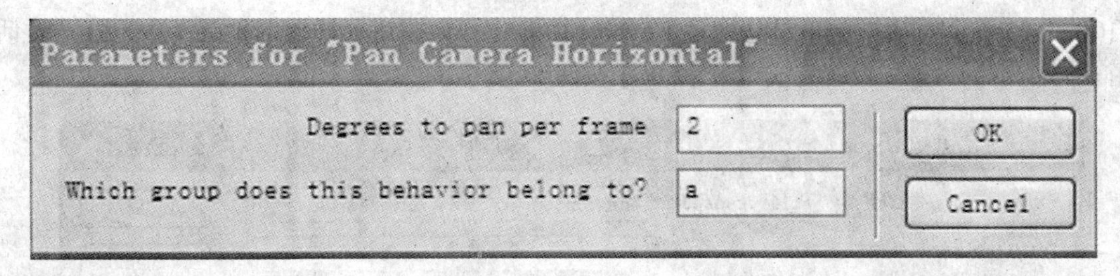

图 6.52　Pan Camera Horizontal行为

（4）从 Library 对话框中单击并拖动 Pan Camera Vertical 行为按钮到舞台的精灵 1 中，其中 Degrees to span per frame 设为 2，group 设为 b，设置完成单击【OK】按钮确定。

（5）从 Library 对话框中单击并拖动 Automatic Model Rotation 行为按钮到舞台的精灵 1 中，打开对话框，做如图 6.53 所示的设置，设置完成单击【OK】按钮确定。

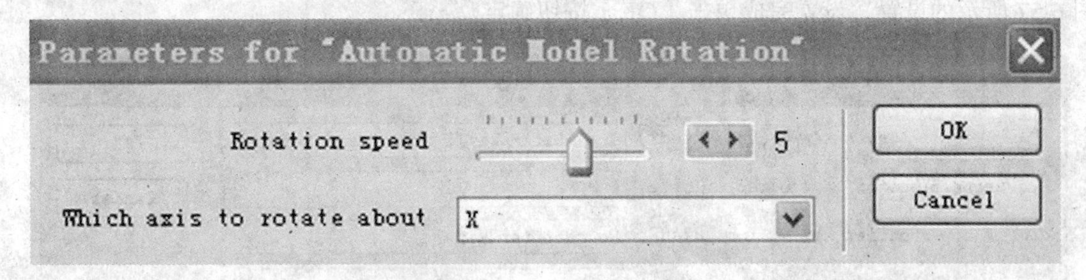

图 6.53　Automatic Model Rotation行为

（6）从 Library 对话框中单击并拖动 Dolly Camera 行为按钮到舞台的精灵 1 中，其中 Amount to dolly per frame 设为 5，group 设为 v，设置完成单击【OK】按钮确定。

（7）从 Library 对话框中单击并拖动 Reset Camera 行为按钮到舞台的精灵 1 中，group 设为 d，设置完成单击【OK】按钮确定。

（8）选择 library 面板→ 3D → Triggers。从 Library 对话框中单击并拖动 Keyboard Input 行为按钮到舞台的精灵 1 中，打开对话框，做如图 6.54 所示的设置，设置完成单击【OK】按钮确定。

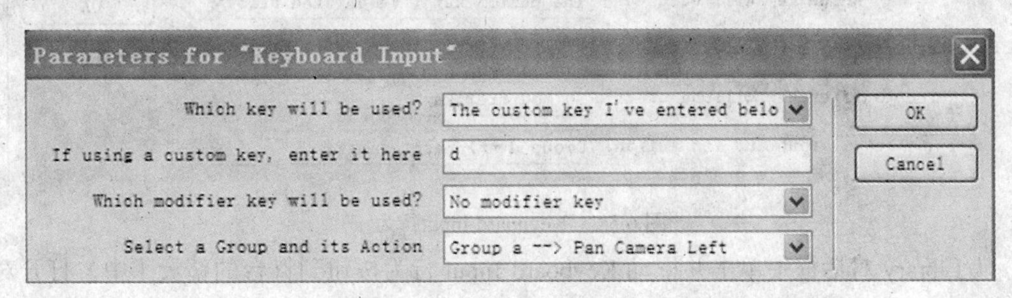

图 6.54　Keyboard Input行为

（9）从 Library 对话框中单击并拖动 Keyboard Input 行为按钮到舞台的精灵 1 中，打开对话框，做如图 6.55 所示的设置，设置完成单击【OK】按钮确定。

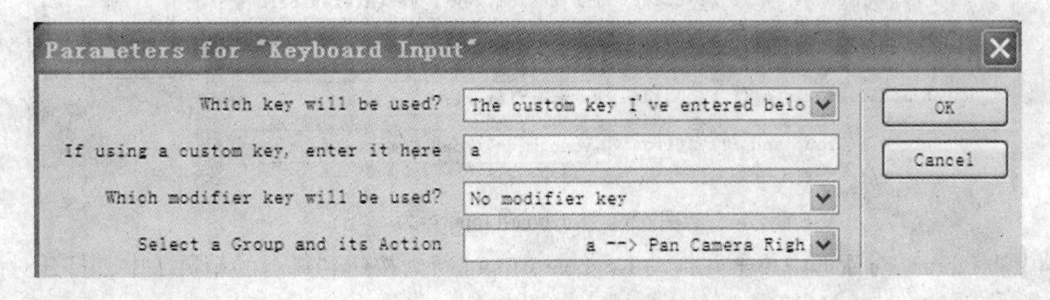

图 6.55　Keyboard Input行为

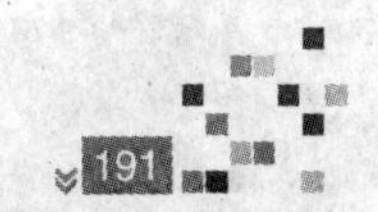

（10）从 Library 对话框中单击并拖动 Keyboard Input 行为按钮到舞台的精灵 1 中，打开对话框，做如图 6.56 所示的设置，设置完成单击【OK】按钮确定。

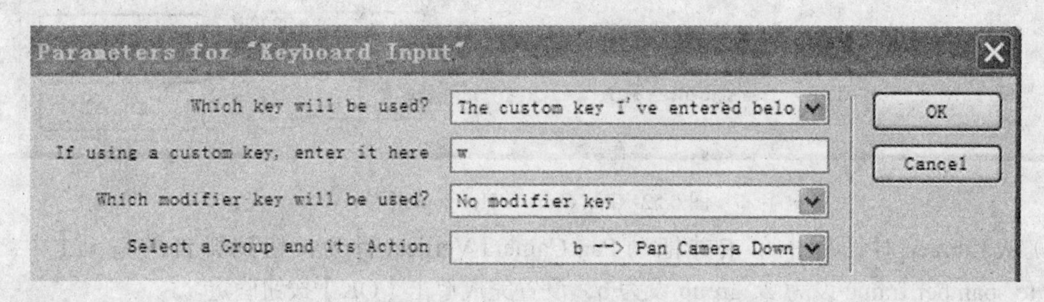

图 6.56　Keyboard Input行为

（11）从 Library 对话框中单击并拖动 Keyboard Input 行为按钮到舞台的精灵 1 中，打开对话框，做如图 6.57 所示的设置，设置完成单击【OK】按钮确定。

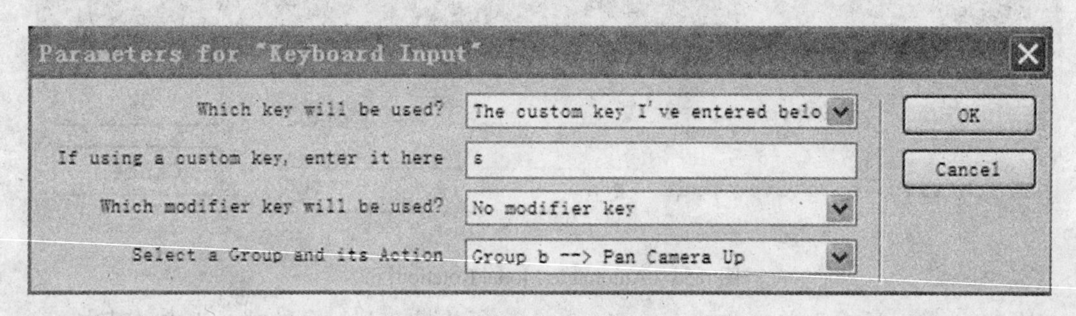

图 6.57　Keyboard Input行为

（12）从 Library 对话框中单击并拖动 Keyboard Input 行为按钮到舞台的精灵 1 中，打开对话框，做如图 6.58 所示的设置，设置完成单击【OK】按钮确定。

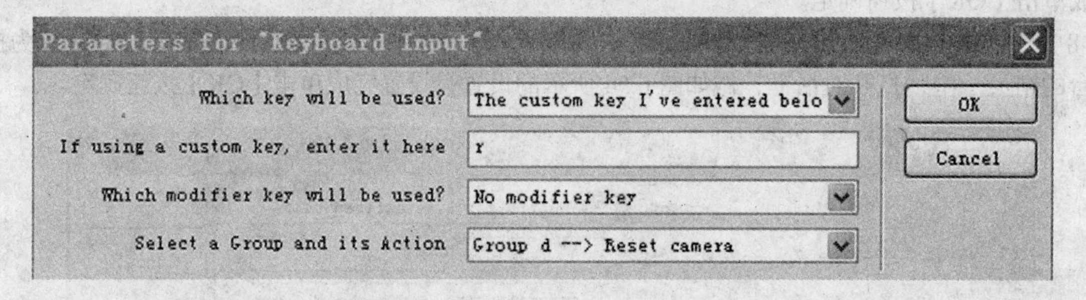

图 6.58　Keyboard Input行为

（13）从 Library 对话框中单击并拖动 Keyboard Input 行为按钮到舞台的精灵 1 中，打开对话框，做如图 6.59 所示的设置，设置完成单击【OK】按钮确定。

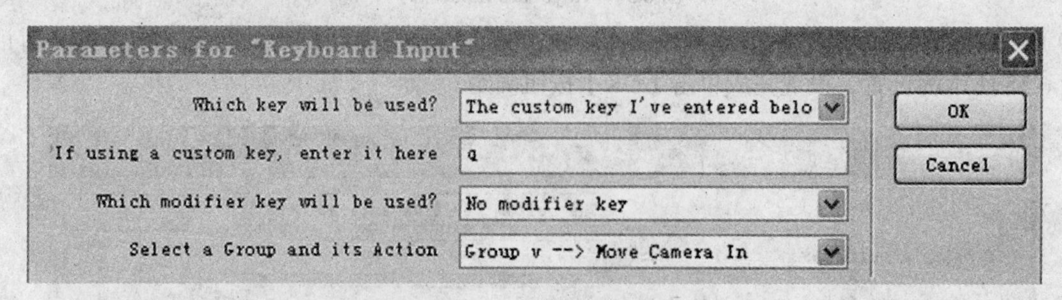

图 6.59　Keyboard Input行为

（14）从 Library 对话框中单击并拖动 Keyboard Input 行为按钮到舞台的精灵 1 中，打开对话框，做如图 6.60 所示的设置，设置完成单击【OK】按钮确定。

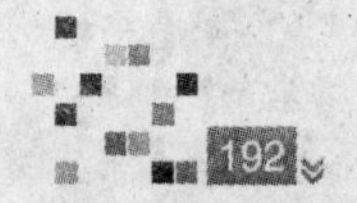

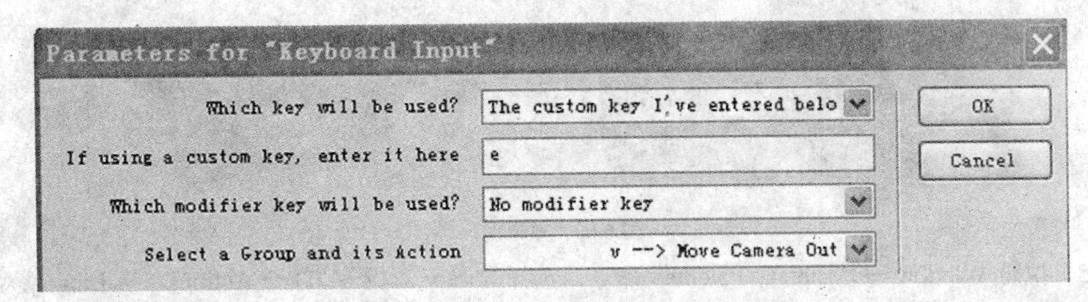

图 6.60 Keyboard Input行为

（15）按“Ctrl+6”组合键，打开 Text 窗口，设置字体和大小，输入文本“提示：W 向上，A 向左，S 向上，D 向右，Q 放大，E 缩小，R 还原”，并把文本角色拖放到舞台。

（16）所有设置完毕，在控制面板中播放电影。

在 Director 中，不仅可以创建二维的动画，实际上还可以制作复杂的 3D 动画，3D 动画中的大多数演员为 3D 演员。每一个 3D 演员都包含关于 3D 空间的描述信息，通称为 3D 世界。3D 世界的模型类似于 Director 中的精灵，每一个模型都要使用一个模型资源，而每一个精灵都要使用一个演员。使用 Director 内置的 3D 行为，可轻松实现 3D 动画制作。

6.5.1 3D 角色

3D 角色有多种层次的属性。一个 3D 角色包含一个完整的 3D 空间，称为 3D 世界。一个 3D 世界可以有多个 3D model（模型），例如，一个 3D 角色可以包括一个圆球与一个正方体等。每一个 3D model（模型）就类似于一个 Director Sprite，都有它们的一系列属性，如大小、颜色、阴影等。Director 提供两种方法去查看它们的属性：Shockwave 3D 窗口与 Lingo 程序语言。

6.5.2 3D 文本

3D 文本也是基于文本工具来创建的。所不同的是，要创建 3D 文本，需要事先创建一个普通的文本，然后对其属性进行修改，从而将其转换为 3D 文本，得到 3D 文本效果。

（1）进入 Director11，执行 File → New → “Movie” 命令新建电影，执行 Modify → Movie → “Properties” 命令，打开舞台属性检查器对话框，将电影舞台的大小设置为 500 × 240，Color 为 #000000。

（2）按“Ctrl+6”组合键→打开 Text 窗口→设置字体和大小，输入文本“旋转的 3D 文字”。

（3）将文本角色拖到舞台中，生成精灵 1 →选择精灵 1，按如图 6.61 所示设置属性。

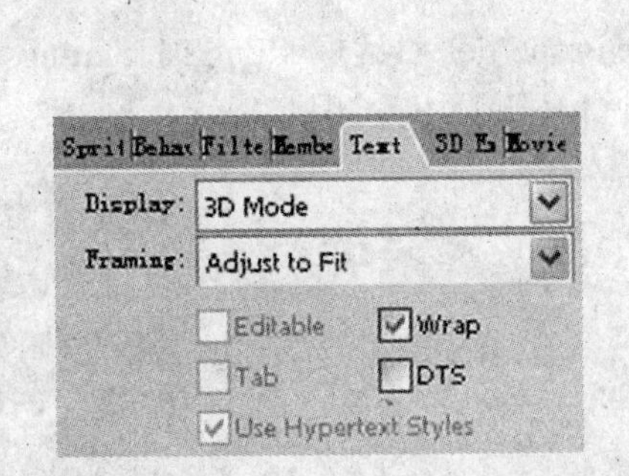

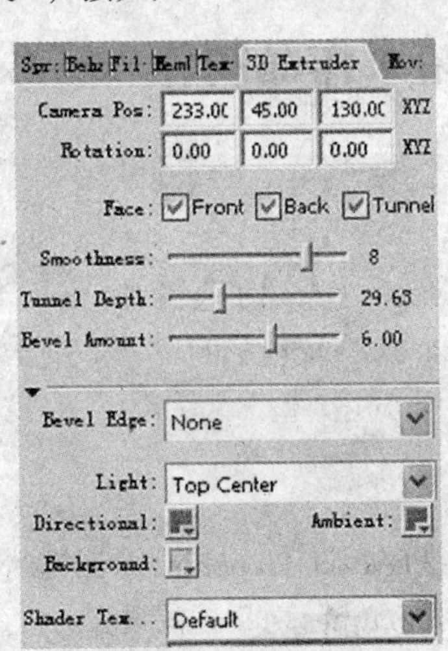

图 6.61 精灵1 属性

（4）效果如图 6.62 所示。

图 6.62　效果图

（5）执行 Window → “Library Palette” 命令，选择 library 面板→ 3D → Actions。从 Library 对话框中单击并拖动 Automatic Model Rotation 行为按钮到舞台的精灵 1 中 (其中 Rotation speed 设为 5，rotate 设为 X)，设置完成单击【OK】按钮确定。

（6）所有设置完毕，在控制面板中播放电影。

6.5.3 3D 行为

作为 Director 中的一种重要的组成部分，3D 方面也存在很多内置的行为，通过使用这些行为可以大大提高工作效率，降低开发成本。

（1）Actions 类行为。Actions 行为库中的行为从触发方式上又可以分为 Local 行为、Public 行为以及 Independent 行为。其中，Local 行为只能对附着在相同精灵上的 Triggers 行为做出响应；Public 行为既能够对附着在相同精灵上的 Triggers 行为做出响应，又能够对附着在其他精灵上的 Triggers 行为做出响应；Independent 行为不需要任何 Triggers 行为触发就可以做出响应。

（2）Triggers 行为。Triggers 类行为实际上就是一个触发器，它本身不会产生任何动作，但是它可以激活一个事件，并使相应事件的行为被触发。

「课堂随笔」

项目 6.6 结束作品制作——发布为多媒体

例题导读

“经典案例 6.6” 介绍了通过对 Movie Playback Properties 对话框、Publish Settings 对话框的设置，完成 Shockwave 电影的发布，学会发布多媒体作品的方法和技巧。

知识汇总

- Movie Playback Properties 对话框的设置
- Publish Settings 对话框的设置
- Shockwave 电影的发布

经典案例 6.6 **发布“聪明学字词成语”**

1．案例作品

案例图 6.10　作品展示一

案例图 6.11　作品展示二

2．制作步骤

（1）进入 Director11，打开素材\模块 6 文件夹聪明学字词成语 .dir，执行 Modify → Movie → “Playback” 命令→打开 Movie Playback Properties 对话框，对电影进行设置，如图 6.63 所示。

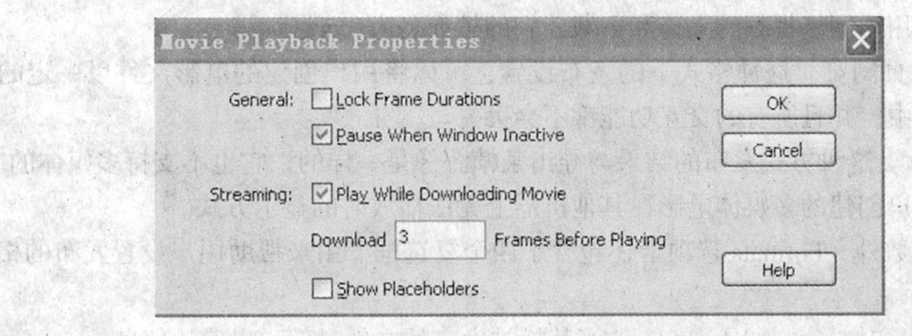

图 6.63　Movie Playback Properties对话框

技术提示：

Movie Playback Properties对话框：

（1）Lock Frame Durations：锁定帧。

（2）Pause When Window Inactive：当窗口转为后台时暂停播放 。

（3）Play While Downloading Movie：边下载边播放。

（2）执行 File → “Publish Settings” 命令，打开 Publish Settings 对话框，做如图 6.64 所示的设置。

（3）单击【OK】按钮关闭此对话框，执行 File → “Publish” 命令开始生成压缩电影。

发布作品是在 Director 中执行的最后一道工序。如果说设计影片和实现影片功能是开发的过程，那么发布影片就是将作品加工为成品、真正实现电影功能的重要环节。对于发布作品而言，重要的是需要理解与作品发布相关的一些参数的功能。

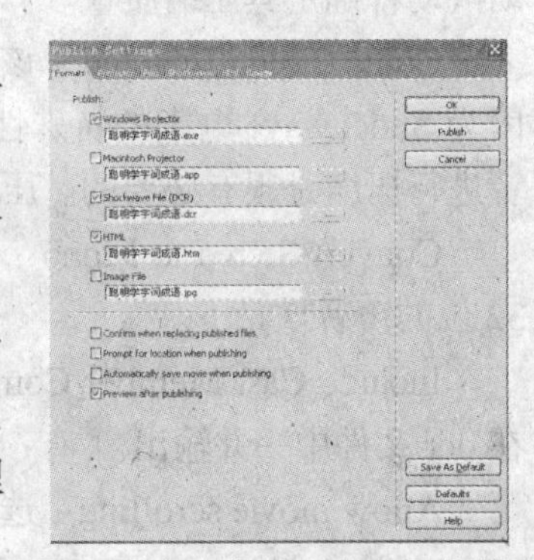

图 6.64　Publish Settings对话框

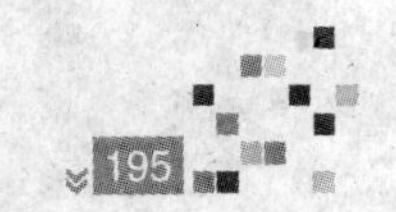

6.6.1 发布设置

对于多媒体作品来说，发布的方式不同，所产生的最终效果也不同，例如，当将作品发布为Shockwave格式后，如果将其放置到多媒体光盘中使其自动运行，就不太适合了。为此，需要事先对各种发布参数做到详尽的了解，从而能够真正按照自己的意愿发布 作品。

设置发布格式，执行File→“Publish Settings”命令，打开Publish Settings对话框，如图6.64所示。

Formats面板主要是来确定电影发布后的格式问题。它包括Director所支持的五种不同的文件格式，这五种文件格式分别对应一个参数设置的层级面板。也就是当用户选择了哪一种或哪几种发布格式后，还要根据需要在对应的参数面板中分别设置其相关属性。

Director中支持的发布格式有：

（1）Projector放映机程序。这种电影是一种可执行的文件。它与受保护的电影相同，都是加密的二进制文件，用户只能播放它，但不能对其进行编辑，其扩展名为.exe。

（2）Macintosh Projector。这里可以实现在Windows操作系统下生成跨平台的Macintosh OSX system下的放映机程序。相应地，在Macintosh系统下，该项为Windows Projector。

（3）Shockwave电影。这是一种特殊的电影格式，它是在原来电影文件的基础上通过大比率的压缩，在添加一些HTML标签后，能够被浏览器程序所识别的具有交互功能的电影文件格式。该格式文件可以广泛地应用于网络视频的上传和下载，它的扩展名为.dcr。

（4）HTML网页浏览。这种格式下的发布设置，可以将用户创建的电影文件以一定的位置和显示方式嵌入到网页中，并且所有的交互功能都不会丢失。

（5）JPEG图片。这种方式发布的结果与导出某帧图像是一样的，它也不支持多媒体的交互功能，只是用于设置当用户创建的多媒体电影在其他机器上无法播放时的显示方式。

除了上述的参数外，Formats选项卡还包含了四个复选框，用来帮助用户设置发布的格式，关于它们的简介如下：

Confirm when replacing published files：当替换被发布的文件时，弹出确认信息。

Prompt for location when publishing：当发布影片时提示用户指定储存位置。

Automatically save movie when publishing ：在发布影片的时候，自动保存影片。

Preview after publishing：影片发布后预览影片。当用户将影片发布后，系统将自动开发发布后的影片。

Shockwave选项卡主要用来设置Shockwave电影参数。它主要针对将要发布的Shockwave电影，并为其选择播放器和设置压缩质量以及响应与用户之间的交互功能等。

下面对其中的参数进行介绍：

Image Compression：压缩质量设置，有两种压缩方式，即Standard标准压缩方式和JPEG图片压缩方式。前者适用于颜色值很少的电影发布，后者的压缩方式遵循国际图片压缩标准，并可以通过移动滑动杆确定其压缩质量。

Compression Enabled：该功能可以允许用户对电影中所有的声音对象进行一定规格的压缩设置。因为Shockwave电影的特殊性，它需要在网络上能够以最快的速度被下载下来，这样对电影中的声音进行压缩是很有必要的。压缩标准是以kBits/second为单位的。

Convert Stereo to Mono：该功能允许用户将电影中的立体声转换成单声道声音。它只是用在大于32位的声音质量下。

Include Cast Member Comments：该复选框允许用户在电影播放时，将角色演员的附注说明也含在dcr文件中一并输出。

Allow movie scrolling：选中该复选框后可以自由缩放Shockwave电影。

Volume Control：控制声音音量。该功能可以使用户通过调节音量滑块，对当前电影中的声音音

量进行可控性的操作。

Transport Control：播放控制。该功能允许用户通过设置播放、暂停等功能键对电影的播放进行控制。

6.6.2 发布 Shockwave 电影

和 Flash 相同，Director 中也可以把制作的作品通过 Internet 进行播放。通过 Internet 发布电影一直是 Macromedia 公司的目标之一。通过 Shockwave，可以利用 Director 创建适用于网络上传播的多媒体产品。

（1）认识 Shockwave。Shockwave 的这种压缩技术有其独特的存在意义。因为在当今的网络中，问题的焦点是网络的传输速度。多媒体作品由于包含的媒体多，文件自然就比较大，所以如果把 Director 创建的多媒体作品直接嵌入到网页中，那么网页的加载速度将变得很慢。也正是在这种情况下，才导致了 Shockwave 的产生。

Shockwave 使用户能够将包含动画、音频、交互性的多媒体作品在网络上传播。在包含 Shockwave 插件的网页浏览器中，Shockwave 插件就像一个 ActiveX 控件一样地工作。当浏览器发现含有 Shockwave 电影的网页时，就会启动 Shockwave 播放器在后台播放电影。Shockwave 现在正应用于成千上万交互网页中，用来创建交互式游戏、广告、多媒体教室等。

Shockwave 以一种无失真的压缩算法来压缩 Director 电影，它可以在不改变电影内容的前提下减小文件大小，从而可以从 HTTP 服务器中准备电影。如果用户需要在网络上播放 Shockwave 电影，必须保证以下两个要素同时存在：第一，存放在 HTTP 服务器上的包含有 Shockwave 电影的网页；第二，客户机安装有支持 Shockwave 的网页浏览器。

（2）创建 Shockwave 电影。Director 之所以能够将影片直接转换为 Shockwave 电影，是因为在 Director 中已经附加了一个 Aftershock 程序，它可以帮助用户发布 Shockwave 电影，因此对于用户而言，发布 Shockwave 格式的电影就变得轻松许多。

在创建 Shockwave 电影之前，用户还需要对当前的电影进行整体的适当设置。选择 Modify → Movie →“Play back”命令→打开 Movie Play back Properties 对话框，如图 6.63 所示。

该对话框中的 General 选项是对电影进行通用设置的。

Lock Frame Durations：锁定当前电影的播放速度，使所有机器都以相同的播放速率播放该电影。

Pause When Window Inactive：确定窗口中电影是否播放。当启用该功能后，只有当播放电影的窗口处于激活状态时，才能进行电影的播放，否则电影将持续一直播放。

Streaming：对媒体流进行控制。

Play While Downloading Movie：指在后台下载电影的同时播放电影。

Download X Frames Before Playing：当下载完成指定的帧后开始播放电影。

在上面介绍的各种参数的设置中，用户可以根据自己电影的需要进行相应地设置，当完成后即可发布 Shockwave 电影了。

Shockwave 电影的发布过程：

① 确认制作的产品已经处于发布阶段。

② 选择 File →“Publish Setting”命令→打开 Publish Settings 对话框→切换到 Shockwave 选项卡，按照自己的需要设置参数→设置完成后单击【Publish】按钮，即可完成 Shockwave 电影的发布。

「课堂随笔」

重点串联

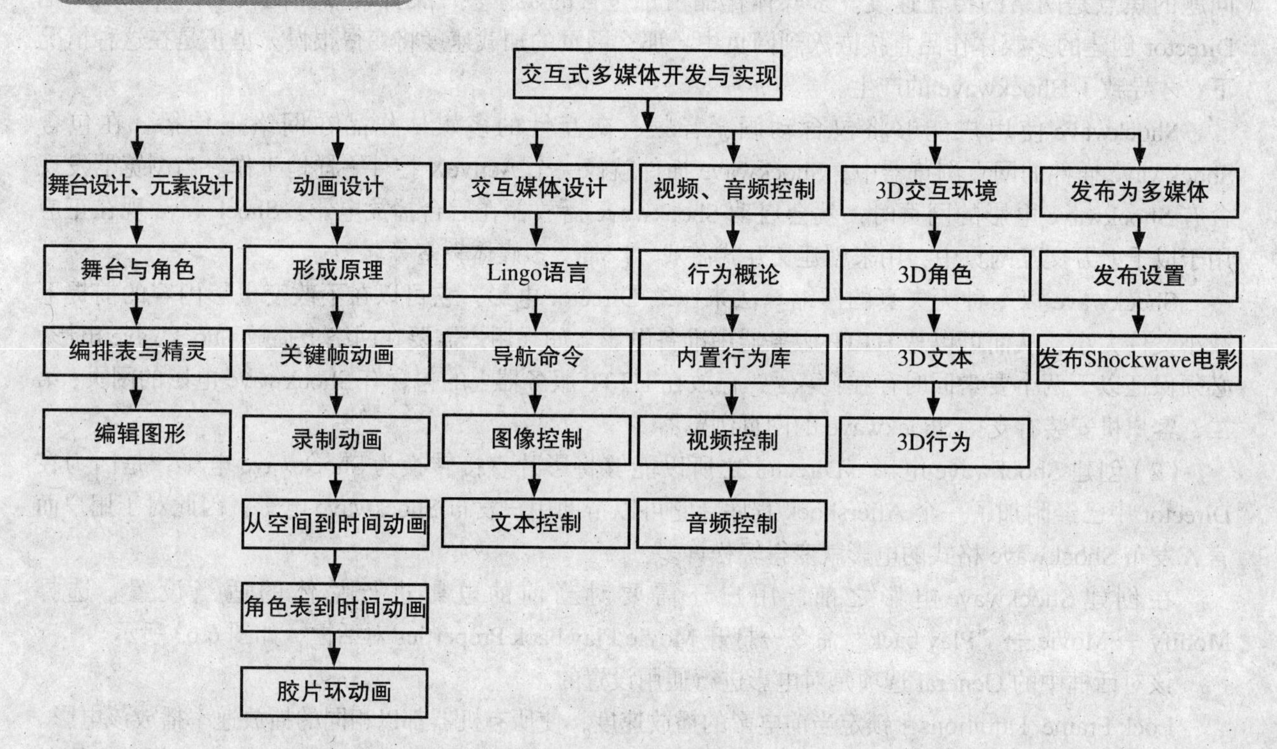
交互式多媒体开发与实现
舞台设计、元素设计
舞台与角色
编排表与精灵
编辑图形
动画设计
形成原理
关键帧动画
录制动画
从空间到时间动画
角色表到时间动画
胶片环动画
交互媒体设计
Lingo语言
导航命令
图像控制
文本控制
视频、音频控制
行为概论
内置行为库
视频控制
音频控制
3D交互环境
3D角色
3D文本
3D行为
发布为多媒体
发布设置
发布Shockwave电影

拓展与实训

基础训练

一、填空题

1. 依次选择______、______、______命令，显示电影属性面板。

2. Director 动画包括基础动画、______、______、______、______等。

3. 在 Director 中，常用的脚本类型包括三种，分别是______、______和______。

二、选择题

1. 打开 Internal Cast 窗口的组合键是（　　）

A. Ctrl+3　　B. Ctrl+4　　C. Ctrl+5　　D. Ctrl+6

2.Play Sound 是（　　）类行为。

A. 画类　　B. 控制类　　C. 媒体类　　D. 网络类

三、简答题

1. 电影的基本属性有哪些?

2. 帧过渡通道中常见的过渡特效有哪些?

3. Go 命令的语法形式有哪些?

技能实训

制作 Director 版公司网站

1. 实训目的

（1）熟悉掌握设计交互式多媒体系统的基本方法和技巧。

（2）熟悉掌握 Director 的基本功能、基础动画、Lingo 基础、行为、3D 环境。

2. 实训要求

（1）熟练应用动画技法进行动画设计。

（2）自选图片素材。

（3）有音、视频控制。

（4）有行为地使用。

（5）主题突出，表达准确。

（6）导航清晰。

3. 实训效果图

公司网站效果图

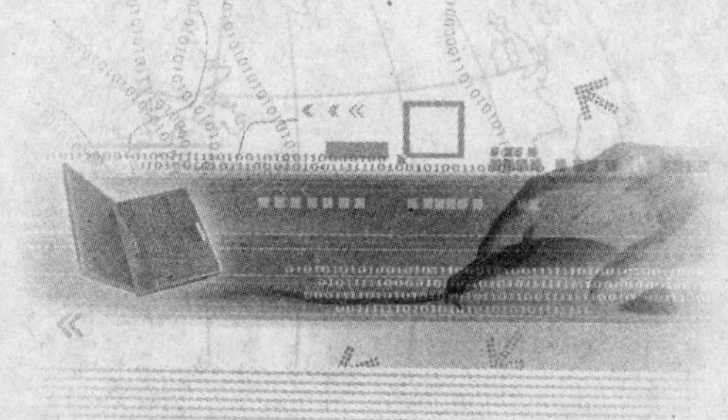

模块7 多媒体电子出版物的设计与制作

教学聚焦

◆ 多媒体电子出版物的设计与制作中，Authorware 应用时间最长。本模块用 Authorware 制作的“功夫熊猫 2 电子杂志”体现了电子杂志的交互性，给广大读者声情并茂的多媒体享受。

知识目标

◆ 通过经典案例的制作，掌握 Authorware 7.02 中各种工具及图标和交互的使用方法，从而使学生制作不同多媒体电子出版物时能更恰当地选择工具及图标来实现预期达到的效果。

技能目标

◆ 学会用 Authorware 设计、制作与合成精美多媒体电子出版物的技术。

课时建议

◆ 6 课时

教学重点和教学难点

◆ Authorware 各种工具及图标和交互的使用方法及其应用。

项目 7.1 多媒体电子出版物的创作流程

例题导读

“经典案例 7.1”讲解了多媒体电子出版物的创作流程。

知识汇总

- 多媒体电子出版物创作流程的具体步骤
- 创作工具软件的准备

在多媒体电子出版物的设计与制作工具中，Authorware 是一款操作简便且功能强大的软件，如何利用该软件完成多媒体电子出版物的创作呢？通常包括项目需求分析、编辑脚本、素材的准备与制作、片头片尾设计、界面设计、程序设计、调试与发行作品的方法及注意事项。

经典案例 7.1 多媒体电子出版物的创作流程

1．案例作品

使用多媒体创作工具软件进行多媒体电子出版物的开发一般要经过以下创作流程：

（1）项目需求分析。项目需求分析主要进行项目的前期准备工作。

（2）编写脚本。编写脚本是多媒体创作的指导性文件。

（3）多媒体素材的准备与制作。多媒体素材包括需要的文本素材，图形、图像素材，声音素材，视频素材和动画素材等的制作。

（4）片头片尾设计。片头片尾设计相当于电影或电视剧的片头、片尾，要求突出表现多媒体作品的主题和创作信息等。

（5）界面设计。界面设计包括主界面和分支界面的设计，要求界面的风格与表达的内容相一致。

（6）程序设计。一般按功能模块进行设计，合理地使用交互结构、框架或超文本导航。

（7）调试与发行作品。使用开始、结束标志，控制面板和 Trace(　) 等多种方法调试程序。最后打包发行，交付用户使用。

制作多媒体电子出版物需要多种软件配合应用，如表 7.1 所示。

表 7.1　使用的创作工具软件

软件的名称	在项目中的应用
Word 2003	撰写影片介绍，整理文本素材等
HprSnap 6.03 中文版	抓取图片素材
Photoshop CS4	图片素材处理
Flash CS4	制作动画特效
Authorware 7.02	程序设计

2．制作步骤

（1）项目需求分析。需要完成以下几项工作：

①明确用户的需求，确定多媒体项目需要实现的功能和设计目标。

②确定需要解决的重点与难点问题，具体提出在技术和内容上实现的主要方法和手段，设计内容的确定应是集体智慧的结晶。

③确定多媒体项目的运行环境以及开发工具，应能够实现设计的功能。

④制定项目完成的时间及工作进度，进行合理的时间、人力和开发成本的规划，保证多媒体项目按期完成。

（2）编写脚本。脚本是把多媒体创作的思路、内容、演示过程等信息反映在纸上，为多媒体开发与制作提供最直接的依据。

①脚本的分类。文字脚本，是多媒体创作要反映和表达的核心内容。制作脚本解决怎样实现的问题，如媒体的位置、组织、出现的方式与时间、交互方式的设定、确定制作工具等。

②脚本的主要内容。脚本的主要内容包括：内容设计，对要表现的内容进行有效的组织；创意设计，确定主题和风格，做到新颖、别致、与众不同；界面设计，包括标题、内容文本及相关元素的颜色、大小、位置的设计等；交互设计，根据用户的操作习惯和心理进行人机交互的设计；素材设计，根据需要制作和准备需要的相关素材；效果设计，综合以上各项因素，包括开始、结束、主界面、分支界面、演示界面、内容的表现形式等多方面的效果，保证协调、统一。

③编写多媒体脚本。要有项目目的，文字、声音、动画、图像、视频和其他内容清单。选择适当的演示或展示模式。构思恰当的交互方式，主要有按钮、热区等，要求主交互和各级分支交互要保持独立与统一的合理应用。设计合理的屏幕布局，内容要突出主题、标题与内容文本的布局要符合用户的习惯，适当使用图形、图像或动画，生动地表现要展示的内容。合理的页面组织应做到层次、主题分明。

④制订一个开发计划。建立开发团队，精选编导、美工、编程、调试、录音等人员。明确各阶段任务。

（3）多媒体素材的准备与制作。

①图像素材。主要使用 Photoshop 等专业图像处理软件创意制作。注意有些图片格式能存储 Alpha 通道，如 PSD、TIF、PNG 等。

②声音素材。主要使用 MP3 文件，还有 WAV 和 SWA 格式。背景音乐应起到衬托气氛的作用。MIDI 是一种相当不错的背景音乐。单独放在子目录中供程序调用，方便管理。要注重积累。

③动画素材。用 COOL3D 制作片头。用 Flash CS4 制作生动的二维动画，可实现交互。

④视频素材。主要用 AVI、MPEG 和 SWF 格式。应单独存放。

（4）片头片尾设计。

①片头设计。展示与作品相关的动态标题、图片、飞行的文字等，增加视觉效果和吸引力。

②片尾设计。展示制作人员、出版单位及制作时间等。要求与片头风格统一、总体效果一致。

（5）界面设计。考虑界面设计原则、色彩的运用与版面设计及界面的类型。设计构思要突出重点、平衡协调。色彩与主题风格相关。界面的标题要配合图片和动画使用。交互制作，力求简洁、新颖。最后要细致加工，以达到更好的效果。

（6）程序设计。程序代码必须规范，做好文件备份。要有程序注释与格式要求。还要考虑素材的导入方式、库的使用、模块程序和知识对象的利用等问题。

（7）调试与发行作品。

①调试程序。通读整个程序，理清思路。每次只改一个地方，使用开始、结束标志执行一次。注意永久属性的运用。等待与擦除的设置。显示层的设置。交互图标设计中的分支流向控制与跳转，必要时可以使用“Goto( )”函数。

②发行作品。将程序打包。新建一个要发布应用程序的文件夹。建立 Flash、Video、Sound 等外部素材文件夹。用一键发布功能，打包到要发布的文件夹中。检查 Xtras 文件夹中的文件。制作与修改程序的图标。在干净的操作系统下测试打包后的程序。保证一切效果正常。

技术提示：

1. 整体构思是关键。
2. 素材准备较费时。
3. 精心测试是保障。

「课堂随笔」

项目 7.2 电子杂志设计

例题导读

“经典案例 7.2” 围绕一部新电影《功夫熊猫 2》为主题进行图文声像的电子杂志的设计介绍，给出完整的思路和详细的步骤。用 Authorware 制作一份精美的电子杂志。

知识汇总

- 电子杂志的策划
- 图文声像素材的制作与准备
- 整体程序设计

“功夫熊猫 2 电子杂志” 采用 Authorware7.02 软件设计制作，配合多方面专业技术，尤其是 Photoshop、Flash 等图像及动画软件的配合。更能充分显示 Authorware 的强大功能，给人一种新颖、独特的感觉。设计的电子杂志在形式上保留了纸质杂志的封面、目录、封底，融入了声音、图像、动画、视频等手段，让杂志的可视性、交互性达到前所未有的高度。具体制作步骤在后续项目中详细介绍。

经典案例 7.2 电子杂志设计界面

1．案例作品

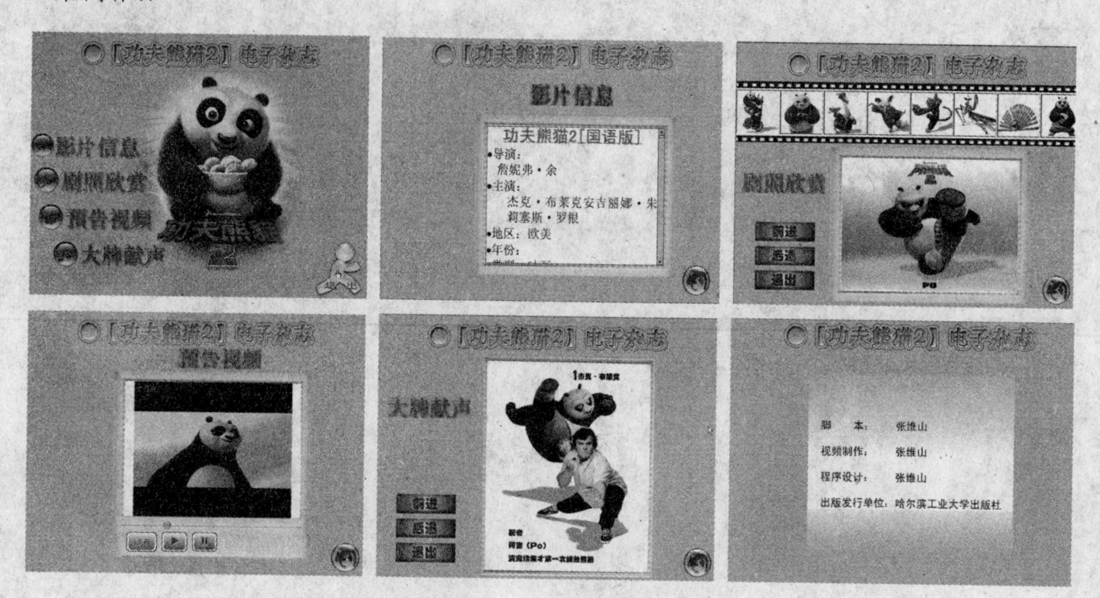

案例图7.1　电子杂志部分设计界面

2．制作步骤

（1）电子杂志的策划。一部新电影的预告使观众充满了期待。翻阅一份融入图文声像、动画、视频等手段，能够交互参与的内容丰富的电子杂志是众多观众的愿望。

在本电子杂志项目中，设计的主体由三部分组成，即片头动画、主程序和片尾动画，其中大部分动画都由 Flash 加工制作完成，主程序由五部分组成，即“影片信息”、“剧照欣赏”、“预告视频”、“大牌献声”和“退出”。每部分的程序都采用逐层深入的方式（除“退出”）。背景音乐采用 MP3 格式，所有的交互都使用热区响应和按钮响应，界面均使用 Flash 和 Photoshop 软件来制作，使整体效果更趋向于完美，使整个设计体现完美、大方。

（2）素材的制作与准备。

①文本素材。从互联网获取文本素材，如影片简介、剧情分析等，再利用 Microsoft Word 软件进行编辑整理。有的文字利用 Photoshop 进行效果处理，对其进行样式添加，如外发光、内发光、投影、扩边、半透明等的处理，使文字更加美观。

②图像素材。从互联网收集有关素材图片，如剧照、海报等，再利用 Photoshop 软件对下载的素材图片进行特效、裁切、挖空、缩放等相关处理，使其更加美观、得体。

③音频素材。主要从互联网上获取 MP3 格式音乐文件，放入“Sound”文件夹中备用。

④动画素材。使用 Flash CS4 软件制作一些程序中需要的动画，如海报、剧照、按钮等。同时也从互联网上获取一些透明特效的动画素材放入“Flash”文件夹中。

⑤视频素材。从互联网下载预告视频，并用相关软件转换成 SWF 格式文件，放入“Video”文件夹中。

处理素材时要注意到去除素材中多余的成分，贴近主题，可加虚化效果，用样式使图片与界面融合，用 Flash CS4 特效使其界面保持一致的风格特点。

（3）程序设计。

①程序文件初始设置。合理的文件组织结构，界面使用统一风格，大小设置为 800 × 600。

②片头程序设计。

Ⅰ．设计构思。利用 COOL 3D 的百宝箱的工作室中组合里适合的电影胶片效果。修改内部的 Ulead Cool 为“功夫熊猫 2”，修改大小，添加照明特效中的烟火，创意设计出适合功夫熊猫 2 影片

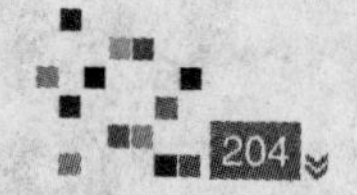

主题的片头动画，发布成SWF动画，放入"Flash"文件夹备用。

Ⅱ.程序结构。在程序结构中首先在片头插入背景音乐MP3文件，导入背景，再添加功夫熊猫2片头动画，并插入一些Flash动画，使界面整体效果看起来更加生动活泼，片头程序结构流程图如图7.1所示。

Ⅲ.程序运行效果。运行程序进入片头动画后，反复播放片头动画，单击下方箭头进入主界面，并且擦除片头Flash动画。运行后片头效果如图7.2所示。

③程序总体流程结构的构建（主界面程序设计）。

Ⅰ.设计构思。本设计是淡雅风格的电子杂志，主界面使用Photoshop软件处理相关图片，并利用Flash动态效果把处理的图片组织起来，用文字响应主题，使其更加美观、得体。通过制作弧线排列的动态按钮来介绍"影片信息"、"剧照欣赏"、"预告视频"、"大牌献声"等相关内容，单击"退出"热区跳转到片尾动画。整个界面协调一致，美观大方，给人一种轻松自然、温馨舒适的感觉。

Ⅱ.程序结构。主界面以热区交互的形式利用动态效果分别跳转到各个子界面，首先播放主界面音乐并设置为同步，然后导入主界面动画及其退出文字，利用热区响应交互进入"影片信息"、"剧照欣赏"、"预告视频"、"大牌献声"各个子界面，同时可以单击"退出"文字热区进入片尾Flash动画，程序运行顺畅，结构分明，主界面程序结构流程图如图7.3所示。

Ⅲ.程序运行效果。主程序使用动态虚化效果，利用热区响应进入各个子界面，在主程序中可以单击不同的热区直接跳转到相关的分支界面。

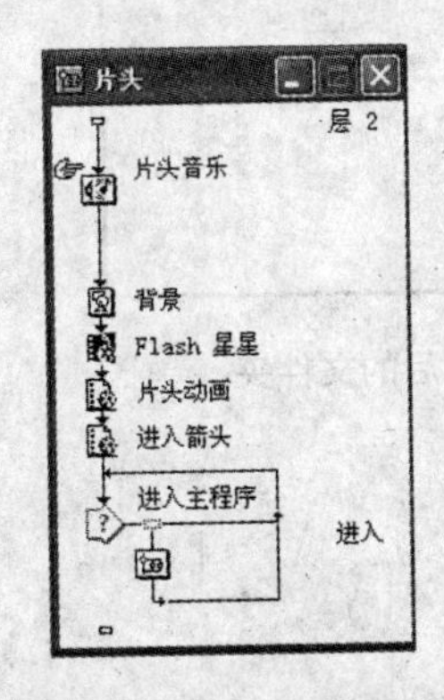

图7.1　片头流程图

图7.2　片头效果图

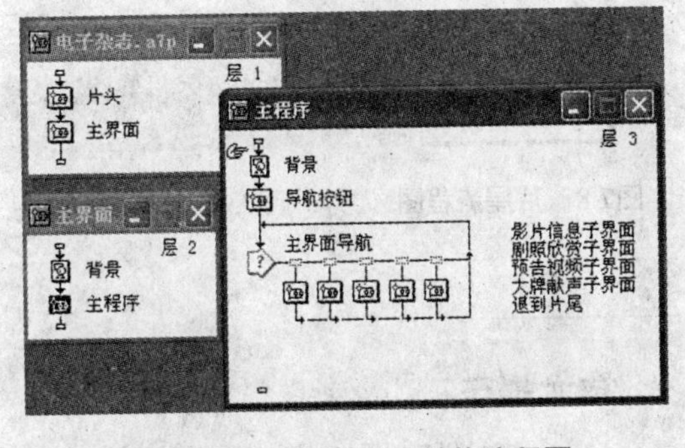

图7.3　主界面程序结构流程图

④程序分支流程结构的构建（子界面程序设计）。

Ⅰ.设计构思。与主程序相统一又相对独立。使用Flash动态按钮配合热区交互形式分别进入该界面的分支界面，并使其分支界面能够很流畅地返回，整个程序运行自然、流畅。

Ⅱ.程序结构。每个分支界面都使用Flash动态效果以热区响应交互分别介绍该界面的相关内容，并可以很顺畅地返回到上一层界面。各个子界面程序结构如图7.4~7.7所示。

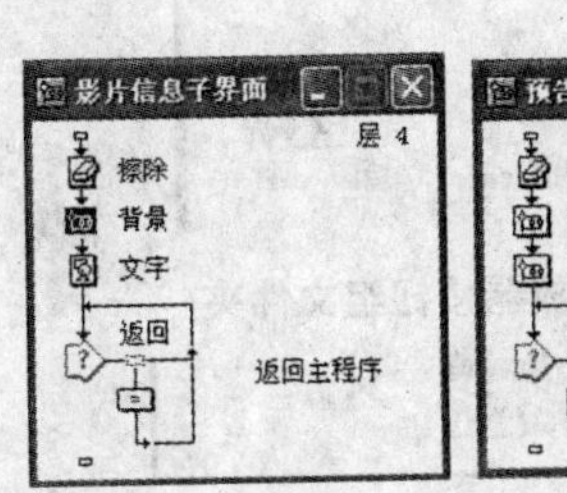

图7.4　分支流程图1

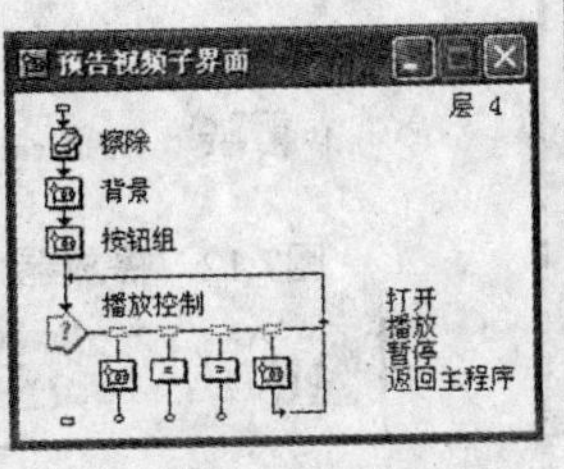

图7.5　分支流程图2

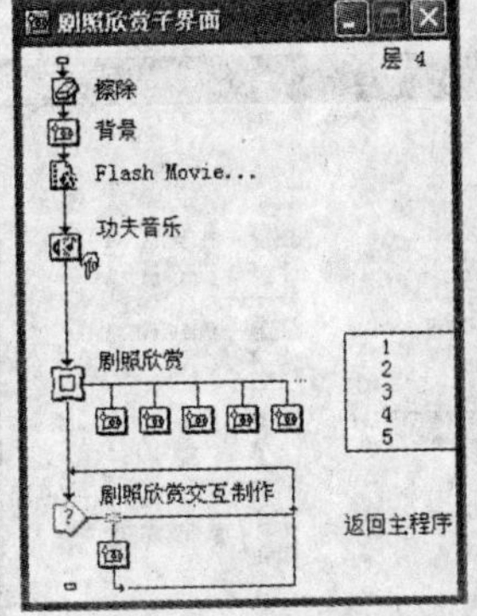

图7.6　分支流程图3

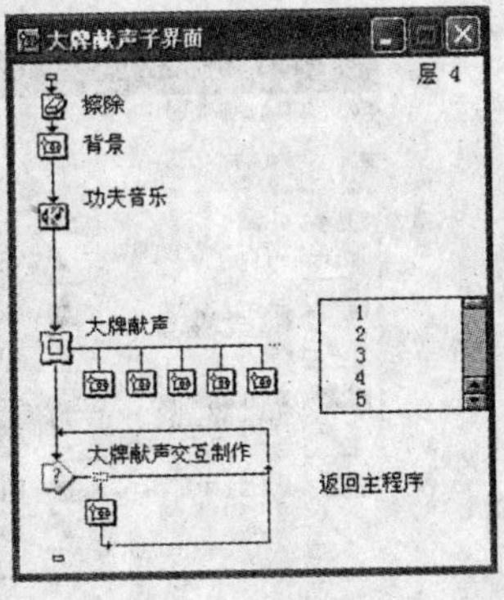

图7.7　分支流程图4

Ⅲ. 程序运行效果。使用动态文字效果利用热区响应交互的方式，单击鼠标进入下一级子界面，而各个子界面的程序也通过热区交互响应返回到上一级界面。程序运行效果如案例图 7.1 电子杂志部分设计界面所示。

⑤片尾程序设计。

设计构思。以独特的动画风格形式结束。首先导入片尾音乐，再建立擦除图标，显示制作人等片尾文字信息，最后等待 30 s 退出程序。程序结构流程图如图 7.8 所示。

程序进入片尾动画后，片尾动画播放完毕后自动退出程序。整个程序前后一致、风格统一、自然流畅、大方得体。程序运行效果如图 7.9 所示。

（4）调试与打包发布程序。

①调试程序。检查每个显示图标的内容能够正确显示，保证多媒体演示过程中的所有页面和媒体内容都能够正确出现。

②打包发布程序。用 Authorware 的一键发布功能，打包发布程序。发布后文件夹如图 7.10 所示。

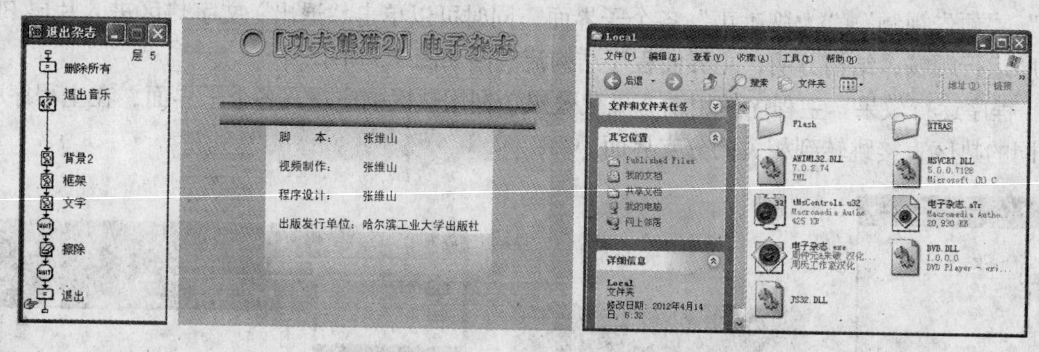

图7.8 片尾流程图 图7.9 片尾效果图 图7.10 发布后的文件夹

技术提示：

以“功夫熊猫2电子杂志”项目为例进行全面、深入地开发实践学习，可以真正地掌握多媒体项目开发与设计的技能。

打包后把 Authorware 文件夹中的 Xtras 文件夹全部复制到打包文件夹下，把所有 swf 文件复制到 Flash 文件夹下，如图 7.11，7.12 所示，要不然看不到某些过渡效果也看不到 Flash 文件的效果。要从网上下载 VCT32161.dll 文件，如图 7.13 所示，安装到 Windows\system32 文件夹下，才能正常播放发布的文件。

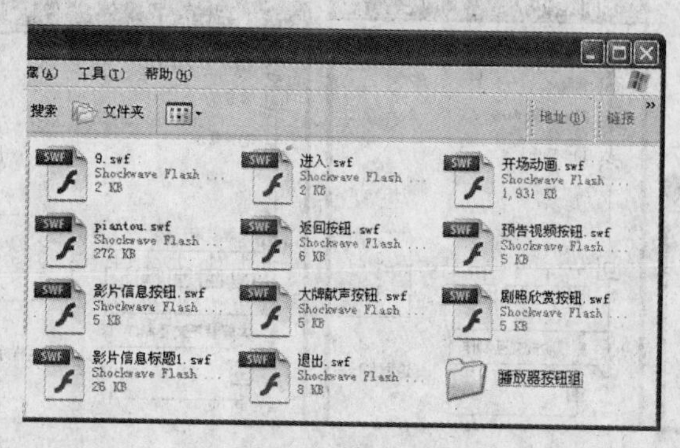

图7.11 Flash文件夹

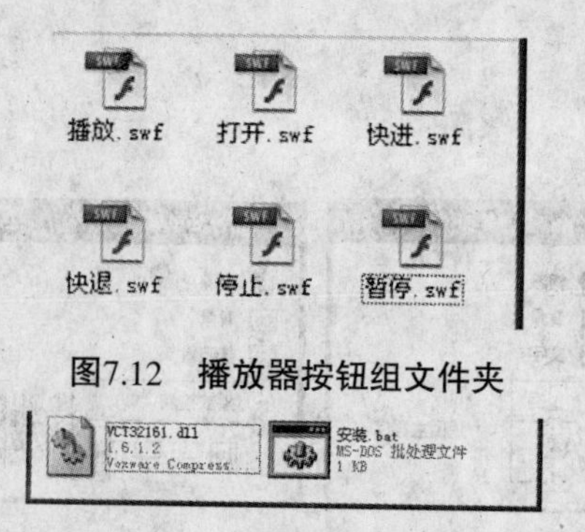

图7.12 播放器按钮组文件夹

图7.13 安装VCT32161.dll

「课堂随笔」

项目 7.3 电子杂志主界面制作

例题导读

“经典案例 7.3”讲解了使用 Photoshop 和 Authorware 制作主界面的方法和技巧。

知识汇总

●用 Photoshop 制作主界面背景
●在 Authorware 中导入图片

如何体现电子杂志主界面的枢纽作用呢？主界面包括标题文字、功夫熊猫主题图片、导航菜单，以及退出杂志的控制按钮。主界面以及导航菜单文字均使用 Photoshop 制作，导航功能使用 Authorware 的热区域交互类型来实现。导入 Flash 透明动画更显活力。

经典案例 7.3 “功夫熊猫 2 电子杂志”主界面制作

1．案例作品

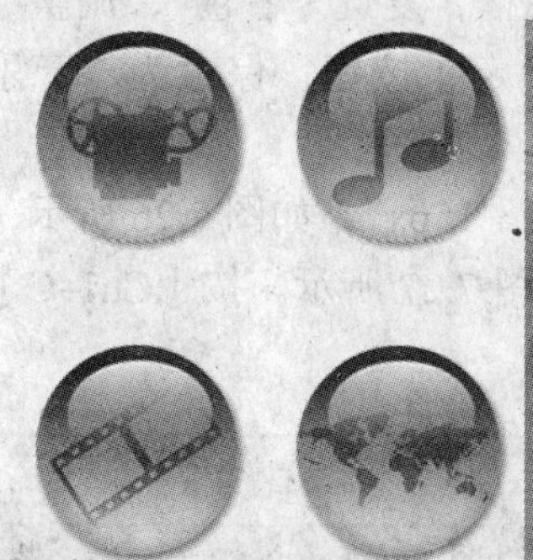

案例图7.2　素材

案例图7.3　主界面效果图

2．制作步骤

（1）用 Photoshop 制作主界面背景。启动 Photoshop CS4，打开背景素材图片，设置大小为 800×600，保存为“主界面 .psd”文件。在工具箱中选择“T”文本工具，设置文字字体“华文中宋”、字号“48”，输入“●【功夫熊猫 2】电子杂志”标题文字。

（2）在“样式”中选择“金黄色斜面内缩”样式，如图 7.14 所示，标题文字效果如图 7.15 所示。

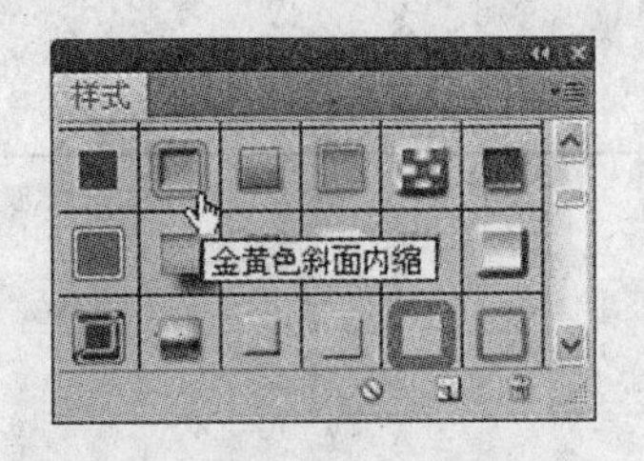

图7.14 使用“金黄色斜面内缩”样式

图7.15 标题文字效果

（3）选择“横排文字工具”，设置字体“华文中宋”、字号“50”，分别输入“影片信息”、“剧照欣赏”、“预告视频”、“大牌献声”标题文字。在“样式”中选择“红色回环”样式，如图7.16所示。同样，制作一套“绿色回环”和“蓝色回环”文字备用，标题文字效果如图7.17所示。

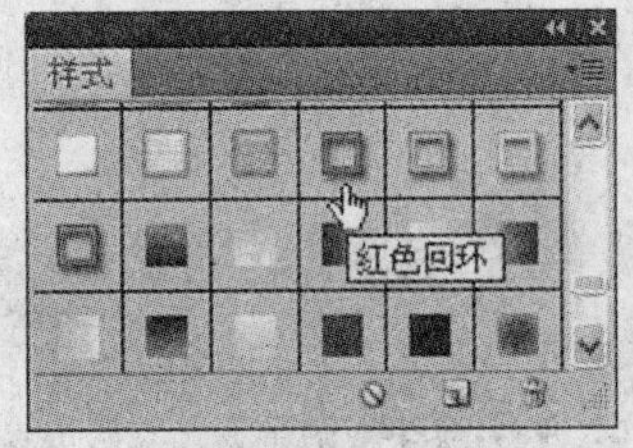

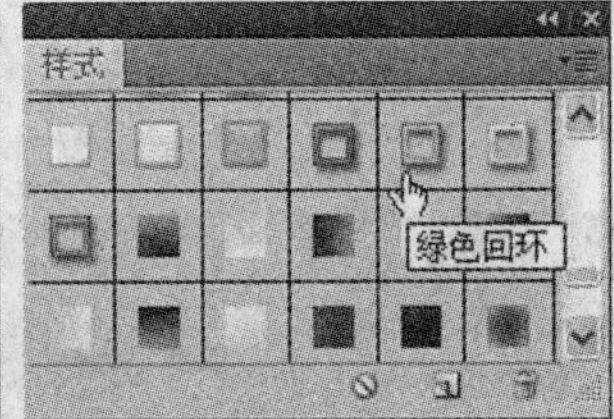

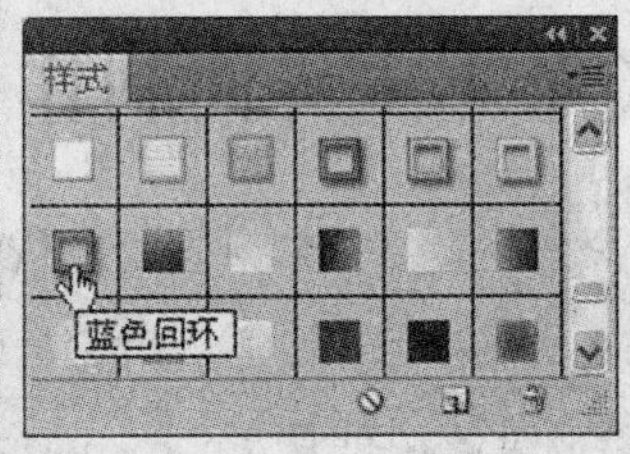

图7.16 使用“回环”样式

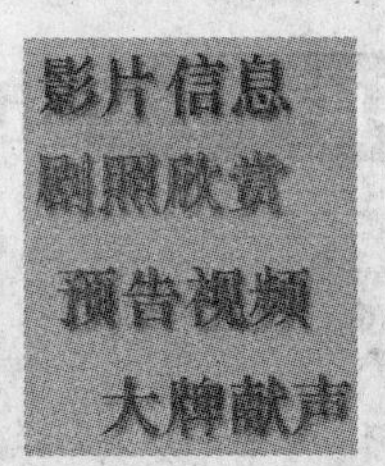

图7.17 导航标题效果

（4）打开“按钮”图片，解锁，选择魔棒工具如图7.18所示，在白色部分单击，变成选中状态，如图7.19所示，按【Del】键删除，变透明效果，如图7.20所示。在主界面中框选背景色，如图7.21所示，按【Ctrl+C】键和【Ctrl+V】键复制到按钮文件中，调整图层上下顺序，如图7.22所示。

图7.18 魔棒工具

图7.19 魔棒工具

图7.20 删除背景

图7.21 选取背景

图7.22 添加背景

（5）复制按钮图层，按【Ctrl+U】键，打开“色相/饱和度”对话框，复选“着色”，调整“饱和度”为“100”，调整“色相”为“240”，如图7.23所示，单击【确定】按钮，保存为“音乐按钮.PSD”，如图7.24所示。图层结构如图7.25所示。同理，制作其他几个按钮。

（6）打开“海报”文件，用“椭圆选框工具”，设置“羽化”值为“15px”，如图7.26所示，框选熊猫。右击，选择“变换选区”命令，调整选区全选熊猫状态，如图7.27所示。按【Ctrl+C】键和【Ctrl+V】键，复制一个新图层，如图7.28所示。

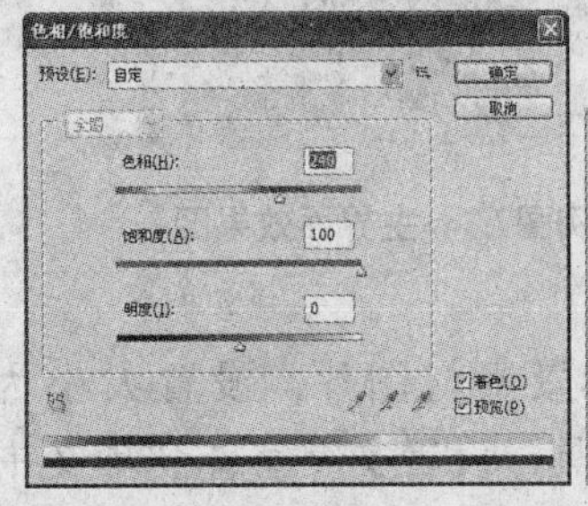

图7.23“色相/饱和度”对话框

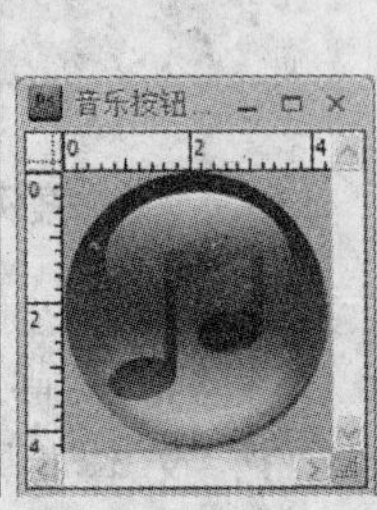

图7.24 调整色相

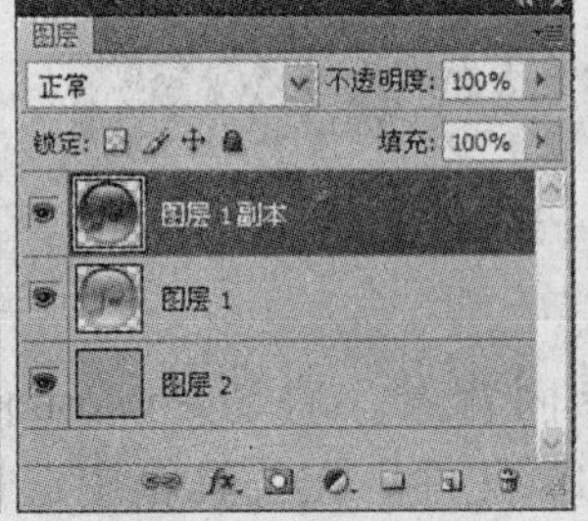

图7.25 图层结构

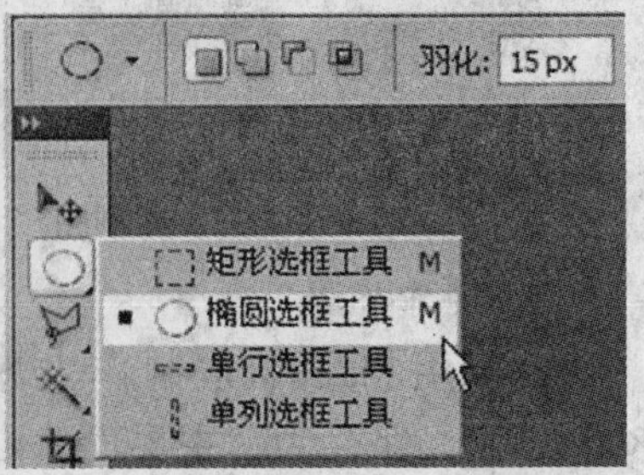

图7.26 椭圆选框工具

（7）将新图层复制到主界面中，如图7.29所示，用“橡皮擦工具”，调整画笔为“柔角100”，

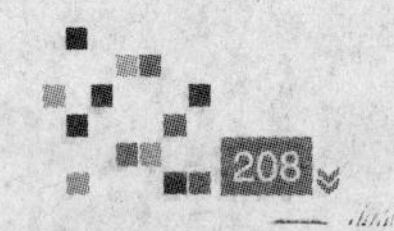

擦除熊猫周边，如图 7.30 所示。按【Ctrl+T】键，调整好图片大小，如图 7.31 所示。

图7.27　变换选区

图7.28　羽化新图像

图7.29　粘入主界面

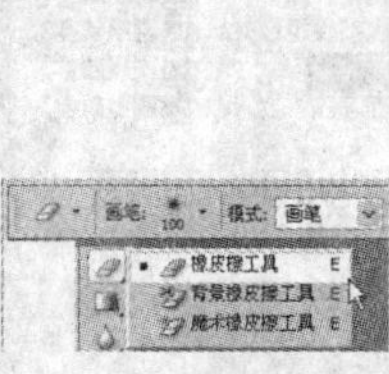

图7.30　橡皮擦工具

图7.31　融入背景

（8）将背景图片应用到 Authorware 文件。启动 Authorware 程序，出现“新建”对话框，如图 7.32 所示。单击【不选】按钮或按【Esc】键关闭此对话框，进入 Authorware7.02 的主窗口，如图 7.33 所示。单击常用工具栏上的“保存”按钮图标，保存为“电子杂志 .a7p”文件。

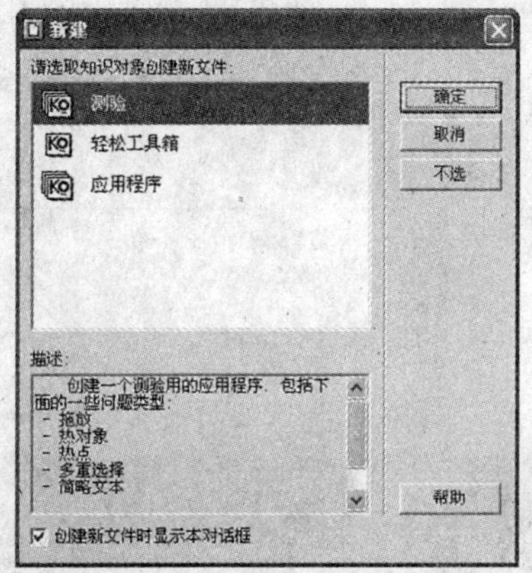

图7.32　“新建”对话框

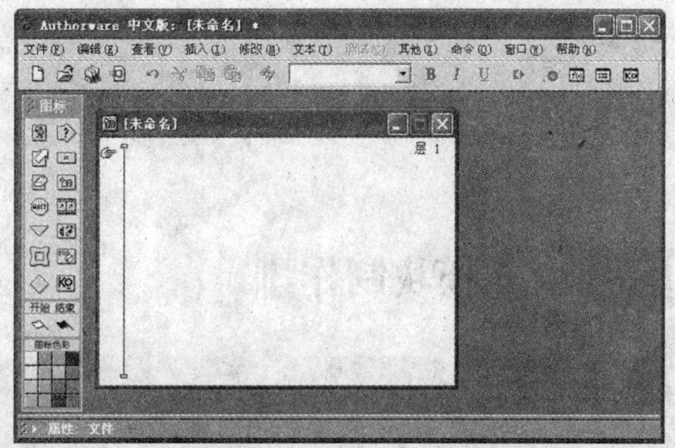

图7.33　Authorware 7.02操作界面

（9）按【Ctrl+Shift+D】键，在“属性：文件”的“回放”选项中设置“大小”为“800×600（SVGA）”，取消“选项”中的“显示标题栏”和“显示菜单栏”复选框，复选“屏幕居中”，如图 7.34 所示。

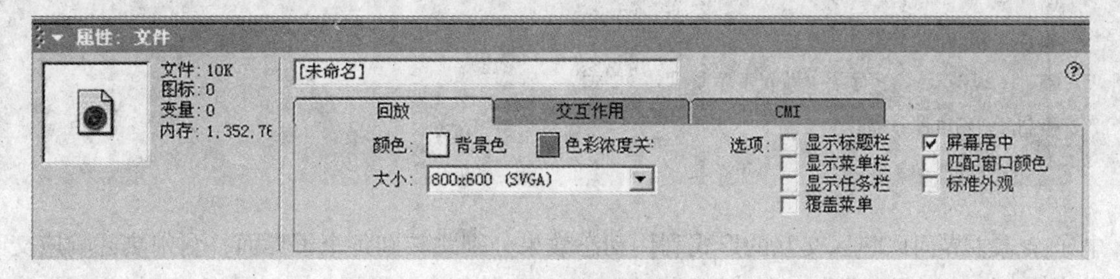

图7.34　文件属性设置

（10）在主流程线上放置一个“群组”图标，命名为“主界面”。双击“群组”图标，放置一个“显示”图标，命名为“背景”，双击打开该图标，按【Ctrl+Shift+R】键打开“导入哪个文件？”对话框，选择制作好的背景图片，如图 7.35 所示。单击【导入】按钮导入背景，如图 7.36 所示。

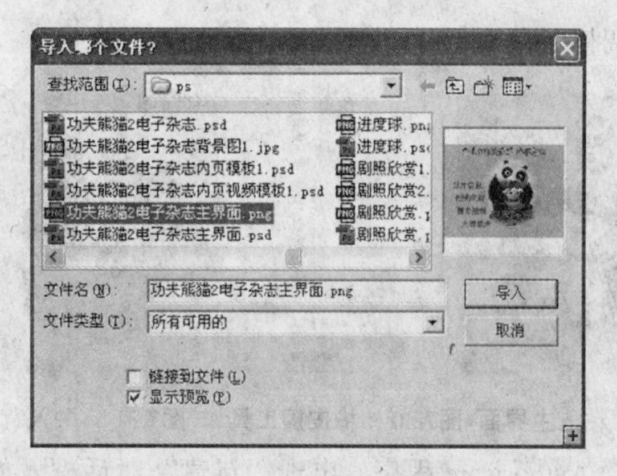

图7.35 选择背景图片

图7.36 添加主界面背景

技术提示：

Authorware与Photoshop、Flash软件配合可制作出精美的主界面效果。

项目 7.4 交互模块制作

例题导读

"经典案例 7.4"讲解了使用 Flash 和 Authorware 在电子杂志中实现 Authorware 的交互制作的方法和技巧。

知识汇总

- 用 Flash 制作透明按钮
- 制作热区域交互并设置其"透明"模式
- 插入 Flash 动画

电子杂志主界面以热区交互的形式利用动态效果分别跳转到各个子界面，利用热区响应交互进入"影片信息"、"剧照欣赏"、"预告视频"、"大牌献声"各个子界面，同时可以单击"退出"文字热区进入片尾部分。

经典案例 7.4 “杂志导航”交互模块制作

1．案例作品

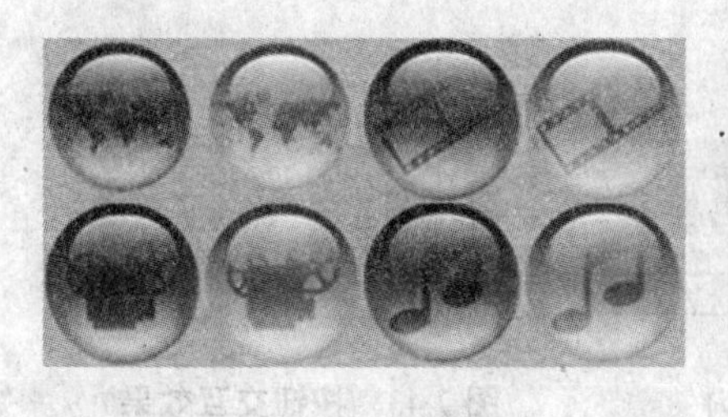

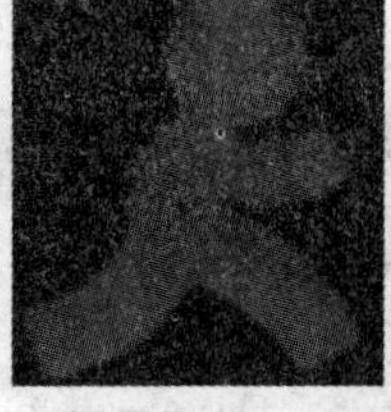

案例图7.4 素材

案例图7.5 退出热区域交互效果图

2．制作步骤

（1）制作 Flash 按钮。新建 Flash CS4 文件，大小 60×60，保存为“剧照欣赏按钮 .fla”文件。

（2）导入预先制作好的按钮素材图片到库，如图 7.37 所示。导入按钮声效文件，如图 7.38 所示。

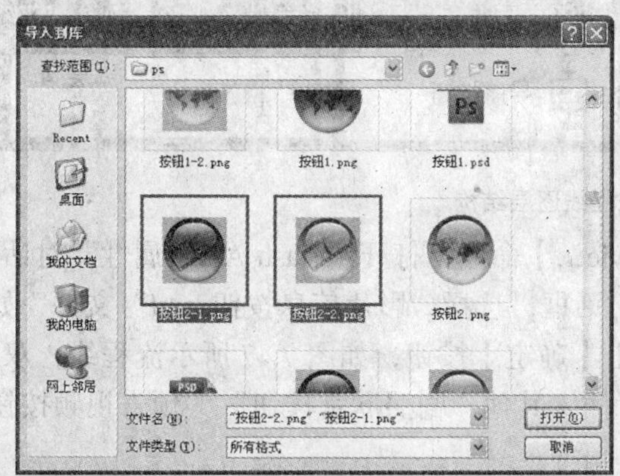

图7.37 导入按钮素材

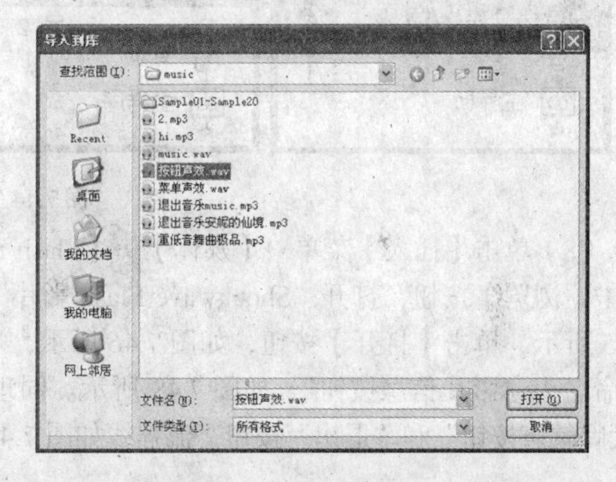

图7.38 导入声音素材

（3）按【Ctrl+F8】键打开“创建新元件”对话框，选择“类型”为“按钮”，如图 7.39 所示，单击【确定】按钮。

（4）从库中拖拽“元件 2”到“弹起”帧，按【Ctrl+K】键打开“对齐”面板，让“元件 2”相对舞台水平垂直居中，按【F6】键，在其他帧插入关键帧。选中“指针经过”图片，在“属性”中，单击【交换】按钮，打开“交换元件”对话框，选择“元件 1”，如图 7.40 所示，单击【确定】按钮。

图 7.39 创建按钮新元件

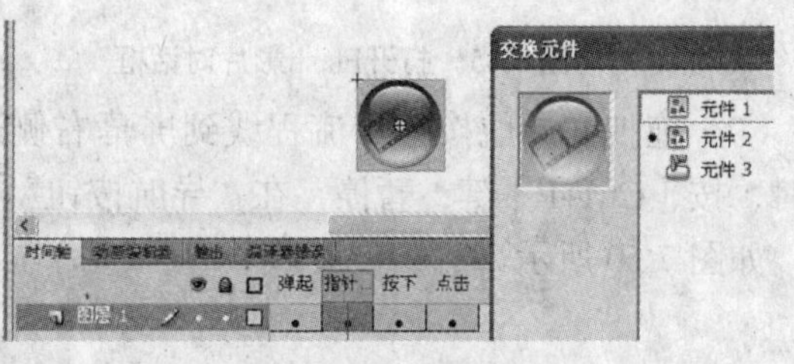

图7.40 交换元件

（5）新建“图层 2”，在“指针经过”帧，按【F7】键，插入“空白关键帧”，在“属性”面板中

选择“声音”选项的名称“按钮声效.wav”，“同步”为“事件”，“重复”为“1”，如图 7.41 所示。同理在“按下”帧，插入“按钮声效.wav”。按钮图层结构如图 7.42 所示。

（6）返回场景 1，从库面板，拖拽“元件 3”按钮，按【Ctrl+K】键打开“对齐”面板，让“元件 3”相对舞台水平垂直居中对齐。按【Ctrl+Enter】键，测试影片，按钮交互效果如图 7.43 所示。同理制作其他“影片信息”、“预告视频”和“大牌献声”按钮。

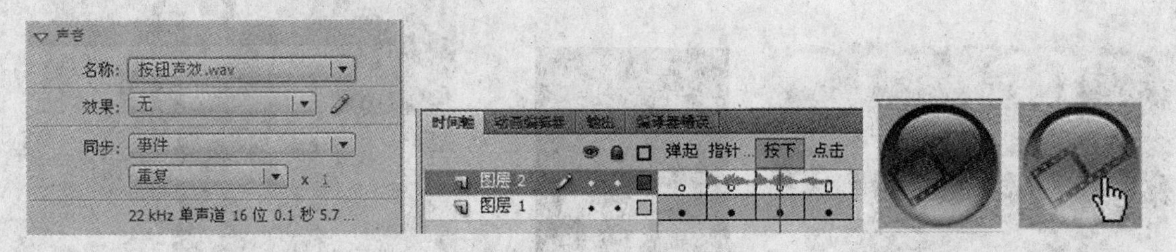

图 7.41　按钮声效设置　　图 7.42　按钮图层结构　　图 7.43　按钮交互效果

（7）制作“杂志导航”热区域交互。在 Authorware 软件中，打开“电子杂志.a7p”文件，拖拽“群组”图标到流程线，命名为“主程序”。双击打开“主程序”群组图标，拖拽群组图标到流程线，命名为“导航按钮”。双击打开“导航按钮”群组图标，如图 7.44 所示。

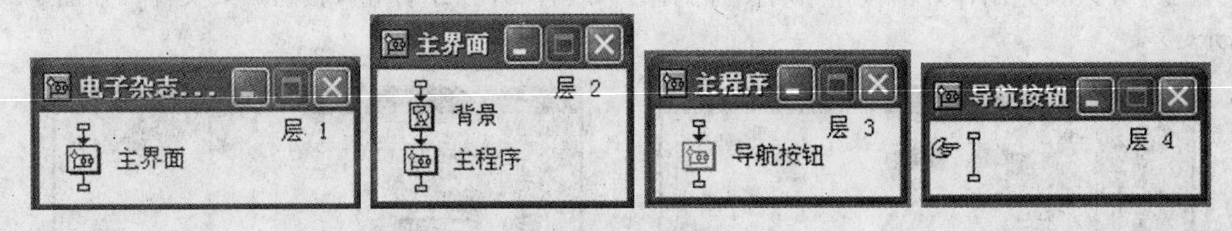

图 7.44　流程线逐层结构

（8）单击【插入】菜单→【媒体】→【Flash movie...】命令，打开“Flash Asset 属性”对话框，单击【浏览】按钮，打开“Shockwave Flash 影片”对话框，选择“影片信息按钮.swf”文件，如图 7.45 所示，单击【打开】按钮，如图 7.46 所示，单击【确定】按钮，如图 7.47 所示流程线，双击，重命名为“影片信息按钮”，如图 7.48 所示。同理，插入其他“剧照欣赏按钮”、“预告视频按钮”、“大牌献声按钮”和“退出”按钮，流程线如图 7.49 所示。

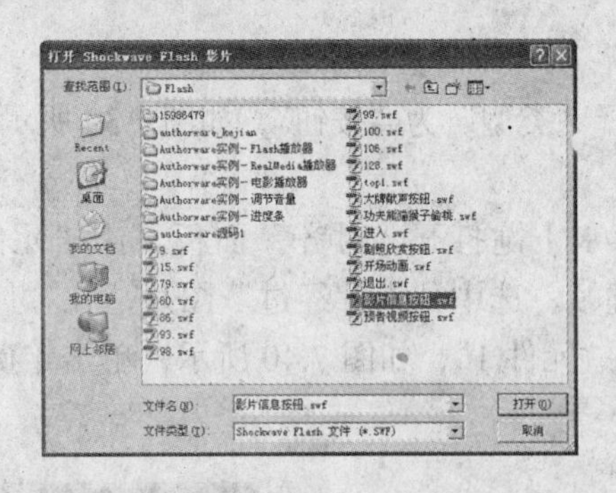

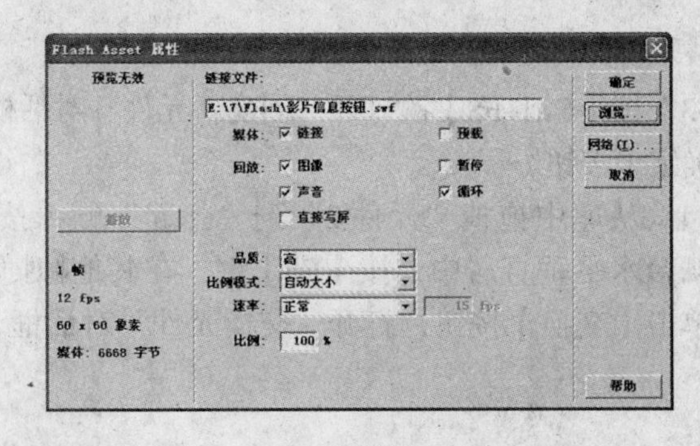

图 7.45　打开Flash影片对话框　　图 7.46　“Flash Asset 属性”对话框

（9）拖拽“导航按钮”流程线到屏幕右侧边界处，按【Ctrl+R】键，重新开始运行，执行到停止时，按【Ctrl+P】键，暂停，在“导航按钮”流程线上选择不同的按钮，拖拽按钮图标到对应的位置，如图 7.50 所示。

图 7.47　插入Flash Movie文件

图 7.48　重命名

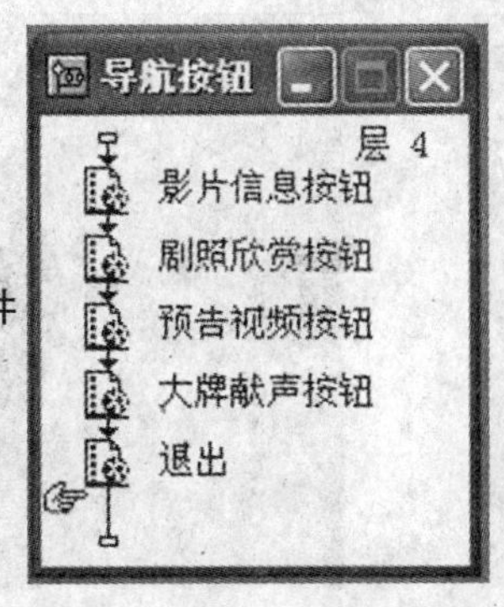

图 7.49　流程线

图 7.50　排列按钮位置

（10）设置“退出”按钮透明背景。单击选中“退出”按钮图标，按【Ctrl+I】键，打开“属性功能图标 [退出]”属性面板，在“模式”下拉列表框中选择“透明”选项，如图 7.51 所示。按【Ctrl+R】键，重新开始运行，“退出”按钮背景透明，如图 7.52 所示，鼠标经过时，如图 7.53 所示。

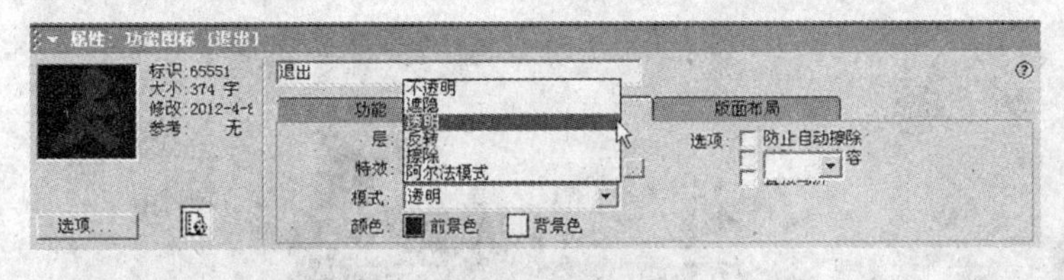

图 7.51　设置“透明”模式

图 7.52　透明背景

图 7.53　鼠标经过时

（11）设置“热区域”交互。在“主程序”流程线“导航按钮”群组图标下，拖拽一个“交互”图标，命名为“主界面”。

（12）拖拽一个“群组”图标到其右侧，打开“交互类型”对话框，单选“热区域”选项，单击【确定】按钮，如图 7.54 所示。重命名为“影片信息子界面”。

（13）选中“热区域”交互标志，打开“属性”面板，选择“热区域”选项卡，复选“匹配时加亮”。单击“鼠标”右侧的按钮，打开“鼠标指针”对话框，选择“标准鼠标指针”形状，如图 7.55 所示，单击【确定】按钮。

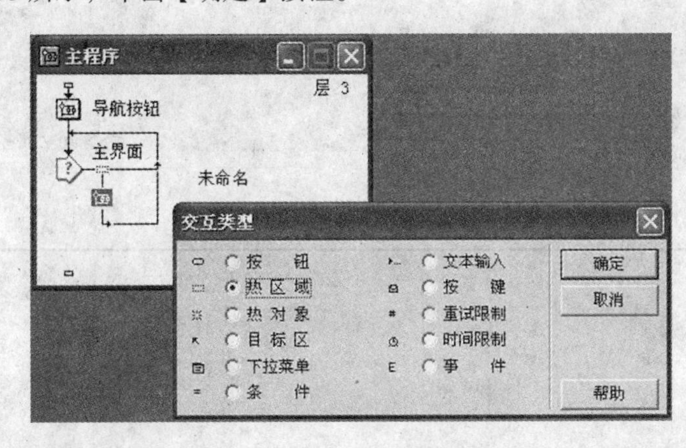

图7.54　热区域交互

图7.55　“鼠标指针”对话框

（14）按【Ctrl+R】键，重新开始运行，执行到停止时，按【Ctrl+P】键，暂停，调整热区域，覆盖整个“影片信息”文字和对应的图形按钮，如图 7.56 所示。

（15）因为交互具有继承性，重复步骤（12）~（13），制作其他子界面的热区域交互，如图 7.57 所示。

图 7.56　调整热区域

图 7.57　调整热区域位置

（16）按【Ctrl+R】键，重新开始运行，按相应热区域实现交互。鼠标经过时按钮变化，显示手型鼠标指针，如图 7.58 所示，单击鼠标时，高亮显示，如图 7.59 所示。至此完成主界面热区域交互。

图 7.58　鼠标经过时

图 7.59　高亮显示

技术提示：

1. Authorware自带的按钮单一，缺乏变化，用Flash制作按钮，让电子杂志更显专业。
2. 子界面的交互仿此项目制作。Authorware7.0提供11种交互方式。

「课堂随笔」

项目 7.5 文字模块制作 / 视频模块制作

例题导读

“经典案例 7.5”、“经典案例 7.6”和“经典案例 7.7”利用 Flash 和 Word 工具软件完成了“影片信息”、“剧照欣赏”、“预告视频”、“大牌献声”各个子界面模块的制作，同时可以单击“返回”热区返回主界面。

知识汇总

- 在 Flash 中制作 GIF 动画和系列播放按钮并插入 Authorware
- 在 Word 中整理相关文字材料并插入 Authorware
- 群组、显示图标的使用方法
- 制作热区域交互
- 打开文件的知识对象
- 框架图标的制作和应用

打开文件的知识对象、热区域交互功能来实现预告视频的打开、播放和暂停。

经典案例 7.5 “影片信息”文字模块制作

文字是电子杂志最基本的素材，围绕主题精心选择的影片信息让读者了解相关内容。

1．案例作品

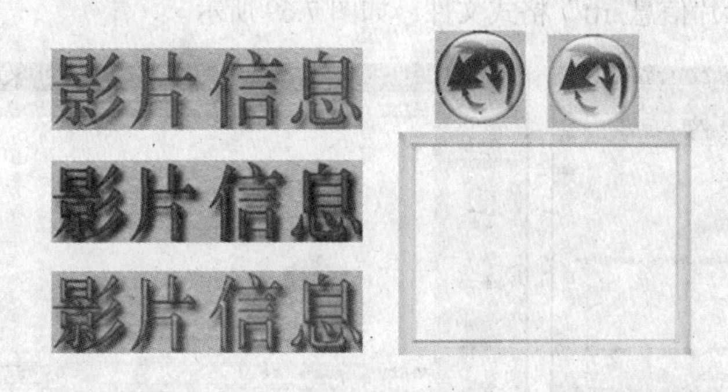

案例图7.6　素材

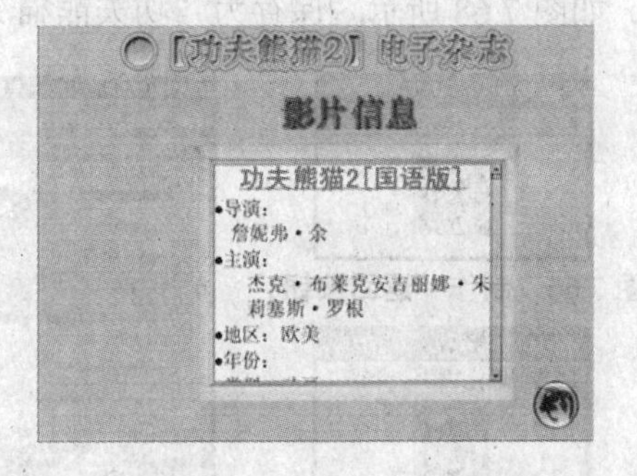

案例图7.7　“影片信息”效果图

2．制作步骤

（1）制作“影片信息”GIF 动画。在 Flash CS4 程序中，新建一个“影片信息 .fla”文件，设置大小为 196×50。导入“影片信息”相关图片，如图 7.60 所示。

（2）从库面板，拖拽“元件 1”到场景第 1 帧，调整位置相对于舞台水平垂直居中完全重合。在第 6，12 帧处，按【F6】键，插入关键帧，在第 18 帧处，按【F5】键，插入帧，如图 7.61 所示。

（3）选中第 6 帧中的图片，在“属性”面板中单击，打开“交换元件”对话框，选择“元件 2”，如图 7.62 所示，单击【确定】按钮，同理交换第 12 帧中的图片为“元件 3”，如图 7.63 所示。

（4）按【Ctrl+Shift+F12】键，打开“发布设置”对话框，在“格式”选项卡中，复选“GIF 图像（.gif）”选项，如图 7.64 所示，增加“GIF”选项卡，在“GIF”选项卡中，选择“回放”中的“动画（N）”和“不断循环（L）”选项，如图 7.65 所示，单击【发布】按钮，完成 GIF 动画制作。

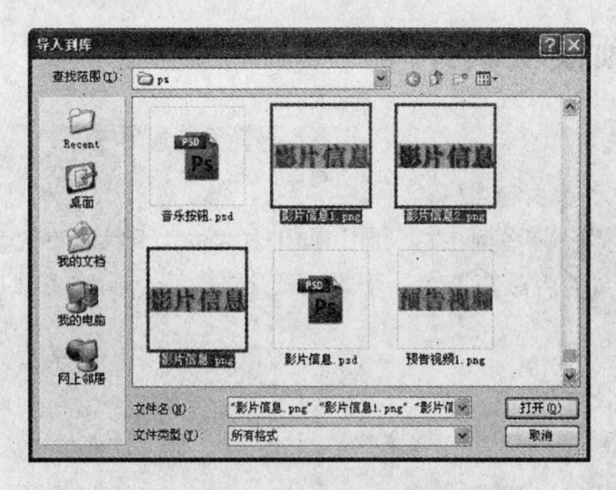

图7.60　导入图片

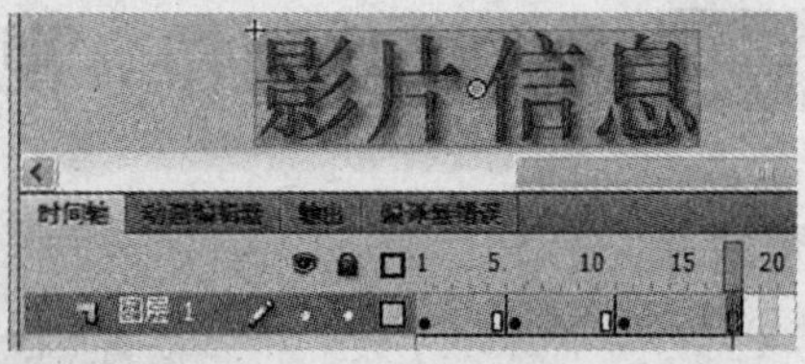

图7.61　插入关键帧和帧

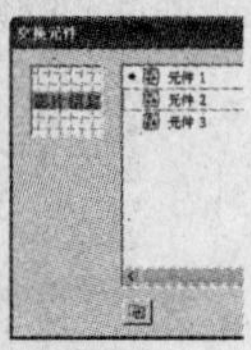

图 7.62　交换元件2 　　图 7.63　交换元件3

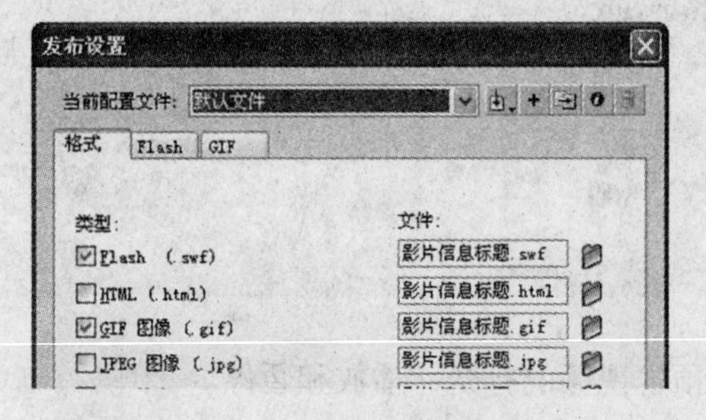

图 7.64　选择“GIF图像”

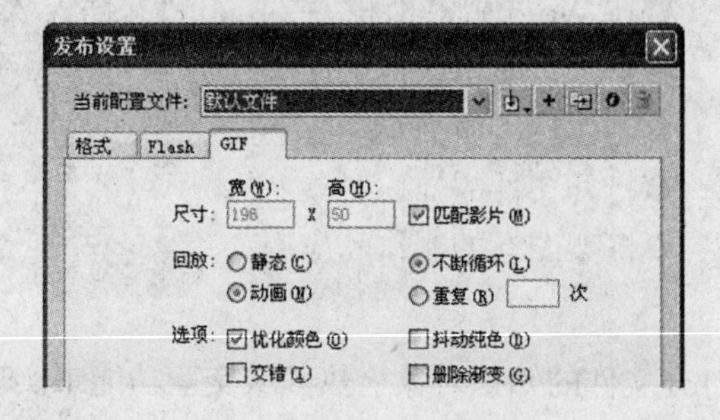

图 7.65　设置“回放”选项

（5）仿照项目 7.4 中相关步骤，制作“返回按钮 .swf”文件，如图 7.66、图 7.67 所示。

（6）整理 Word 中的“影片信息”文档。打开 Word 文档，去掉下载的无关信息，调整好文字格式，如图 7.68 所示。保存为“功夫熊猫 2 影片信息 .rtf”格式文件，如图 7.69 所示。

图 7.66　制作“返回按钮1”

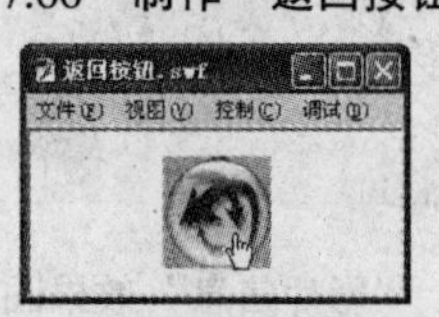

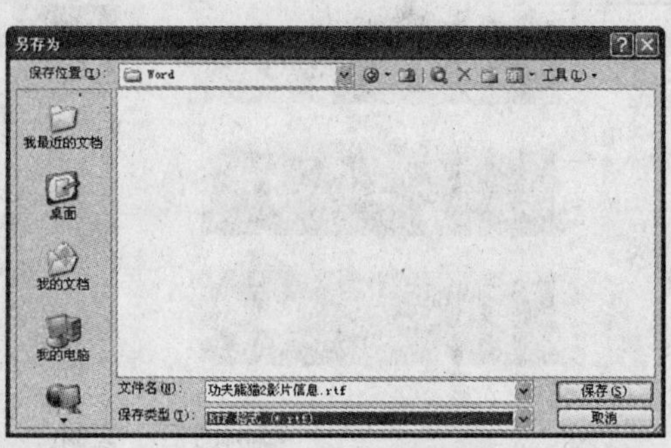

图7.67　制作“返回按钮2”

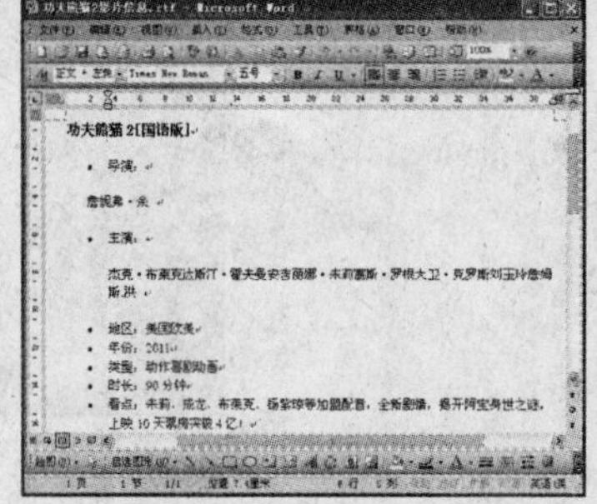

图7.68　Word文字素材

图7.69　保存为.rtf格式文件

（7）制作“影片信息”文字模块。在 Authorware 程序中，打开“电子杂志 .a7p”文件，双击“影片信息子界面”群组图标，拖拽“擦除”图标，命名为“擦除”，按【Ctrl+R】键，重新开始运行，单击“影片信息”导航，执行到“擦除”图标时暂停，如图 7.70 所示，依次单击窗口中的全部内容，进入“被删除的图标”列表框中，如图 7.71 所示。

图 7.70　擦除图标

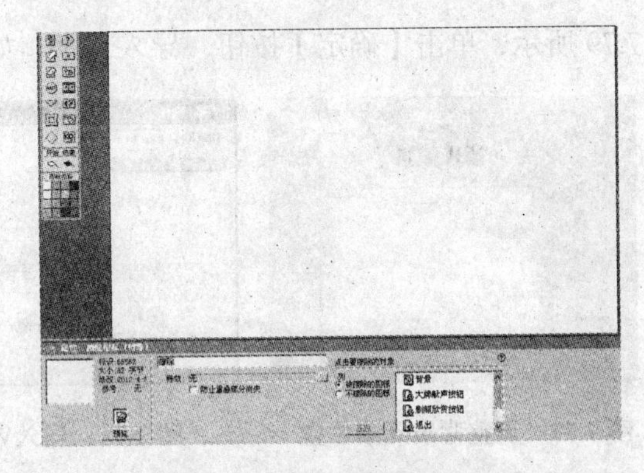

图 7.71　选择要擦除的图标

（8）按常用工具栏中的“控制面板”图标，打开“控制面板”工具面板，如图 7.72 所示，单击“停止”按钮，返回流程线。再次双击“擦除”图标，在打开的窗口中，选择五个热区域标志进入“被擦除图标”列表框，如图 7.73 所示。

（9）拖拽一个“群组”图标到“影片信息子界面”流程线上，命名为“背景”，双击“背景”图标，打开“背景”流程线，拖拽一个“显示”图标到流程线，命名为“背景图”，按【Ctrl+Shift+R】键，打开“导入哪个文件”对话框，选择相应的背景图，单击【导入】按钮，导入背景图。

（10）单击【插入】菜单→【媒体】→【Animated GIF…】命令，如图 7.74 所示，打开“Animated GIF Asset 属性”对话框，单击【浏览】按钮，打开“打开 animated GIF 文件”对话框，选择“影片信息标题 .gif”文件，单击【打开】按钮，如图 7.75 所示，单击【确定】按钮。

图 7.72　控制面板图7.73

图7.73　删除各个子界面热区域标志

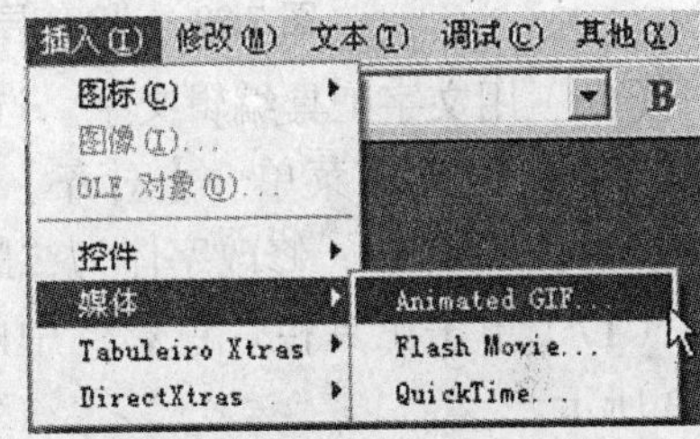

图 7.74　插入GIF动画命令

（11）拖拽一个“显示”图标到流程线，命名为“边框”，导入边框图。

（12）单击【插入】菜单→【媒体】→【Flash Movie…】命令，导入“返回按钮 .swf”文件。重命名为“返回按钮”。流程线如图 7.76 所示。（注意：在调试程序时又剪切到交互图标前。）

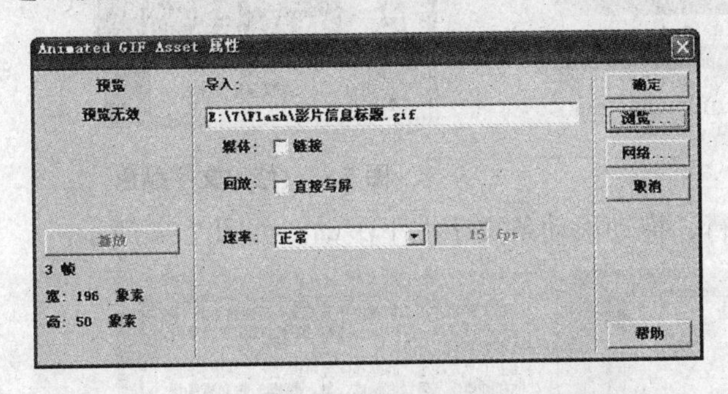

图 7.75　导入GIF动画

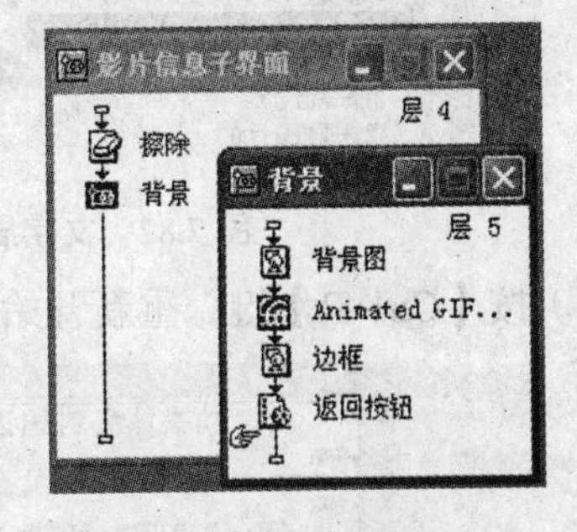

图 7.76　背景流程线

（13）按【Ctrl+R】键，重新开始运行，单击“影片信息”导航，按【Ctrl+P】键，暂停，调整背景各元素位置，如图 7.77 所示。

（14）插入 Word 中的文字。拖拽一个“显示”图标到“影片信息子界面”流程线，命名为“文字”，按【Ctrl+Shift+R】键，打开“导入哪个文件”对话框，选择“功夫熊猫 2 影片信息 .rtf”文件，如图 7.78 所示，单击【导入】按钮，打开“RTF 导入”对话框，选择“忽略”和“滚动条”选项，

如图 7.79 所示，单击【确定】按钮，导入文字，如图 7.80 所示。

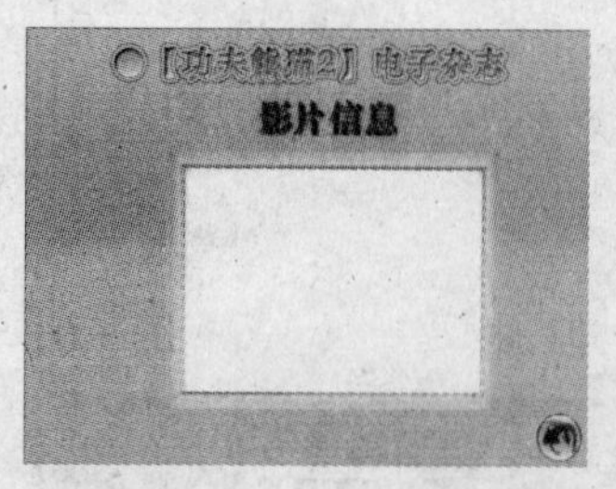

图 7.77　调整背景元素位置

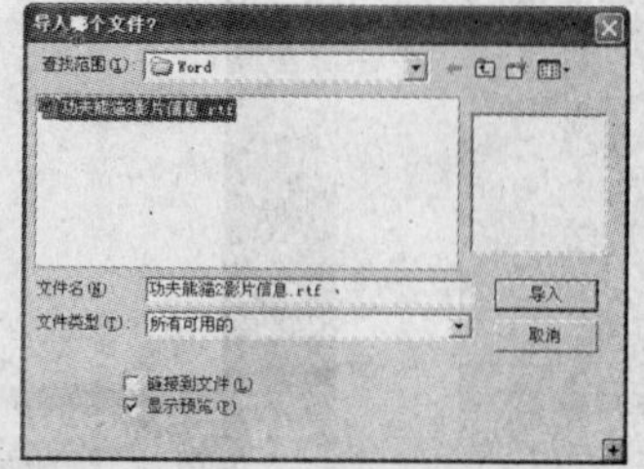

图 7.78　导入Word文件

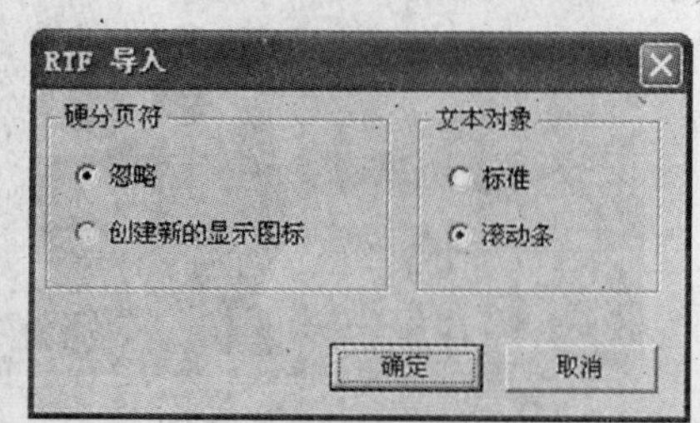

图 7.79　“RTF导入”对话框

（15）按【Ctrl+R】键，重新开始运行，按【Ctrl+P】键，暂停，双击文字，调整文字位置放入文字边框之中，如图 7.81 所示。

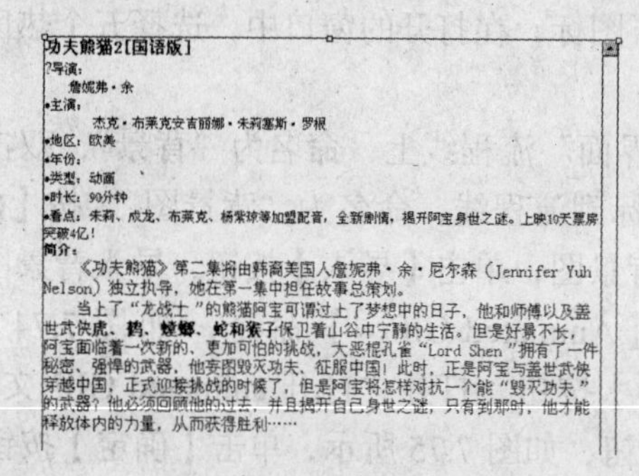

图 7.80　“RTF导入”文字

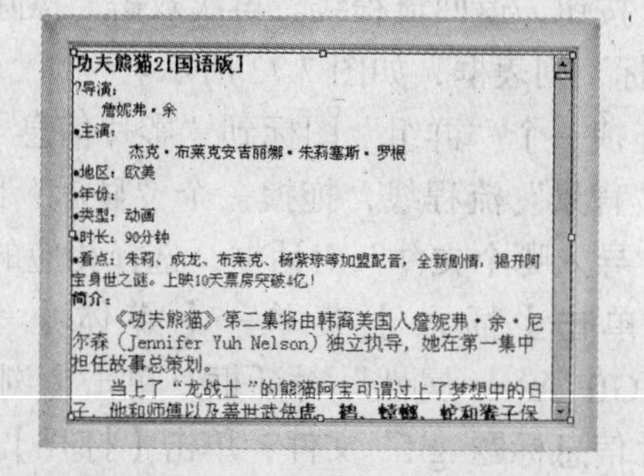

图 7.81　调整文字进边框

（16）用文字工具编辑文字。选择工具栏中的“文本”工具 A，选中“功夫熊猫 2[国语版]”文字，单击【文本】菜单→【对齐】→【居中（C）Ctrl+\】命令，居中对齐标题，如图 7.82 所示。同理在“文本”菜单，修改字体为“黑体”，字号为“14”。

（17）单击工具栏“色彩”中的“A”工具，选择一种“红色”后，修改标题文字颜色，如图 7.83 所示。

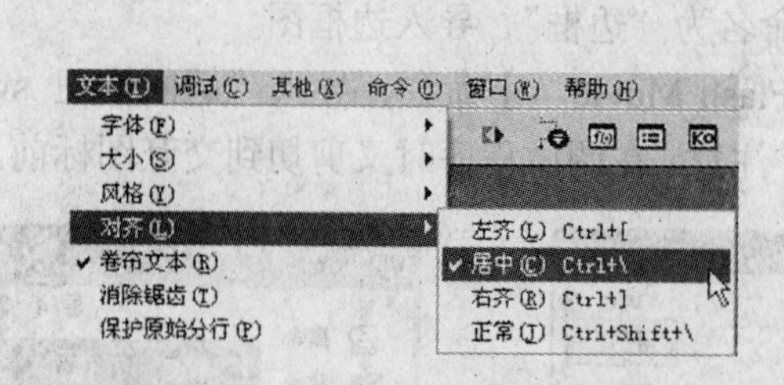

图 7.82　文字居中

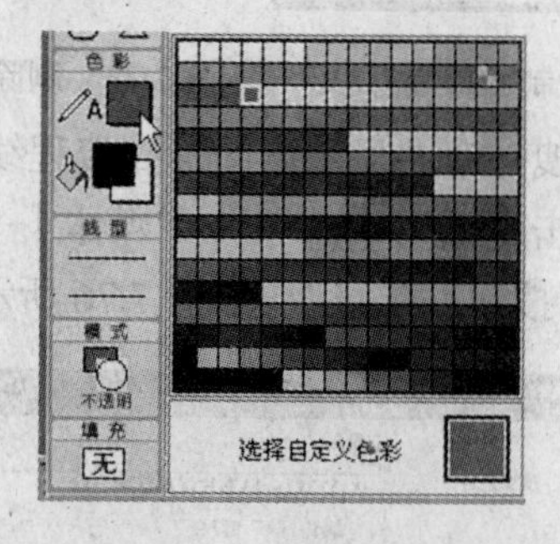

图 7.83　修改文字颜色

（18）按【Ctrl+R】键，重新开始运行，拖动滚动条文字上下滚动，如图 7.84 所示。

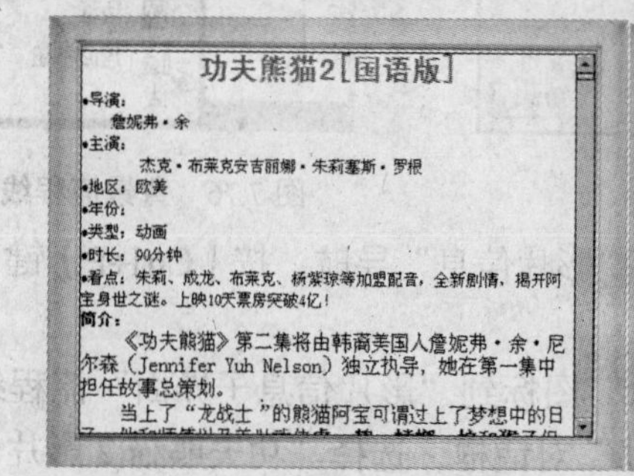
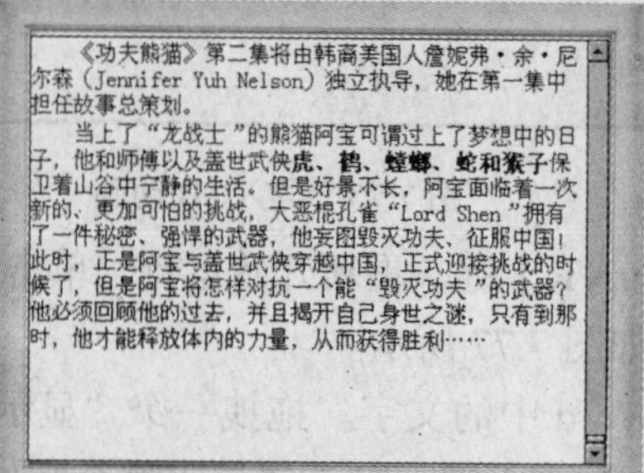

图 7.84　滚动文字效果

（19）制作“返回”热区域交互。拖拽一个“交互”图标到流程线，命名为“返回”，拖拽一个“计算”图标到其右侧，选择“交互类型”为“热区域”，单击【确定】按钮，命名为“返回主界面”。

（20）选中“热区域”交互标志，打开“属性”面板，选择“热区域”选项卡，选择“匹配”为“单击”。单击“鼠标”右侧的按钮，打开“鼠标指针”对话框，选择手型鼠标指针形状，如图7.85所示，单击【确定】按钮。

（21）按【Ctrl+R】键，重新开始运行，按【Ctrl+P】键，暂停，调整返回主界面热区域位置覆盖整个返回按钮，如图7.86所示。

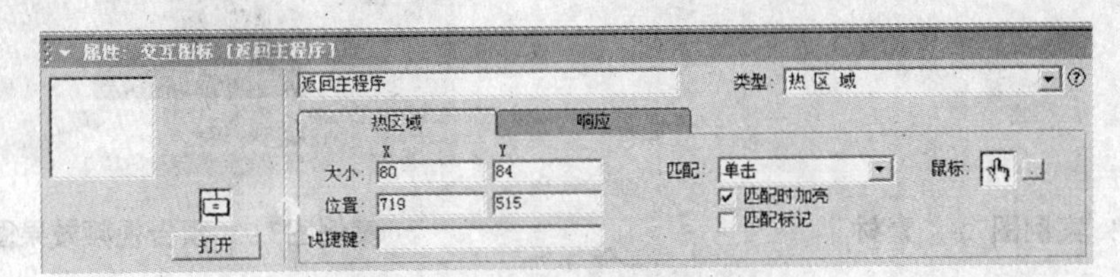

图7.85 热区域匹配设置图

图7.86 调整热区域位置

（22）按【Ctrl+R】键，重新开始运行，单击“返回按钮”，打开“返回主程序”对话框，输入“Goto(IconID@＂主程序＂)”语句，如图7.87所示，单击“关闭”按钮，打开提示信息，单击【是】按钮，如图7.88所示。

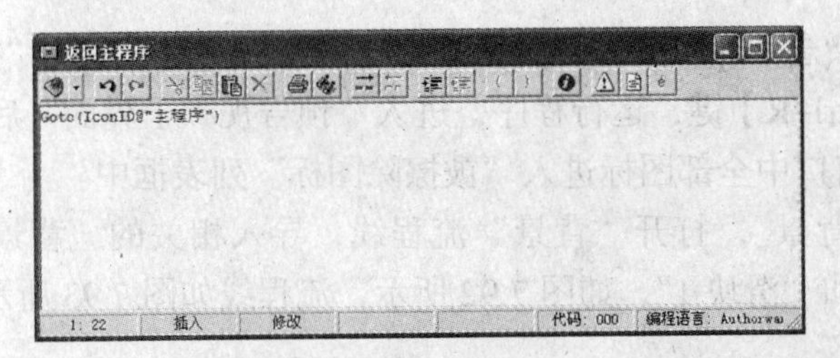

图7.87 输入跳转语句

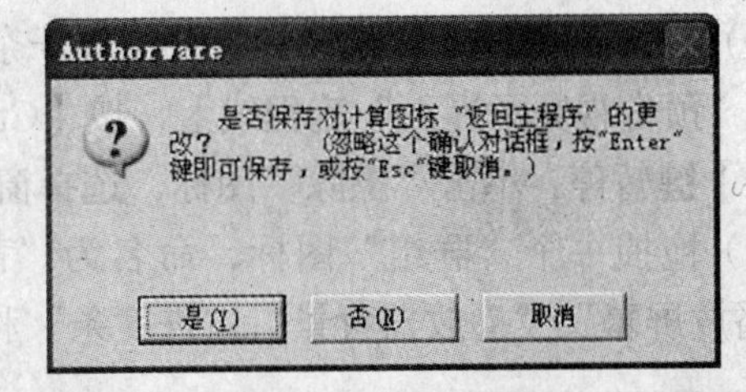

图7.88 提示信息

（23）按【Ctrl+R】键，重新开始运行，测试返回按钮，发现删除了主程序背景，复制一个背景到主程序流程线，再次测试一切正常。至此，“影片信息”内容制作完毕。

>>>

技术提示：

1. Authorware7.0对文字导入有多种方法。可用命令导入，可用复制粘贴命令等。
2. 消除锯齿命令，可使文字更平滑。
3. 用Photoshop等专业软件制作文字更美观。

「课堂随笔」

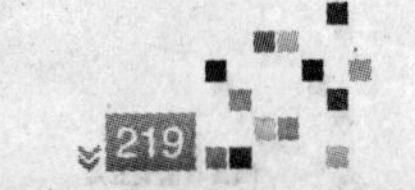

经典案例 7.6 “预告视频”模块制作

预告视频需要用到打开文件的知识对象和热区域交互，控制 Flash 动画的打开、播放和暂停功能。

1．案例作品

案例图7.8　素材

案例图7.9　预告视频效果图

2．制作步骤

（1）用 Flash 制作按钮组。新建 60×40 文件，从“公用库”拖入场景“playback rounded”的“rounded grey play”，如图 7.89 所示，调整大小为 60×40，对齐舞台，保存为“播放 .fla”文件，发布时“播放器”为“Flash Player 6”，如图 7.90 所示。同理制作“打开”、“暂停”按钮，如图 7.91 所示。

（2）在 Authorware 软件中，打开“电子杂志 .a7p”文件，复制“影片信息子界面”中的“擦除”图标到“预告视频子界面”流程线上，按【Ctrl+R】键，运行程序，进入“预告视频子界面”后，按【Ctrl+P】键暂停，单击“擦除”图标，选择窗口中全部图标进入“被擦除图标”列表框中。

（3）拖拽一个“群组”图标，命名为“背景”，打开“背景”流程线，导入相关的“背景图”、“视频播放屏幕”、“播放器背景”、“进度条”和“滑块 1”，如图 7.92 所示，流程线如图 7.93 所示。

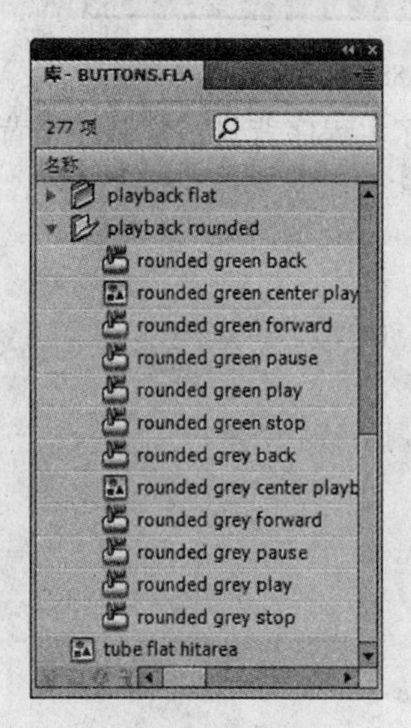

图 7.89　公用库面板

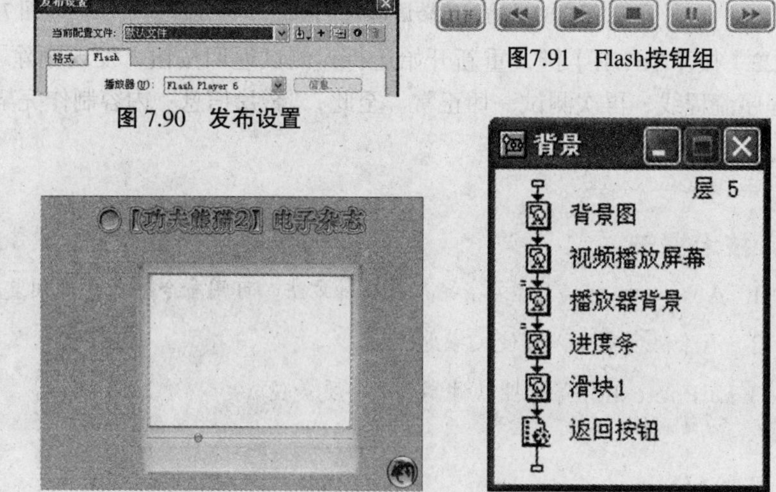

图 7.90　发布设置

图7.91　Flash按钮组

图 7.92　“背景”位置图

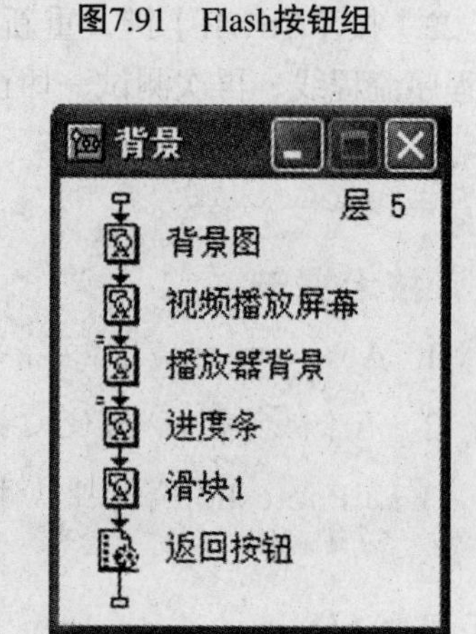

图 7.93　“背景”流程线

（4）拖拽一个“群组”图标，命名为“按钮组”，打开“按钮组”流程线，单击【插入】菜单→【媒体】→【Flash Movie…】命令，导入“打开 .swf”文件，如图 7.94 所示。重命名为“打开按钮”。同理导入“播放按钮”和“暂停按钮”，流程线如图 7.95 所示。

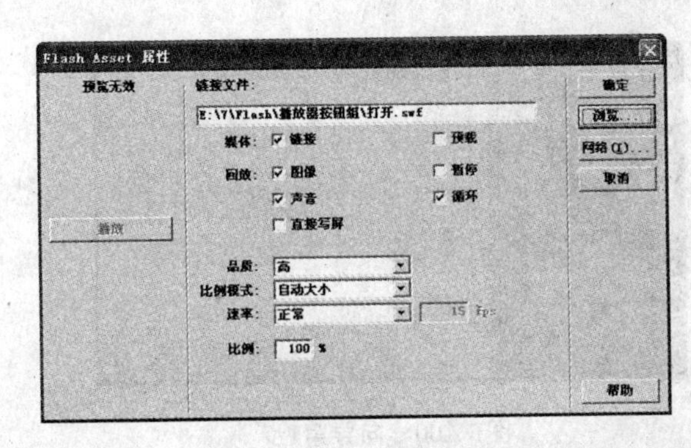

图 7.94　导入“打开.swf”

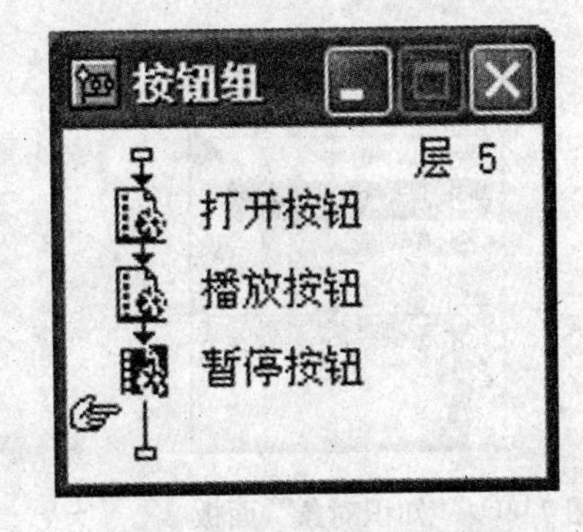

图 7.95　“按钮组”流程线

（5）双击“打开按钮”图标，在“属性”面板中设置“模式”为“透明”，“层”为“4”，如图 7.96 所示。同样设置“播放按钮”和“暂停按钮”的属性。

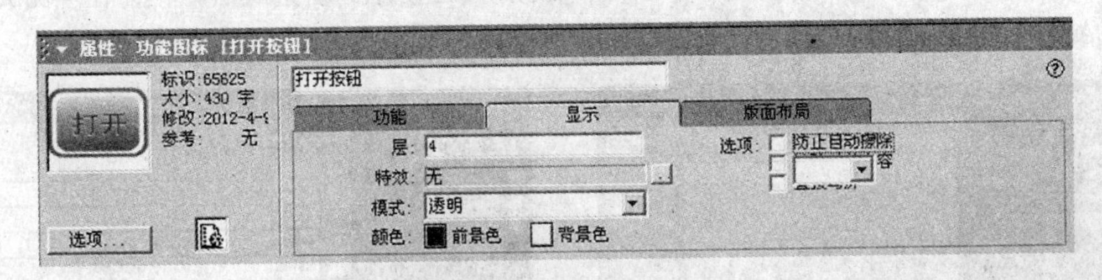

图 7.96　“透明”设置

（6）拖拽一个“交互”图标，命名为“播放控制”，拖拽一个“群组”图标到其右侧，打开“交互类型”对话框，选择“热区域”选项，单击【确定】按钮，重命名为“打开”。

（7）选中“热区域”交互标志，打开“属性”面板，选择“热区域”选项卡，“匹配”选“单击”，复选“匹配时加亮”。单击“鼠标”右侧的按钮，打开“鼠标指针”对话框，选择“标准鼠标指针”形状，如图 7.97 所示，单击“响应”选项卡，复选“范围”的“永久”选项，“擦除”为“不擦除”，“分支”为“返回”，如图 7.98 所示。

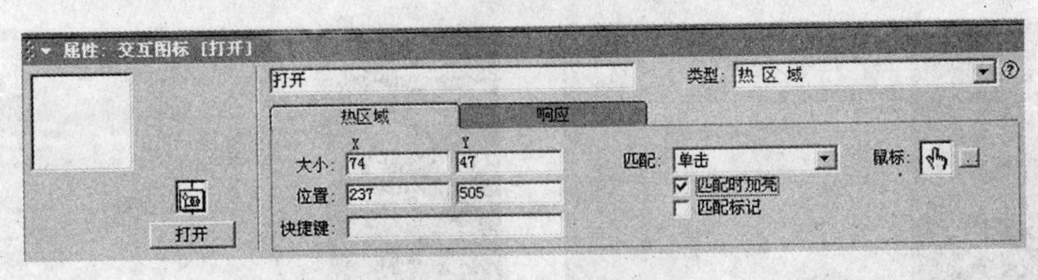

图 7.97　“热区域”匹配设置

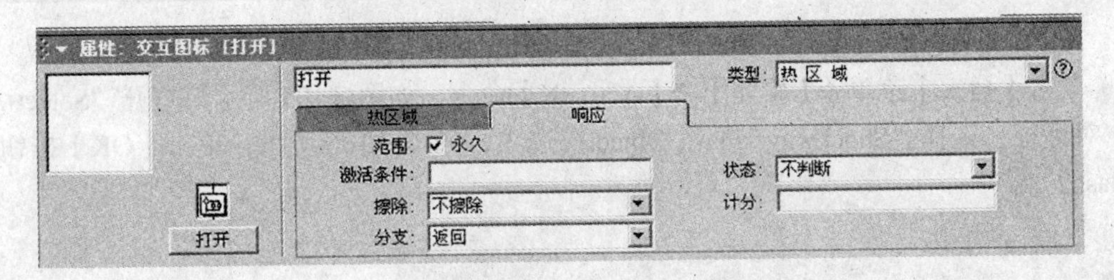

图 7.98　热区域“响应”设置

（8）打开“打开”群组图标，在流程线上单击显示手型标志确定当前位置，单击快捷工具栏上的“知识对象”按钮，调出“知识对象”面板，双击“打开文件时对话框”选项，如图 7.99 所示，打开“Open File Dialog...”向导第 1 步，如图 7.100 所示。

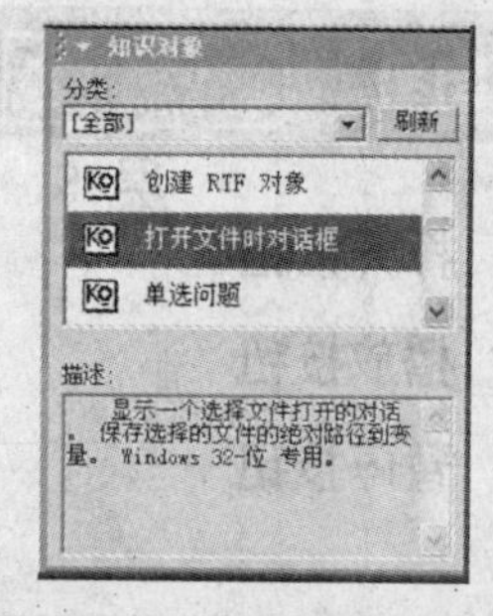

图 7.99　“知识对象”面板

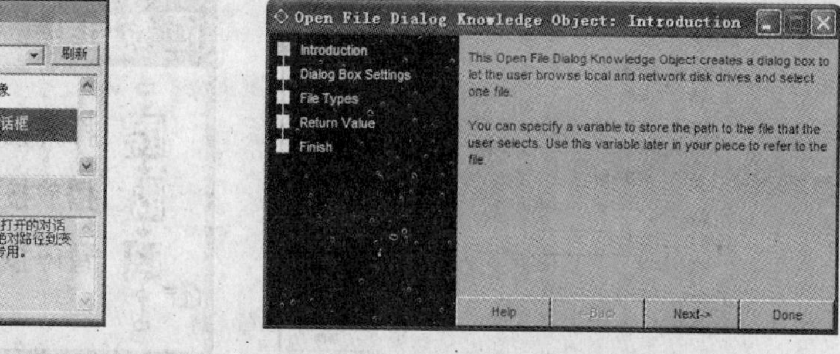

图 7.100　向导第1步

（9）单击【Next】按钮，打开向导第 2 步，如图 7.101 所示，在“Dialag Title:”下方的文本框中输入“打开文件”标题。

（10）单击【Next】按钮，打开向导第 3 步，如图 7.102 所示，复选最后一栏，在左侧文本框中输入“FLASH”，在侧文本框中输入“swf”文件。

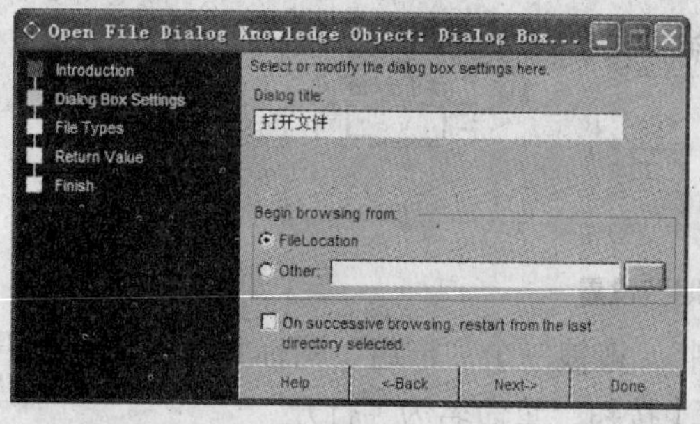

图 7.101　向导第2步

图 7.102　向导第3步

（11）单击【Next】按钮，打开向导第 4 步，如图 7.103 所示，在文本框中输入“=swffile”。

（12）单击【Next】按钮，打开向导第 5 步，如图 7.104 所示，单击【Done】按钮，完成打开文件知识对象的建立。重命名为“打开 SWF 文件”。

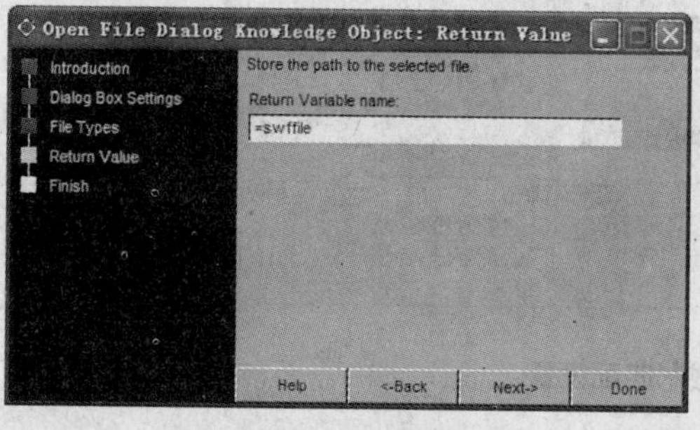

图 7.103　向导第4步

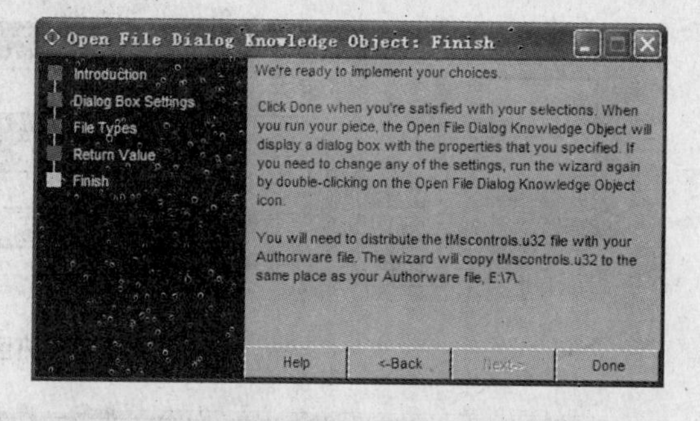

图 7.104　向导第5步

（13）单击【插入】菜单→【媒体】→【ActiveX】命令，如图 7.105 所示，打开“Select ActiveX Control”对话框，选择“Shockwave Flash Object”选项，如图 7.106 所示，单击【OK】按钮，重命名为“Flash2”。

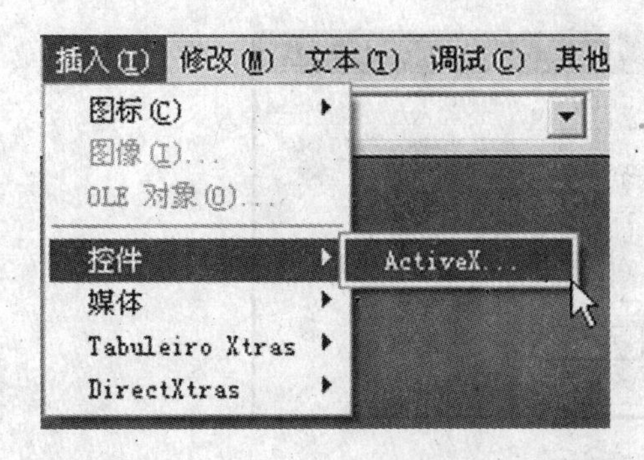

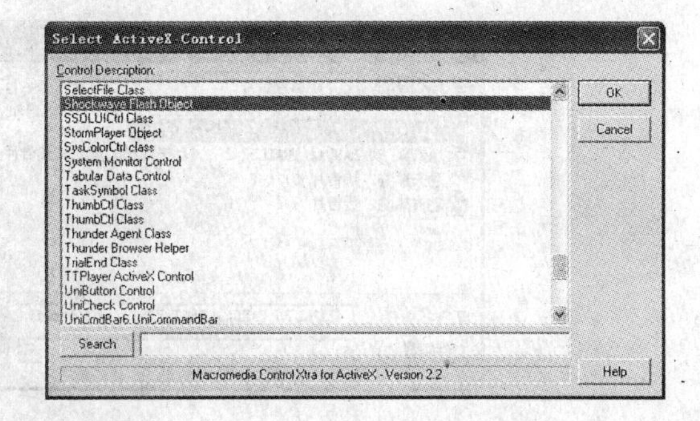

图 7.105 “ActiveX”命令　　图 7.106 “Shockwave Flash Object”选项

（14）拖拽一个“计算”图标，命名为“SetFile”，双击打开“SetFile”对话框，输入“SetSpriteProperty(@"Flash2", #movie, swffile)”代码，如图 7.107 所示，单击“×”按钮，关闭对话框。“打开”群组流程图，如图 7.108 所示。

（15）拖拽一个“计算”图标，命名为“播放”，双击打开“播放”对话框，输入“CallSprite(@"flash2", #play)”代码，如图 7.109 所示，单击“×”按钮，关闭对话框。

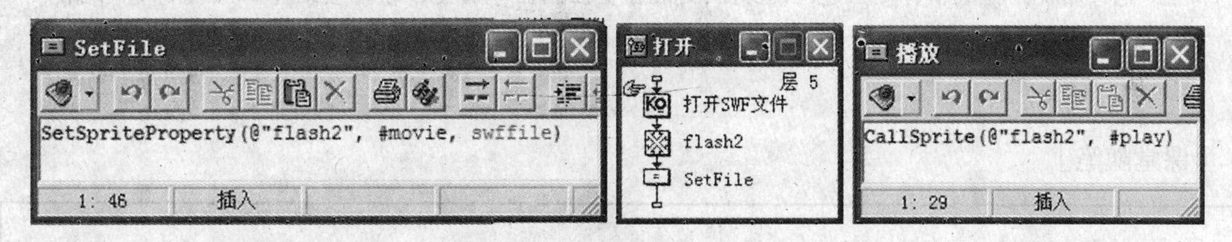

图 7.107 设置“SetSpriteProperty”　　图 7.108 “打开”流程线　图 7.109 “播放”对话框

（16）拖拽一个“计算”图标，命名为“暂停”，双击打开“暂停”对话框，输入“CallSprite(@"flash2", #stop)”代码，如图 7.110 所示，单击“×”按钮，关闭对话框。

（17）复制“影片信息子界面”中的“返回主程序”群组到交互图标右侧，流程图如图 7.111 所示。

（18）按【Ctrl+R】键，重新开始运行，执行到停止时，按【Ctrl+P】键，暂停，调整热区域，覆盖对应的图形按钮，如图 7.112 所示。

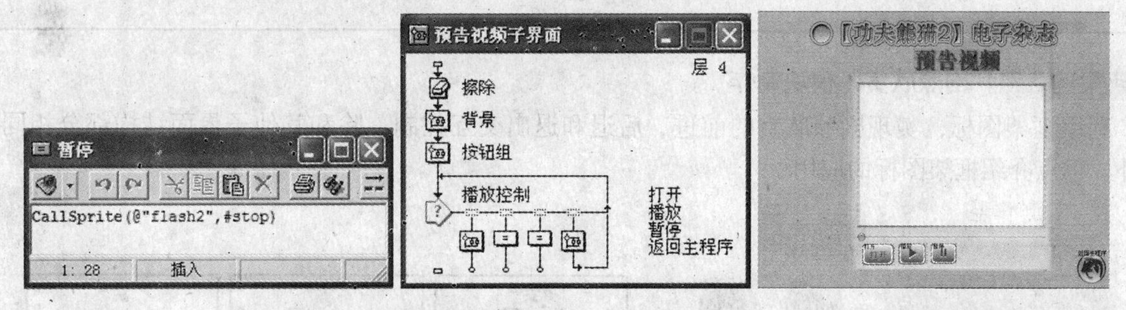

图 7.110 “暂停”对话框　　图 7.111 预告视频子界面流程图　　图 7.112 调整热区域位置

（19）按【Ctrl+R】键，重新开始运行，按相应热区域实现交互。单击“打开”按钮，打开“打开 SWF 文件”对话框，选择一个 swf 文件，如图 7.113 所示，单击【打开】按钮，打开预告视频，单击“暂停”按钮，视频暂停，单击“播放”按钮，视频播放，如案例图 7.9 预告视频效果图所示。单击按钮时显示手型鼠标指针，高亮显示，至此完成预告视频热区域交互。

图 7.113　打开SWF文件

技术提示：

1. 视频播放的快进、快退，读者可仿照播放按钮制作。
2. 完善的视频播放器，还应包括进度控制条音量控制器等功能，读者查看专业书籍加以完善。
3. 片头视频仿此理解制作，不再叙述。

「课堂随笔」

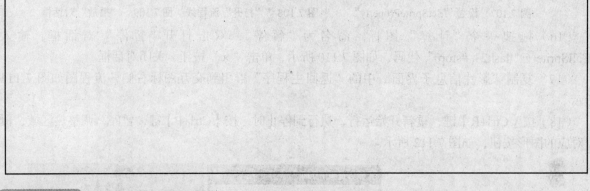

经典案例 7.7　“剧照欣赏”模块制作

利用框架图标，实现剧照欣赏的前进、后退和退出交互控制。除和其他子界面结构部分相同内容外，重点介绍框架图标的应用。

1．案例作品

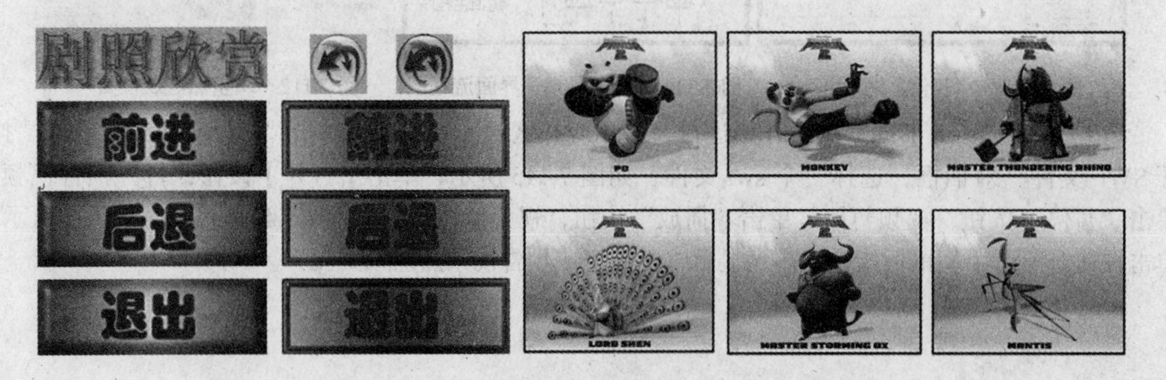

案例图7.10　素材

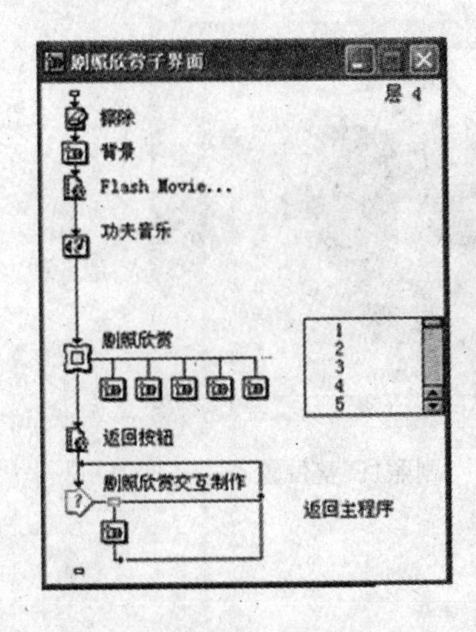

案例图7.11 剧照欣赏效果图

2．制作步骤

（1）创建框架导航。拖拽一个“框架”图标，命名为“剧照欣赏”，双击打开“剧照欣赏”框架结构内部图，如图 7.114 所示，选中“灰色导航面板”，按【Del】键删除，同理删除“导航超链接”中无关的按钮，保留“退出框架”、“上一页”和“下一页”，如图 7.115 所示。

（2）选中“下一页”上方的标志，打开“交互图标［下一页］”属性面板，如图 7.116 所示，单击【按钮】按钮，打开“按钮”对话框，单击【添加】按钮，打开“按钮编辑”对话框，如图 7.117 所示，制作“前进”按钮，在“未按”、“在上”上导入两张不同按钮的素材图片，同理制作“后退”和“退出”按钮，如图 7.118 所示。

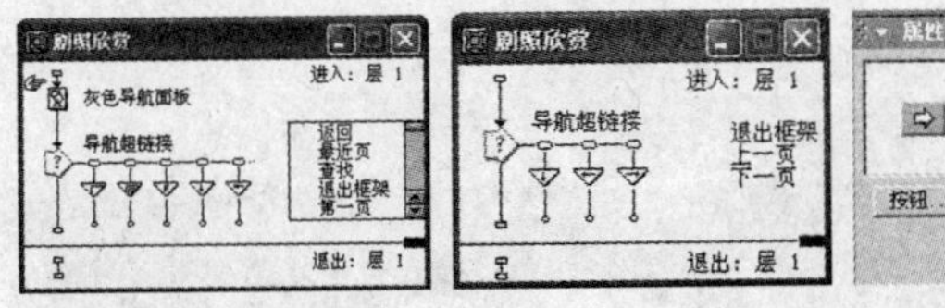

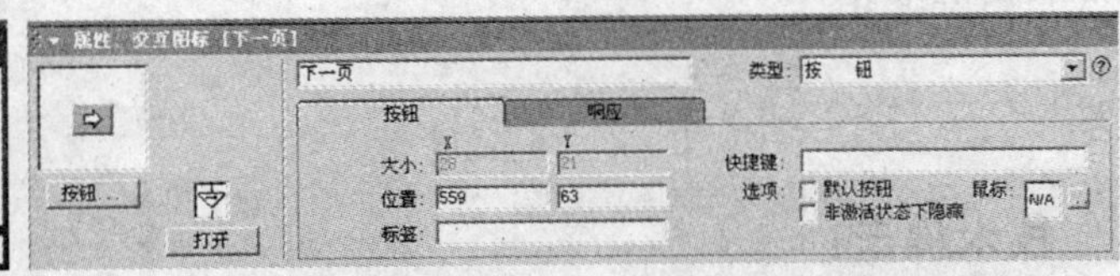

图 7.114 框架结构图内部 图 7.115 所需框架结构 图 7.116 “属性：交互图标[下一页]”对话框

（3）双击“交互”图标，调整三个按钮的位置到屏幕的左下角，如图 7.119 所示。

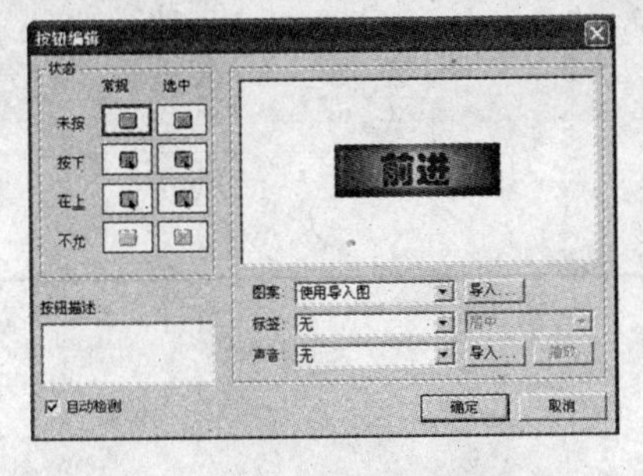

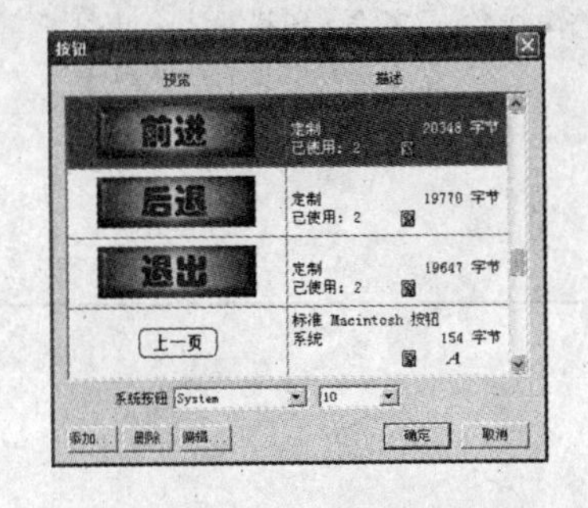

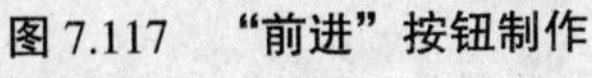

图 7.117 “前进”按钮制作 图 7.118 按钮制作 图 7.119 按钮位置

（4）拖拽一个“群组”图标到框架图标右方，命名为“1”，双击打开“1”，拖拽一个“显示”图标，命名为“1”，双击打开“1”，按【Ctrl+Shift+R】键，打开“导入哪个文件？”对话框，选择“剧照 1.png”文件，如图 7.120 所示，单击【导入】按钮，调整图片的位置进入边框，如图 7.121 所示，并设置特效方式，如图 7.122 所示，同理导入其他剧照。流程线结构如图 7.123 所示。

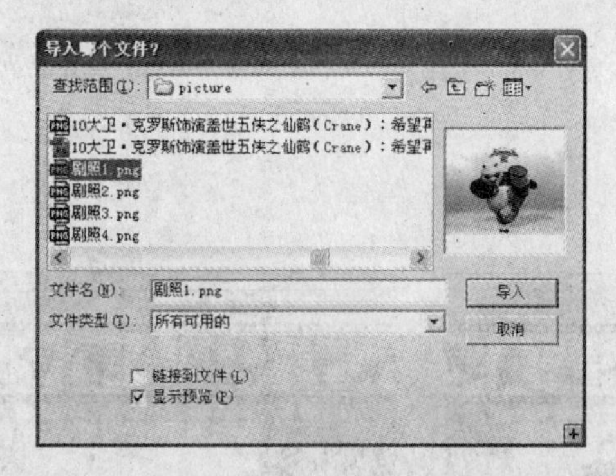

图 7.120　导入“剧照1.png”文件

图 7.121　剧照1调整位置

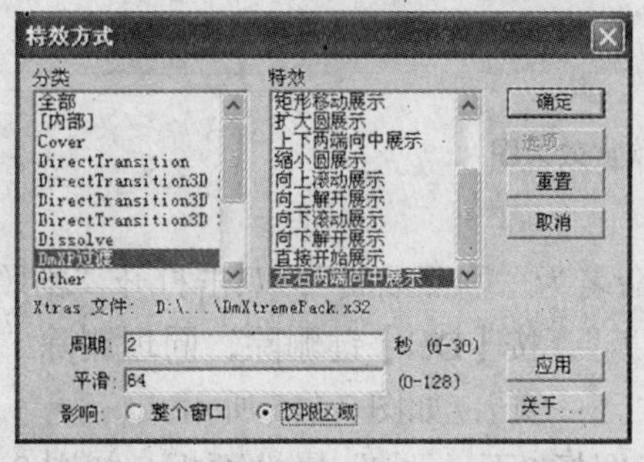

图7.122　设置剧照1特效方式

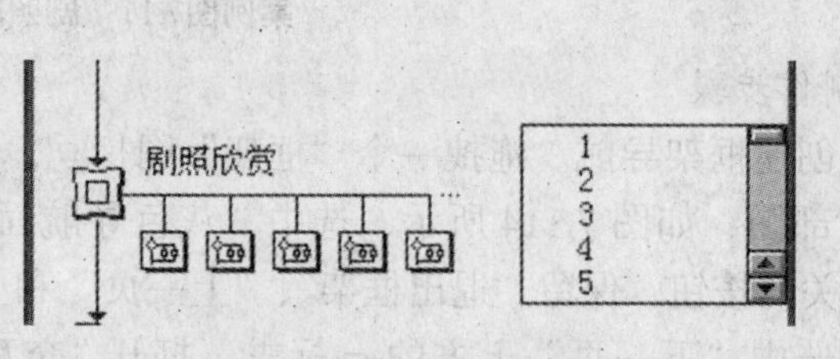

图7.123　剧照框图结构式

（5）按【Ctrl+R】键，重新开始运行，按相应按钮实现前后翻页交互。单击“退出”按钮，退出框架结构。如案例图 7.11 剧照欣赏效果图所示。单击按钮时显示手型鼠标指针，高亮显示，至此完成剧照欣赏框架交互。

技术提示：

1. 视频播放的快进、快退，读者可仿照播放按钮制作。
2. 完善的视频播放器，还应包括进度控制、音量控制等功能，读者查看专业书籍加以完善。
3. 大牌献声模块仿此理解制作，不再赘述。

「课堂随笔」

项目 7.6 退出系统模块制作

例题导读

“经典案例 7.8”和“经典案例 7.9”讲解了在电子杂志中实现随机退出系统功能的方法和技巧。

知识汇总

- 群组、显示、声音、擦除、计算和等待等图标的使用
- 一键发布

在主界面中放置“退出”按钮，单击它将跳转到片尾退出程序。片尾主要是显示制作者和制作单位信息，并实现多媒体程序的退出。

必须对多媒体程序进行打包发布，才能使得电子杂志脱离 Authorware 独立运行。

经典案例 7.8 “功夫熊猫 2”退出系统模块制作

1．案例作品

案例图7.12　素材

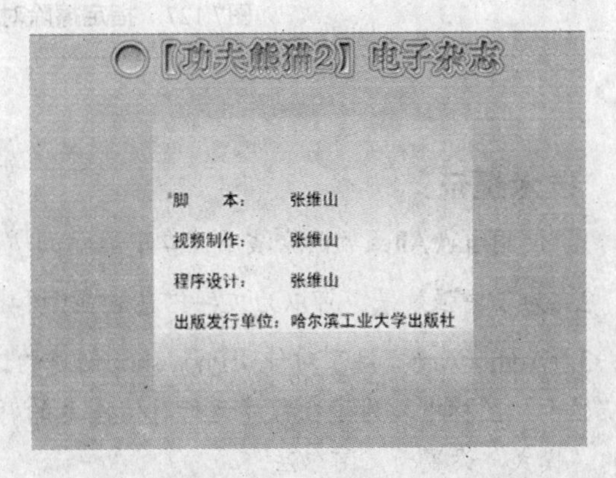

案例图7.13　退出系统效果图

2．制作步骤

（1）制作退出程序。在 Authorware 中打开“电子杂志 .a7p”文件，双击打开“主程序导航”流程线的“退到片尾”群组图标。

（2）在流程线上放置一个名为“退出杂志”的“群组”图标，如图 7.124 所示。

（3）打开“退出杂志”群组图标，在流程线上放置一个名为“擦除所有”的“计算”图标，在其中输入如下代码：“EraseAll(　)”。

（4）在流程线上放置一个“声音”图标，命名为“退出音乐”，导入背景音乐。

（5）在流程线上添加 3 个“显示”图标，分别命名为“背景 2”，导入背景图片，命名为“框架”，导入半透明背景图片，命名为“文字”，输入片尾相关文字，并调整好位置，如图 7.125 所示。

（6）在流程线上放置一个“等待”图标，对该图标的属性进行设置，如图 7.126 所示。在流程线上接着放置一个“擦除”图标，将擦除对象指定为演示窗口中除背景图片外的所有对象，如图 7.127 所示。

图7.124　退到片尾群组图标　　　图7.125　片尾文字　　　图7.126　“等待”图标属性设置

（7）在流程线上放置一个“等待”图标，在“属性”面板中将“时限”设置为 1s。

（8）在流程线上放置一个“计算”图标，输入如下代码：Quit(1)。完成后的流程线结构如图 7.128 所示。至此片尾制作完毕。

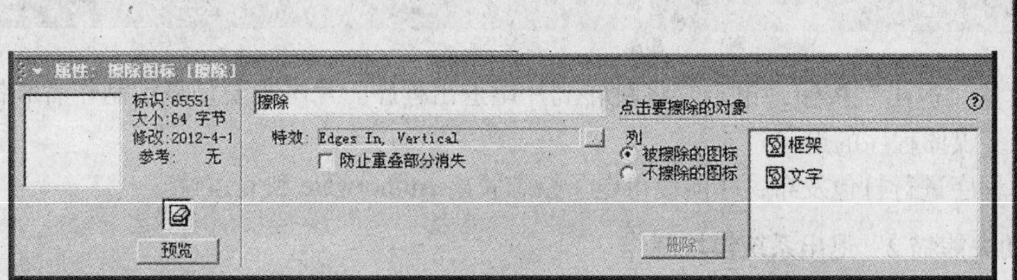

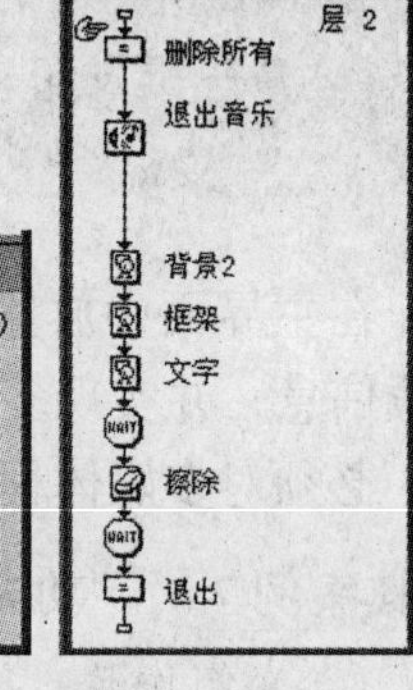

图7.127　指定擦除对象　　　图7.128　片尾流程线

技术提示：

1. 使用EraseAll函数擦除演示窗口中显示的所有对象。

2. 为了增强效果，可以为文字信息的显示和擦除添加特效。

3. Authorware提供了对使用Photoshop创建的透明背景的PSD文件的支持，这种文件可以直接导入到“显示”图标中。为了在程序运行时使图片的背景透明，可以在Authorware的工具箱中将插入PSD图片的“模式”设置为“阿尔法”。

「课堂随笔」

经典案例 7.9 **“功夫熊猫 2”电子杂志程序的打包**

1．案例作品

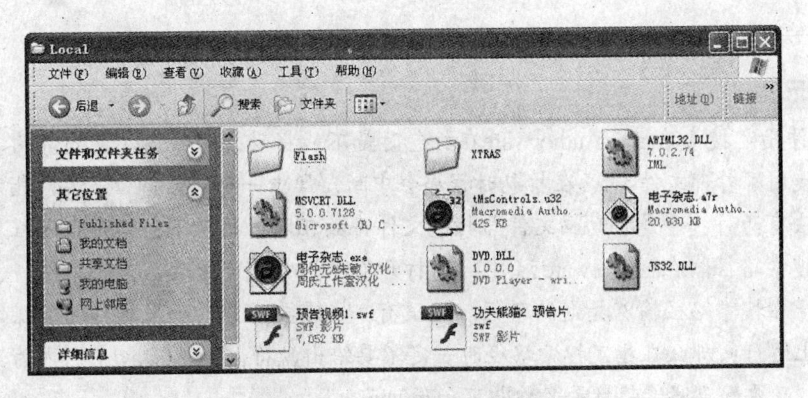

案例图7.14　打包发布效果图

2．制作步骤

（1）单击【文件】菜单→【发布】→【发布设置】命令打开“一键发布”对话框。首先在“格式”选项卡中设置程序文件打包的位置，如图 7.129 所示。

（2）打开“文件”选项卡，单击“查找文件”按钮，打开“查找支持文件”对话框，如图 7.130 所示。单击【确定】按钮，程序自动查找源文件中使用的素材文件和各种支持文件，并将这些文件在“文件”选项卡中列出来，如图 7.131 所示。

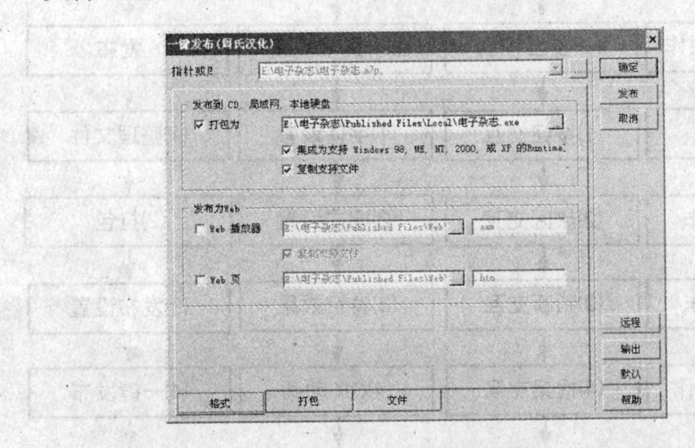

图 7.129　打包发布位置

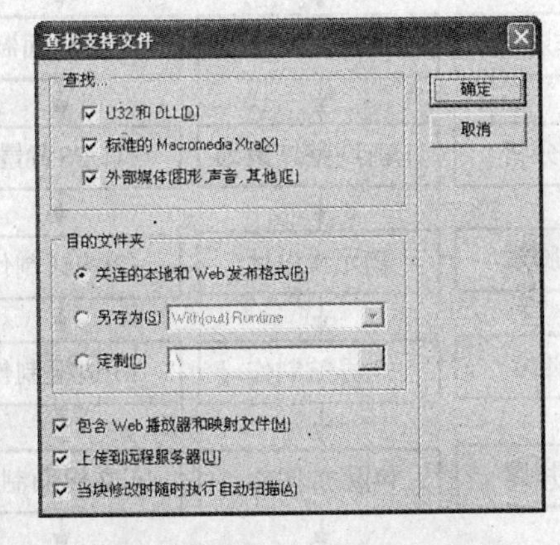

图 7.130　查找支持文件

（3）单击【发布】按钮发布程序，发布完成后，程序给出提示，如图 7.132 所示。单击【确定】按钮关闭提示对话框，完成电子杂志文件的发布。现在，就可以欣赏独具个性的电子杂志了。

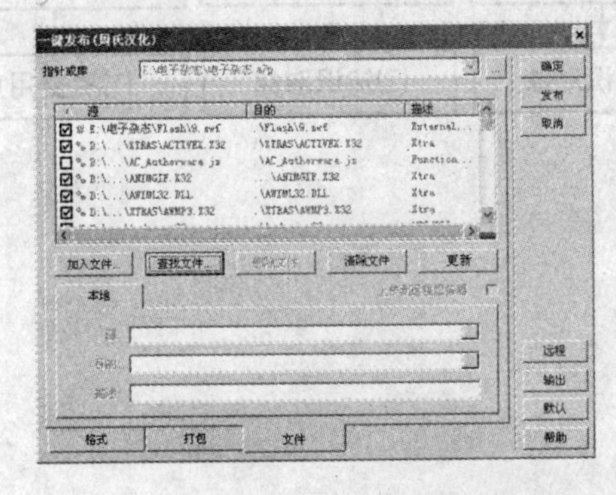

图 7.131　列出支持文件

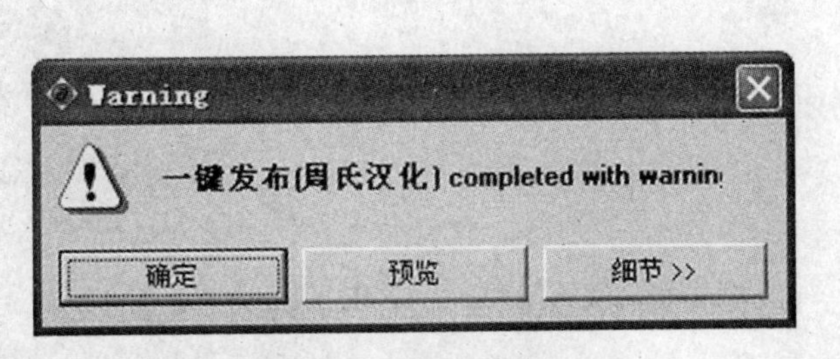

图 7.132　警告信息对话框

技术提示：

为外部文件指定搜索路径。Authorware在打包时是不能将动画文件输入其内部的。因此，在制作的电子杂志中使用了外部文件swf，在打包时程序会中断，弹出一个对话窗口，要求指定存储文件的位置。解决的方法有两种：一是将动画文件与打包文件存放在同一目录下；二是在源程序文件打包前为动画文件指定搜索路径。在Authorware7.0中，可打开菜单栏中的“修改”、“文件”、“属性”的交互作用选项卡，在搜索路径输入指定的路径。这里有一点需要注意，如果制作的多媒体出版物在光盘或者其他机器上运行，那么在指定搜索路径时一定不要给出盘符，如（G:\avi），因为不同的计算机盘符是不一样的，只要逐层写清楚目录名称即可，如(\avi)。

重点串联

拓展与实训

基础训练

一、填空题

1. 擦除图标的作用是______。

2.Authorware 7.0 提供了______种人机交互方式，所有的交互方式都要利用工具箱中的______来实现。

二、选择题

1. 如果希望通过一片透明的区域响应用户的单击操作，应使用哪种响应类型（　　）

A．热区域　　B．热对象　　C．目标区域　　D．按钮响应

2.Authorware 7.0 中，要同时打开多个图标，显示多个图标的内容，可以在双击打开图标的同时按住键盘上的（　　）键。

A．Alt　　B．Shift　　C．Ctrl　　D．Tab

三、简答题

1. 在显示图标中添加图像有多少种方法？

2.Authorware 7.0 是否支持 GIF 和 Flash 动画，如何添加到流程线上？

3. 怎样改变程序运行时的窗口大小？

4. 怎样发布程序，发布之前需要注意哪些问题？

技能实训

用 Authorware 制作个人电子简历

1. 实训目的

（1）掌握多媒体项目的实际设计过程。

（2）学会综合应用各种制作技术在 Authorware 中设计个性化的“个人电子简历”电子作品。

2. 实训要求

（1）根据自己实际情况整体构思片头动画、主程序和片尾动画。主程序由个人资料、学习成果、求职信、系部简介和退出组成。

（2）演示窗口设置为 800×600 大小，无文件菜单，屏幕居中显示。

（3）使用声音图标加入背景音乐。使用显示、等待、擦除图标设计内容的展示。

（4）使用群组图标合理组织程序。使用按钮交互、热区域交互。

（5）使用 Quit（）函数设计程序的退出功能。

（6）演示界面美观大方、主题突出、表达准确。

（7）打包并发布，最终效果脱离 Authorware 环境，程序流畅运行。

（8）文本素材的获取与编辑。从学校网站获取文本素材，利用 Microsoft Word 软件进行编辑整理。

（9）图像素材的获取与制作。收集相关图片素材，使用 Photoshop 处理，使其更加美观、得体。

（10）音频素材的制作与准备。从互联网获取MP3格式音乐文件，放入“Sound”文件夹备用。

（11）动画素材的制作与处理。用Flash CS4制作动画，也可从网上下载，放入“Flash”文件夹中。

3. 实训效果图

个人简历实训效果图

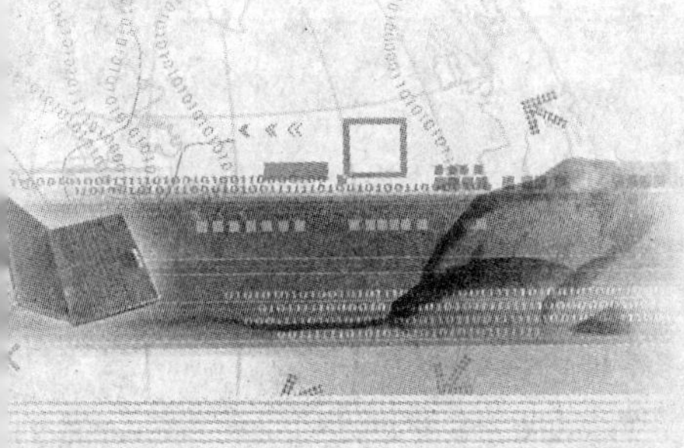

模块8 多媒体项目开发与实现

教学聚焦

◆ 本模块是运用 Authorware7.0 来实现多媒体教学课件设计和开发的一般过程，以案例的形式来学习开发多媒体教学课件的方法和技能。从而使学生掌握多媒体课件设计流程、使用选择图标、运用媒体技术等，最终来实现预期效果。

知识目标

◆ 通过经典案例的制作，掌握 Authorware7.0 中各种图标的使用方法，从而使学生制作多媒体软件时能更恰当设计流程和选择图标来实现预期的效果。

技能目标

◆ 学会制作多媒体课件。

课时建议

◆ 12 课时

教学重点和教学难点

◆ 多媒体教学课件设计和开发的一般过程。

项目 8.1 媒体教学课件开发总体设计

例题导读

本项目介绍了多媒体教学课件开发的一般过程，使读者了解课件开发的整体设计流程，为多媒体教学课件开发打下理论基础。通过对 Authorware7.0 中文版界面的介绍，使读者了解了界面构成的各元素。

知识汇总

- 多媒体课件的课题确定
- 多媒体课件的教学设计
- 多媒体课件的系统设计
- 多媒体课件的脚本编写
- 多媒体课件的制作
- 多媒体课件的教学测评
- 多媒体课件的发行
- Authorware7.0 中文版界面介绍

8.1.1 多媒体课件概述

多媒体课件作为一种教学软件，它的基本功能是教学功能。课件中的教学内容及其呈现、教学过程及其控制的设计应由教学设计所决定。因此，课件设计应基于教学设计进行。同时，多媒体课件又是一种计算机软件，其开发的具体过程及其组织应按照软件工程的思想和方法进行。课件的开发和维护也应按照软件工程的方法去组织、管理，因此多媒体教学课件开发总体设计主要包括如下几个方面：

1. 多媒体课件的课题确定

课件设计从选题开始。课件选题必须有明确的教学目标，选用教学活动中学生需要帮助理解和创造环境的教学内容、重点与难点、抽象难以表述的内容、课堂实物演示比较困难或危险的内容、微观结构等，要考虑到课件的特点和设计要求，要能充分发挥多媒体课件的优势。

2. 多媒体课件的教学设计

教学设计是关键的环节，也是教学思想最直接和具体的表现，最能体现教师的教学经验和教师个性的部分。在多媒体课件设计与开发过程中，多媒体课件的教学设计就是应用系统的观点和方法，在分析教学内容和教学对象的基础上，围绕教学目标要求，合理选择和设计媒体，采用适当的教学模式和教学策略进行课件设计的过程。

教学设计的内容主要包括学习者的特征分析（原有的认知结构与能力）、教学目标的编写、学习内容分析、多媒体信息（图、文、声）的选择和设计、教学模式选择、教学策略设计、学习评价（提问、应答、反馈）及用于描述教学设计结果的稿本编写等。

3. 多媒体课件的系统设计

系统定义了课件的教学信息组织结构及呈现形式。它构建了课件的主要框架，体现了教学功能与教学策略。结构设计主要考虑的是如何从技术上实现一定的教学流程和教学模式。

（1）多媒体课件的组成。课件是服务于教学的计算机软件，通常既有一般计算机软件的结构和组成，同时又具有一般教材的结构和组成。多媒体课件一般包括封面、帮助、菜单、程序内容、程序各部分的连接关系、人机交互界面、导航策略等结构。

（2）课件封面、屏幕风格的设计。

（3）知识结构的设计。

（4）友好的交互界面设计。

（5）合理选用媒体的呈现形式。

（6）导航策略的设计。

4. 多媒体课件的脚本编写

脚本是多媒体课件设计与制作的桥梁。通常，教师要参加脚本的编写工作。脚本编写的质量直接影响着课件开发的质量和效率。

5. 多媒体课件的制作（信息编辑加工）

多媒体课件的信息编辑加工包括文本的制作、音频的制作、图形/图像的制作、动画的制作、视频影像的制作。

6. 多媒体课件的教学测评

根据学习评价的理论，在课件的开发过程中收集有关的数据进行统计分析，对课件的教学效果进行评价。在多媒体课件的开发过程中，评价分为两部分进行：一部分是分析课件本身对教学效果的影响；另一部分是分析学习内容与水平、媒体选择与设计及教学策略对教学效果的影响。因此，分析影响教学效果的因素对多媒体课件的开发有着重要的意义。

7. 多媒体课件的发行

经测试评价通过后可打包发行。

8.1.2 Authorware7.0 中文版界面介绍

启动 Authorware7.0 后会自动进入 Authorware 的工作界面。Authorware7.0 的工作窗口主要由标题栏、菜单栏、工具栏、图标栏、程序设计窗口五个部分组成，如图 8.1 所示。

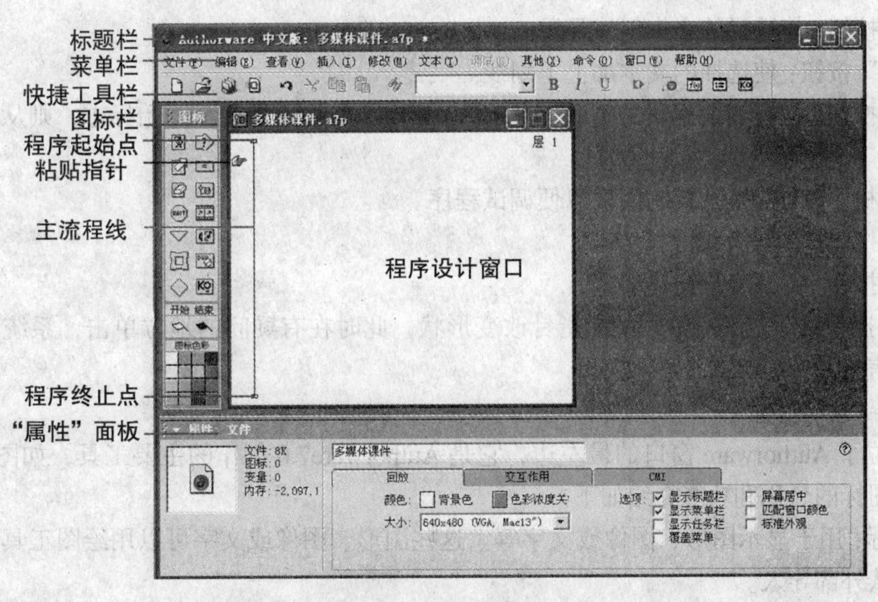

图 8.1 Authorware7.0 工作界面

1. 标题栏

标题栏位于窗口的最上方，这与其他应用程序的窗口一样，标题栏的左侧是该应用程序的图标和应用程序的名称，右侧分别为“最小化”、“最大化”、“还原”和“关闭”按钮。

2. 菜单栏

Authorware7.0 的菜单栏中共有文件、编辑、查看、插入、修改、文本、调试、其他、命令、窗口和帮助 11 个菜单。

3. 工具栏

工具栏是将 Authorware 7.0 中最常用的一些命令以缩略图的形式放置在工具栏中，如图 8.2 所示。

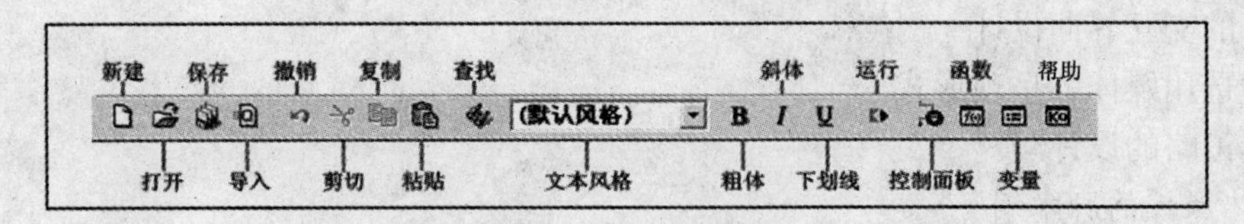

图 8.2 Authorware7.0工具栏

工具栏的作用是方便用户执行一些常用的菜单命令，工具栏中各按钮的含义介绍如下：

“新建”按钮：新建一个 Authorware 文件。单击该按钮，会新建一个名为“未命名”的 Authorware 文件，该按钮的功能与菜单中的“文件 / 新建 / 文件”命令相同。

“打开”按钮：打开一个 Authorware 文件，它与“文件 / 打开 / 文件”命令的作用相同。

“保存”按钮：保存编辑过的 Authorware 文件，它与“保存”命令的作用相同。

“导入”按钮：在编辑 Authorware 文件时，用于引入外部的图形、图像、声音、动画、文字或 OLE 等对象。

“撤销”按钮：撤销用户的上一次操作。

“剪切”按钮：将用户选择的对象剪切到剪贴板上。

“复制”按钮：将用户选择的对象复制到剪贴板上。

“粘贴”按钮：将剪贴板中的内容（用户剪切或者复制的对象）粘贴到指定位置。

“查找”按钮：在文件中查找用户指定的文本。

“文本风格”下拉列表框（默认风格）：从该下拉列表框中选择已经定义好的文本风格并应用到当前的文本中。

“加粗”按钮：使选择的文本加粗显示。

“斜体”按钮：使选择的文本斜体显示。

“下划线”按钮：使选择的文本加上下划线。

“运行”按钮：运行当前编辑的 Authorware7.0 文件。如果流程线上开始标志，则从开始标志处运行程序。

“控制面板”按钮：打开控制面板以便调试程序。

“函数”按钮：打开函数窗口。

“变量”按钮：打开变量窗口。

“帮助”按钮：单击该按钮，鼠标指针改变形状，此时在有疑问的地方单击，系统就会自动打开相应的帮助信息。

4. 图标栏

图标栏位于 Authorware 窗口的最左边，它是 Authorware7.0 创作的主要工具，如图 8.3 所示。图标栏中各种图标的名称和功能介绍如下。

显示图标：用于显示图形、图像或文字等。这些图形、图像或文字可以用绘图工具箱中的工具绘制，也可以从外部导入。

移动图标：将选择的对象在规定时间内或按照指定的路径从一处移动到另一处。

擦除图标：与橡皮擦类似，可以按照指定的方式擦除图片、文字、动画和声音等对象。

等待图标：用于等待一段时间或中止程序的执行以等待用户与程序交互。

导航图标：也称为定向图标，实现程序内的跳转，它是框架结构下的某一页，用于建立超链接，实现超媒体导航。

框架图标：提供一组定向控制按钮，与“导航”图标相互配合实现超链接。

判断图标：用来设置一种判断的逻辑结构，附属在此图标下的其他图标都被称为路径。当遇到此图标时，系统就会根据条件的不同自动选择执行的路径。

交互图标：用来创建一种交互作用的分支结构。一个交互作用的分支结构可由一个交互项和附属于它的其他图标组成。Authorware 提供了 11 种交互方式。

计算图标：用于执行常用算术运算、各种函数的运算以及一定的代码运算。

群组图标：该图标可将一组图标合成一个简单的“群组图标”，形成一个下一级流程窗口，以缩短流程线，优化流程线结构。

数字电影图标：使用该图标可以播放 MOV、AVI、FLC、DIR 以及 FLI 等常见的数字电影动画格式文件，所以又称为动画图标。

声音图标：可以播放 AIF/WAV/SND 和 VOX 等常见格式的声音文件，还可以控制播放方式。

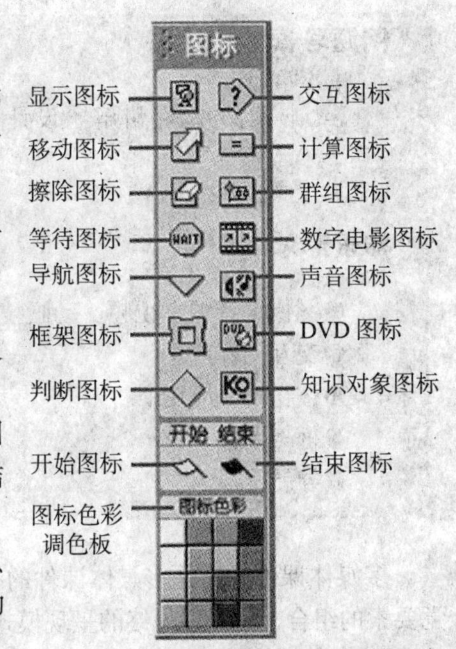

图 8.3　Authorware7.0 图标栏

DVD 图标：用于在多媒体应用程序中控制视频设备的播放，同时还支持 DVD 的播放。

知识对象图标：是 Authorware 中一组特殊功能模块图标。使用它可以完成一系列特定的功能。

开始标志：用于设置程序运行的起始点。将开始标志放到流程线上，当选择“调试 / 从标志处运行”命令或单击按钮执行程序时，Authorware 会从开始标志处开始执行。

结束标志：用于设置程序运行的终止点。将结束标志放到流程线上，当执行程序遇到该标志时，Authorware 会自动停止执行程序。

图标色彩调色板：在程序开发时用于给使用的图标着色，帮助程序开发员区分各种图标，它对程序的运行没有任何影响。

5. 程序设计窗口

制作多媒体作品时，几乎所有的设计工作都是在流程编辑窗口中进行的。

技术提示：

1. 在一些下拉菜单命令的右边有键盘的组合按键，这两个键的组合表示该菜单命令的快捷键，如【Ctrl+V】为“粘贴”命令的快捷键。

2. 图标栏中的各个图标和工具栏中的按钮相似，当用户把鼠标指针放到某一图标上时，在图表的下方会显示该图标的名称。

项目 8.2 多媒体教学课件界面设计

例题导读

“经典案例 8.1”讲解了设计制作“多媒体技术与应用”课程教学课件主界面的方法和技巧。

知识汇总

- 图像、音频、视频、动画技术
- 交互图标应用
- 按钮响应应用
- 框架图标
- 导航图标

多媒体课件界面是多媒体课件的视觉表现形式，是课件背景、交互形象、教学内容、装饰等视觉要素的组合，是课件最终的呈现模式和效果，其中往往包含着传达教学内容的具体画面。对于多媒体课件来说，构成界面的图形、文字及图像三大部分就是教学内容的载体，其表现形式直接决定了教学信息传播的通畅性。合理的界面设计不仅可以增加课件的艺术品位，而且会增强授课效果。

经典案例 8.1 设计制作“多媒体技术与应用”课程教学课件主界面

1．案例作品

案例图8.1 多媒体课件主界面背景图

2．制作步骤

（1）在 Photoshop 软件中制作一个案例图 8.1 所示的图片，作为多媒体课件主界面背景图片。

（2）启动中文 Authorware7.0，新建名“多媒体技术与应用课件”文件。

（3）单击【修改】→【文件】→【属性】→打开文件的“属性”面板，在“大小”下拉列表框中选择“1024×768”选项。取消显示标题栏和菜单栏，选中“屏幕居中”复选框，如图 8.4 所示。

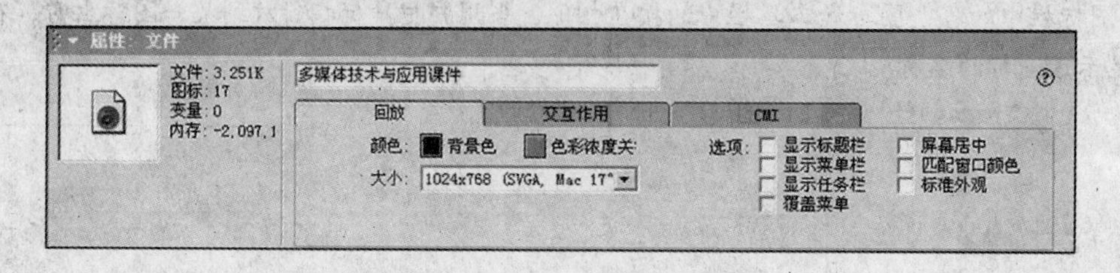

图 8.4 设置文件属性面板

（4）在程序流程线上创建一个显示图标，命名为“主界面”，如图 8.5 所示。

（5）双击“主界面”显示图标，打开演示窗口，单击【插入】菜单→【图像】命令→【导入】对话框，如图 8.6 所示；导入主界面图片效果如图 8.7 所示。

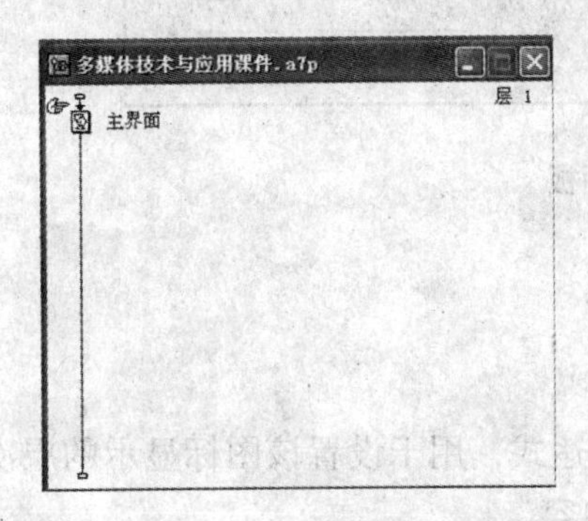

图 8.5　主界面显示图标

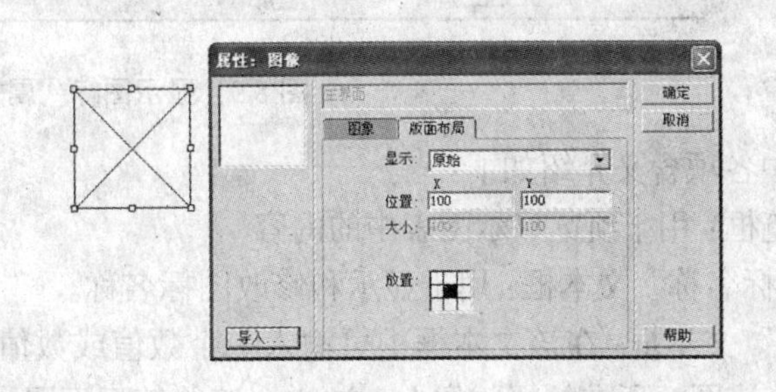

图 8.6　图像导入对话框

（5）设置主界面显示图标，显示特效为“激光展示 2”。

（6）添加一个交互图标到“主界面”显示图标的下面，并将其命名为“内容”，再在其右侧添加一个群组图标，在弹出的“交互类型”对话框中选中“按钮”单选按钮，命名为“多媒体基础知识”。如图 8.8 所示。

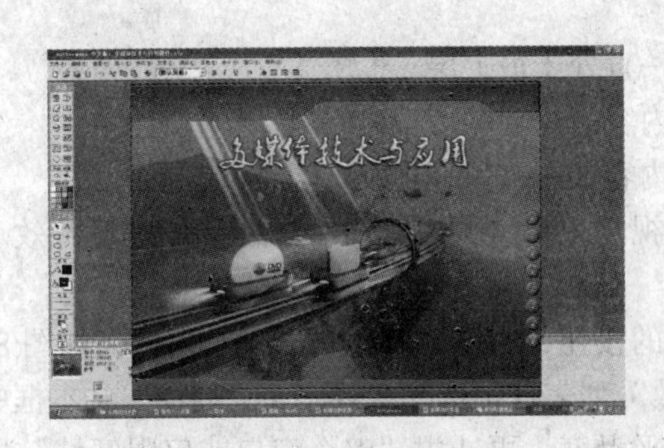

图 8.7　导入后效果图

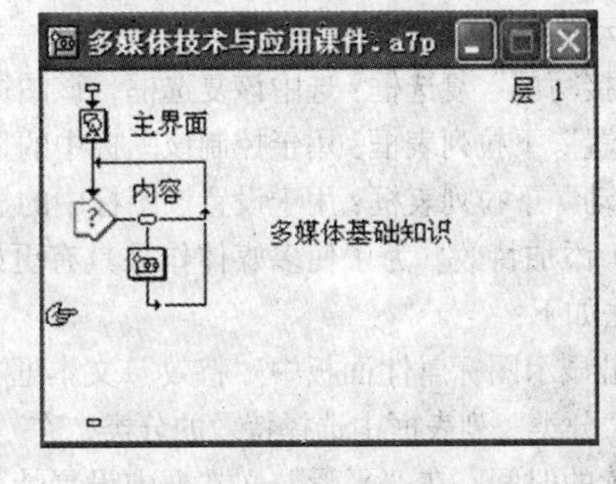

图8.8　多媒体基础流程图

（7）多媒体技术与应用课件主界面部分设计完成。

技术提示：

1. 如果属性面板还没有打开，单击显示图标后按【Ctrl+I】键或在显示图标上单击鼠标右键，在弹出的快捷菜单中选择“属性”命令，都可打开显示图标的属性面板。

2. 导入图片的第二种方法：单击【文件】菜单→【导入导出】命令→弹出“导入媒体”对话框，利用该对话框选择要导入的图像→单击“导入”按钮，即可将选中的图像导入演示窗口。

用户可以根据需要对显示图标进行设置，以实现图形图像的显示效果。

显示图标用于显示图形、图像或文字等。这些图形、图像或文字可以用绘图工具箱中的工具绘制，也可以从外部导入。用户可以根据需要对显示图标的属性进行设置，以实现分层显示、过渡特效和定位等特殊效果。

（1）设置显示图标属性。在流程线上添加一个显示图标，单击该图标即可显示其属性面板，如图 8.9 所示。

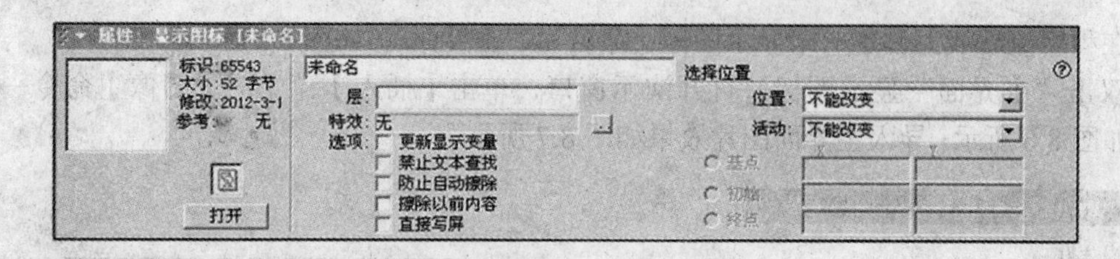

图 8.9　显示图标“属性”面板

其中各项含义介绍如下：

预览框：用于预览显示图表中的内容。

“图标名称”文本框：用于显示和修改图标名称。

“层”文本框：在该文本框中可输入一个数值或数值型表达式，用于设置该图标显示的层次，数值越大，该图标所在的层越靠上，这样会遮盖其下面层中的内容。

“特效”文本框：更新显示变量复选框；选中该复选框；将自动更新显示该图标中变量的值。

“禁止文本查找”复选框：选中该复选框，在设置查找功能时，将不会查找该图标中的文本。

“防止自动擦除”复选框：选中该复选框，该图标将不会被自动擦除，只能使用擦除图标或擦除函数擦除。

“擦除以前内容”复选框：选中该复选框，当执行该图标时，将自动擦除前面的图标，但选中“防止自动擦除”复选框的图标除外。

“直接写屏”复选框：选中该复选框，该图标将一直处于最上层。

“位置”下拉列表框：用于控制该图标中的显示内容的位置。

“活动”下拉列表框：用于设置该图标中的显示内容能否被鼠标拖动，以及移动的方式。

（2）添加特效。为了使多媒体作品具有更好的视觉效果，可以为显示图标添加过渡特效。添加特效方法如下：

单击显示图标属性面板中“特效”文本框右侧的按钮，打开“特效方式”对话框，如图 8.10 所示。在“分类”列表框中选择特效的分类，在“特效”列表框中选择特效，在“周期”文本框中设置特效持续的时间，在“平滑”文本框中设置特效的平滑度，再选中“整个窗口或仅限区域”单选按钮，用于设置特效的范围是整个窗口还是显示内容所在的区域，然后单击“确定”按钮即可为图标添加过渡特效。

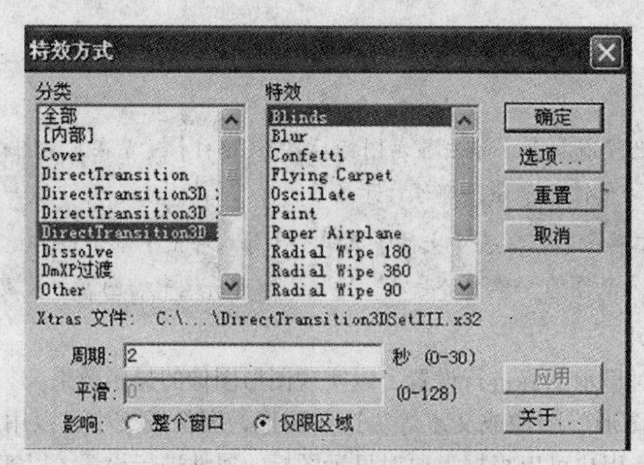

图 8.10　“特效方式”对话框

（3）控制显示位置。在显示图标属性面板的“位置”下拉列表框中选择不同的选项，可以按不同的方式控制显示对象的位置。在“位置”下拉列表框中有“不能改变”、“在屏幕上”、“在路径上”、和“在区域内”四个选项，下面分别介绍各个选项的作用。

不能改变：选择该选项，显示对象只能在固定位置显示。

在屏幕上：选择该选项后的属性面板，在“初始”单选按钮后的文本框中输入数值或数值表达式，即可控制显示对象的初始位置。

在路径上：选择该选项后的属性面板，此时在演示窗口中拖动对象可以创建一条路径，此时显示对象只能在路径上移动。

在区域内：选择该选项后的属性面板，此时在演示窗口中拖动对象可以建立一个矩形区域，此时显示对象只能在该区域内移动。

（4）控制鼠标拖动。在显示图标属性面板的“活动”下拉列表框中选择不同的选项，可以使显示对象按照不同的方式根据鼠标的拖动而移动。在“活动”下拉列表框中有“不能改变”、“在屏幕上”、“任意位置”、“在路径上”和“在区域内”五个选项，各选项的作用分别介绍如下。

不能改变：选择该选项后，显示对象不能被鼠标拖动。

在屏幕上：选择该选项后，显示对象可以被鼠标拖动，但是拖动的对象不能移出演示窗口。

任意位置：选择该选项后，显示对象可以被鼠标拖动，并能够移出演示窗口。

在路径上：当在“位置”下拉列表框中选择“在路径上”选项后，“活动”下拉列表框中才具有该选项。选择该选项，显示对象可以被鼠标拖动，但只能在指定路径上移动。

在区域内：当在“位置”下拉列表框中选择“在区域内”选项后，“活动”下拉列表框中才具有该选项。选择该选项，显示对象可以被鼠标拖动，但只能在指定区域内移动。

「课堂随笔」

项目 8.3 多媒体教学课件分支设计

例题导读

“经典案例 8.2”讲解了如何通过分支结构设计达到所需实现的效果：图像展示、音频播放、视频播放、动画播放等。

知识汇总

- ●按钮图标设计
- ●框架结构设计
- ●知识点导航制作

经典案例 8.2　多媒体课件流程设计

1．案例作品

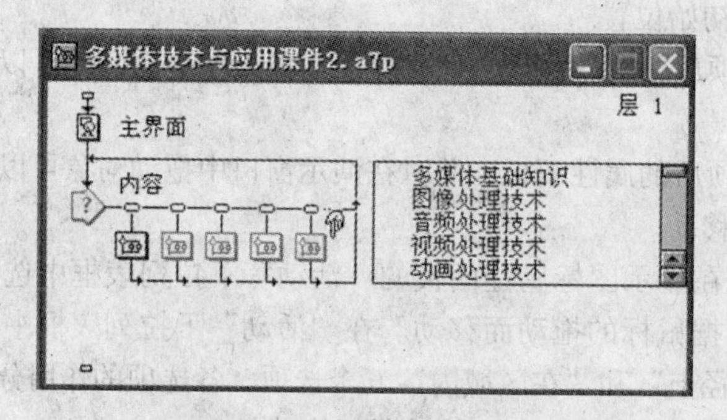

案例图8.2　多媒体课件分支结构

2．制作步骤

（1）打开项目 8.2 完成案例“多媒体技术与应用课件 2.a7p”，单击多媒体基础知识群组图标上方的按钮→打开“按钮”对话框→单击“添加”按钮→打开“按钮编辑”对话框。

（2）单击按钮选项→选择常规按钮的“未按”状态→单击“图案”下拉列表框后面的导入按钮→导入“案例图 8.2”文件，如图 8.11 所示。

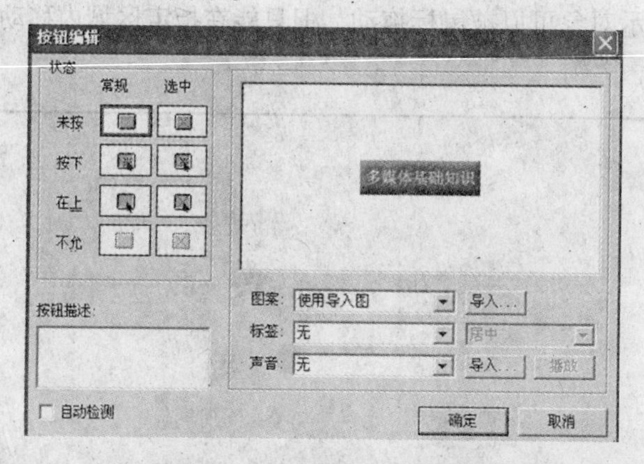

图 8.11　“按钮编辑”对话框

（3）单击按钮选项→选择常规按钮的“在上”状态→单击“图案”下拉列表框后面的导入按钮→导入“案例图 3”文件。

技术提示：

本文中所有提到的“案例图××”均是指各项目中由编者自主开发的案例，按制作步骤一一完成即可得到相应的案例图。

（4）单击【确定】按钮→返回“按钮”对话框→单击【确定】按钮→关闭“按钮”对话框→属性面板设置如图 8.12 所示。

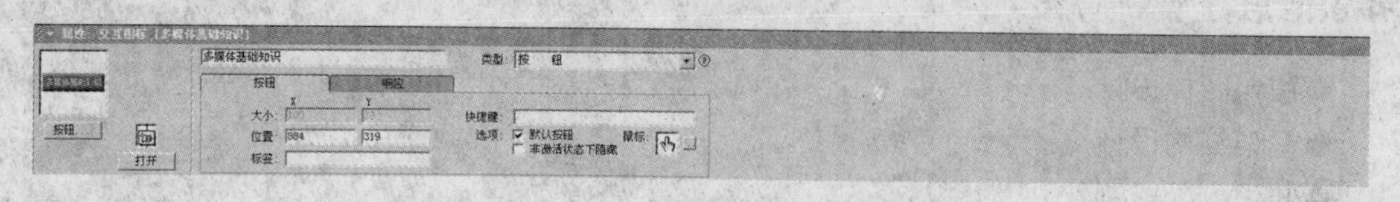

图 8.12　交互图标属性设置

（5）重复步骤（2）~（4），完成其他按钮添加。完成后如图 8.13 所示。

（7）双击打开多媒体基础知识群组图标→在其流程线上添加一个框架图标→命名为“框架”。

（8）双击打开框架图标→打开框架图标内的显示图标导入案例图20→命名为“内容背景”，删除右侧全部图标→添加一个导航图标在交互图标右侧→命名为前一页→设置按钮属性，如图8.14所示。

图8.13　完成后效果图

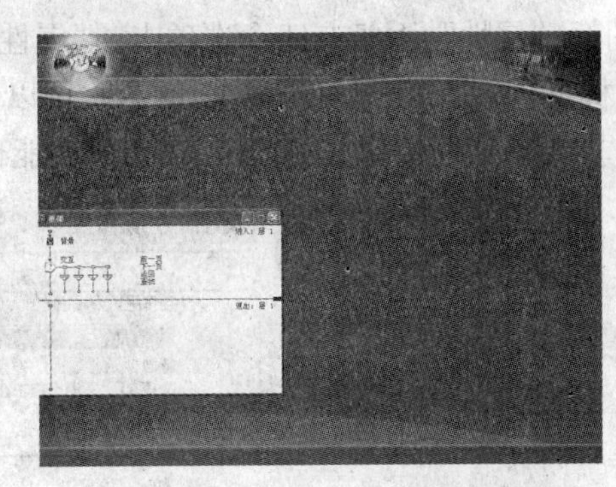

图8.14　框架图标流程线内容

（9）设置导航属性如图8.15所示。

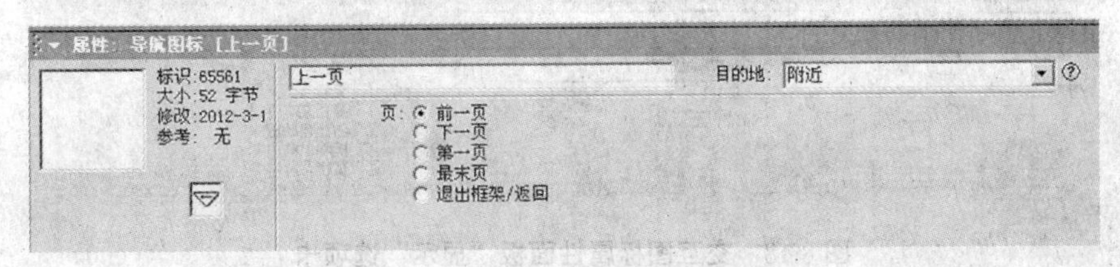

图8.15　前一页导航属性设置

（10）重复操作（8）~（9），设置返回、下一页、查找导航属性，最终如图8.16所示。

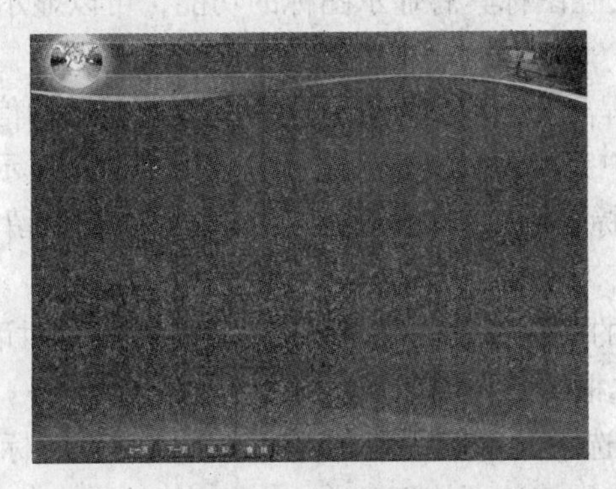

图8.16　导航效果图

(11) 在框架图标右侧添加一个显示图标命名为第一节，输入文字，添加多媒体基础知识点。

技术提示：

按住Ctrl键的同时，单击交互图标中交互图标下边的分支流程线或区域，即可改变程序流向类型，从流程线的不同形式的变化可以看出程序流向类型的变化。

Authorware强大的交互功能都是通过交互图标来实现的。交互图标是一种综合性图标，它同时具有与显示图标相同的显示图形图像和文本的功能以及其特有的交互功能和分支功能。

8.3.1 交互图标

交互图标提供了11种交互类型。每一种响应类型都由不同的图标按钮表示；可以通过单击它们

对应的复选框来选择相应的响应类型。

交互图标“属性”面板。单击选中交互图标，再单击“修改”→“图标”→“属性”菜单命令，或在按住 Ctrl 键同时双击交互图标，调出交互图标的“属性”面板。

交互图标“属性”面板有四个选项卡，“属性: 交互图标”(交互作用) 面板如图 8.17 所示，“属性: 交互图标”(显示) 面板如图 8.18 所示。可以看出，该面板与显示图标的“属性”面板一样，只是增加了“文本区域”按钮，“打开”按钮的功能也不一样了。

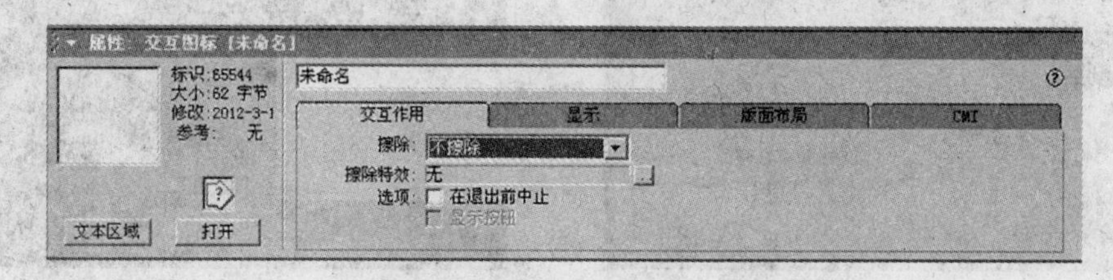

图 8.17　交互图标属性面板“交互作用”选项卡

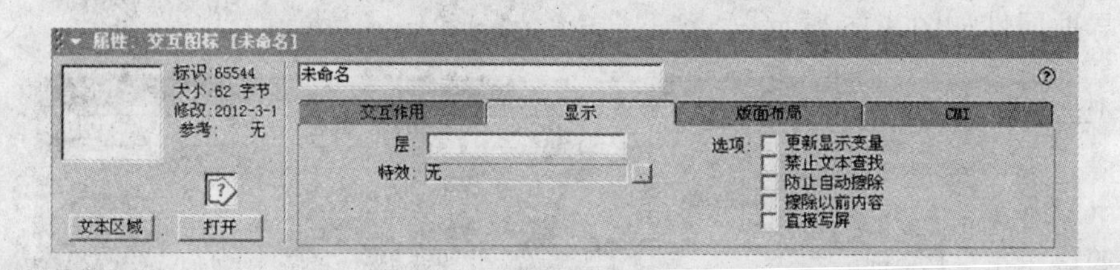

图 8.18　交互图标属性面板“显示”选项卡

交互作用选项卡各功能如下：

①“擦除”下拉列表框：交互图标具有显示图标的功能，可以显示文字、图形和图，因此要确定是否擦除及何时擦除这些内容。此下拉列表框中各选项的含义如下：

“在退出之前”：当程序流程离开当前交互时，前一次交互显示的信息才会被擦除。

“在下次输入之后”：当用户完成下一次输入之后，前一次交互显示的信息才被擦除。

“不擦除”：不擦除交互图标演示窗口内的内容，其内容一直保留在屏幕上。除非用户设置一个擦除图标来擦除这些显示信息。

“擦除特效”栏：单击该栏的擦除特效按钮，调出“擦除模式”对话框。

②“选项”栏：有两个复选框，其作用如下：

“在退出前中止”复选框：选中此项后，则在程序退出该交互图标时，程序暂停，单击鼠标或按任意键后，程序正式退出交互，继续往下执行。

“显示按钮”复选框：在选中了“在退出前中止”复选框后，该按钮才有效。在有文本输入交互方式时，选中“显示按钮”复选框，则在退出交互后的暂停期间内，屏幕会显示一个“继续”按钮，单击该按钮后，程序才继续往下执行。

③“文本区域”按钮：单击该按钮，可调出“属性：交互作用文本字段”对话框，利用该对话框可设置文本交互时的有关输入文字的大小、颜色，文本输入框的大小与位置等。

④“打开”按钮：单击该按钮，可调出交互图标的演示窗口。

8.3.2 按钮响应

在程序中，我们经常要设计一些按钮来实现某种操作，如“选择”按钮、“退出”按钮等，可以说按钮响应类型是多媒体作品中最常用的一种交互响应方式。

（1）“按钮”对话框。单击交互图标“属性：交互图标”面板内的“按钮”按钮，调出“按钮”对话框，如图 8.19 所示。利用该对话框可增加、删除和编辑按钮。

①“预览”栏与“描述”栏的作用如下。

“预览”栏：此栏列出了按钮库的按钮形状，单击此栏中的一个按钮图案，再单击“确定”按钮，即可改变按钮的样式。

“描述”栏：此栏是按钮的说明内容。

②“系统按钮”栏有两个下拉列表框，分别用来设置按钮标题的字体与字号。

③几个按钮的作用如下。

“添加”按钮：单击该按钮，可以调出“按钮编辑”对话框，如图8.20所示。利用它可以给按钮库添加新按钮。

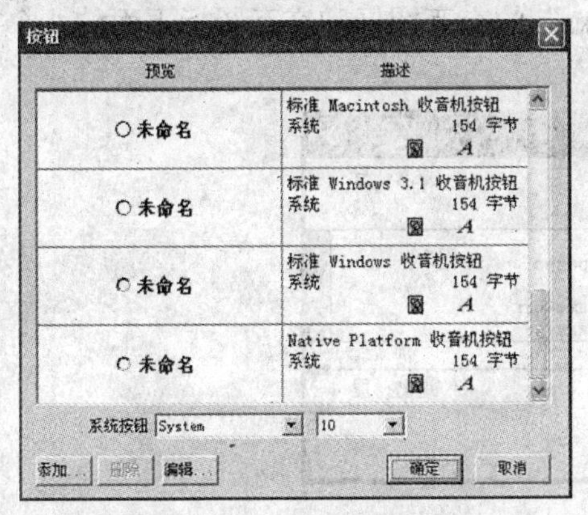

图8.19 “按钮”对话框

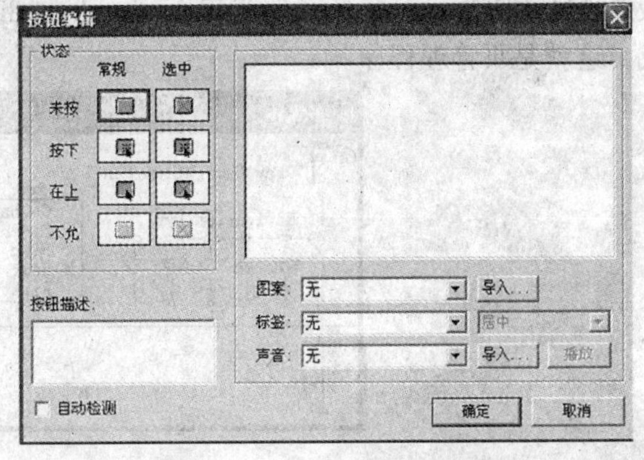

图8.20 “按钮编辑”对话框

“删除”按钮：单击该按钮，可以删除按钮库中选定的按钮。

“编辑”按钮：单击该按钮，可以打开“按钮编辑”对话框，进入按钮编辑状态。

（2）按钮编辑。利用“按钮编辑”对话框可以设置按钮的形状、图案、名字和伴音。各选项的作用如下：

①“状态”栏用来确定按钮的状态，它有“常规”和“选中”两列，这两列都有四种按钮状态。单击一个图标即可选中一种按钮状态。该栏中各行图标的含义是“未按”（按钮处于弹起时按钮的状态）、“按下”（按钮单击后的状态）、“在上”（鼠标指针经过按钮的状态）和“不允”（即按钮无效的状态）。

②单击“图案”下拉列表框右边的“导入”按钮，可调出“导入哪个文件？”对话框，利用该对话框可为按钮选择图案。再在其左边的下拉列表框内选择“使用导入图”选项。

③在“标签”栏左边的第一个下拉列表框中选中一种按钮标题显示样式，即“显示卷标”与“无”两项。选中“显示卷标”选项后，其右边的下拉列表框变为可选，用来选择标题居于按钮中的位置（居中、居左和居右）。

④单击“声音”下拉列表框右边的“导入按钮”，调出“导入哪个文件？”对话框。利用该对话框，可选择按钮动作时的配音。单击其右边的“播放”按钮，可播放选定的配音。再在其左边的下拉列表框内选中“无”（取消声音）或“使用导入”（应为“使用导入声音”，即使用声音）选项。

⑤“按钮描述”文本框：在其内可输入按钮样式的说明。

⑥“自动检测”复选框：选中它时，按钮被定义为自动被检测的。即用户单击一下该按钮，按钮在“常规”和“选中”按钮之间变换一次，并将该信息记录在系统变量 Checked 之中，不选中“常规”按钮时 Checked 值为假 (FALSE 或 0)，“选中”按钮时为真 (TRUE 或 1)。

8.3.3 框架图标

页管理和框架图标。

①页管理。书是由许多页构成的，在读书时，常会逐页地向后或向前翻页，也会一下翻到最后一页或翻回第一页，还会根据书的页码查找某一页。有时，我们还会在书中读过的页中插入书签，阅读时常翻回插有书签的那一页。

框架图标下挂的每一个图标都相当于书中的一页，可以通过程序对这些图标进行管理，实现能像读书那样去浏览各图标中的内容。框架图标下挂的每一个图标中不仅可以创建书中的文字与图像，还可以存放声音、数字电影等。我们通常把这样的图标叫页，也叫结点。对“翻页”的实现叫页管理。这种翻页管理可以通过按钮、热对象、热点区域等交互方式来完成。页管理的建立主要依靠导航(称定向)图标和框架图标来完成。在 Authorware7.0 中把“翻页”叫链接 (Link)，在这里就是页与页的链接。通常由框架图标来完成页的组合，即形成一本“书”；而导航图标用来实现定向链接，即实现“翻页”。

②框架图标。在程序流程线上创建一个框架图标，命名为“多媒体”(也可以起其他名字)。双击框架图标，调出其内部的程序，如图 8.21 所示。它由一个名字为“Gray Navigation Panel”(灰色导航面板)的显示图标、一个名字为“Navigation hyperlinks”的交互图标和交互图标下面的八个导航图标组成，这就是页管理程序。

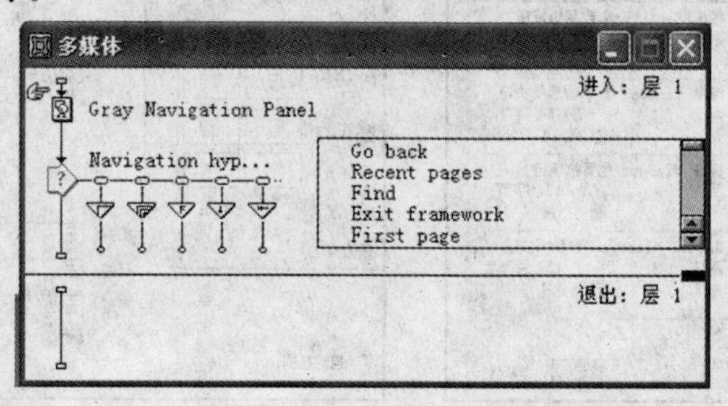

图 8.21　框架图标内部结构

8.3.4 导航图标

导航图标的作用是完成程序跳转的定向链接，当程序执行到导航图标时，程序会自动跳转到导航图标链接的目的页。通常，它的使用有两种方式：一是自动定向，即把它放在流程线的任意位置，程序执行到它时，自动跳转到与导航图标链接的目的页；二是用户控制的定向，即由用户来控制跳转到链接的目的页。

注意：导航图标使程序跳转的目的页只能是框架图标下挂的图标。

用户控制的定向又分为两种：一种是在交互图标下创建导航图标，导航图标作为交互结构的响应图标，执行响应后，程序执行它，并跳转到它链接的目的页；另一种是利用导航图标将目的页与“热字”建立链接，用户单击“热字”后，程序跳转到与该“热字”链接的目的页。

单击选中导航图标，调出它的“属性：导航图标”面板，在该面板内“目的地”下拉列表框中选择不同的选项，可以得到不同的“属性：导航图标”面板，下面分别进行介绍。

(1) 选中“目的地”下拉列表框→“最近”选项→“属性：导航图标”面板，如图 8.22 所示。其中各选项的作用如下。

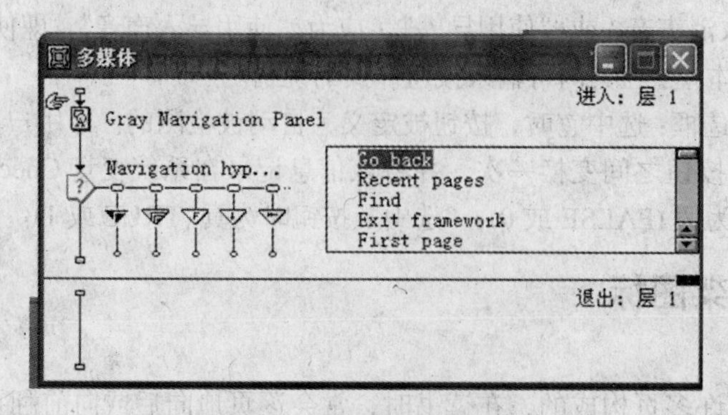

图 8.22　导航图标面板

①“返回”单选项：选中它后，可查阅刚刚查阅完的那一页。

②“最近页列表”单选项：选中它后，程序执行到此导航图标时，屏幕会显示“已经查阅过的

页”对话框，供用户选择已查阅的页。

（2）选中“目的地”下拉列表框中的“附近”选项，其“属性面板”如图 8.23 所示。可设置同一框架结构内页的跳转和退出本框架结构。其中各选项的作用如下。

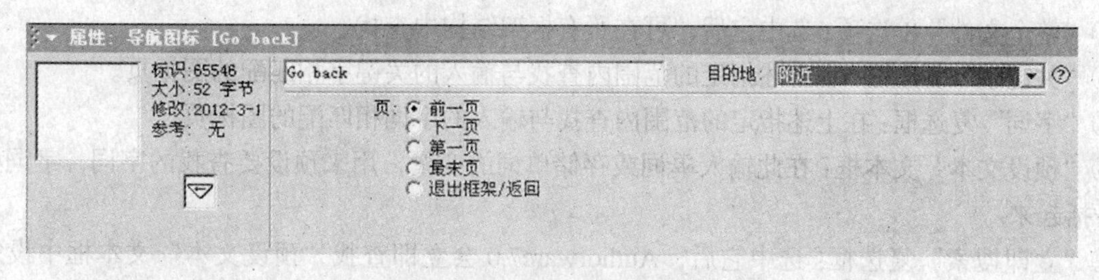

图 8.23　导航图标目的地下拉列表框“附近选项”属性面板

①“前一页”单选项：选中它后，可退回到上一页。

②“下一页”单选项：选中它后，可进入下一页。

③“第一页”单选项：选中它后，可跳到框架结构的第一页。

④“最末页”单选项：选中它后，可跳到框架结构的最后一页。

⑤“退出框架 / 返回”单选项：选中它后，可退出框架结构。

（3）选中“目的地”下拉列表框中→“任意位置”选项→“属性面板”如图 8.24 所示。其中各选项的作用如下。

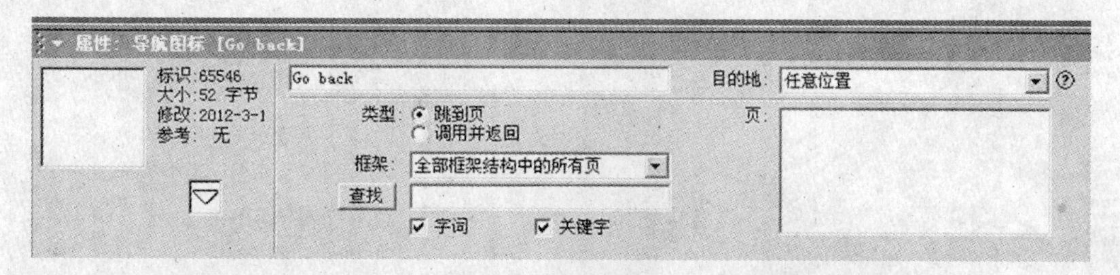

图 8.24　导航图标目的地下拉列表框“任意位置选项”属性面板

①“跳到页”单选项：选中它后，可建立单程定向链接。程序会继续执行流程线上下一个图标，而不会返回到调用它的原程序处。

②“调用并返回”单选项：选中它后，可建立环程定向链接，即程序执行了任意框架结构中目的页后，会返回原程序调用处。

③“框架”下拉列表框：可选择某一框架结构。

④“页”列表框：单击某个图标，使它成为定向链接的目的页。

⑤“查找”按钮：在它旁边的文本框中输入要查找的字词或图标的关键字，再单击此按钮，可寻找该框架结构中的相应图标页。

⑥“字词”复选框：选中它后，可将文本框中输入的字词作为字词去查找图标页。

⑦“关键字”复选框：选中它后，可将文本框中输入的字词作为关键字去查找图标页。

（4）选中“目的地”下拉列表框中的“计算”选项后其的“属性：导航图标”面板如图 8.25 所示。

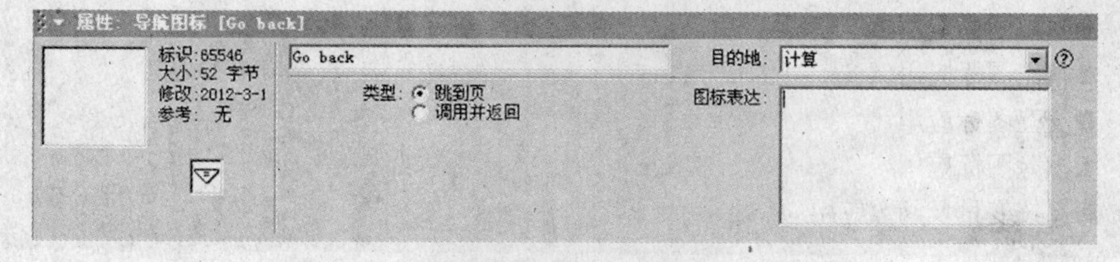

图 8.25　导航图标目的地下拉列表框“计算”属性面板

①“图标表达”文本框是用来输入表达式，表达式的值就是目标页的页标识符，即ID标识，例如，IconID@“背景”，表示链接的目的页名字是“背景”。

②“当前框架”单选项：选中它后，限定在当前框架结构中查找。

③“整个文件”单选项：选中它后，可在所有框架结构中查找。

④“关键字”复选框：在上述指定的范围内查找与输入的关键字相匹配的图标页。

⑤“字词”复选框：在上述指定的范围内查找与输入的字词相匹配的图标页。

⑥“预设文本”文本框：在此输入单词或存储单词的变量，用来预设要查找的字词，字词必须用双引号括起来。

⑦“立即搜索”复选框：选中它后，Authorware7.0会立即查找“预设文本”文本框中设定的字词。如果在“立即搜索”文本框中输入WordClicked系统变量，可以在不显示“查找”对话框情况下查找用户选定的字词；如果在“预设文本”文本框中输入HotTextClicked系统变量，则可以查找用户选定的热字。

⑧“高亮显示”复选框：选中它后，Authorware7.0将在“查找”对话框中显示要查找的字词及其上下文内容。

「课堂随笔」

项目 8.4 练习题页面设计

例题导读

“经典案例8.3”、“经典案例8.4”、“经典案例8.5”和“经典案例8.6”讲解了单项选择题的设计、多项选择题的设计、填空题及拼图游戏的设计方法，读者通过学习后可掌握各种习题设计和游戏制作的方法与技巧。

知识汇总

- 显示图标应用
- 群组图标应用
- 交互图标应用
- 擦除图标应用
- 系统变量及函数应用

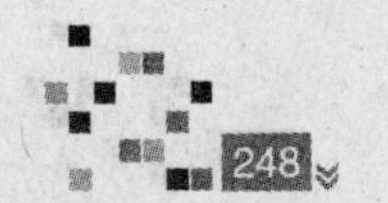

经典案例 8.3 单项选择题的设计

1．案例作品

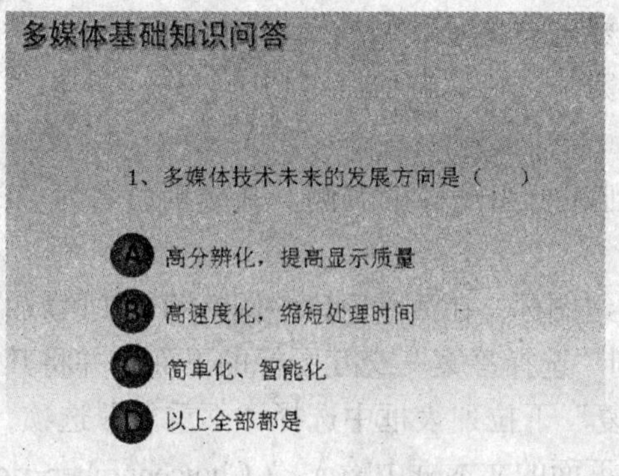

案例图8.3 单项选择题

2．制作步骤

（1）新建一个 Authorware 文件→选择“修改 / 文件 / 属性”在“大小”下拉列表框→选择 640×480（VGA，Mac13）选项→取消显示标题栏和菜单栏→选中“屏幕居中”复选框。

（2）添加一个显示图标到流程线上→命名为“背景”→双击打开演示窗口→导入“案例图 25”图像，如图 8.26 所示。

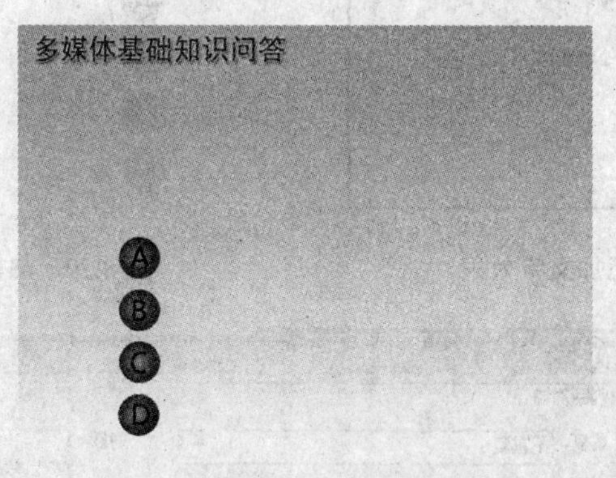

图 8.26 多媒体基础知识背景图

（3）添加一个判断图标到“背景”显示图标的下面→命名为“随机出题”→单击该图标→显示其属性面板→在“重复”下拉列表框→选择“不重复”选项→在“分支”下拉列表框中选择“随机分支路径”选项，如图 8.27 所示。

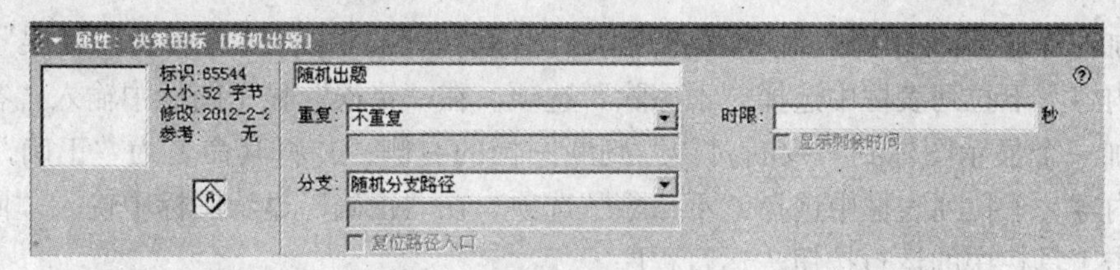

图 8.27 决策图标属性

（4）添加一个显示图标到“随机出题”判断图标的右侧，并将其命名为“第一题”单击判断路径标志，显示其属性面板，在“擦除内容”下拉列表框中选择“不擦除”选项。

（5）按住 Shift 键不放，单击“背景”显示图标，再双击“第一题”显示图标，在其中输入如图 8.28 所示文字。

（6）在“第一题”显示图标上单击鼠标右键，在弹出的快捷菜单栏中选择“计算”命令，打开“第一题”代码编辑窗口，输入代码：right：=4（该变量用于保存正确答案为第几个选择）。

（7）重复操作（4）~（6），完成第二题、第三题的制作，并在第二题显示图标代码编辑窗口中输入 right:=2，第三题显示图标代码编辑窗口中输入 right:=3。

（8）添加一个交互图标到“随机出题”判断图标下面，并将其命名为“选择答案”，在其右侧添加一个群组图标，设置交互类型为“热区域”交互，并命名为A。

（9）单击“热区域”交互标志，显示其属性面板，在“匹配”下拉列表框中选择“单击”选项，设置鼠标经过该热区域时的图案，选择“响应”选项卡，在“分支”下拉列表框中选择“退出交互”选项。

（10）添加三个群组图标到A群组图标的右侧，并分别命名为“B、C、D”，其属性设置与“A”相同。

（11）双击“选择答案”群组图标，在演示窗口中调整四个热区域的位置，如图8.29所示。

（12）添加一个判断图标到“选择答案”交互图标的下面，并将其命名为“判断对错”，单击该图标，显示其属性面板，在“重复”下拉列表框中选择“不重复”选项，在“分支”下拉列表框中选择“计算分支结构”选项，并在其下面的文本框中输入“(Choicenumber=right)+1”，如图8.30所示。

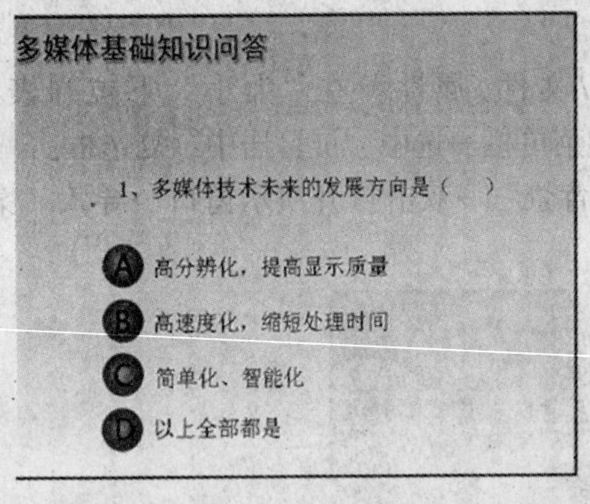

图8.28 添加文字效果

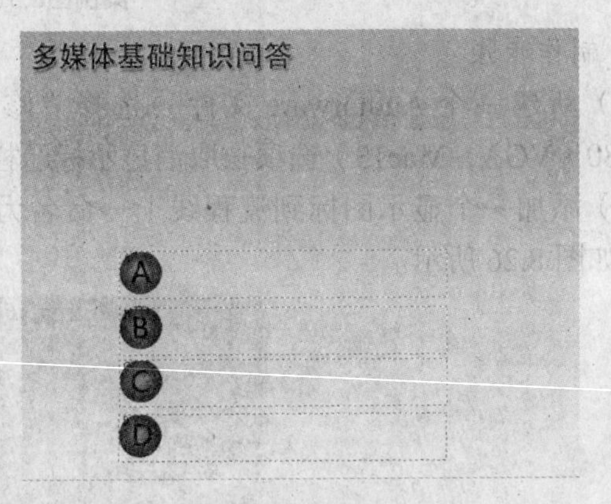

图8.29 热区域位置效果图

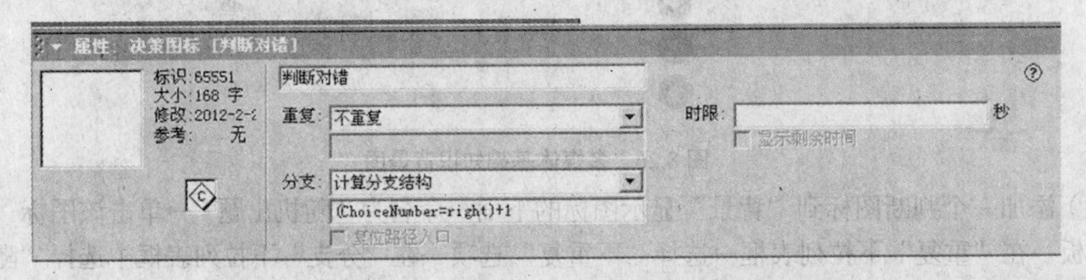

图8.30 决策图标判断对错属性设置

（13）添加一个显示图标到“判断对错”判断图标的右侧，并将其命名为“错误”，修改其属性面板，“擦除内容”下拉列表框中选择“不擦除”选项。在“错误”显示图标中输入“答错了”。

（14）添加一个显示图标到“判断对错”判断图标的右侧，并将其命名为“正确”，修改其属性面板，“擦除内容”下拉列表框中选择“不擦除”选项。在“正确”显示图标中输入“回答正确”。

（15）单击工具栏中的运行按钮，运行程序。

技术提示：

ChoiceNumber是一个系统变量，用于保存当前交互图标中被激活交互分支的序号。如果ChoiceNumber和Right的值相等，则（ChoiceNumbe=Right）的值为TRUE，否则为FALSE。由于在Authorware中FALSE等同于0，TRUE等同于数值1，所以如果ChoiceNumber和Right的值相等，则“（ChoiceNumber=Right）+1”的值为2，否则为1。

判断图标的主要作用是在 Authorware 中实现循环的操作，还可以实现选择其中的某个单元进行执行。这样可以实现分支的功能。

8.4.1 判断图标

整个分支结构由一个判断图标及其右侧的多余分支流程构成，程序运行时，将根据判断图标的属性设置判断执行的次数和每次执行的分支。

（1）判断图标的属性设置。单击判断图标，显示其属性面板，如图 8.31 所示，在其中可以对判断图标的循环方式、分支类型以及执行时间等属性进行设置。

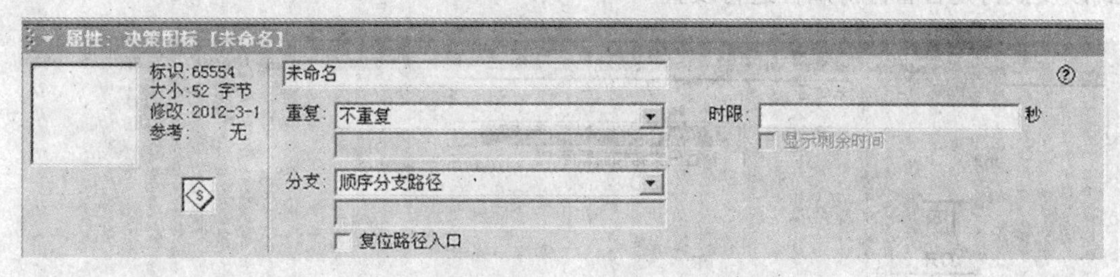

图 8.31 “属性：决策图标”面板

其中各项含义介绍如下。

①“重复”下拉列表框：用于控制判断图标循环执行的方式，有“固定的循环次数”、“所有路径”、“直到单击鼠标或按任意键”、“直到判断为真”和“不重复”选项，默认选项为“不重复”。

②“固定的循环次数”选项：选择该选项后，可在其下方文本框中输入一个数值、数值型变量或返回一个数值的表达式，用于控制该判断图标执行的次数。

③“所有路径”选项：选择该选项，当所有的分支都被执行了一次以后，将退出判断图标，执行流程上的下一个图标。

④“直到单击鼠标或按任意键”选项：选择该选项后，程序将一直执行该判断图标，直到用户单击鼠标或按任意键时退出判断图标，执行流程上的下一个图标。

⑤“直到判断为真”选项：选择该选项后，可以在其下方的文本框中输入一个逻辑值 (TRUE 或 FALSE)、逻辑型变量或返回一个逻辑值的表达式。当该值为 TRUE 时将退出判断图标，执行流程上的下一个图标。

⑥“不重复”选项：选择该选项后，程序将只执行一次该判断图标。

⑦“分支”下拉列表框：用于控制判断图标的分支结构，有“顺序分支路径”、“随机分支路径”、“在未执行的路径中随机选择”和“计算分支结构”四个选项，默认为“顺序分支路径”选项。

⑧“顺序分支路径”选项：选择该选项，程序在执行时将按从左至右的顺序依次执行判断图标右侧的分支。

⑨“随机分支路径”选项：选择该选项，程序将在判断图标右侧的分支中随机选择一个分支来执行。

⑩“在未执行的路径中随机选择”选项：选择该选项，程序将在判断图标右侧的还没有执行过的分支中随机选择一个分支来执行，如判断图标右侧有 5 条分支，第一次执行的是第 5 条分支，那么第二次将只会在第 1 ~ 4 条分支中随机选择执行。

⑪“计算分支结构”选项：选择该选项，在其下方的文本框中输入一个数值、变量或表达式，程序在运行时将根据其值执行相应的分支，如值为 2，则将执行第 2 条分支。

⑫“复位路径入口”复选框：当在“分支”下拉列表框中选择“顺序分支结构”或“在执行的路径中随机选择”选项后，该复选框将被激活。用于当每次进入该判断图标时将与该判断图标相关的变量复位到初始值，如在“分支”下拉列表框中选择“顺序分支结构”选项并选中“复位路径入口”复选框，如果上一次是在执行第 2 条分支时退出的判断图标，那么下一次进入该判断图标时将执行第 1

条分支，否则将执行第 3 条分支。

⑬“时限”文本框：在其中输入一个数值型变量或返回一个数值的表达式，用于控制判断图标的执行时间，当执行的时间超过设置的时间时，将退出该判断图标。

⑭“显示剩余时间”复选框：当在“时限”文本框中输入内容后，该复选框被激活，选中该复选框，将在演示窗口中显示一个闹钟图案，用于指示剩余的时间。

（2）判断分支的属性设置。单击判断分支标志，或在该分支的图标上单击鼠标右键，在弹出的快捷菜单中选择“判断路径”命令，可以显示其属性面板，如图 8.32 所示，在其中可以对该分支的擦除方式以及执行是否暂停等属性进行设置。

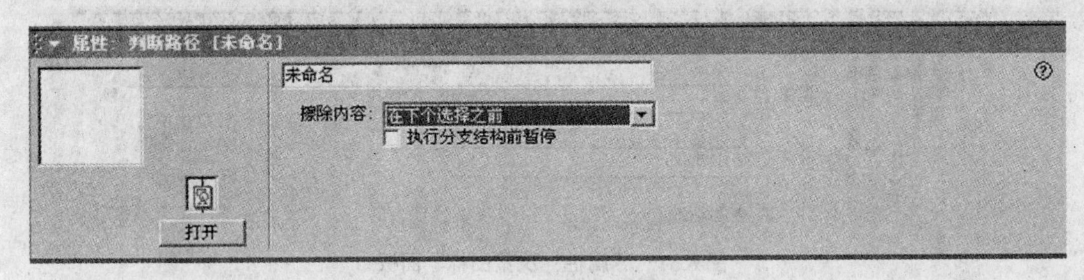

图 8.32 “属性：判断路径”面板

其中各项含义介绍如下：

①“擦除内容”下拉列表框：用于控制在何时擦除该分支的内容，有“在下个选择之前”、“在退出之前”和“不擦除”三个选项，默认选项为“在下个选择之前”。

②“在下个选择之前”选项：选择该选项，将在执行下一个分支之前擦除该分支的内容。

③“在退出之前”选项：选择该选项，将不擦除该分支的内容，直到退出判断图标时才擦除。

④“不擦除”选项：选择该选项，即使退出判断图标也不会擦除该分支的内容。

经典案例 8.4 多项选择题的设计

1．案例作品

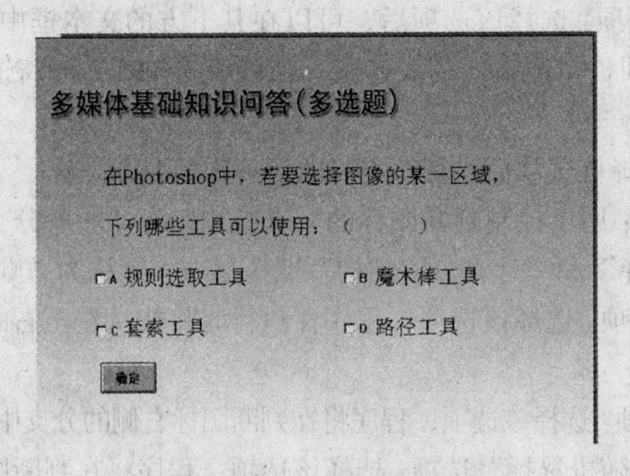

案例图8.4 多项选择题

2. 制作步骤

（1）新建一个 Authorware 文件，选择“修改 / 文件 / 属性”在“大小”下拉列表框中选择 640×480（VGA，Mac13）选项，取消显示标题栏和菜单栏，选中“屏幕居中”复选框。添加一个显示图标，导入“案例图 26”图像。

（2）在演示窗口中输入如图 8.33 所示的文字，设置字体。添加一个群组图标到“多项选择题”交互图标的右侧，并创建一个按钮交互，并将其命名为 A。

（3）打开“按钮编辑”对话框，设置选择常规按钮的未选中状态，设置选中按钮的选项。

（4）设置鼠标指针图案，添加三个群组图标到 A 按钮交互分支的右侧，在“多项选择题”交互

图标右侧再创建三个交互分支，分别命名为B、C、D。

（5）添加一个群组图标到D交互分支的右侧，在“多项选择题”交互图标右侧再创建一个交互分支，命名为“确定”。

（6）打开“按钮编辑”对话框，设置常规按钮的未按状态，导入“案例图30”图像。

（7）调整A、B、C、D和“确定”按钮的位置，如图8.34所示。

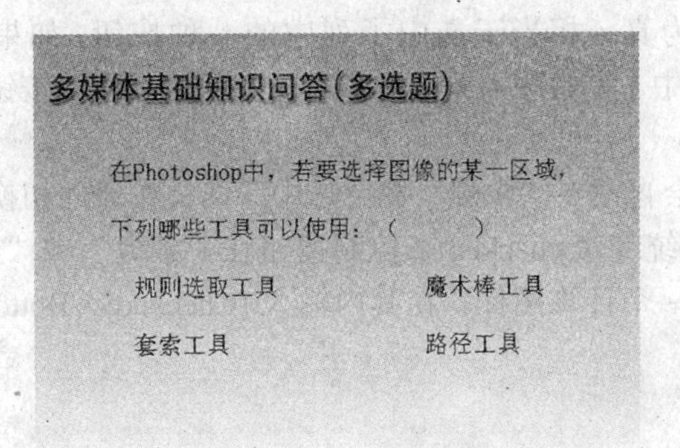

图8.33 添加文字后效果图

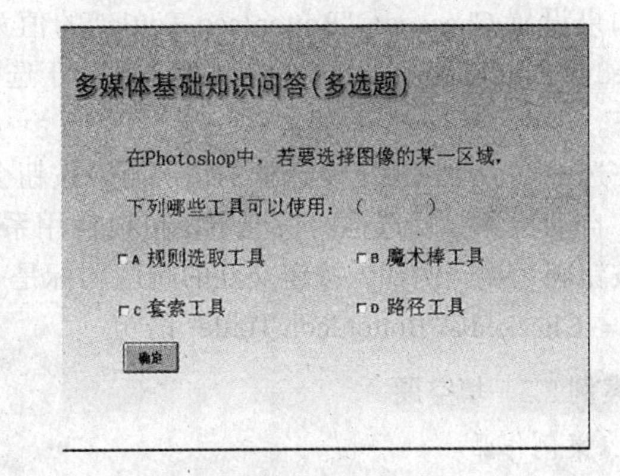

图8.34 按钮添加后效果

（8）在“确定”流程背景窗口中创建一个条件交互，并在其属性面板的“条件”文本框中输入“~Checked@"A"&Checked@"B"&Checked@"C"&~Checked@"D"”，在“自动”下拉表框中选择“为真”选项。

（9）设置“不擦除”和“退出交互”效果，在显示窗口中输入“回答正确”，并设置其字体，如图8.35所示。

（10）添加一个显示图标到“判断对错”交互图标的最右侧，修改条件为“~(~checked@"A"&Checked@"B"&Checked@"C"&~Checked@"D")”，在显示窗口中输入“回答错误”，并设置字体，如图8.36所示。

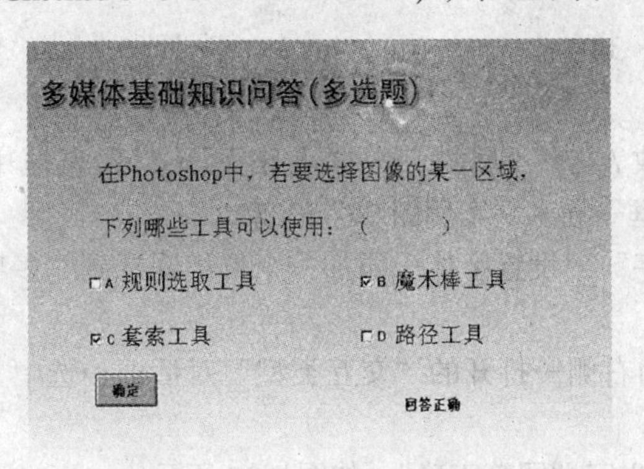

图8.35 添加“回答正确”文字

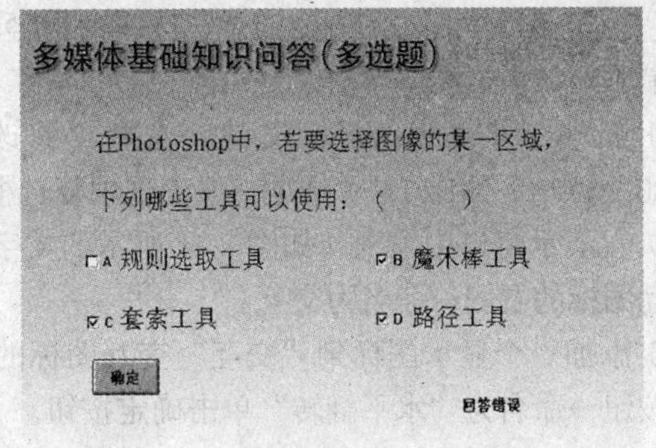

图8.36 添加“回答错误”文字

技术提示：

Checked是一个系统变量，当指定的按钮处于选中状态时，Checked@“图标名称”的值为TRUE，在题目中答案B和C是正确的，故选中B和C，显示回答正确，所以条件为“~Checked@"A"&Checked@"B"&Checked@"C"&~Checked@"D"”。

8.4.2 系统变量

下面详细介绍一下Checked系统变量。

系统变量 Checked 可以获取按钮的类型状态。

格式：Checked@"BottonIcon Tottle"。

说明：引号内的 BottonIcon Tottle 是按钮响应图标的名称。如果按钮是“按钮编辑”对话框选中(Checked) 列中的任何一种按钮，则 Checked@"BottonIcon Tottle" 的值为真 (TRUE 或 1)，即为“选中”状态；否则 Checked@"BottonIcon Tottle" 的值为假 (FALSE 或 0)，即为“常规”状态。

如果设置 Checked@"BottonIcon Tottle" 的值为真，相当于选中了列中的一种按钮；如果设置 Checked@"BottonIcon Tottle" 的值为假，相当于选中了“常规”列中的一种按钮，自动取消按钮的选中状态。

在选中“自动检测”复选框的情况下，按钮会自动在“常规”和“选中”两类按钮间切换。不选中“自动检测”复选框的情况下，可以使用系统变量 checked 来控制按钮在“常规”和“选中”两类按钮间切换。例如，按钮交互的响应图标是一个计算图标，在其内输入 "Checked@"BottonIcon Tottle"=~Checked@"BottonIcon Tottle" 语句。

经典案例 8.5 填空题

1. 案例作品

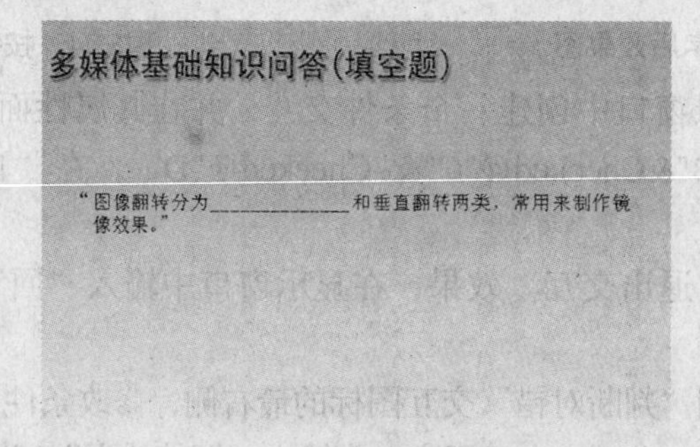

案例图8.5 填空题

2. 制作步骤

（1）新建一个 Authorware 文件→选择“修改 / 文件 / 属性”→“大小”下拉列表框中选择 640 × 480（VGA，"Mac13"）选项→取消选中复选框→导入“案例图 27”图像。

（2）在演示窗口中输入“如图 8.41 所示的文字”→设置字体→添加一个群组图标到“多项选择题”交互图标的右侧→命名为交互。

（3）添加一个显示图标到“交互”交互图标的右侧→打开的“交互类型”对话框→选中文本输入单选按钮→命名为“水平翻转”单击确定按钮。

（4）双击“水平翻转”显示图标，在其中输入文字“回答正确”，如图 8.37 所示。

（5）单击“交互”交互图标，显示其属性面板，单击文本区按钮，打开“属性：交互作用文本字段”对话框。

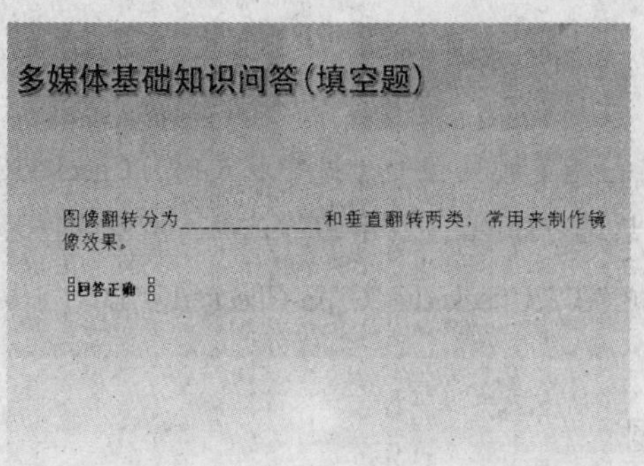

图 8.37 添加回答正确文字

（6）选择“文本”选项卡，设置文本属性如图 8.38 所示。

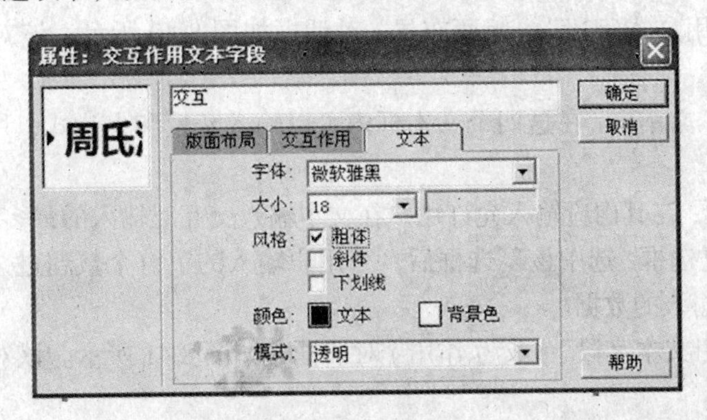

图 8.38　“属性：交互作用文本字段”对话框

（7）单击工具栏中的运行按钮，在文本框中输入“水平翻转”后按 Enter 键将显示“回答正确”。

文本输入响应可用来接受用户从键盘输入的文字、数字及符号等，若输入的文字与响应的名称相吻合，就会触发响应动作。

8.4.3 文本输入交互

文本输入响应与其他交互响应相比，它的工作方式是完全不同的。对于文本输入响应来说，无论用户在交互图标内添加多少个响应，只会增加匹配响应的可能，并且演示窗口内只显示一个文本输入文本框，输入的内容将显示在演示窗口内，自动保存在系统变量 Entry Text 中。

（1）文本输入交互属性面板。双击“文本输入”交互的交互判断图标，调出文本输入交互的“属性：交互图标”面板，如图 8.39 所示，其中各选项作用如下。

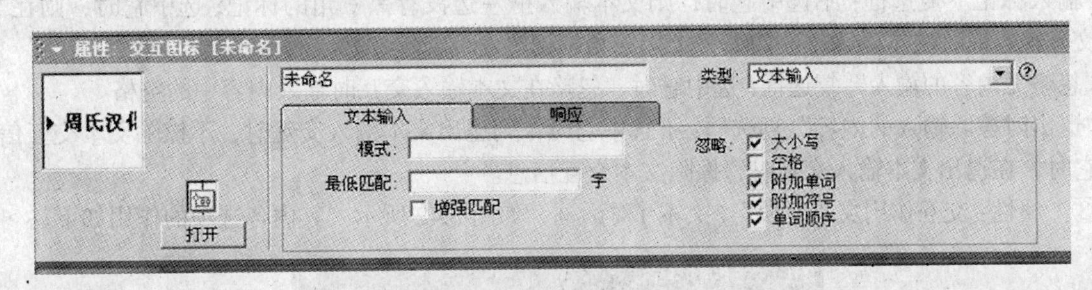

图 8.39　文本输入交互属性面板

①“模式”文本框：在其内输入用双引号括起来的字符或文字，用户执行文本交互时，必须输入这些字符或文字。可以使用分隔符来连接两个对等的交互文字，也可使用通配符“*”（代表一串字符或文字）和“?”（代表一个字符）。如果不输入任何内容，则响应图标的名字决定可以产生响应的输入内容。

②“最低匹配”文本框：在此文本框内输入一个数字 n，表示用户只要输入 n 个符合“模式”文本框中的字符，就能继续执行交互图标。

③“增强匹配”复选框：选中它后，允许用户输入文字时可以有多次输入的机会。

④“忽略”栏：它有五个复选框，用来确定对用户输入的文字可以忽略什么内容。各复选框作用如下：“大小”：忽略字母大小写；“空格”：忽略文字中的空格；“附加单词”：忽略多余的字符；“附加符号”：忽略标点符号；“单词顺序”：忽略文字顺序。

单击“响应”标签，切换到文本输入交互类型的“属性：交互图标”（响应）面板，该面板与按钮交互类型的“属性：交互图标”（响应）面板基本一样。

（2）“属性：交互作用文本字段”对话框。按住【Ctrl】键，双击交互判断图标，打开“属性：交互图标”面板。单击该面板中的“文本区域”按钮，打开“属性：交互作用文本字段”对话框。双击交互图标演示窗口内的虚线矩形框内部，也可以调出“属性：交互作用文本字段”对话框。

①“属性：交互作用文本字段”（版面布局）对话框如图 8.40 所示，该对话框内各选项的作用如下。

“大小”和“位置”文本框：在这四个文本框内可以输入变量和表达式，用于精确调整文本输入框的位置和大小。

“字符限制”文本框：在其内应输入允许用户在文本输入交互时输入的最多字符个数。

“自动登录限制”复选框：选中该复选框后，当用户输入的字符个数超过“字符限制”文本框内的限制数时，立即读取输入的数据。

②“属性：交互作用文本字段”（交互作用）对话框，如图 8.41 所示。该对话框中各选项的作用如下。

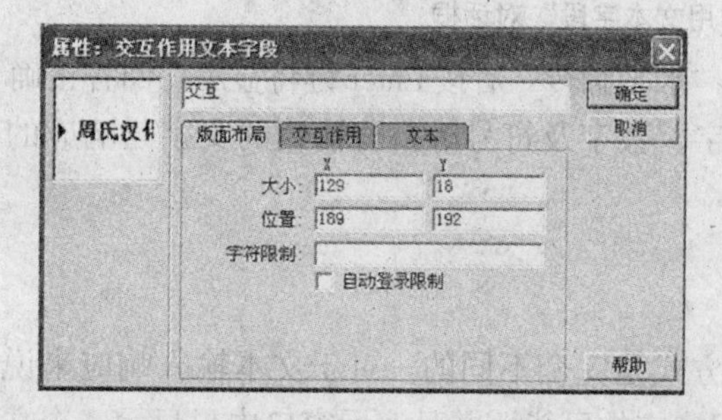

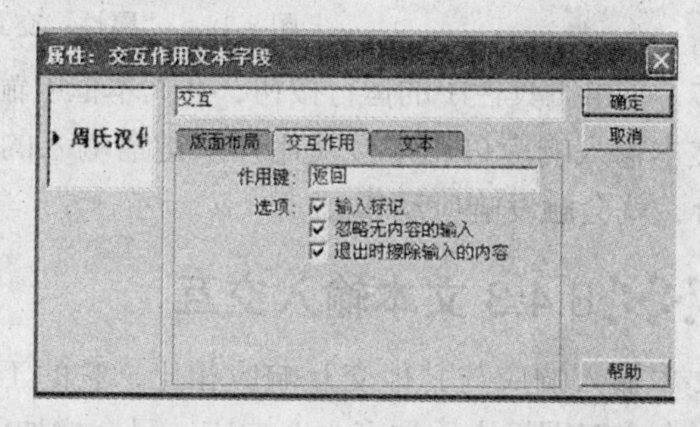

图 8.40　交互作用文本字段对话框“版面布局”选项　图 8.41　交互作用文本字段对话框“交互作用”选项

“作用键”文本框：在此输入某一按键的名称（默认为 Enter 或 Return 键），当用户在文本输入交互时，输入完字符后，按所设定的键，即可让计算机接收输入的字符。

“输入标记”复选框：不选中它时，则文本输入框左边没有黑三角的标记；选中它时，则在文本输入交互执行时，文本输入框左边有一个黑三角标记。

“忽略无内容的输入”复选框：选中它时，忽略在文本输入交互时输入内容中的空格。

“退出时擦除输入的内容”复选框：不选中它时，则退出文本输入交互时，不擦除文本交互信息。选中它时，在退出文本输入交互时，擦除文本交互信息。

③“属性：交互作用文本字段”（文本）对话框，如图 8.42 所示。其内各选项的作用如下。

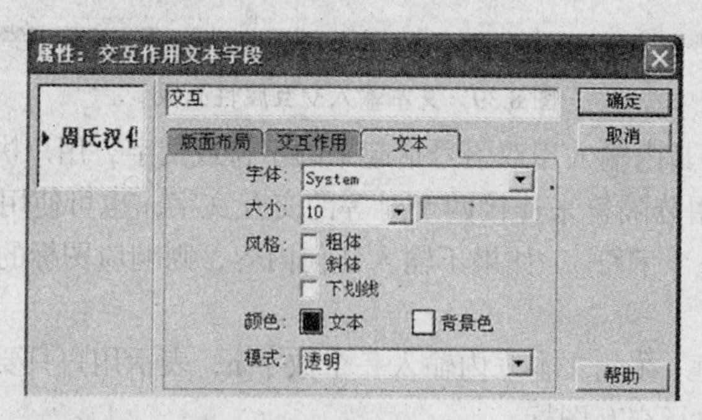

图 8.42　交互作用文本字段对话框“文本”选项

“字体”和“大小”下拉列表框：设置输入文字的字体和字大小。

“风格”的三个复选框：决定输入文字的风格。

“颜色”栏：用来选定颜色。“文本”色块可确定文字颜色，“背景”色块可确定文字的背景颜色。单击色块可调出“颜色”对话框，利用该对话框可以设置颜色。

“方式”下拉列表框：用来选择显示方式。其中有“不透明”、“透明”、“反转”（即反相显示）、“擦除”（即不显示输入的内容）。

经典案例 8.6　拼图游戏

1. 案例作品

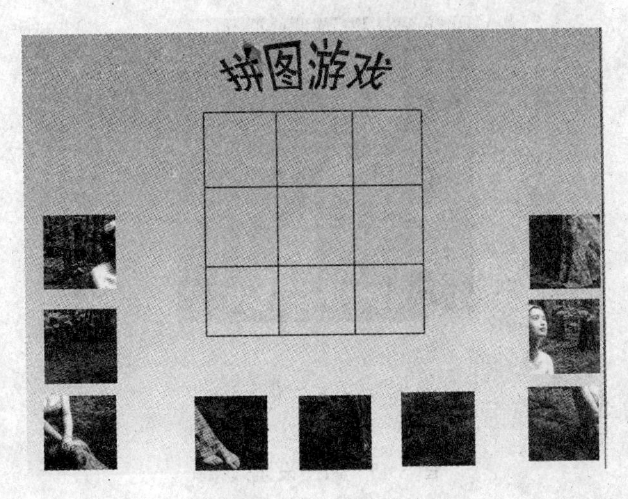

案例图8.6　拼图游戏

2. 制作步骤

本实例最终流程如图 8.47 所示，主要分为开始界面和游戏界面两部分。

开始界面部分包括两个显示图标和一个交互图标，两个显示图标分别用于显示背景和全图，一个交互图标用于显示“开始”按钮。

游戏界面部分包括一个擦除图，用于擦除“全图”显示图标；一个群组图标，其中包含九个显示图标，用于显示九张小图片；一个交互图标，在其右侧包含十个目标区域交互和一个添加交互，分别用于移动九张小图到目标区域、移动小图到原来的位置和判断拼图完成。

（1）制作开始界面。

①启动 Authorware →打开“属性：文件”面板→在“大小”下拉列表框中选择 800 × 600(VGA，Macl3) 选项→取消显示标题栏和菜单栏→选中屏幕居中复选框。

②添加一个显示图标到流程线上→并将其命名为“背景”→双击打开演示窗口→导入“案例图 28”，如图 8.43 所示。

③添加一个显示图标到“背景”显示图标的下面→并将其命名为“原图”→导入“案例图 29”文件。

④双击“拼图”图片→在弹出的“属性：图像”对话框中选择“版面布局”选项卡→在“位置”后面的两个文本框中分别输入“250”和“110”，如图 8.44 所示。

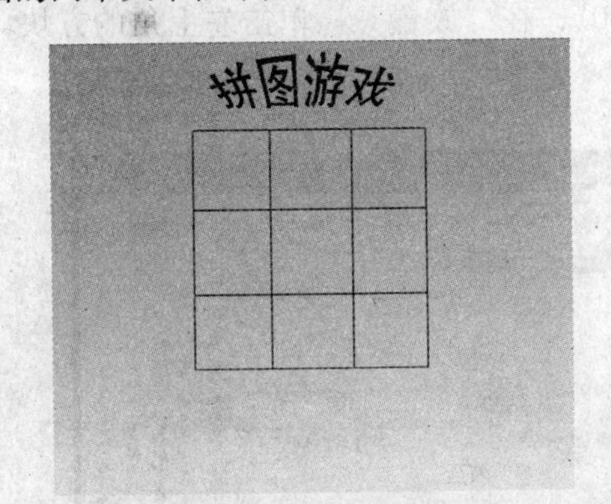

图 8.43　案例图8.6效果图

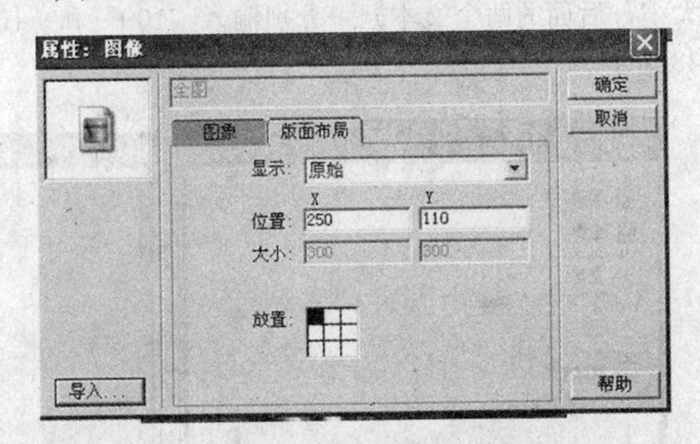

图 8.44　显示图标属性面板“版面布局”选项

⑤单击确定按钮，完成后的效果如图 8.45 所示。

图 8.45　原图设置效果

⑥添加一个交互图标到“全图”显示图标的下面→命名为“交互 1”→在右侧添加一个群组图标→弹出“交互类型”对话框→选中按钮→单选按钮，命名为“开始”。

⑦修改“开始”按钮的属性→添加导入开始按钮图片→修改鼠标类型，如图 8.46 所示。

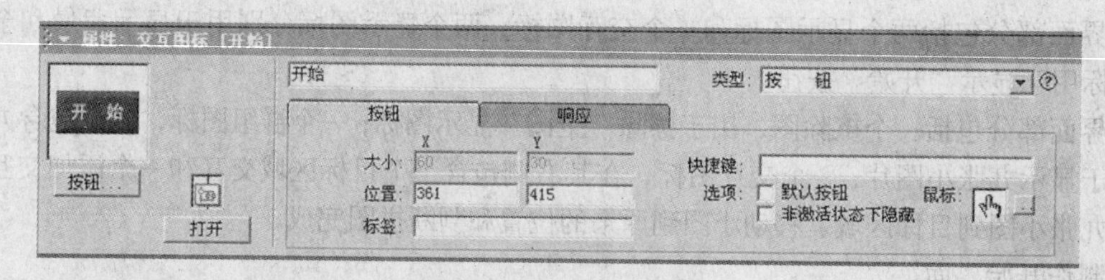

图 8.46　开始按钮属性设置

（2）制作游戏界面。

①添加一个擦除图标到“交互 1”交换图标的下面→命名为“擦除全图”→拖动全图显示图标到“擦除全图”’擦除图标上，如图 8.47 所示，将其链接到擦除图标上。

②添加一个群组图标到“擦除全图”擦除图标的下面→命名为“分图”，双击打开分图→流程编辑窗口→添加一个显示图标→双击打开演示窗口→导入“拼图”文件，并将其命名为 1。

③双击“拼图”图片→弹出“属性：图像”对话框→选择“版图布局”选项卡→在“显示”下拉列表框中选择“裁剪”选项→在“位置”后面的两个文本框中分别输入“250”和“110”→在“大小”后面的两个文本框→分别输入“100”和“100”，在“放置”栏单击左上角的方块，如图 8.48 所示。

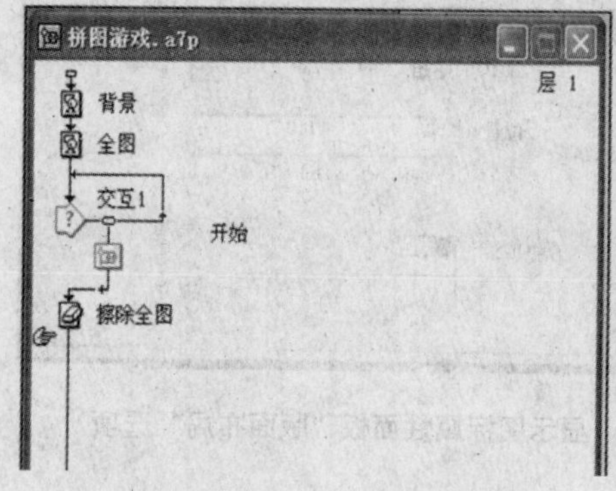

图 8.47　拼图流程图

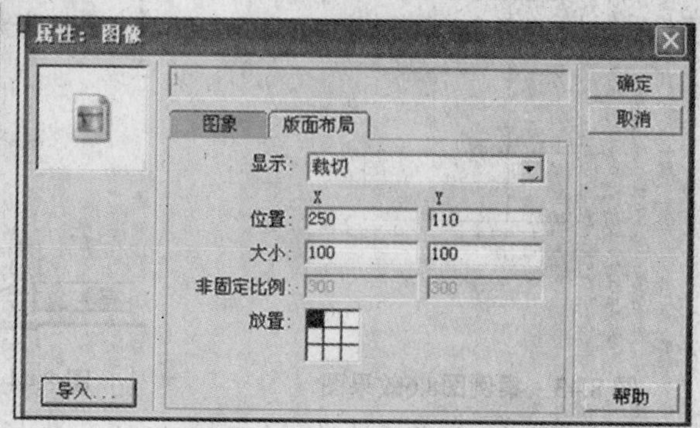

图 8.48　版面布局属性设置

④重复上面的操作在添加 9 个显示图标→分别命名为 2~9，→属性设置如表 8.1 所示。设置完成后的效果如图 8.49 所示。

表 8.1　9 个显示图标属性设置

图标名称	显示	位置	大小	放置
1	剪切	250,110	130,130	
2	剪切	350,110	130,130	
3	剪切	450,110	130,130	
4	剪切	250,210	130,130	
5	剪切	350,210	130,130	
6	剪切	450,210	130,130	
7	剪切	250,310	130,130	
8	剪切	350,310	130,130	
9	剪切	450,310	130,130	

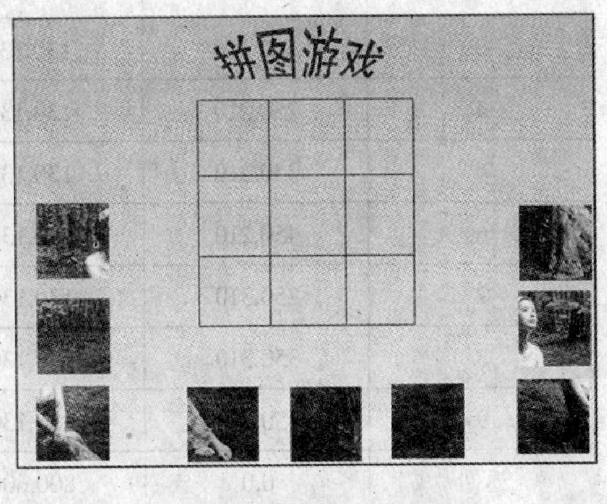

图8.49　9个显示图标设置效果

⑤添加一个交互图标到“分图”群组图标的下面→命名为“交互 2”→添加一个群组图标到右侧→在弹出的“交换类型”对话框选中目标区单选按钮→命名为 1。

⑥双击 1 显示图标→打开演示窗口→再单击 1 群图标上方的按钮→在演示窗口中单击“拼图”图片→将其设置为目标对象。

⑦在属性面板的“大小”后面的两个文本框→分别输入“100”和“100”→在“位置”后面的两个文本框→分别输入“250”和“110”→在“放下”下拉列表中选择“在中心定位”选项→如图 8.50 所示。

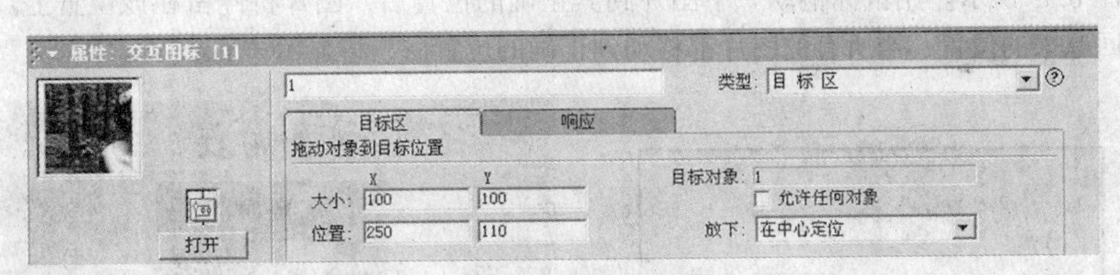

图 8.50　交互图标属性面板“目标区”选项

⑧选择“响应”选项卡→在“状态”下拉列表框中选择“正确响应”选项，如图 8.51 所示。

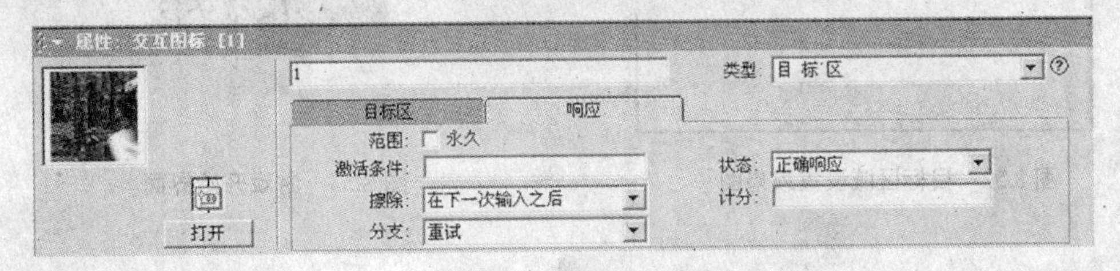

图 8.51　交互图标属性面板“响应”选项

⑨在“交换 2”交换图标的右侧添加 8 个群组图标→并分别命名为 2~9 和“返回”→属性设置如表 8.2 所示。完成后的效果如图 8.52 所示。

表 8.2　群组图标属性设置

图标名称	位置	大小	目标对象	放下	状态
1	250,110	130,130	1	在中心定位	正确响应
2	350,110	130,130	2	在中心定位	正确响应

续表 8.2

图标名称	位置	大小	目标对象	放下	状态
3	450,110	130,130	3	在中心定位	正确响应
4	250,210	130,130	4	在中心定位	正确响应
5	350,210	130,130	5	在中心定位	正确响应
6	450,210	130,130	6	在中心定位	正确响应
7	250,310	130,130	7	在中心定位	正确响应
8	350,310	130,130	8	在中心定位	正确响应
9	450,310	130,130	9	在中心定位	正确响应
返回	0,0	800,600	选中允许任何对象复选框	返回	不判断

⑩在“返回”群组图标的右侧添加一个显示图标→在其属性面板的“类型”下拉列表框→选择“条件”选项→修改交互类型为“条件”交互→在“条件”文本框中输入“TotalCorrect=9”→在“自动”下拉列表框中选择“当由假为真”选项。

⑪双击“TotalCorrect=9”显示图标→输入文字“You Win!!!”→设置字体为 Arial Black, 字号大小为 35，颜色为“红色”。

⑫单击播放按钮运行→首先显示开始界面→单击开始按钮或按 Enter 键即可进入游戏界面→开始游戏，如图 8.53 所示。用鼠标拖动一个图片到其正确的位置后，图片将停留在该位置上。如果位置错误将返回原来的位置，当所有的图片都移动到正确的位置后，将显示“You Win !!!”。

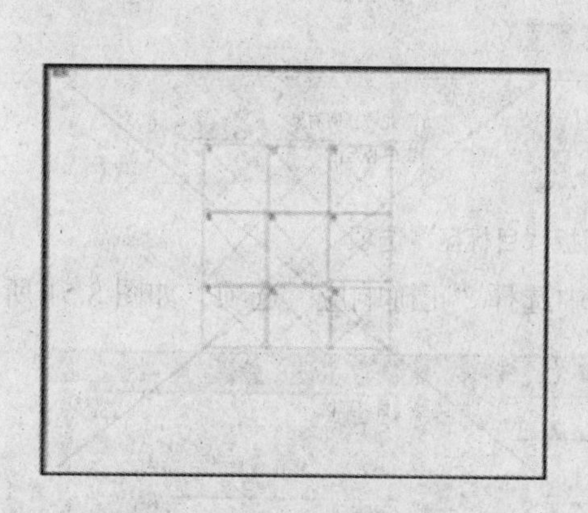

图 8.52　目标区域设置效果图

图 8.53　游戏开始界面

技术提示：

系统变量TotalCorrect用于存放正确响应次数。

这里需要对例题中的知识做一些相关说明。

目标区交互类型是在程序执行到此交互状态时，用户可用鼠标拖拽某一对象移至一个指定的目标区中，如果该目标区设定为正确交互区域，则对象会停留在此区域中；如果该目标区设定为错误交互区域，则对象会自动返回原处。一个目标区可以对应多个可移动对象，一个可移动对象也可以对应

多个目标区。

在建立目标区交互后，运行程序或双击目标区交互的交互图标，均可以调出目标区交互的“属性: 交互图标”（目标区）面板和相应的目标区虚线框。拖拽目标区虚线框的边框线或它的名字，可以改变目标区的位置；拖拽目标区虚线框的灰色控制柄，可以改变目标区的大小。

「课堂随笔」

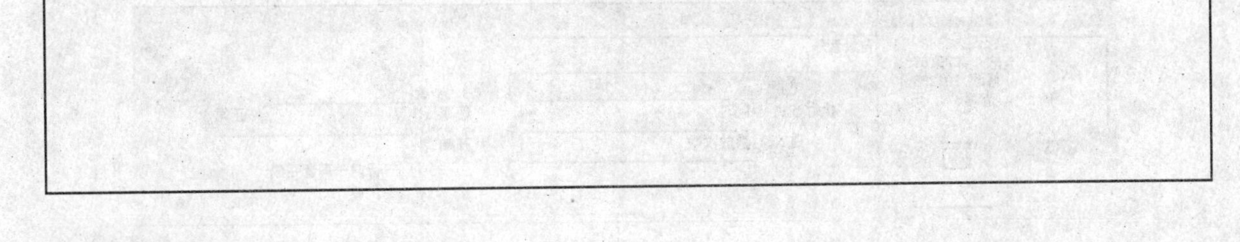

项目 8.5 片头、片尾制作

例题导读

“经典案例 8.7”和“经典案例 8.8”讲解了如何使用 Authorware 相关图标来完成片头、片尾的制作。

知识汇总

- 声音图标应用
- 计算图标应用
- 移动图标应用
- 擦除图标应用

经典案例 8.7 片头制作

“片头”程序是“多媒体课件”多媒体程序中的片头程序，许多多媒体程序一开始都有一个片头，它会以某种特效方式显示多媒体程序的标题、相关图像、动画和视频，展示制作人和公司的名称，还会伴有背景音乐来吸引观众，那么如何来制作新颖别致的片头效果呢？通常可以使用添加数字电影或 Flash 动画作为片头。

1. 案例作品

案例图8.7 案例图片效果

案例图8.8 片尾文字

2．制作步骤

（1）新建一个 Authorware 文件→选择“修改 / 文件 / 属性”在“大小”下拉列表框→选择 1024×768（SVGA，Mac17）选项→取消“显示标题栏”复选框→“显示菜单栏”复选框→选中“屏幕居中”复选框。

（2）添加一个音乐图标到流程线上→命名为“背景音乐”→双击打开“背景音乐图标”→导入背景音乐→设置属性面板如图 8.54 所示。

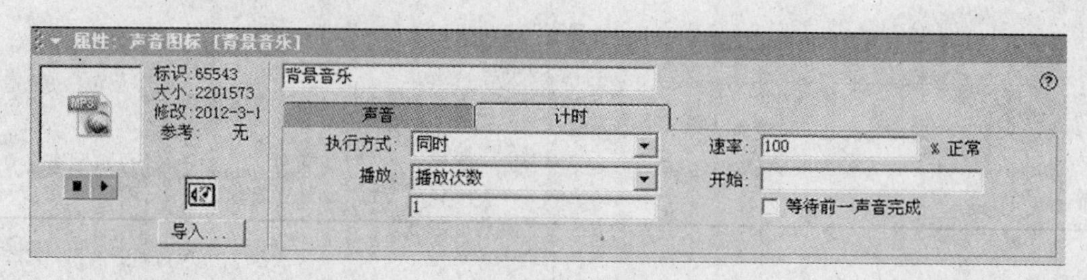

图 8.54　声音图标属性设置

（3）添加一个显示图标到流程线上，命名为“背景图 1”，双击打开演示窗口，导入“案例图 32”图像，设置特效模式为特效分类“Direct Transition 3DSetI.x32”中“Layers”特效。

（4）添加一个擦除图标到“背景图 1”显示图标的下面，并将其命名为“擦除 1”，单击该图标，选择擦除对象为“背景图 1”，特效为特效分类“Cover”中的“Cover Down”特效。

（5）添加一个显示图标到流程线上，命名为“背景图 2”，双击打开演示窗口，导入“案例图 33”图像，设置特效模式为特效分类“DmXP 过渡”中“左右两端向中心展示”特效。

（6）添加一个显示图标到流程线上，命名为“背景图 3”，双击打开演示窗口，导入“案例图 34”图像。

（7）添加一个擦除图标到“背景图 3”显示图标的下面，并将其命名为“擦除 2”，单击该图标，选择擦除对象为“背景图 2”。

（8）添加一个移动图标到“擦除 2”图标下边，命名为“移动 1”，设置移动对象为“背景图 3”。

（9）添加一个擦除图标到“背景图 3”显示图标的下面，并将其命名为“擦除 3”，单击该图标，选择擦除对象为“案例图 3”，特效为特效分类“DmXP 过渡”中“玻璃状展示”特效。

（10）添加一个显示图标到流程线上，命名为“背景图 4”，双击打开演示窗口，导入“案例图 35”图像。

（11）添加一个擦除图标到“背景图 4”显示图标的下面，并将其命名为“擦除 4”，单击该图标，选择擦除对象为“背景图 4”。特效为特效分类“DmXP 过渡”中的“玻璃状展示”特效。

（12）添加一个显示图标到流程线上，命名为“背景图 5”，双击打开演示窗口，输入课件制作简要概况文字。

（13）将文字块移动到显示窗口的下边，只露出一行文字。

（14）添加一个移动图标到“背景图 5”图标下边，命名为“移动 2”，属性设置如图 8.55 所示。

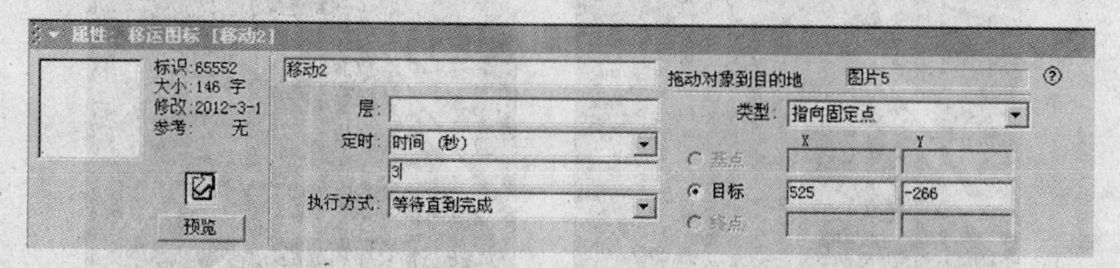

图 8.55　移动图标属性设置

（15）最终流程如图 8.56 所示。

图 8.56 最终流程图

经典案例 8.8 片尾制作

1．制作步骤

（1）新建一个 Authorware 文件，选择“修改 / 文件 / 属性”在“大小”下拉列表框中选择 1024×768（SVGA，Mac17）选项，取消“显示标题栏”复选框和“显示菜单栏”复选框，选中“屏幕居中”复选框。

（2）添加一个显示图标到流程线上，命名为“背景”，双击打开演示窗口，导入“案例图 36”图像，如图 8.57 所示，设置特效模式为特效分类“DmXP 过渡”中“发光波纹展示”特效。

（3）添加一个显示图标到流程线上，命名为“制作人员”，双击打开演示窗口，输入如图示文字，如图 8.58 所示。

图 8.57 案例图片效果

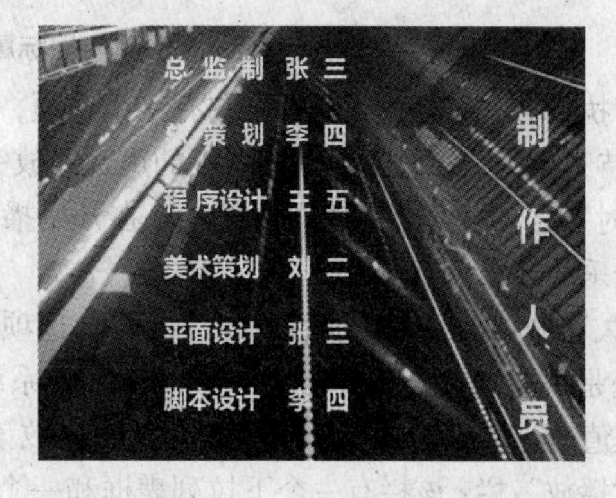

图 8.58 片尾文字

（4）添加一个移动图标到“制作人员”图标下边，命名为“移动”。

（5）添加一个擦除图标到“移动”图标的下面，并将其命名为“擦除”，单击该图标，选择擦除对象为“背景”和“制作人员”，特效为特效分类“DmXP 过渡”中“左右两端向中心展示”特效。

（6）添加计算图标到擦除图标下面，命名为退出。双击打开“退出”计算图标，输入“quit（2）”。

（7）运行片尾。好的片头、片尾能给程序增色不少，片头、片尾应短小精悍，要综合利用文字、声音、图像、动画等媒体信息，要富有吸引力，但也不可喧宾夺主，华而不实。

Authorware 图标

1．声音图标

（1）声音图标属性面板。从图标工具箱中拖拽一个声音图标到程序设计窗口的主流线上，双击

声音图标，即可调出声音图标的“属性：声音图标”面板。再单击该对话框内的“导入”按钮，调出“导入哪个文件？”对话框，利用该对话框可加载或链接声音文件。

声音图标“属性”面板“声音”选项如图 8.59 所示，它是用来显示加载或链接的声音文件的信息。其各选项的作用及含义如下。

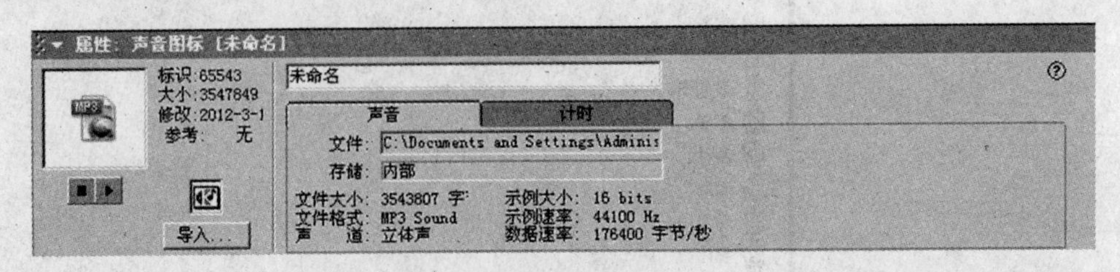

图 8.59　声音图标属性面板“声音”选项

①“文件”(File) 文本框：文件的目录和文件名。

②“存储”显示框：文件的插入方式，是“内部”还是“链接”方式。

最下方显示的是被导入声音文件相关信息，包括文件大小、文件格式、声道等。

（2）声音图标的“属性：声音图标”（计时）面板。

单击“属性：声音图标”面板的“计时”标签，可以调出“属性：声音图标”（计时）面板，如图 8.60 所示。该面板各选项的作用如下。

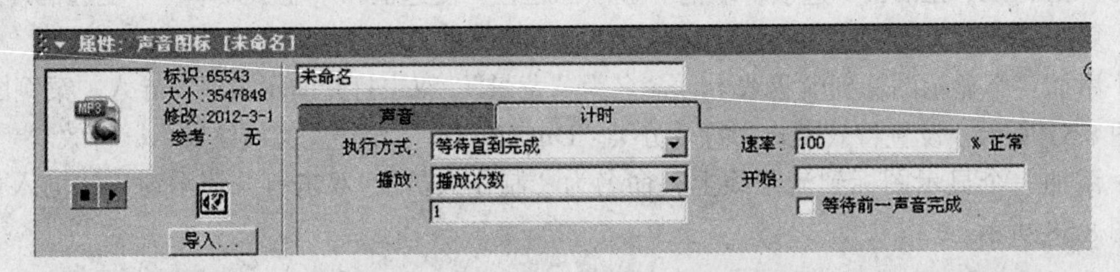

图 8.60　声音图标属性面板“计时”选项

①“执行方式”下拉列表框：它有三个选项，它们的含义如下。

“等待直到完成”选项：当该图标的声音播放完后，再执行下一个图标的内容。

“同时”选项：可以实现同步播放。在开始播放该图标的声音时，就同步执行其后的图标，可实现背景音乐的效果。

“永久”选项：选中此项后，与“同时”选项一样，也可以实现同步播放。它与“同时”选项的不同之处是，退出此声音图标后，Authorware 系统仍会始终监视“开始”文本框中变量或表达式的值。当该值改为 TRUE 时，系统会重新从头播放该图标的声音。

②“播放”栏：该栏有一个下拉列表框和一个文本框，它们的含义如下。

“播放次数”选项：确定声音文件播放的次数，同时应在其下边的文本框内输入播放声音的次数。在文本框内可以输入常量、变量或函数。

“直到真为止”选项：它在执行方式设置为“永久”时才有效。同时还应该在其下边的文本框内输入常量、变量或表达式。当执行到该图标时，可使声音重复播放，直到文本框内表达式的值为真 (TRUE) 时停止播放。

③“速率”文本框：在其内可输入常量、变量或表达式，其值决定了播放声音的速度，即相对于正常速率的百分比。值为 100(即 100%)，表示以原声音文件的播放速度播放；若值小于 100，则以小于原声音文件的播放速度播放，播放速度变慢；若值大于 100，则以大于原声音文件的播放速度播放，播放速度变快。也就是说，原声音文件的播放速度乘以该文本框内值的百分数是实际的播放速度。

④“开始”文本框：在此文本框内可输入变量或表达式，当其值由假 (FALSE) 变为真 (TRUE) 时

可以开始从头播放声音；其值由真 (TRUE) 变为假 (FALSE) 时不播放声音。在不输入任何内容时，默认其值为真 (TRUE)。

⑤“待前一声音完成”复选框：当程序中有多个声音图标，同时执行方式选择了“同时”或“永久”选项后，它才有用。选中它后，可使该声音图标的声音在前面声音图标的声音播放完后才开始播放。如果不选中它，则执行到该图标时会停止前面声音图标的声音播放。

2．擦除图标

擦除图标是一个很重要的辅助性功能图标，既能美化界面，又可以减少占用的系统资源。其主要功能是擦除演示窗口中已完成显示且不再需要继续保留的对象，如文字、图形、图像、动画、数字电影以及视频文件等，并能提供多种擦除特效，从而丰富了多媒体课件的展示效果。擦除图标是以图标为单位来擦除相关对象的。

（1）擦除图标的属性设置。拖动一个擦除图标到流程线上预定的位置，双击该擦除图标，出现擦除图标的属性面板，如图 8.61 所示。

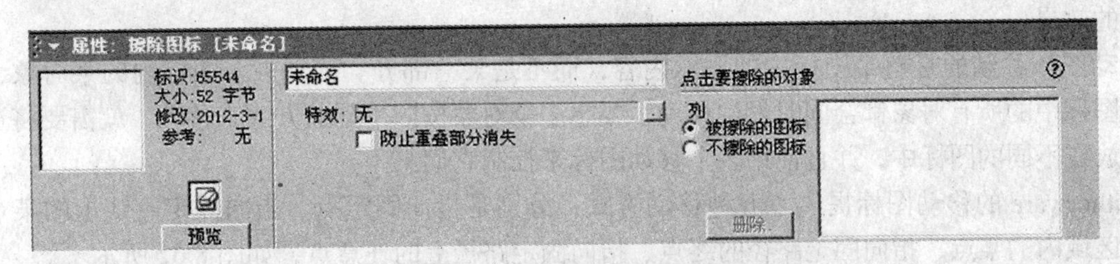

图 8.61 擦除图标属性面板

①图标信息显示区。该区域显示当前擦除图标的整体文件信息和预览图标内容。其中标识、大小、修改、参考的含义与显示图标相同。单击“预览”按钮可以在演示窗口中预览当前擦除对象的擦除效果。

②“特效”选项。用于设置擦除过程中的特效方式。点击列表框右边带有省略号的方形按钮，弹出“擦除模式”对话框，使用该对话框可以为图标对象设置丰富的擦除效果，这与显示图标的显示特效方式类似。

③“防止重叠部分消失”选项。选中此选项，可以使擦除动作完全结束之后，再显示下一个图标。反之，则在擦除图标执行时，下一个显示图标的信息同时呈现，即擦除动作和后续的显示动作被同时执行。

④“列”操作项。用于设置擦除或保留的图标对象。擦除还是保留取决于“被擦除的图标”和“不擦除的图标”两个单选项的选择。选中“被擦除的图标”选项，则列表框中显示的对象为被擦除的图标，若不希望擦除某个图标对象，在列表框中单击该图标名称，然后单击“删除”命令按钮即可。选中“不擦除的图标”选项，则列表框中显示的对象为被保留的图标。

（3）擦除图标的使用方法。在 Authorware 中使用擦除图标主要有以下三种方法。

①按住 Shift 键双击显示图标，把所有要擦除的对象显示到演示窗口中，然后再双击流程线上的擦除图标，打开擦除图标的属性面板，选中“被擦除的图标”单选项，然后逐个单击演示窗口中的拟擦除对象。

②在流程线上直接将拟擦除的图标拖放到擦除图标上。

③运行程序，当程序运行到没有指定擦除对象的擦除图标时将自动打开擦除图标属性面板，这时拟擦除的对象已经显示在演示窗口，然后逐个单击拟擦除对象即可。

3．移动图标

移动图标的作用是将选定的移动对象从一个位置移动到另一个位置，移动对象可以来源于显示图标、交互图标、数字电影图标甚至 GIF 动画和 Flash 动画。

在 Authorware 中，共提供了五种移动方式。一旦对某对象设置了移动方式，则该移动方式将应用于此对象所在的显示图标中的所有对象。如果需要移动单个对象，必须保证此对象所在的图标中没有其他对象。移动可以发生在不同时刻，并且移动的类型也能够有所区别，移动对象之间是独立的。

在 Authorware 中使用移动图标可以制作简单的二维动画教学课件，即通过对象在平面内发生位置的改变来获得移动效果。这种移动一方面可以使多媒体作品充满生机和趣味，从而丰富和美化用户界面，另一方面也可以作为运动现象本身是某些学科课件分析和研究的重要内容，甚至几乎是这些课件的主要内容。

如果需要更加复杂的动画效果，那么只有使用专业的动画制作软件（如 Flash、3DS Max 等）来制作完成，然后再插入到 Authorware 中使用。虽然 Authorware 在动画制作方面带有局限性，但相对其他专业动画软件而言，仍然具有简单、方便、快捷的优势，如果能够灵活使用也能够制作出很好的动画效果。

将移动图标与计算图标、系统变量和表达式相结合，能够准确地表现运动的规律。将移动图标与交互图标相结合，使动画具有交互性，让用户控制运动的过程，获得其他单纯的动画制作软件所无法实现的效果。

移动图标移动的是整个图标中的显示内容，而不是某一部分。移动一个图标内的某对象，该对象所在图标中的所有对象都会同时发生移动。要想多个对象按照不同的方式来移动，就需要将这些对象分别放在不同的图标中，并且使用多个移动图标来控制它们。

Authorware 的移动图标提供了五种移动方式，分别是指向固定点、指向固定直线上的某点、指向固定区域内的某点、指向固定路径的终点、指向固定路径上的任意点，如图 8.62 所示。

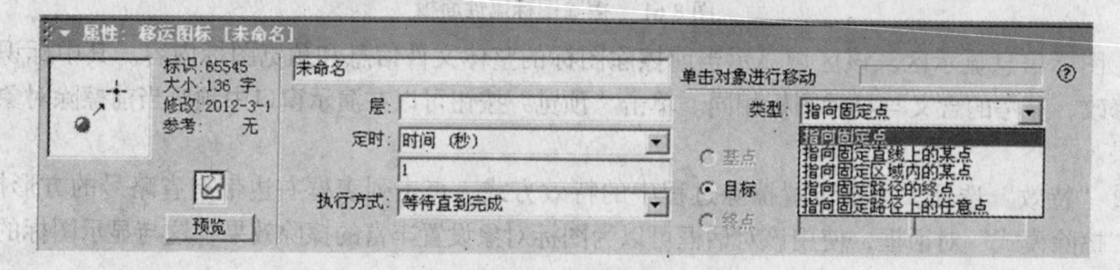

图8.62　移动图标属性面板

4．计算图标

计算图标是 Authorware 中非常简单但功能强大的常用图标之一，是使用变量和函数的基础。在计算图标中，可以定义用户使用的变量、调用系统变量和系统函数、计算函数或表达式的值、编写 Authorware 程序代码以及给程序附加注释等，以达到控制 Authorware 程序的运行或走向的目的。

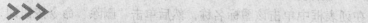

技术提示：

擦除的对象必须是已经显示在演示窗口中的可视对象。在有循环或跳转的复杂程序结构中，擦除图标可以擦除不相邻或其流程线后面的图标对象。在实际应用中，经常将显示图标、等待图标和擦除图标组合在一起，形成一个从显示、停留到擦除的最基本的演示型课件的动作序列。通过这个简单的动作序列演变出各种循环往复的程序结构，用于大量文本和图像演示的场景。

「课堂随笔」

项目 8.6 程序的调试、打包及发布

例题导读

“经典案例 8.9”讲解了程序调试、打包和发布，使读者通过学习学会整个课件制作的完整过程，将打包后的程序交付给用户的是可执行文件，而不是源程序。

知识汇总

- 调试程序
- 程序打包和发布
- 文件打包
- 程序发布
- 一键发布

程序在设计过程中不可避免地存在这样或者那样的问题甚至错误，如果不进行调试，就无法及时发现并解决他们，因此，在设计程序的过程中，对程序进行调试是很有必要的。当程序调试全部完成后，需要对程序进行打包和发布。

经典案例 8.9 拼图游戏作品打包发布

1．制作步骤

（1）打开前期制作的拼图游戏，“拼图 .a7p”。

（2）拖动图标栏中的开始标志旗到流程线上→名为“背景”的图标前→再拖动停止标志旗到流程线上名为“分图”的图标前，如图 8.63 所示。

（3）单击工具栏的“从标志旗开始执行”按钮→运行两个标志旗之间的程序并在演示窗口中显示这一程序段的执行效果，从而实现分段调试。

（4）选中流程线上两个标志之间的图标→单击“图标调色板”中的某种颜色→将图标涂上对应的色彩以区分出已调试程序段和未调试程序段。

（5）重复步骤（2）~（4）→完成对“拼图游戏”的调试。

（6）执行【文件】菜单→【发布】子菜单→“发布设置”命令→打开“一键发布”对话框→选择“Runtime for Windows98、ME、NT、2000、or XP”复选框→禁用“For Web Play”选项和“Web Page”选项→选择“Copy Supporting Files”选项→在“Package As”选项旁的文本框→输入发布的存储路径、文件名，如图 8.64 所示。

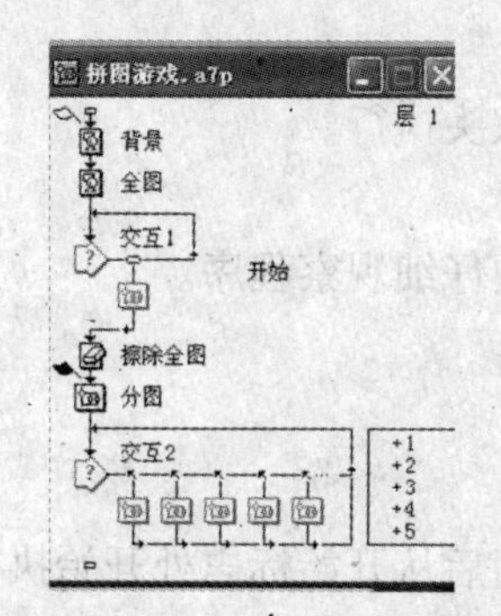

图 8.63 开始标志和结束标志设置

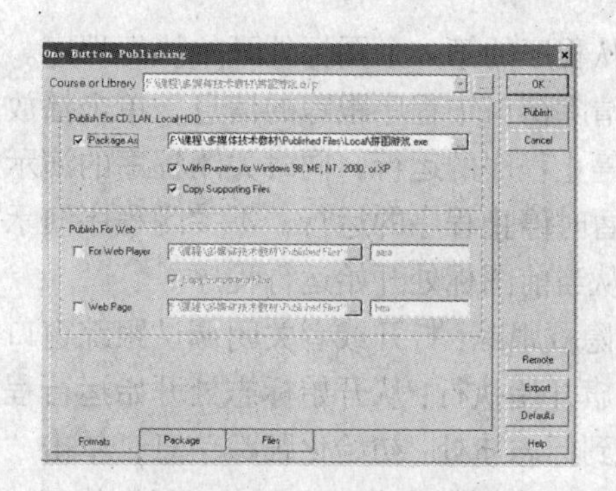

图 8.64 发布属性设置

（7）单击“Publish”按钮进行发布。

（8）在“我的电脑”中找到发布生成 exe 文件，双击运行。

程序编辑完成后，要对程序进行调试，以保证程序质量。经调试后无错误，才能进行打包，发布。

2．调试程序

调试程序是程序设计过程中非常重要的一环。在Authorware中，程序调试一般来说包括分段调试和全程调试。分段调试的内容可以是一个功能模块，也可以是一两个图标。全程调试则是对全部程序的集中调试。一般来说，对于大型的Authorware多媒体作品，可以先进行分段调试，分段调试无误后，再进行全程调试。程序调试的方法有几种：

（1）使用开始标志和结束标志。在Authoreware 7.0中，调试程序最简单的方法就是使用工具箱中的开始标志和停止标志，这两个标志用来选择进行分段调试的程序段，位于段内的就是要调试的内容。它们在流程线上最多只能出现一次。在实际使用中，它们两个可以单独出现，没有必要在流程线上配对出现。

当程序调试结束，不再需要开始标志和停止标志时，只须分别将它们拖回到图标栏上原来的位置即可。如果调试的程序非常庞大，要找到这两个标志是很麻烦的，这时最简单的方法就是在图标栏中双击放置开始标志和停止标志处，标志将自动返回。

在这两个标志的下方还有一个图标调色板。默认时，所有图标均为白色，但如果选定某个图标后，再单击图标调色板上的颜色块则可以给图标涂上其他颜色，这样可以用来区分图标，也可以用来区分哪些图标是已调试完成的，哪些图标是未调试完成的。

（2）使用控制面板。打开控制面板，这时控制面板的下方就出现了“跟踪显示窗口”。当程序运行时，当前调试图标处将同步变换图标符号和名称，同时跟踪信息窗口内将同步显示图标运行的次序，调试人员可以通过调试工具改变程序运行的状态，清晰地观察到每个图标运行的效果及图标之间的链接与配合状况，以便重新修改程序结构和图标的显示效果。控制面板中各个按钮的名称如图8.65所示，下面分别介绍各个按钮的功能。

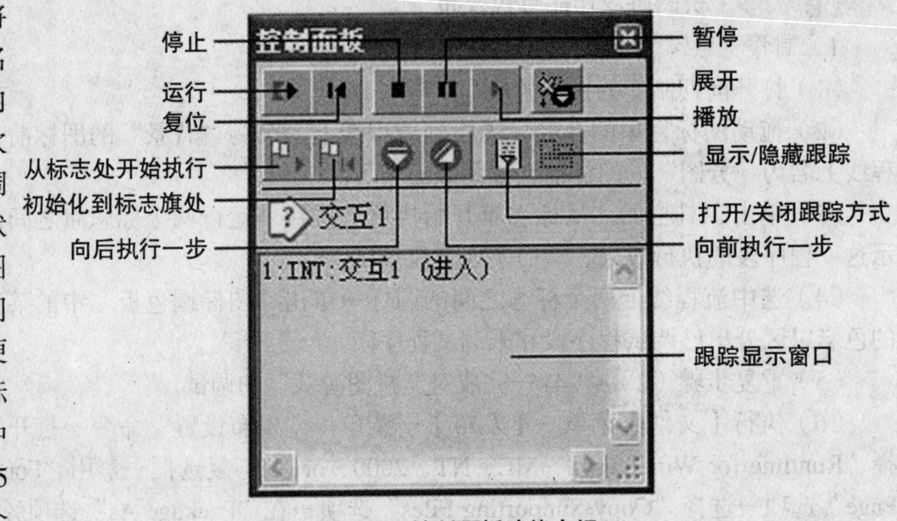

图8.65 控制面板功能介绍

①运行：从程序的第一个图标处开始执行程序。

②复位：清除窗口中程序跟踪的信息，单击播放按钮后将从头执行。

③停止：停止程序的运行，同时关闭程序的演示窗口。

④暂停：暂时停止程序的运行，不关闭程序演示窗口，以便仔细观察程序。

⑤播放：从当前图标处开始运行程序。

⑥显示／隐藏跟踪：打开或者关闭调试跟踪窗口。

⑦从标志旗开始执行：从开始标志处开始运行程序。

⑧初始化到标志旗处：初始化跟踪信息，单击“播放”按钮后从开始标志处开始执行。

⑨向后执行一步：跳跃式跟踪程序，每次执行一个图标。当遇到群组图标或交互分支图标时，会直接显示群组图标或交互分支图标的总体运行结果，而不再逐个显示其内部每个图标的运行结果。

⑩向前执行一步：单步跟踪程序，即每次运行一个图标，显示跟踪信息。

⑪ 打开 / 关闭跟踪方式：显示或者隐藏跟踪图标的有关信息。

使用控制面板，可以在程序运行过程中使程序暂停、停止、单步运行或重新播放等，也可以将程序执行过的所有图标记录下来，精确地在跟踪显示窗口中列出各图标及其相关信息。

（3）使用调试菜单。使用 Authorware 提供的“调试”菜单进行调试程序，调试菜单中的常用命令在控制面板中如图 8.65 所示。

（4）调试程序。调试程序的过程就是消除程序错误的过程。最常见的是反复出现对话框，提示“XXX 没有找到”。

如果是有关的变量没有找到，在确定变量存在的前提下，可以先使用开始标志和停止标志进行分段调试，缩小报错的程序范围，再使用控制面板中的跟踪按钮，在已确定程序段的中间适当位置放一个计算图标，输入“Trace(变量名)”，最后逐步跟踪程序的运行，变量结果的变化就会出现在跟踪显示窗口中。

如果是有关的文件没有找到，原因大多是使用它的相对路径设置不当。例如，在调用外部文件时，使用了文件的绝对路径，而实际上应该使用它的相对路径，避免出现盘符。此时，用户可以执行【修改】菜单→【文件】子菜单→【属性】命令，在文件属性面板中修改路径。

如果是有关的函数没有找到，则要区分是内部函数，还是外部的 UCD。对内部的函数重新加载即可，对外部的 UCD 不仅要重新加载，还要注意函数的调用格式及与系统的兼容性。

3．打包和发布程序

当程序设计全部完成后，就需要对程序进行打包，以便程序能够发布。因为在发布之后不可能要求所有用户都在计算机上安装 Authorware。因此，打包的目的就是使程序能够脱离 Authorware 独立运行。

（1）发布前需要注意的问题。开发多媒体课件的最终目的是让更多的用户使用它，这就需要将可编辑的源文件变成可以在系统下运行并且不可编辑的应用程序。从源文件得到应用程序的过程叫做程序的发布。在发布前需要注意以下几个方面的问题。

①对源程序进行备份。一旦程序被打包，就再也不能对打包后的程序进行修改和编辑，其流程线和图标也不能被访问，因此要确保保留一份打包之前的程序，以便在需要的时候还能对源程序进行修改。

②仔细分析打包时所需要的文件，防止遗漏一些附加的外部文件，如果在一个 Authorware 程序文件中某些图标是链接到库文件的，则对此程序文件打包之后，在发布时还要提供一个打包过的库文件给用户。可以将库文件和程序文件一起打包或分开打包，虽然第二种方法可以避免库文件被多次重复打包，但在程序文件运行时必须提供相应的库文件。

如果要正确地找到所需要的库文件，可以把库文件和打包后的程序文件放在同一文件夹下，或者把库文件放在它被打包之前所在的文件夹下。

③设置文件搜索路径。当一个交互式应用程序被移动或打包后，Authorware 将无法跟踪它所需要的外部文件。通常情况下，如果课件中使用了外部文件，运行时会到原始位置寻找。如果在原始位置找不到，系统会按照如下顺序搜索：利用系统变量 SearchPath 设置的路径；Authorware 文件所在的文件夹；可执行文件所有的文件夹；Windows 系统文件夹；Windows 系统内的 System 文件夹。

④使程序文件“减重”。可以采用缩小程序文件，以达到“减重”的效果。

4．文件打包

当一个多媒体作品制作完成后，如果需要在脱离 Authorware 的编辑环境下运行，就必须将其打包，打包功能包括将程序打包，有在电脑上直接运行的可执行文件和在互联网上用浏览器运行的文件打包两种方式。

打包文件可在“打包文件”对话框中进行。其方法是：

（1）打开要打包的 Authoreware 源程序文件，同时，与该文件相关联的库文件也会被自动打开。

（2）打开所有与当前应用程序有链接关系的库文件。

（3）执行【文件】菜单→【发布】子菜单→【打包】命令，如图 8.66

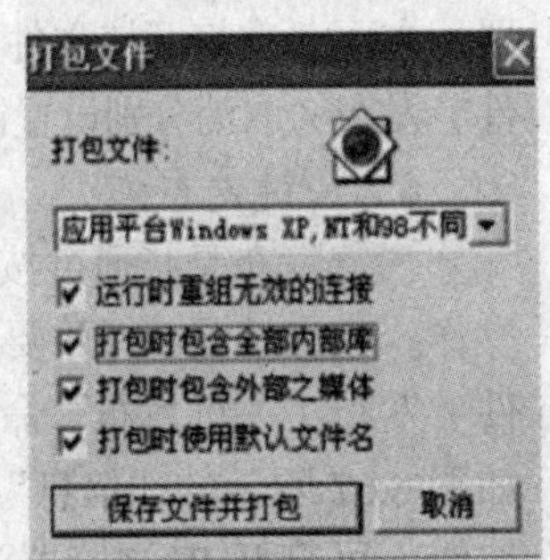

图 8.66　打包选项对话框

所示，弹出“打包文件”对话框，选择“应用平台 Windows XP / NT / 98 系统”类型。为了打包后减少操作上不必要的麻烦，下面的四个复选框都可以选中，然后单击“保存文件并打包”。

“打包文件”对话框各选项的含义如下。

（1）“打包文件”类型下拉列表框中有两个选项，它们的作用是让用户选择在打包时是否需要包括 Runtime 应用程序。

（2）“无需 Runtime”列表项：如果不希望把 Runtime 应用程序 (runa7w32. exe) 和程序文件合在一起进行打包，则可以选择此选项，打包后生成扩展名为“.a7r”文件。“.a7r”文件比“.exe”文件要小，但在运行时需要附加 runa7w32.exe 文件。另外，如果想通过网络来对程序进行打包，通常也应该选择此选项。

“应用平台 Windows XP、NT 和 98 不同”列表项：选择此项将会把 Runtime 应用程序和程序文件一起进行打包，最后产生的可执行文件可以在 Windows XP / NT / 98 的环境下独立运行，不依赖 Authorware 环境。

（3）“打包文件”选项有四个复选框，它们的作用如下。

①“运行时重组无效的连接”复选框：用于确定最终用户运行文件是否要求 Authorware 修复那些断开的链接。如果选中该复选框则在运行程序时 Authorware 会自动修复断链并重新进行链接。如果不选择则不对断链进行检查。推荐选择该复选框。

②“打包时包含全部内部库”复选框：选中此复选框，表示将所有位于库文件中的、已经链接到程序中的那些图标作为程序的一部分打到程序包中，这样就可避免分别对每个库文件进行打包。若不选择，则发行时将必须包括这些库文件或单独打包。推荐选择该复选框。

③“打包时包含外部之媒体”复选框：选中此复选框，则打包时会将所有链接到程序的外部媒体文件转变成嵌入到程序中的媒体文件。但此选项对数字电影文件无效。因此，在发布程序时也必须同时提供所有的数字电影文件。

④“打包时使用默认文件名”复选框：选中此复选框，则采用当前的默认程序文件名作为打包后的应用程序文件名，生成“.a7r”或“.exe”文件，如果是对库文件进行打包，则打包后的库文件扩展名为“.a7e”。如果不选此项，则打包时会弹出一个对话框，由用户输入文件名。

（4）“保存文件并打包”按钮：单击此按钮，可对以上的操作进行确认并开始打包操作。

5. 程序发布

程序在打包完成后就面临着最后一个环节，那就是发布程序，使其成为一个正式的产品。用户可以通过多种方式来发布已完成的程序，例如，使用磁盘、CD-ROM 光盘、网络等。

为了保证生成的应用程序在不同的计算机甚至不同的操作平台上都能成功地运行，还要做一些工作，主要是让应用程序知道运行时所需要的各种文件放在哪里。

在使用“一键发布”功能之前需要先进行设置。其方法是：选择“文件 / 发布 / 发布设置”命令或按【Ctrl+F12】键，打开“一键发布”对话框，该对话框包含“格式”、“打包”、“用于 Web 播放器”、“Web 页”和“文件”五个选项卡。

在完成所有的设置后，单击“发布”按钮即可进行发布，单击“确定”，即可完成并保存发布的设置。在下一次打开该文件时，其发布设置不会发生变化。若需要将设置恢复成默认设置，可以选择“文件 / 发布 / 取消分别设置链接”命令，在打开的 Unlink Publish Settings 对话框中单击“确定”按钮即可。

6. 一键发布

一键发布是指通过按快捷键完成整个发布的操作。其方法是：打开要发布的文件，选择“文件 / 发布 / 一键发布”命令或按 F12 键，将打开如图 8.67 所示的“信息”对话框，单击“预览”按钮，可打开 IE 浏览器浏览发布网络播放格式的作品。单击“警告”按钮完成发布。

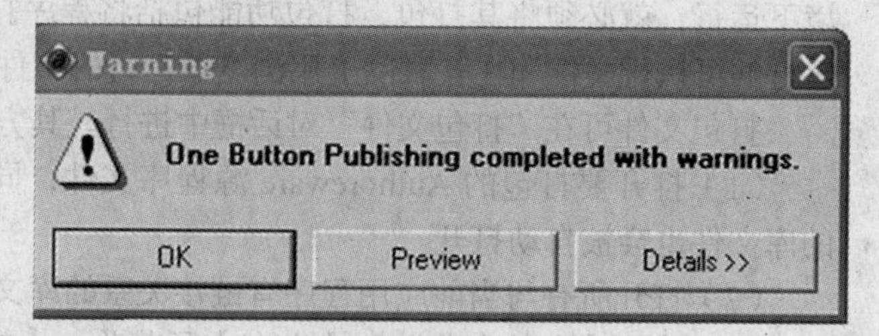

图 8.67 一键发布选项卡

技术提示：

1. 利用模块

为了尽可能地节省程序的设计量，最好将一些常用的图标以模块的形式组合起来，存储在Authorware Knowledge Objects文件夹下。而这样建立的模块不仅适用于所有的作品，而且只要进行少量修改，就可以应用到新的作品中。

2. 利用库

可以采用库来管理媒体文件，尤其是重复使用的素材。由于使用库建立的是复制图标与库中源图标之间的一种链接关系，而不是将库中源图标的内容复制到流程线上，可减小了主程序文件的大小。

「课堂随笔」

重点串联

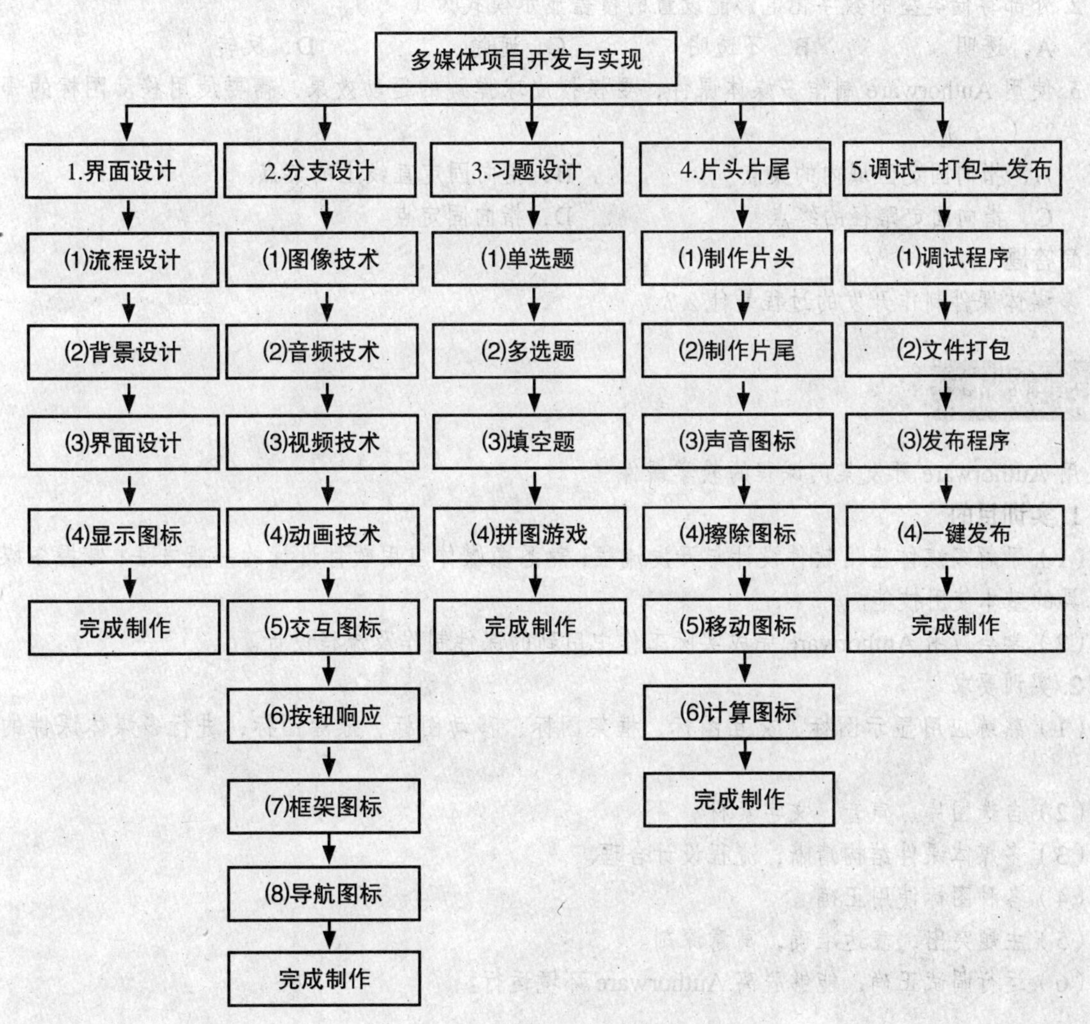

拓展与实训

基础训练

一、填空题

1. 等待图标的控制方法有：使用闹钟辅助、使用按钮辅助、__________、__________、__________。

2. 在 Authorware 中，要想使声音文件与其他内容同步，必须将同步的内容放在声音图标的____，此时在同步内容对应的图标上方出现一个______的设置标志。

3. 图标的作用是控制流程线上对象的移动，它可以驱动流程线上的________图标、________图标、______图标等。

二、选择题

1. 擦除图标用于清除指定对象，则（　　）。

A．只能一次指定一个图标进行擦除　　B．可以一次同时指定多个图标进行擦除

C．不可以擦除动画图标中的内容　　D．一个显示图标中的多个对象可以分别擦除

2. 外部存储类型的数字化电影能设置的覆盖显示模式为（　　）。

A．透明　　B．不透明　　C．遮隐　　D．反转

3. 使用 Authorware 制作多媒体课件，要模拟皮球弹跳的运动效果，需要使用移动图标的哪种运动方式？（　　）

A．指向固定区域内的某点　　B．指向固定直线上的某点

C．指向固定路径的终点　　D．指向固定点

三、简答题

多媒体课件制作开发的过程是什么？

技能实训

用 Authorware 开发某门课程的教学课件

1. 实训目的

（1）了解多媒体应用软件设计与开发流程；熟悉多媒体应用软件设计的一般方法；掌握多媒体创作工具的基本使用技能。

（2）学会应用 Authorware 完成实际工作中用到的课件制作及流程设计。

2. 实训要求

（1）熟练应用显示图标、交互图标、框架图标、移动图标、擦除图标，进行多媒体课件的流程设计。

（2）自选图片、声音、文字素材。

（3）多媒体课件结构清晰，流程设计合理。

（4）各种图标使用正确。

（5）主题突出，表达准确，寓意深刻。

（6）运行调试正确，能够脱离 Authorware 环境运行。

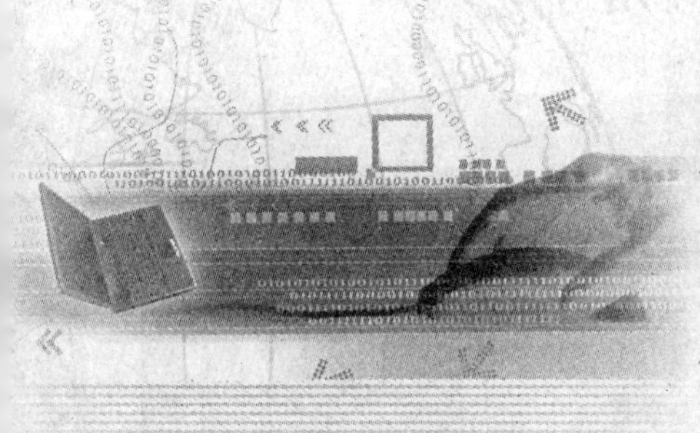

模块9 多媒体通信技术

教学聚焦

◆ 多媒体通信技术是媒体技术与通信技术的有机结合，突破了计算机、通信、电视等传统产业间相对独立发展的界限，大大缩短了计算机、通信和电视之间的距离，将计算机的交互性、通信的分布性和电视的真实性完美地结合在一起，向人们提供全面的信息服务。

知识目标

◆ 通过经典案例的制作，掌握多媒体视频对话和音频对话处理的各种方法，从而使学生通过使用恰当的工具来达到加强沟通的目的。

技能目标

◆ 学会配置视频对话工具和使用视频对话工具。

课时建议

◆ 2 课时

教学重点和教学难点

◆ 视频会议工具 NetMeeting 的应用；YY 语音聊天软件。

项目 9.1 多媒体视频会议工具 NetMeeting 应用

例题导读

“经典案例 9.1”讲解了如何配置与使用多媒体视频会议工具——NetMeeting 软件。

知识汇总

- 聊天软件的使用
- 多媒体视频会议工具——NetMeeting 软件的应用

在网络上聊天、视频对话的工具，除了使用腾讯的 QQ 软件外，还有其他的软件吗？下面通过以下的案例来讲述其他聊天软件的使用。

1. 视频

视频（英文：Video，又翻译为视讯）泛指将一系列的静态影像以电信号方式加以捕捉、纪录、处理、储存、传送与重现的各种技术。关于大小视频各种后缀格式，包括个人视频上传、电影视频。

连续的图像变化每秒超过 24 帧（frame）画面以上时，根据视觉暂留原理，人眼无法辨别单幅的静态画面；看上去是平滑连续的视觉效果，这样连续的画面叫做视频。

视频也指新兴的交流、沟通工具，是基于互联网的一种设备及软件，用户可通过视频看到对方的面容、听到对方的声音，是可视电话的雏形。

视频技术最早是为了电视系统而发展，但是现在已经更加发展为各种不同的格式以利消费者将视频记录下来。网络技术的发达也促使视频的纪录片段以串流媒体的形式存在于因特网之上并可被电脑接收与播放。

视频与电影属于不同的技术，后者是利用照相术将动态的影像捕捉为一系列的静态照片。

2. 视频通信

视频通信可分为单向视频通信和双向视频通信。网络摄像机把监控到的视频信号传送到监控中心，属于单向视频通信，单向视频通信对压缩延时不敏感；像电视主持人和采访记者间的视频属于对话性质的双向视频通信，双向视频通信对压缩延时很敏感，我们经常在电视节目中，感觉电视主持人和采访记者间的回话时间很长，感觉非常不舒服。双向视频通信的应用还包括视频会议应用，比较典型的视频会议应用是专家手术指导系统，如果延时太大，专家和医生之间的互动会出现大的问题，医院要求医生的手术动作要快，而延时会影响医生等待专家指令的时间，容易出现医疗事故。

3. 视频对话

视频对话属于双向视频通信范畴，要求压缩延时（编码延时）要尽量小。一般编码器延时为几百毫秒，如何减少编码延时就成了衡量编码性能的指标。拓扑威视 H.264 宏块行处理算法，把编码延时缩短到 1ms 的时间以内，使视频对话功能通过网络得以实现。

随着网络技术的发展，人们利用网络进行视频对话，变得越来越普及。传统的 CIF 分辨率已经满足不了人们的需求，视频信号的高清化是未来视频通信的发展趋势，拓扑威视编器技术可以让人们坐在家里用电视机进行视频对话，充分享受新技术给人们带来的快乐。随着技术的不断进步，高清视频对话将变得越来越普及。

4. 流媒体技术

流媒体技术也称流式媒体技术。所谓流媒体技术就是把连续的影像和声音信息经过压缩处理后上网站服务器，让用户一边下载一边观看、收听，而不要等整个压缩文件下载到自己的计算机上才可以观看的网络传输技术。该技术先在使用者端的计算机上创建一个缓冲区，在播放前预先下一段数据作为缓冲，在网路实际连线速度小于播放所耗的速度时，播放程序就会取用一小段缓冲区内的数据，这样可以避免播放的中断，也使得播放品质得以保证。

经典案例 9.1　配置与使用多媒体视频会议工具——NetMeeting 软件

1．案例作品

有时候在条件限制下没有连通互联网，在同一个局域网内电脑与电脑之间是否可以像上 QQ 一样相互对话呢，答案是可以的，我们可以通过使用 NetMeeting 工具来实现局域网内电脑与电脑视频对话，先了解一下 NetMeeting 软件。

NetMeeting 是 Windows 系统自带的网上聊天软件，意为“网上会面”。NetMeeting 除了能够发送文字信息聊天之外，还可以配置麦克风、摄像头等仪器，进行语音、视频聊天。虽然，国外的 ICQ 和国内的 QQ 等聊天软件已经风行起来，并且拥有 QQ 秀、各种增值服务等功能，但是因为太花哨，NetMeeting 依然占有一席之位。因为 NetMeeting 是通过计算机的 IP 账号来查找，所以只须知道计算机的 IP 地址就能够与另外的计算机聊天。

2．制作步骤

（1）安装和配置 NetMeeting 软件。首先保证局域网网络是通顺的，网上下载 NetMeeting 软件，如图 9.1 所示，安装此程序→安装完成→进入如图 9.2 所示的配置 NetMeeting 软件面板。

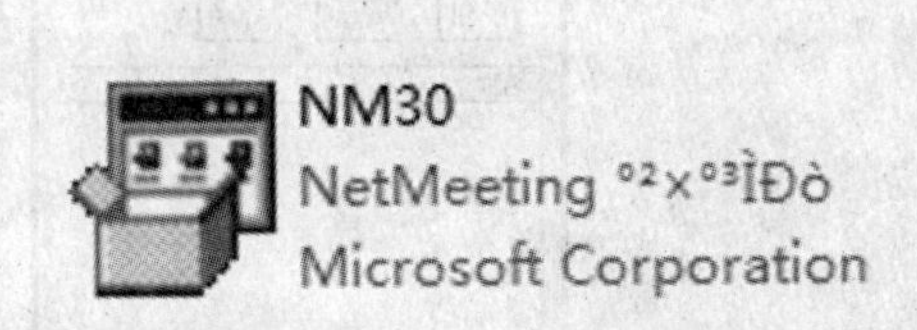

图9.1　NetMeeting安装程序

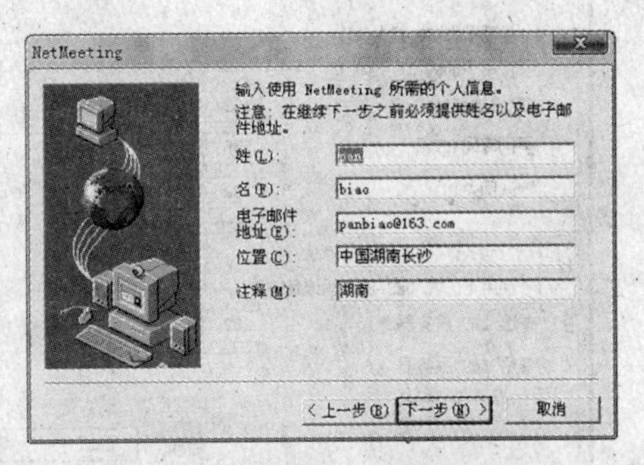

图9.2　配置NetMeeting

（2）在面板中填写好你自己的电子邮箱注册信息，单击【下一步】；单击进入如图 9.3 所示，选择网络连接方式；如果你只想通过局域网建立视频对话则选择“局域网”，单击【下一步】。

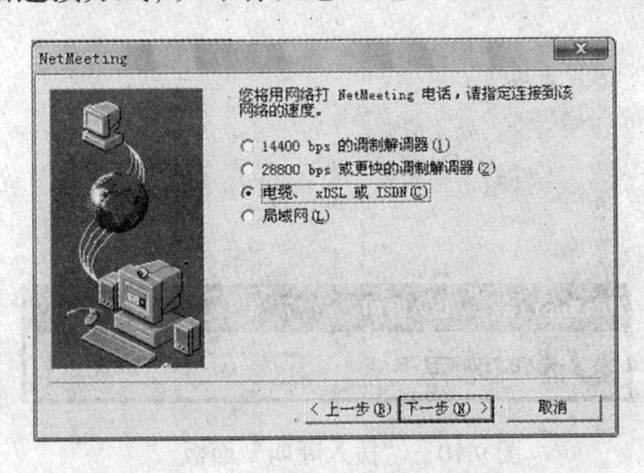

图9.3　设置网络连接

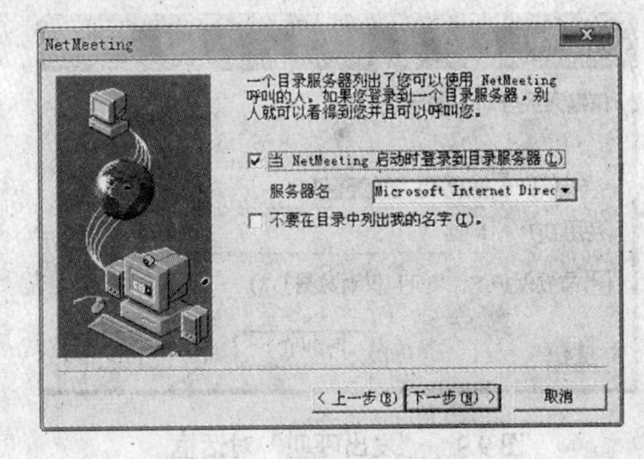

图9.4　设置快捷方式

（3）测试录音和音量效果，如图 9.5 和如图 9.6 所示；如果看到音量条有变化则表示录音正常，否则要检查你的电脑的声音输入是否连接有误。单击下一步，完成 NetMeeting 的配置。

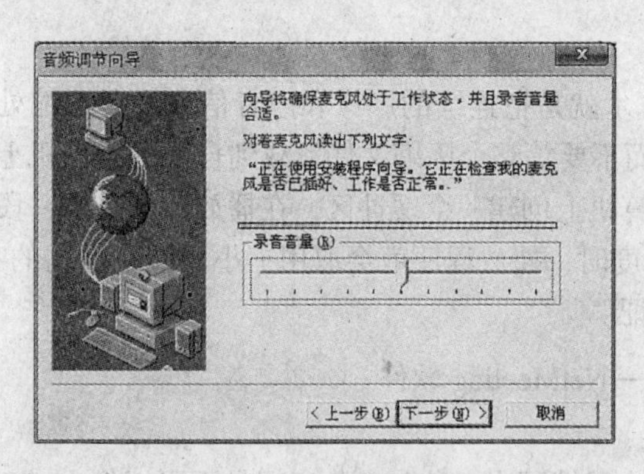

图 9.5　录音调试面板

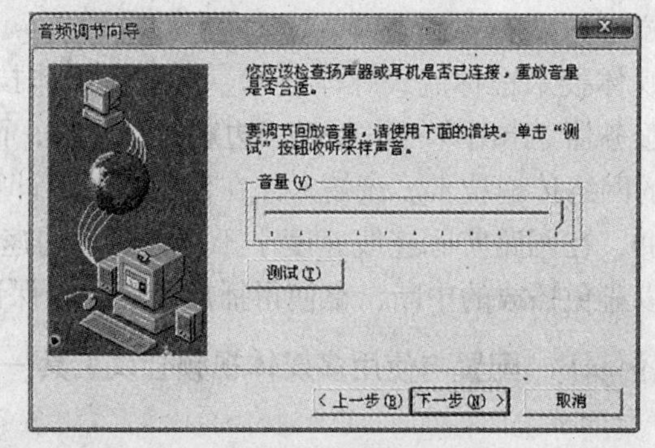

图 9.6　录音测试面板

（4）设置好局域网 IP 地址，注意将每台电脑的 IP 网段统一，配置如图 9.7 所示。

（5）使用同样的方法在另外的电脑上设置 IP，安装好 NetMeeting，注意 IP 不能重复，另外的电脑注册名字也不要重复。

（6）打开 NetMeeting 软件，如图 9.8 所示，单击面板中的【呼叫】菜单，选择【新呼叫】，在如图 9.9 所示的"发出呼叫"对话框中，输入对方的 IP 地址，单击呼叫，即显示如图 9.10 所示的面板，单击【接受】按钮，这样就建立起与对方的连接。

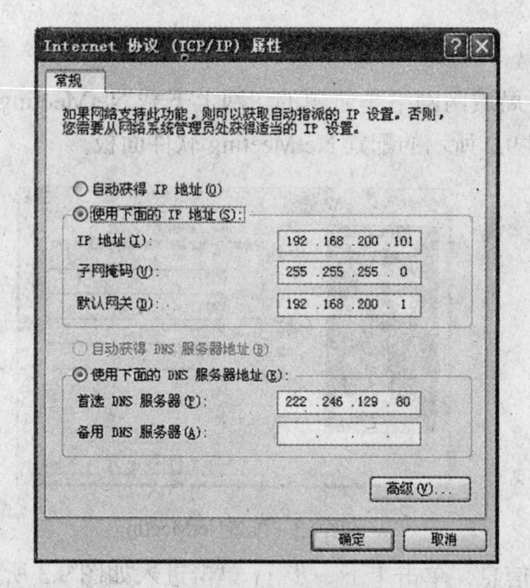

图 9.7　IP设置面板

图 9.8　netmeeting面板

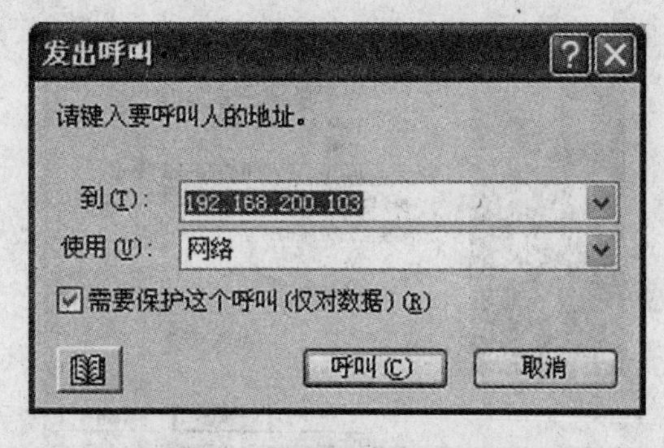

图 9.9　"发出呼叫"对话框

图 9.10　"拨入呼叫"面板

（7）当连接完成后，在 NetMeeting 面板中就会有刚添加的朋友名称，如图 9.11 所示；双击陈涛这位朋友，就可以在如图 9.12 所示聊天面板所示与对方进行聊天了。除此之外，NetMeeting 还具有相互视频、传送文件等功能。

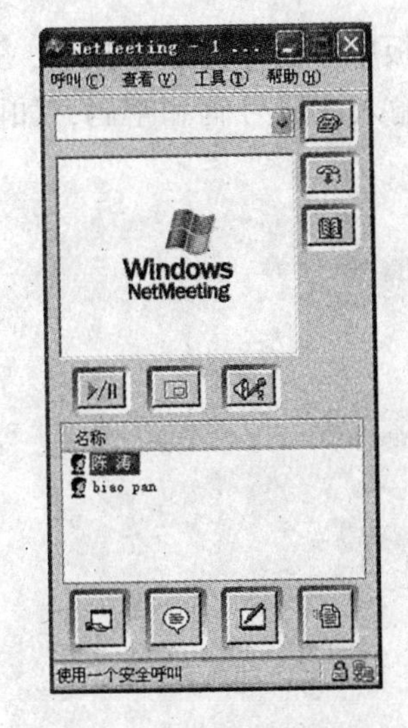

图 9.11 NetMeeting面板2

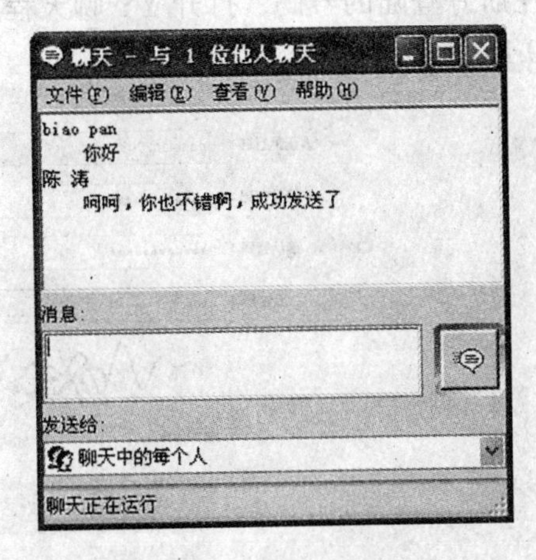

图 9.12 聊天面板

项目 9.2 音视频聊天软件应用

例题导读

“经典案例 9.2”讲解了如何使用多人聊天工具——YY 语音聊天软件。

知识汇总

● YY 语音聊天软件的使用

随着网络的发展和大众对网上聊天要求的不断提高，我们在网络上聊天不仅想拥有聊天的功能，还想拥有更多的娱乐功能，以下案例主要介绍一款功能强大的常见的网络聊天工具。

经典案例 9.2 使用多人聊天工具——YY 语音聊天软件

1．案例作品

在生活上很多时候和对方需要语音聊天，QQ 有个语音对话的按钮，可以在 QQ 进行语音聊天，但是 QQ 在语音聊天方面的功能不是很强，语音的效果也不是很好，YY 语音聊天工具很好地解决了这个问题，可以实现多人语音聊天，同时还有更强的娱乐功能，比如大家感兴趣的网上 K 歌。这里先简单介绍一下 YY 语音聊天软件工具。

YY 语音聊天软件是一种能够不同于 QQ 的娱乐工具，又名 YY 语音，是一款优秀的免费团队语音软件，是多玩游戏网针对 YY Logo 中文用户设计的多人语音群聊工具。其用户数量与语音通话质量远远领先于国内其他同类软件。

2．制作步骤

（1）安装 YY 语音聊天工具，到网上下载 YY 语音聊天工具，安装程序如图 9.13 所示。

图 9.13 YY语音安装程序

（2）安装好程序→打开YY聊天程序，在登陆面板中单击【注册】按钮，进入如图9.14所示的注册面板，注册好登陆的号码，打开YY聊天程序，输入注册号码和密码，如图9.15所示，进入聊天面板如图9.16所示。

图9.14　YY语音注册

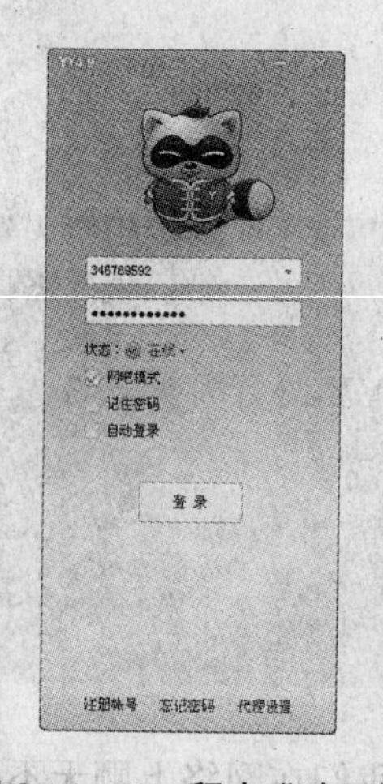

图9.15　YY 程序登陆面板

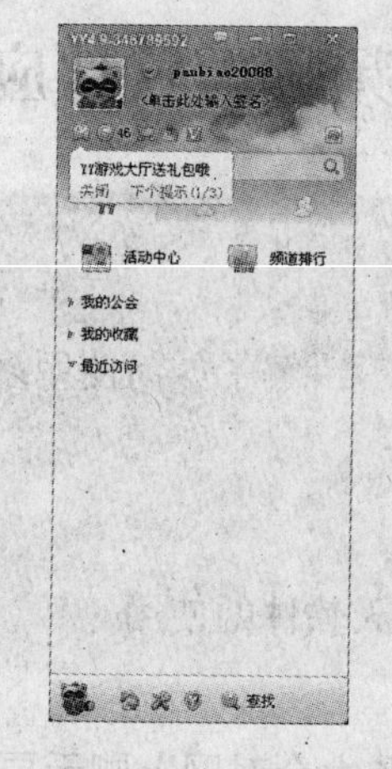

图9.16　YY聊天面板

（3）单击【查找】按钮来查找语音好友，然后和多个朋友进行语音聊天，在聊天之前，应该调试好麦克风和扬声器，如图9.17、图9.18所示，调试好后就可以畅通无阻地进行语音聊天了。

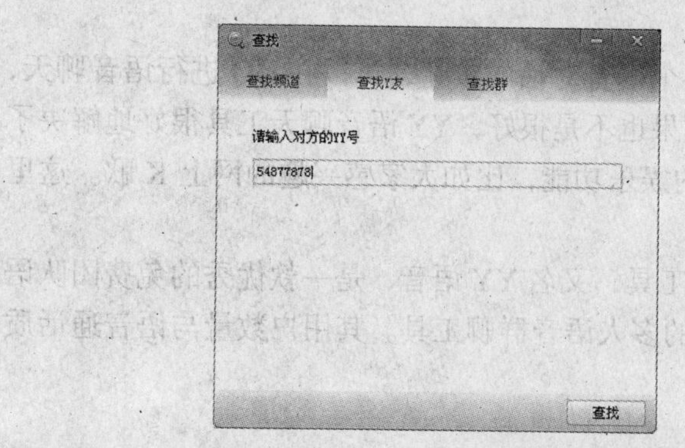

图9.17　YY程序登陆面板

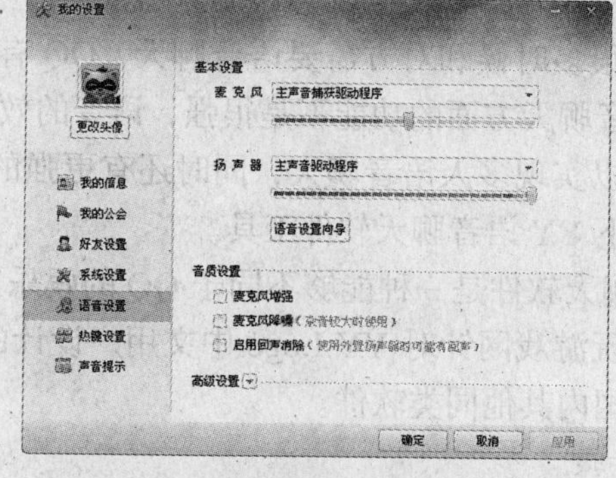

图9.18　YY程序登陆面板

（4）网上K歌，这是很多音乐爱好者所希望的娱乐活动，只要有网络，不去歌厅也可以在系统通过点歌面板来进行任意的K歌，操作：单击如图9.16所示聊天面板中的【频道排行】，进入如图9.19所示的频道排行面板，进入K歌地带，选择一个俱乐部进入，进入如图9.20所示的程序登陆面板，马上你就会看到很多会员在此俱乐部面板，一首《孤单芭蕾》跃入眼前。

（5）要唱歌的话，先要在面板中向管理员申请马甲序号，等待麦克风轮到你的序号，然后提起

麦克风，准备唱歌，这里还要准备好酷狗音乐软件，找到自己想唱的那首歌，开通伴唱和歌词面板→可以唱歌啦，同时在网上会有很多人做你的听众，并且你可以看到听众的反应，这样你就实现了在网上唱歌还有娱乐互动。

图9.19　YY频道排行面板

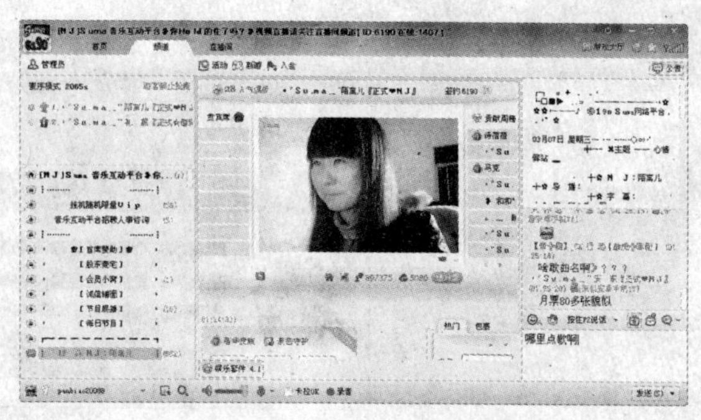

图9.20　YY程序登陆面板

（6）当然，YY 聊天程序除了 K 歌和聊天外，还有很多其余的娱乐功能，这里就不一一介绍了，大家自己好好研究。

相关知识说明

1．视频的网络要求

视频和音频的同步输入需要相对较好的网络条件，建议在直播时关闭自己电脑或局域网内其他电脑的迅雷、PPLive、BT、电驴、快播等软件。

2．无法启动摄像头时的处理方法

首先检查摄像头是否已经正常与电脑连接，且驱动已经成功安装完毕；然后当摄像头始终无法启动成功时，请关闭 360 或金山卫士的摄像头保护功能再尝试一下。

歌手等级：歌手等级是任何音乐爱好者在社区激活成为歌手后，所获得的歌手身份的成长属性。歌手等级越高，能享受的服务和特权将越多。

3．成为歌手的方法

（1）登录社区。

（2）单击进入如图 9.21 所示的成为歌手页面（http://m.yy.com/zone/singer/regsinger.html）。

图 9.21　成为歌手页面

（3）在页面上单击【成为歌手】按钮。

4．频道与歌手如何签约?

（1）频道所有者（OW）登录频道中心，在左侧菜单栏中进入“签约歌手管理”页面，输入歌手YY号，选择签约时长，单击【发送签约邀请】，如图 9.22 所示。

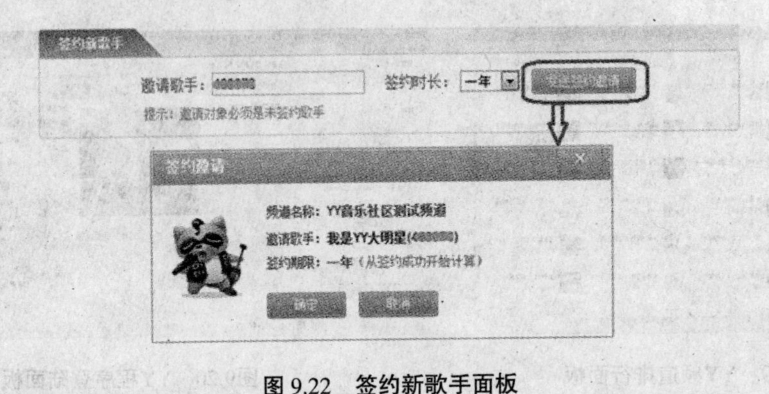

图 9.22　签约新歌手面板

（2）歌手登录个人中心，在通知区域查看邀请信息并同意此邀请，如图 9.23、图 9.24 所示。

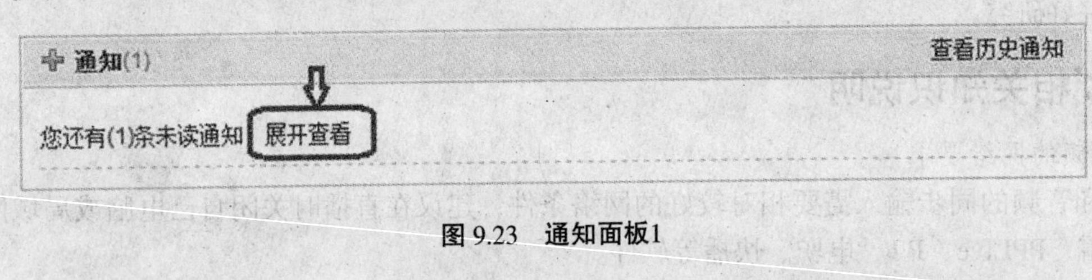

图 9.23　通知面板1

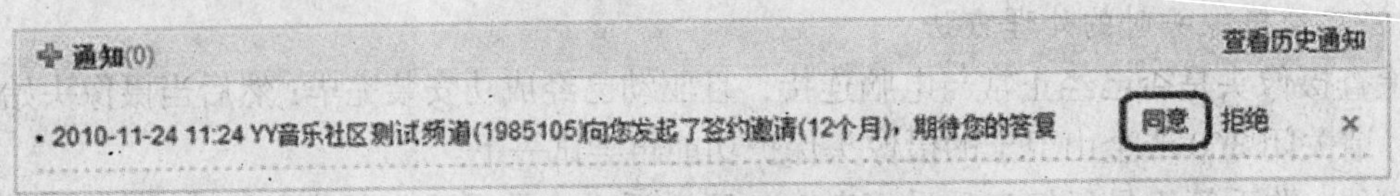

图 9.24　通知面板2

（3）频道所有者（OW）在频道中心通知区域收到新的通知，确认扣费并成功扣除 M 豆，如图 9.25 所示。

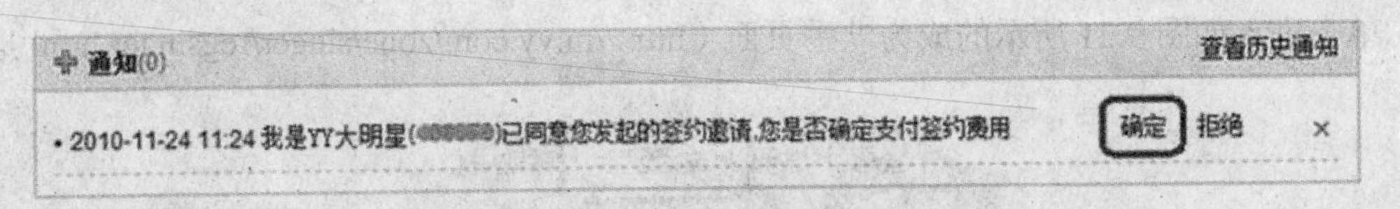

图 9.25　通知面板3

5．歌手向频道申请签约

（1）歌手登录 YY 音乐社区，进入“个人中心首页”，在暂无签约频道的状态下，单击【我要签约】，主动向频道申请签约。

（2）在频道中，歌手单击【我要签约】，向当前频道申请签约，如图 9.26 所示。

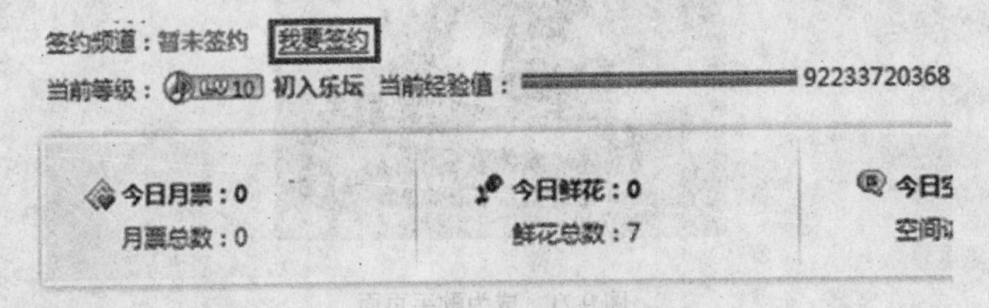

图 9.26　签约频道面板

6．贵宾席

贵宾席是 YY 娱乐套件 4.0 中，为贵族与守护者准备的专属席位。贵族与守护者进入频道，即可登上贵宾席。

7．YY 娱乐直播间

YY 娱乐直播间拥有视频及点歌等功能，是为优秀的 YY 偶像提供的专属舞台。

8．获得 YY 娱乐主播

在“个人中心”→“我的申请”页面，YY 直播间一栏右侧单击“申请成为主播”。

「课堂随笔」

重点串联

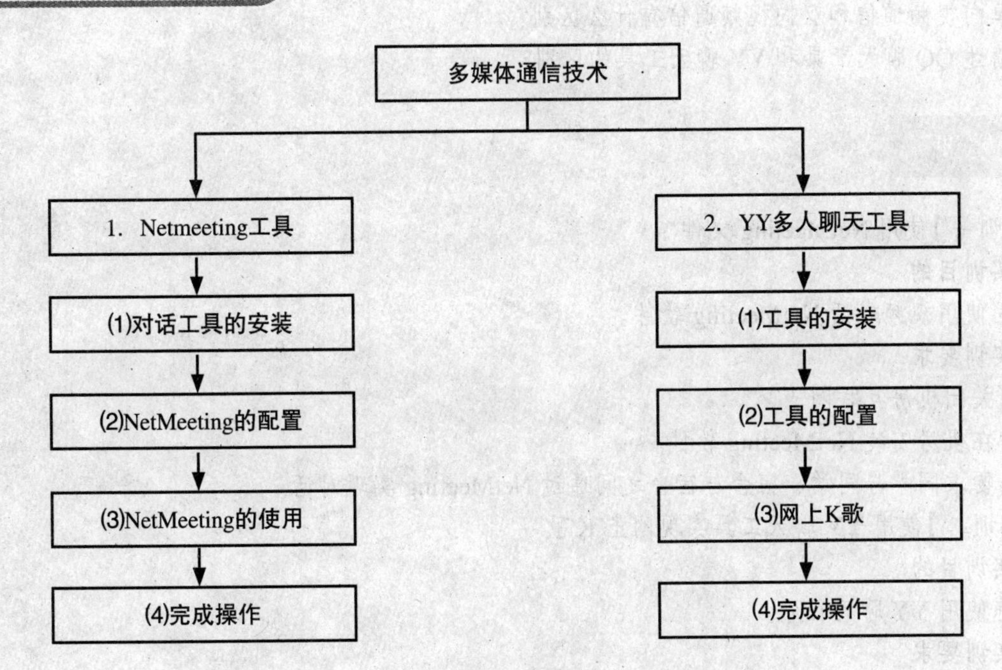

拓展与实训

基础训练

一、填空题

1. NetMeeting 是一种______工具。

2. 把连续的影像和声音信息经过压缩处理后放上网站服务器，让用户一边下载一边观看、收听，而不要等整个压缩文件下载到自己的计算机上才可以观看的网络传输技术被称为_______。

二、选择题

下面哪一项不属于 NetMeeting 的功能（　　）。

A．网上聊天　　B．信息交流　　C．视频对话　　D．网络游戏

三、简答题

1. 什么是多媒体视频？

2. 什么是视频对话？

3. 单向视频通信和双向视频通信有什么区别？

4. 简述 QQ 聊天工具和 YY 聊天工具的区别？

技能实训

【技能实训一】使用 NetMeeting 文件

1. 实训目的

巩固使用视频对话 NetMeeting 软件。

2. 实训要求

（1）关闭机房互联网。

（2）在机房安装 NetMeeting 软件。

（3）要求同学与同学、宿舍与宿舍之间通过 NetMeeting 实现对话。

【技能实训二】使用 YY 聊天工具实现网上 K 歌

1. 实训目的

熟练使用 YY 聊天程序。

2. 实训要求

（1）通过酷狗软件实现卡拉 OK 功能。

（2）在网上俱乐部实现 K 歌。

附录 多媒体作品制作员国家职业标准

1. 概述

1.1 职业等级

本职业共设三个等级，分别为：多媒体作品制作员（国家职业资格四级）、高级多媒体作品制作员（国家职业资格三级）、多媒体作品制作师（国家职业资格二级）。

1.2 鉴定要求

从事或准备从事本职业的人员。

1.3 申报条件（初级和高级技师略）

1.3.1 中级（具备以下条件之一者）

（1）取得饮食职业（如烹调、面点、餐厅服务等）初级职业资格证书或连续从事餐饮相关职业（如烹调、面点、餐厅服务等），工作 3 年以上，经本职业中级正规培训达规定标准学时数，并取得毕（结）业证书。

（2）取得经劳动保障行政部门审核认定的、以中级技能为培养目标的中等以上职业学校本职业（专业）毕业证书。

1.3.2 高级（具备以下条件之一者）

（1）取得本职业中级职业资格证书后，连续从事本职业工作 4 年以上，经本职业高级正规培训达规定标准学时数，并取得毕（结）业证书。

（2）取得本职业中级职业资格证书后，连续从事本职业工作 7 年以上。

（3）取得高级技工学校或经劳动保障行政部门审核认定的、以高级技能为培养目标的高等职业学校本职业（专业）毕业证书。

1.3.3 技师（具备以下条件之一者）

（1）取得本职业高级职业资格证书后，连续从事本职业工作 5 年以上，经本职业技师正规培训达规定标准学时数，并取得毕（结）业证书。

（2）取得本职业高级职业资格证书后，连续从事本职业 8 年以上。

（3）高级技工学校职业（专业）毕业生和大专以上本专业或相关专业毕业生取得本职业高级职业资格证书后，连续从事本职业工作满 2 年。

2. 基础知识

2.1 计算机基础知识

（1）计算机硬件基本组成。

（2）计算机常用软件使用知识。

（3）计算机操作系统应用基础知识。

2.2 多媒体技术基础知识

（1）多媒体系统组成结构。

（2）多媒体信息处理和数据压缩基础知识。

（3）网络多媒体基础知识。

2.3 多媒体作品制作基础知识

（1）多媒体素材的分类。

（2）多媒体素材的获取知识。

（3）多媒体素材的合成知识。

2.4 相关法律、法规知识

（1）知识产权的相关知识。

（2）劳动法的相关知识。

3. 工作要求

职业功能	工作内容	技能要求	相关知识
多媒体作品的策划	确定用户范围	1. 能够明确作品目标 2. 能够明确用户范围	1. 面向对象软件设计的知识 2. 项目管理基本知识
	确定交付平台和交付媒体	能够根据用户需求确定硬件和软件平台以及媒体表现形式	
	作品的构思和创意	能够提出符合需求的创作方案	
	设计导航和交互	能够根据系统需求设计多媒体系统的导航和交互框架	
	设计帮助模块	能够根据用户需求和系统需求设计帮助模块	
数字音频制作	音乐编辑	能够使用一种软件对编配好的曲谱进行 MIDI 编辑操作	1. 数字音频文件格式 2. 声音的构成方式和类型 3.MIDI 音源的不同类型 4. 专业音频设备的使用知识
	声音特效	能够使用专业软件实现声音的反向效果、添加回音、淡入淡出效果、例转波形、饶舌效果和相位移等特效	
	录音合成	1. 能够使用调音台等专业设备将需要的声音合成录入计系统 2. 能够对录入的声音素材按照需要进行调整合成	
电脑动画制作	建模	能够使用一种或多种专业设计软件对实物或虚拟的物体建模	1. 三维物体构图知识 2. 三维图像编辑技术 3. 三维空间漫游与虚拟现实的基础知识
	材质选择	能够根据作品需求选取合适的材质并通过专业设计软件实现	
	动画制作	能够使用一种或多种专业设计软件进行动画设计和制作	
		能够使用一种或多种专业设计软件制作出特定的场景和效果	
数字视频制作	视频采集及输出	能够使用专业设备进行视频采集和输出	1. 专业视频处理软硬件的使用知识 2. 影视剪辑的基本知识
	视频编辑	1. 能够使用一种或多种专业视频编辑系统 2. 能够进行剪接、转场、字幕和复杂特效的操作	
	后期合成	能够使用一种或多种专业合成系统进行后期合成	
	网络视频制作	能够制作网络视频文件	
多媒体编程	多媒体控制接口的使用	能够使用多媒体控制接口 (MCI) 控制音频和视频设备	多媒体数据库知识
	应用程序接口的使用	能够使用应用程序接口 (API) 开发应用程序	
多媒体编程	对象链接与嵌入和动态链接库的使用	能够使用对象链接与嵌入 (OLE) 动态链接库 (DLL) 技术开发应用程序	多媒体数据库知识

续表

职业功能	工作内容	技能要求	相关知识
产品质量确认测试	制订测试计划	能够制订详细的测试计划	测试工作流程
	测试设计与开发	1. 能够根据具体测试要求搭建测试环境 2. 能够根据被测试特性设计测试用例 3. 能够确定每一个测试用例的执行方式（手工、自动或半自动）、输入、期待的输出等	1. 测试的静态和动态分析相关知识 2. 系统完整性、跨平台、并发性测试方法
产品打包及发布	产品打包	1. 能够根据需求将多媒体产品打包成多种形式 2. 能够对产品进行基本的加密和解密	1. 应用程序的打包知识 2. 网络打包工具的使用知识 3. 加密和解密的技术方法
	产品发布	能够对要发布的产品进行规划和管理	

参考文献

[1] 宗绪锋．多媒体制作技术及应用 [M]. 北京：中国水利水电出版社，2008.

[2] 黄丽民．多媒体制作技术与应用 [M]. 北京：中国铁道出版社，2008.

[3] 张秀杰．图形图像处理——广告创意与设计情境教程 [M]. 北京：北京师范大学出版社，2011.

[4] 梁丽红，张秀杰 .Potoshop CS4 中文版案例教程 [M]. 北京：中国铁道出版社，2011.

[5] 谈新权．数字视频技术基础 [M]. 武汉：华中科技大学出版社，2009.

[6] 林福宗．多媒体技术基础 [M].2 版．北京：清华大学出版社，2002.

[7] 胡国荣．数字视频压缩及其标准 [M]．北京：北京广播学院出版社，1999.

[8] 曹飞，张俊，汤思民．视频非线性编辑 [M]. 北京：中国传媒大学出版社，2009.

[9] 王新美．会声会影 9 中文版 DV 影片采集编辑刻录实例讲解 [M]. 北京：人民邮电出版社，2006.

[10] 林福宗．多媒体技术教程 [M]. 北京：清华大学出版社，2009.

[11] 李小英．多媒体技术及应用 [M]. 北京：北京邮电大学出版社，2008.

[12] 郭新房，何方．Director 11 交互式多媒体开发标准教程 [M]. 北京：清华大学出版社，2011

[13] 沈大林，洪小达．多媒体制作案例教程 [M].2 版．北京：中国铁道出版社，2011.

[14] 陈万华，李素若，陈永锋，赖旭．多媒体课件制作案例教程 [M]. 北京：化学工业出版社，2011.

[15] 九州书源 .Authorware 多媒体制作 [M].2 版．北京：清华大学出版社，2011.

[16] 蔡翠平．多媒体应用技术 [M].2 版．北京：北京交通大学出版社，2007.

[17] 洪光，范海波 .FlashMX Professional 2004 实用教程 [M]. 大连：大连理工大学出版社，2006.

[18] 黄丽民．多媒体制作技术与应用 [M]. 北京：中国铁道出版社，2008.

[19] 李如超，杨文武．动画设计与制作 Flash 8 [M]．北京：人民邮电出版社，2008.

[20] 田启明 .Flash CS5 平面动画设计与制作案例教程 [M]．北京：电子工业出版社，2010.

[21] 王立新 .Flash 基础教程与创作实例 [M]．北京：中国水利水电出版社，2007.

[22] 蒋爱德．图形图像处理技术 [M]．大连：大连理工大学出版社，2008.